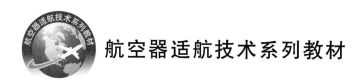

航空器适航技术系列教材

航空人因设计与适航审定

主编　顾　铮　李艳军

北京航空航天大学出版社

内 容 简 介

本教材以深入浅出的方式,结合人体工效学及认知工效学的基础知识,较为详尽地介绍了运输类民用飞机驾驶舱、客舱人因设计和涉及维修性人因设计的典型内容,以及相关的适航审定条款依据和符合性验证方法;注重探讨新的人机交互模式,如增强现实技术、虚拟现实技术、多功能操控器件等在航空人因设计领域的运用;此外,每章还附有相关人因实验建议,可供选用本教材的教师参考,并在理论课时之外搭配一定的实验学时或课程设计;最后,为了使条目众多、晦涩难懂的适航条款变得易于理解,每章还附有与该章主题相关的真实航空事故案例,以实例来剖析相关人因设计适航审定条款文字内容的来历和含义。

本教材可使初学者对航空人因设计及相关的适航审定要求和符合性验证方法有一个较为宏观的全貌性的了解,并可作为高等航空院校适航专业的专业课教材,也可供相关领域的工业方及审定方人员初训使用。

图书在版编目(CIP)数据

航空人因设计与适航审定 / 顾铮,李艳军主编. ──
北京 : 北京航空航天大学出版社,2019.7
ISBN 978 - 7 - 5124 - 3021 - 1

Ⅰ. ①航… Ⅱ. ①顾… ②李… Ⅲ. ①民用飞机—座舱—适航—人为因素—研究 Ⅳ. ①V223

中国版本图书馆 CIP 数据核字(2019)第 117191 号

航空人因设计与适航审定
主编 顾 铮 李艳军
责任编辑 杨 昕 潘晓丽
*
北京航空航天大学出版社出版发行
北京市海淀区学院路 37 号(邮编 100191) http://www.buaapress.com.cn
发行部电话:(010)82317024 传真:(010)82328026
读者信箱:goodtextbook@126.com 邮购电话:(010)82316936
北京九州迅驰传媒文化有限公司印装 各地书店经销
*
开本:710×1 000 1/16 印张:21.5 字数:458 千字
2019 年 12 月第 1 版 2019 年 12 月第 1 次印刷 印数:1 000 册
ISBN 978 - 7 - 5124 - 3021 - 1 定价:69.00 元

前　言

　　2018 年 12 月 10 日,中国民航局发布《新时代民航强国建设行动纲要》(简称《纲要》),提出建设民航强国 8 大主要任务。目标是从 2021—2035 年,实现从单一的航空运输强国向多领域的民航强国的跨越。《纲要》中专门提及"提高适航审定能力,建设世界一流适航审定体系、世界一流适航审定能力和世界一流适航审定队伍,构建并不断完善统一完整的民用航空飞行验证管理体系,补齐飞行验证短板,实现与航空制造业深度融合发展。"

　　民机型号的发展,不仅需要先进的航空工业基础,而且更重要的是需要具有国际认可的安全性品质——适航性。目前的适航审定体系主要是由美国联邦航空局(Federal Aviation Administration,FAA)和欧洲航空安全局(European Aviation Safety Agency, EASA)(其前身为成立于 1990 年的欧洲联合航空局(Joint Aviation Authorities,JAA))构建的。我国在对新机型的适航审定能力方面,与航空器制造强国还存在一定的差距,特别是在涉及航空人因设计的适航审定方面,欧洲航空安全局和美国联邦航空局都已相继颁布最新的专门涉及人为因素的审定条款。对于运输类民用飞机,此条款为 25.1302,并且,A350 已成为第一种经过该条款审定的,取得了型号合格证的机型,并已投入运营。而我国在这一领域存在一定的滞后。所喜的是,我国已充分意识到制定和满足人为因素适航审定条款的重要性,并在积极积累相关的设计经验,探索其符合性验证方法。

　　本教材力图以深入浅出的方式,为需要获得这一领域相关知识的初学者,勾勒出航空人为因素设计与相关适航审定方面的较为宏观的概貌。由于具体的适航审定条款及符合性依据内容浩繁,并且随着技术的发展,一直在滚动更新中,因此,我们不求面面俱到地罗列相关内容,而是尽可能抓住其核心本质和典型方法,以点带面,指引趋势。

1. 本教材的结构特点

欧洲工效学联合会(Federation of European Ergonomics Societies，FEES)将工效学分为人体工效学、认知工效学和组织工效学三个重点领域。它们的具体定义如下(FEES2009)：

人体工效学：由于涉及身体的活动，因此人体工效学与人体解剖学、人体测量学、生物力学等方面的特性有关。相关主题包括：工作作业姿势、重复动作、与工作相关的肌肉骨骼不适、工作空间布局和设计、安全和劳动健康等。

认知工效学：就人与系统其他组成部分的交互而言，认知工效学与脑部的思维过程相关，如感知、记忆、推理和运动反应等。相关主题包括：心理负荷、决策、熟练操作、人机交互、人的可靠性、应激、训练等。

组织工效学：它与优化社会技术系统相关，包括它们的组织结构、政策、生产过程。相关主题包括：交流、个人资源管理、任务设计、轮班时间设计、团队和协同作业、参与性设计、虚拟组织、生产安排、质量管理。

本教材旨在探讨民用运输类飞机的人为因素设计，主要涉及上述重点领域分类中的"人体工效学"和"认知工效学"的知识。本教材除第0章为概述内容之外，主要由两大部分组成，第一部分为"基于人体工效学的航空人因设计与适航审定"；第二部分为"基于认知工效学的航空人因设计与适航审定"。这样的结构可使读者注意到，航空人因设计与适航审定，已从最初解决可视性、可达性等基本人因工效学应用问题，向着探讨人的认知模式、多维度人机交互、人工智能等更为深入的人因工效学层面切入，从而能更好地理解这一领域的有层次的递进发展趋势。

本教材主要针对民用运输类飞机型号合格证适航审定的第25部相关条款及咨询通告进行介绍，由于各国规章存在一定的差异性，本教材主要引用的是美国联邦航空条例FAR的第25部相关条款和咨询通告。在介绍中国的第25部相关条款和咨询通告前，会注明"CCAR25部"。由于相关航空规章和咨询通造的版本时有更新，读者应注重航文件的时效性，及时查阅适航局颁布的最新现行版本，注意版本间的差异性。

本教材第0章为"航空人因设计与适航审定概述"，主要介绍航空人因工程学的发展历程与趋势；人因工程学的研究方法；与航空人因设计相关的适航审定条款及依据，重点介绍25.1302《飞行机组使用的安装系统和设备》及其咨询通告的主要内容。该章提纲挈领,包含许多重要的基础知识和概念。

第一部分:"基于人体工效学的航空人因设计与适航审定",由第1章~第3章组成,主要结合人体工效学知识,如人体测量学、人体建模仿真技术、人的感觉等方面的知识,侧重于介绍涉及人体工效学人因设计的适航审定条款。这些条款分散在第25部各分部中,主要从物理空间特性等方面提出相关的基本的人机工效学要求,如可达性、可视性要求(25.771(a)、25.1309(c)、25.1523等少数条款除外)。

第二部分:"基于认知工效学的航空人因设计与适航审定",由第4章~第8章组成,主要结合认知工效学的相关知识,如人的信息处理过程、认知模式、注意、知觉、记忆、情境意识、应激、脑力负荷等方面的知识,介绍AC25-11B《电子飞行显示器》、25.1322《飞行机组告警》及其咨询通告、AC20-175《驾驶舱系统操控器件》、25.1523《最小飞行机组》及其咨询通告等相关条款和审定依据。这些条款按"以人为中心"的人机工效学理念,更多地从认知工效学的角度考虑相关的适航要求,以飞行员的操作绩效为导向,研究驾驶舱的显示器、告警器及操控器的人因设计、最小飞行机组的确定。

2. 本教材的特色

除了上面介绍的结构特点外,本教材还具有以下特色:

(1) 涵盖范围较广,素材资源较新

近年来,由于25.1302《飞行机组使用的安装系统和设备》这个涉及驾驶舱人为因素适航审定的专门条款的出现,在业内掀起了针对驾驶舱人因设计与适航符合性验证技术的研究热潮。不过相关出版书籍、教材一般只针对驾驶舱的人因设计和适航审定。但事实上,在运输类飞机的型号合格证审定中,还含有飞机其他区域的人因设计条款,本教材希望给初学者一个全貌式的了解,增加了客舱和航空维修人因设计及相关适航审定依据和符合性验证方法的介绍。

近年来增强现实、虚拟现实、脑科学、人工智能、大数据、云计算、无人机等技术带来新一波技术革命,促使人们从更深层次审视人与高科技和广义环境的新关系的构建。许多新的交互模式,被尝试用于飞机驾驶舱人因设计,这些新技术与传统技术相比有何特点?它们为什么能提高人的感知态势的能力？它们本身是否安全可靠？如何防止飞行员过度依赖新技术而丧失紧急情况下必要的干预能力？对这些新技术出台了哪些适航审定要求？工业方应如何进行符合性验证工作？本教材在相关章节介绍了增强现实、虚拟现实、多功能操控器件、主动侧杆技术等新技术涉及的人因工效及设计问题；所选机型实例基本上是近年投放市场，代表主流设计趋势的机型；引用的参考文献，也多是近年来人因工程学和人因适航审定领域发展研究的新成果的体现，素材资源较新。

（2）附有相关人因实验建议

作为一门涉及人的感知和认知能力的课程，理应为学习者提供相关的人因实验，帮助他们通过对实物的观察和动手做实验，获得一定的感性认知，获取相关数据，并进行科学分析，更好地理解文字内容；同时，也能更好地理解如何开展人因设计的适航符合性验证工作。为此，本教材在大多数章节后都附有相关人因实验建议，对实验的内容和所需设施设备有一个概括性的介绍。这些人因实验建议可供选用本教材的教师参考，并在理论课时之外搭配一定的实验学时或课程设计。

事实上，目前中国各航空高校的硬件实验条件并不薄弱，一般都拥有飞行模拟器或模拟驾驶舱设施；我国各大航空公司 CCAR121 部运营单位的飞机也涵盖 B787 和 A380、A350 等民用运输机新机型。因而，对于航空人因设计这类本身具有多学科性质的学科，应广泛推行与其他相关学科、专业，如工程心理学、航空器设计、航空电子等领域课程实现实验设施设备共享制度，并开展校企合作，为学生创造较好的实践教学条件。

（3）附有真实的相关飞行事故案例

众所周知，法学领域经常使用案例教学，来剖析法律条款的适用性。航空器适航审定条款，因其严谨性，"咬文嚼字"，较为晦涩难懂；即便是对其进行解释的咨询通告，也常使读者只能从字面上理解其内容与含义，往往知其然不知其所以然。笔者在欧洲留学学习"航空安全与航空器适航"专业时，国外的适航专业授课教师，会对各类空难事故案例进行深入剖析，对学生理解审定条款的由来及其深层次的含义颇有帮助。因此，本教材在各章结尾处，具有针对性地给出一个与该章人因设计主题内容相关的真实事故案例，并对照相关条款，对其发生的原因进行剖析，有助于读者更为直观和具体地理解相关人因适航条款依据的由来和设置的原因，并有助于教师组织研讨式教学。

3. 本教材的学习建议

由于航空适航规章从条款的制定到符合性验证的实施，无一不是从实践中来，再到实践中去的过程，具有高度的工程实践性；并且本教材本身又涉及认知心理学和认知工效学领域的知识，因此，笔者并不希望读者只是被动地接收教材中已经经过汇集整理过的相关信息，而是注重教学互动，注重培养学生通过个人努力，自发挖掘汲取相关知识的能力。对此，每章后的复习思考题，许多是开放型的，要求学生能够举一反三，通过各种渠道，进行文献资料的查询与延伸阅读。如去美国联邦航空局、欧洲航空安全局、中国民用航空总局等适航当局的官网，查询最新版的有关航空人因设计的适航规章、条例、修正案和咨询通告；关注大型民用飞机制造企业如波音、空中客车、庞巴迪、巴西航空和我国的国产飞机制造公司发布的相关信息，以了解新一代航空产品中与人因设计相关的新特征；通过检索航空论文资源网站，如美国航空航天学会（American Institute of Aeronautics and Astronautics，AIAA）以及各种认知心理学、工程心理学、人因工效学相关网站和实体图书馆，收集每一章相关主题的与航空人因设计有关的各类信息，如由于人因设计缺陷导致的航空事故和差错、航空人因设计适航符合性验证的具体实例、航空人因设计领域前沿的最新技术。这些题目能将学生的注意力聚焦在这些重要的主题上，针对刻板生硬的条款文字内容，通过自己进一步对所收集的信息进行提取、分析和总结，并进行深入的认知加工，从而更为深入地理解其内在的含义。事实证明，新生代在利用互联网进行资源信息采集和在计算机技术运用方面，具有很大优势，只要激发起他们的学习兴趣，他们便可以做得非常之好。

由于该领域的多学科属性，建议授课教师采用更为多元生动的教学方法，如运用互联网＋技术的智慧教学、混合式教学等方法，并注重体验式教学，精心设计、组织开展相关的人因实验，带学生赴航展、航空企业、科研院所实地参观，以期摸索出真正培养"卓越工程师"的方法。

本教材的任何一个章节标题，都可谓航空人因工程学的一个研究方向，既有鸿篇巨著加以详细探讨，也有针对新技术新应用的介绍。要大致勾勒出这一领域的较为宏观的概貌，并非易事。在本教材的编写过程中，笔者参考了大量业内专家和工业方人士的相关专著、论著、论文资料，如引用了刘宝善、庄达民、葛列众、傅山、孙有朝、刘卫华、薛红军、白杰、罗晓利、王兴伟、周前祥等一批业内专家学者及他们培养的博士生、硕士生在此领域所做的研究工作成果；中国民航大学和工业方共同编写的《运输类飞机适航要求解读》丛书，给出的第 25 部各条款的修订历史，对了解各条款制定的来龙去脉颇有裨益；工业方方面，首先感谢中国商用飞机有限责任公司总飞行师、C919 驾驶舱评估工作组组长钱进及其领导的团队，他们对相关的适航条款和咨询通告做了大量编译工作。上海飞机设计研究院等单位的工业方专家们，也结合各自的设计领域，撰写了大量的论文，发表在《民用飞机设计与研究》、《科技视界》等杂志上，陈述他们对相关人因条款和符合性依据的理解，以及在符合性验证方面所做的具体工作，并给我们提供了许多实例。在每章之后都附有参考文献，在此，对所有被引用文作者一并表示衷心的感谢。

由于笔者能力有限，加之时间仓促，书中难免有错漏和不妥之处，恳请广大读者批评指正，使之完善提高。

顾　铮

2019 年 7 月于南京

目 录

第二部分　基于认知工效学的航空人因设计与适航审定

第0章　航空人因设计与适航审定概述

本章将介绍人因工程学的定义,及航空人因工程学的发展历程和趋势;航空人因工程学的常用方法;并介绍与航空人因设计相关的适航审定条款与依据,特别是驾驶舱人因设计审定专门条款 25.1302《飞行机组使用的安装系统与设备》及其符合性验证方法。这部分的内容可帮助读者对航空人因工程学及其研究方法航空人因设计的适航审定,有一个概貌性的、提纲挈领的了解,并对其中最为重要的部分和审定条款及其符合性验证方法有所了解。

0.1　人因工程学的定义及航空人因工程学的发展历程

0.1.1　人因工程学定义

人因工程学(Human Factors Engineering)是以心理学、生理学、生物力学、人体测量、计算机科学、系统科学、工程学等多学科的科学原理和方法为基础的综合性交叉学科,致力于研究人-机-工作环境之间的关系,使得系统和产品的设计符合人的特点、能力、需求,从而使人能安全、高效、健康、舒适地从事各种活动。

与人因工程学相近的学科有工效学或人类工效学(Ergonomics)、人因工效学(Human Factors Ergonomics)、工程心理学(Engineering Psychology)、人机系统(Man - Machine System)、人机交互(Human - Machine/Computer Interaction,HCI)等。通常,在欧洲较多地使用"工效学"(Ergonomics)一词,该词源于希腊语中的"工作"(ergo)和"法则"(nomos),是关于工作的科学。而在美国则更多地使用"人为因素"(Human Factors)一词。虽然研究的内容和范围各有侧重,但这些学科互为补充,以达分享研究和应用的目的。我们统称其为人因学科。人因工程学不断获取这些领域的研究成果,并将其应用于产品或系统的设计、操作与使用过程中,以优化人的效能,保障人的健康、安全。同时,人因工程学还涉及认知与组织问题,其涉及的研究范围已扩大至诸如减轻脑力负荷、增强人-机交互、优化操作策略与程序,以及确保工作质量等领域。

0.1.2　航空人因工程学发展历程与趋势简介

1. 早期的飞机设计与人因工程学萌芽期

在 1903 年一个寒冷多风的日子,Wright 兄弟 Orville 和 Wilburn,两位自行车机械师,让人类历史进入了一个新时代——他们研制的"飞行者1号"完成了人类历史上的第一次飞行。早期飞机采用开放式座舱设计,飞行员在飞行时常无遮蔽物,受风吹雨打,顶多只有风挡(windshield)。

1912年5月1日,第一架具有封闭座舱的单翼机 Avro Type F 诞生。20世纪20—30年代,因飞行速度和高度增加的缘故,封闭式座舱开始逐渐取代开放式座舱。当时的结构为隔框(frame)及窗格(muntin)造型,起初采用玻璃材质,后改用聚甲基丙烯酸甲酯,直至泡型舱罩的出现,其不仅提供了更好的视野,而且减轻了质量,减少了空气阻力。

同一时期,美国学者F·W·泰勒(F. W. Taylor)出版了《科学管理原理》一书,提出了要研究人的操作方法,并从管理的角度制订了相应的操作制度,即"泰勒制"。美国人吉尔布雷斯(F. B. Gilbreth)夫妇对建筑工人砌砖作业进行了研究,通过快速摄影机将工人砌砖动作拍摄下来,对动作过程进行分析研究,去掉无效动作,使砌砖速度由每小时120块提高到350块。F·W·泰勒和吉尔布雷斯夫妇的研究成果后来发展为人因工程的重要分支,称为"动作与时间的研究"。

在这一时期,著名的德国心理学家闵斯托伯格(H. Munsterberg)将心理学引入到生产实践中,其代表作是《心理学与工业效率》,提出了心理学对人适应工作与提高效率的重要性。并将心理学研究成果与泰勒的科学管理方法联系起来,在人员选拔、培训,改善工作条件,减轻疲劳等方面开展了大量的实际应用工作。

1924—1933年间,以哈佛大学心理专家乔治·埃尔顿·梅奥(George Elton Mayo)教授为首的研究小组,通过一系列的人因实验,提出了"霍桑效应"(Hawthorne Effect)的概念。霍桑是美国西部电气公司坐落在芝加哥的一间工厂的名称,是一座进行实验研究的工厂。实验最开始研究的是工作条件与生产效率之间的关系,包括外部环境影响条件(如照明强度、湿度)以及心理影响因素(如休息间隔、团队压力、工作时间、管理者的领导力)。经过多年的实验研究,学者们终于意识到:人不仅仅受到外在因素的刺激,更有自身主观上的激励,从而诞生了管理行为理论。"霍桑效应"指那些意识到自己正在被别人观察的个人,具有改变自己行为的倾向,比如由于受到额外的关注而引起绩效或努力提升。如当时曾选定继电器车间的6名女工作为观察对象。当这6名女工被抽出来成为一组的时候,她们就意识到了自己是特殊的群体,是试验的对象,是这些专家一直关心的对象,这种受注意的感觉使得她们加倍地努力工作,以证明自己是优秀的,是值得关注的。这项研究证明,与工作本身无直接关系的心理因素,会明显影响人的工作效率。

这一阶段人因工程主要的研究内容是:研究每种职业的要求;利用测试来选择工人和安排工作;规划利用人力的最好方法,制定培训方案,使人力得到最有效的发挥;研究最优良的工作条件;研究最好的组织管理形式,如研究工作动机,促进工人和管理者之间的通力合作。这一时期是人因工程学的产生阶段,人机关系总的特点是以选择和培训操作者为主,使人适应机器。

2. 第二次世界大战时期到 20 世纪 50 年代

第二次世界大战(简称二战)期间,"使人适应机器或工作要求"的设计思想遇到严峻挑战。由于设计者片面注重武器装备的功能,而忽略了人的因素和人的适应极限,导致由于设计不当或操作过于复杂而引发的事故频繁发生。例如,能够快速识别飞机的操纵器件是非常重要的,二战中仅在 22 个月内就有超过 400 起因飞机起落架控制器和飞行操纵控制器的识别混淆而引起的事故。研究表明:即使是通过各种测试手段,为作战任务选拔和训练合适的人员,以及改良作战人员的训练程序,操作人员还是无法安全操控某些复杂的机器设备。频发的事故使人们认识到,只有当机器设备符合使用者的生理、心理特征和能力限度时,才能发挥武器的效能,避免事故的发生。因此,在军事领域率先开展了与"人的因素"相关的研究,力争使机器或工作适应于人,这预示着人因工程将发展成为一门独立学科的时期的到来。

1944 年,英国剑桥大学成立了应用心理学研究机构(Unit for Research in Applied Psychology,APU)。在这一关键时期,进行了许多极有价值的人为因素研究工作:为了评估智力和感觉运动能力,开发了一些测试,例如 SMA - 3 飞行员能力测试,以便为各种战时角色选择人员;一些测试还测量了"气质和性格"。其心理学实验室研制了一台飞机驾驶舱模拟器,后来被称为"剑桥驾驶舱"(如图 0.1 所示),这台飞行模拟器是为了研究长时间飞行对人的影响而建立的。在该模拟器上所做的实验表明,机组的技术表现在相当程度上取决于显示器和控制装置的设计、布局和说明。要提高工作效率,就必须使机器、设备适合人的特点。

图 0.1　著名的"剑桥驾驶舱"

肯尼斯·克雷克(Kenneth Craik),该单位的第一任主任,是使用计算作为人类信息处理理论模型的先驱,发展了可能是第一个技能计算模型,并将其应用于战时的枪支瞄准任务。1949 年,英国成立工效学学会(Ergonomics Research Society),并于 1957 年发行《工效学会刊》。

1945 年,美国陆军航空队和美国海军正式成立了工程心理学实验室,广泛研究感知(尤其是视觉)。美国空军官方开始关注第二次世界大战中飞行员的坠机事故。为了降低飞行员在驾驶舱中的操作错误并提高安全性,工程师们开始对引发坠机事故的重大事项展开研究,费茨和琼斯(Fitts、Jones,1947)在这方面的研究工作最为知名。在分析飞行驾驶中出现的 460 个操作失误中,发现其中 68% 是由于控制器设计不当引起的。因此,在设计与选择控制器时,必须考虑有关人的一些基本问题。Fitts 经过大量研究,提出了驾驶舱仪表设计的“基本 T 形布局”原则,使驾驶舱仪表排列的标准化成为现实。Fitts 成为了首位将人的因素原理应用于驾驶舱界面设计的研究者。根据视觉扫视模式研究结果提出的“T”形主仪表板布局,完全满足飞行员快速、准确地扫视“速度”、“姿态”、“高度”、“航向”这四种显示仪表,并优先考虑飞机姿态的要求。

第二次世界大战结束后,人因工程学的研究和应用,逐渐从军事领域向非军事领域发展,人机关系的研究成果广泛地应用于工业领域,如飞机、汽车、机械设备、建筑设施以及生活用品等。查帕尼斯(A . Chapanis)等人出版了《应用实验心理学——工程设计中人的因素》,总结了第二次世界大战时期的研究成果,系统地论述了人因工程学的基本理论和方法。

当时驾驶舱内的机械仪表的缺点是显而易见的。首先,显示数值不够精确,而且大多只是显示直接测量的基本参数,需要大量手工计算才能得出进一步的数据。当机组需要查询飞机性能数据或操作资料时,只能翻阅数百页的飞行手册或操作手册,仪表设备不能有效地协助机组做决策。其次,显示效率太低,单位面积内所能提供的信息很有限,飞行员要想了解飞机的状态需要查看多块仪表。由于结构复杂,仪表的可靠性也不高,不便于维护。鉴于这些原因,当时的民用客机常需采用多人制机组,尽管如此,每次执行航班任务仍是一项繁重的体力劳动和脑力劳动。

20 世纪 50 年代,飞机仪表显示由第一代发展到了第三代,综合指引仪表开始被应用到座舱显示中,以综合指引仪表为基础的飞行仪表沿用了 T 形布局(见图 0.2),上方中央位置为指引地平仪,左边为空速表,右边为高度表,正下方为航道罗盘,这 4 个仪表构成了 T 形布局。其他仪表位于这些仪表周围。综合仪表的引入强调了飞行信息与飞机操作之间的内在联系,简化了飞行信息的判读和理解过程,使飞机的横向与纵向运动指引更加直观。这种布局方式为后续的飞行信息显示方式设计带来了深远的影响,并纳入了飞机型号合格证审定规章(参见 25.1321《布局和可见性》)。

3. 20 世纪 60—70 年代

20 世纪 60 年代以后,欧洲和日本经济复苏,带动全球经济进入了一个飞速发展期。由于科学技术的进步、电子计算机应用的普及、机器自动化程度的不断提高,以及一系列新学科的迅速崛起,不仅为人因工程学研究注入了新的研究理论、方法和手

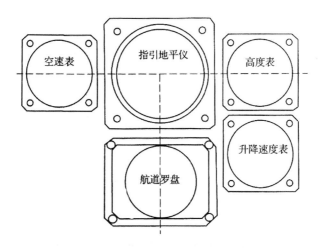

图0.2　中间为指引地平仪的飞行仪表T形布局

段,同时也为人因工程学提出了一系列新的研究课题。例如,在宇航技术的研究中,提出了人在失重情况下如何进行操作,在超重情况下人的感官体验是怎样的等新问题。

20世纪60—70年代,冷战期间,美国和苏联在航天领域展开了激烈竞逐。最终,1969年,美国率先载人登上月球,占据了优势。1971年4月,苏联成功发射了世界上第一座真正的空间站"礼炮一号";1971年6月6日,"联盟11号"飞船发射升空,3位苏联航天员成功地完成了与世界上第一座空间站的对接,顺利地进入了"礼炮一号",并创造了当时人类在太空停留时间最长的纪录(在空间站共停留了23天18小时22分),但回程出现意外,返回舱的压力阀被震开,密封破坏,导致航天员所在的返回舱内空气快速泄漏,舱内迅速减压,宇航员因急性缺氧窒息,以及体液沸腾而导致死亡。这一时期,航空人因工程被应用于太空探索领域。对于人在失重、超重等环境下的操控能力、思维能力、观察能力、判断能力、生存能力和生存极限等的研究促进了人因工程的发展。美国设计师罗维(Raymond Loewy)在1967—1973年间被聘为美国宇航局常驻顾问,进行有关宇宙飞船内部设计、宇航服设计及有关飞行心理方面的研究工作,以确保"在极端失重情况下宇航员的心理与生理的安全与舒适"。

从20世纪60年代开始,认知科学的发展为人因工程学科提供了更多的人因工程研究方法和有关人的研究数据。其中认知心理学是认知科学的三个核心学科之一,它以信息加工观点为核心,对一切认知或认知过程进行研究,包括感知觉、注意、记忆、思维和语言等。基于认知的观念对人因工程及应用进行的研究,更容易实现技术或产品的人性化设计。

4. 20世纪80—90年代

计算机技术的革命给人因工程的发展带来了机遇及挑战。"玻璃驾驶舱",是对配备有电子综合显示仪表装备的驾驶舱的形象称谓。20世纪80年代初,其首先出现在波音 B757/B767 和空中客车 A310 等民用客机上,随后为现代民航飞机广泛采用。驾驶舱内以显示器和计算机技术为基础的电子综合显示仪取代了全部传统的机电指针式仪表,只保留了极少数传统仪表作为备用。把多种数据综合显示于集中的屏幕上,大大减少了仪表数量;且各种信息采用图形和数字显示,对飞行员而言更为明确、直观。人的工作性质、作用和工作方式也发生了很大变化。由于大量使用了计算机技术,使两名飞行员能完全胜任飞行、导航通信和系统监控工作,于是领航员、报务员和飞行工程师退出了驾驶舱机组。

然而,高科技与人类社会往往会产生不协调的问题,只有综合应用包括人因工程学在内的交叉学科的理论和技术,才能使高科技与原有技术的优势很好地结合,协调人的多种价值目标,有效处理高科技带来的各种新问题。

空客 A320 型客机诞生于 1988 年,是空中客车公司制造的一款中短程窄体双发客机。空客 A320 是世界首款电传操纵客机,采用侧杆操纵。然而这款先进的民用客机居然在 1988 年 6 月 26 日的航展表演上,在做低空通场表演时遭遇不测,撞向机场跑道尽头的森林。巨大的冲击力扯下了飞机右翼,满载的航油引发了大火,最终在撤离过程中有 3 名乘客不幸遇难,剩余的 133 人安全脱身。飞行数据记录仪显示,机长在最后时刻发现前面的森林时,为了拉起飞机,确实将操纵杆拉至最后位置,但飞机的升降舵却做了相反的动作,飞机在跑道上方被拉平,树木使雷达侦测到的离地高度小于 30 ft(ft 为英尺,1 ft=0.304 8 m),这触发了机载电脑进入着陆模式并将飞机调整到低头状态。这次事故使人们意识到,叠加高度的自动化技术并不一定更安全,在各种特殊情况下,必须让自动化更好地与人匹配,才可能提升飞行的安全性。

这段时期人因工程学研究的指导思想是将人、机、环境作为一个完整的系统,使系统中的人、机、环境获得最佳匹配,以保证系统整体最优。

5. 人因工程学在新一代民用客机研发中的应用

这里,以波音 B787 为例,介绍人因工程学在民用客机研发中的应用。波音 B787 是一款超远程中型客机,典型的三舱位布局能容纳大约 259～330 名乘客,由波音公司于 2009 年 12 月 15 日推出。在波音 B787 的研发阶段,波音公司采用了许多人因设计理念,做了大量相关的人因试验验证工作。

(1) 波音公司面向所有用户的飞机人因设计理念

波音人机工效学部拥有各种人机工效学标准,包括驾驶舱总体布局、显示器、控制器、告警信号、可维修性等。这些标准有效地指导和规范了新机型的研发。相对于波音 B777 飞机的研发,波音 B787 的人机工效学目标更为强调面向所有用户(包括飞行员、乘客、地面维修人员、整机生产线上的装配人员等)。波音 B787 不仅要为飞行员提供安全和有效的驾驶舱人机系统界面,为乘客提供安全舒适的客舱,而且还要为整机生产线装配人员以及航空公司地面维修人员提供安全和易操作的工作空间和工具。因此波音 B787 的人因工程学专家分别工作在驾驶舱、客舱、生产制造、地面维修、培训设计、试飞、适航论证、预研、事故分析等场合中。

（2）波音 B787 驾驶舱人因工效设计

飞行操作的有效性和安全性很大程度上取决于驾驶舱人机界面（即飞行显示器、控制装置等）的设计。波音 B787 的驾驶舱设计项目人员主要由工程师、人机工效学专家和波音飞行员等组成。设计初期，设计组确定了设计原则，包括波音驾驶舱设计原则、与波音 B777 驾驶舱设计的兼容性、飞行员操作通用性等，以便最终达到经济地与波音 B777 等机型混编机队飞行的目标。

波音 B787 的人-显示器界面设计在波音 B777 的基础上有了新的突破。在设计初期，人因工程学专家对 5 种显示器尺寸和 6 种显示器类型进行了人机界面易用性、成本、技术功能等方面的综合评价。波音 B787 的最终设计充分体现了人机工效学的原则，其中 5 块 15 in（in 为英寸，1 in＝2.54 cm）的大屏幕显示器既为飞行员提供 2 倍于波音 B777 的信息量，又提供了灵活和易读的显示格式。首次作为基本配置的平视显示器、叠加在导航显示器上的垂直状态显示器（VSD），以及可在侧显示器上显示的机场滑行道地图（AMM），都满足了飞行员在不同飞行阶段的信息需求，从而提高了安全性。另外，双电子飞行包（EFB）也有利于降低人为误差发生的概率（见图 0.3）。

图 0.3　波音 B787 驾驶舱 5 块大显示屏＋2 块侧显示屏＋2 块平视显示器的先进显示系统

波音 B787 驾驶舱的人机显示界面新技术来自人因工程学的预研成果。例如，波音就平视显示器在商用飞机上的应用开展了多年的人机工效学研究，优化了显示符号格式的视觉工效和光学性能，帮助飞行员能同时获取舱内外信息，避免了在应急状态下的低头操作，提高了飞行员在低能见度条件下的情景意识。

波音 B787 垂直导航状态显示器也是波音在十年前就已开展的人机工效学预研项目。人因工程学专家对三维视景显示器、平视显示器和侧剖面垂直状态显示等方案进行了多次实验，最后选择了侧剖面显示方案，使得飞行员在导航显示器上可同时获取水平和垂直导航状态信息（见图 0.4）。

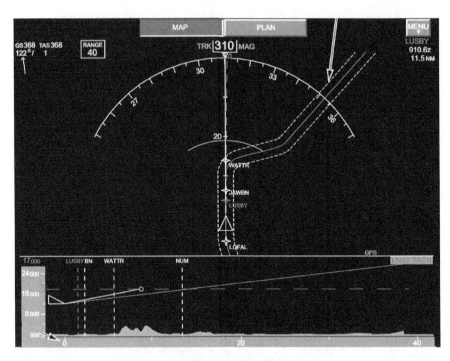

图 0.4　波音 B787 带垂直导航状态显示（图的下部）的导航显示

　　针对进场、着陆、滑行和起飞阶段的安全事故，为提高飞行员对机场跑道的情景意识，人因工程学专家通过对机场滑行道地图（AMM）各种显示画面格式的实验研究，选定了在导航显示器和侧显示器上具有最佳显示工效的方案。

　　波音 B787 在人-控制器界面的设计上也体现了人因工程学的贡献。在波音 B777 引进触摸板控制装置以后，波音人因工程学专家一直在寻求更为直观、灵活和互动的人机界面操作，波音 B787 的设计实现了这种人机工效学目标。例如，波音 B787 的光标控制器可通过光标直接控制多功能显示画面；在导航显示画面上，飞行员可直接控制菜单选择和航路点；电子飞行包还可直接通过触摸屏、边框按键、光标控制或键盘进行操作。

　　另外，驾驶舱人因设计使得驾驶舱具有更大的窗外视野、更低的噪声、更多的座位调节空间和工作空间，为飞行员提供了一个更为符合人体测量和生理学等方面需求的飞行操作环境。

　　（3）波音 B787 客舱人因工效设计

　　客舱是乘客休息、娱乐、工作、社交以及应急情况下逃生的场所，乘客在体格、年龄、健康、文化、心理等方面的差异对设计者提出了挑战。波音一直在开展针对客舱环境的人机工效学研究，在对波音 B787 进行客舱设计时，人的因素给予了比以往任何机型更多的考虑。

　　波音与美国俄亥俄州立大学合作进行的高压氧舱人机工效学的实验表明，置身于 6 000 ft 以下客舱压力高度时的受试者报告疲劳感现象明显减少,而且乘客的血液还能多吸收约 8% 的氧气,从而减少了头疼和头昏等症状。波音 B787 利用其机身材料的 50% 以上为新型碳纤维合成材料和相应的高抗压性,将在 43 000 ft 高度巡航时的客舱舱压从现役铝制机身飞机的 8 000 ft 降至 6 000 ft,从而帮助乘客减少了头疼和头昏等症状,并在起降阶段,帮助乘客缓解了耳内不适等症状。

波音对乘客晕机的人机工效学的实验研究表明,在由阵风引起的飞行波动中,一定频率范围内产生的上下垂直波动对晕机影响最大。为此,波音 B787 开发了阵风补偿系统。当机身外的传感器感应到阵风波动时,该系统的软件即驱动电传飞行控制系统来快速主动地补偿这种垂直波动,通过抑制波动来提高飞行的平稳性和舒适性。为帮助乘客更自然地调节由于跨时区飞行引起的人体内生物节律和睡眠紊乱,波音 B787 人机工效学专家与供应商合作,在客舱采用了大弧度的顶部拱形结构和动态 LED 自然光模拟照明系统,可自动或手动仿真自然天空昼夜的渐近变化,从而最大限度地减少对乘客生物节律和睡眠的影响。

波音 B787 客舱在其他有关人的因素方面的改进还包括:利用新型气体过滤系统对空调系统进行改进,以便提供更为清新的空气;由于机身材料具有高抗湿、抗腐蚀性,因此可将舱内相对湿度从以往的 10% 提高至 20%～30%,这有助于缓解乘客皮肤干涩的症状。

(4) 波音 B787 可维修性和可制造性的人因工效设计

飞机的设计应能够为航空公司地面维修人员的操作提供一个安全、高效和舒适的作业环境。地面维修人员经常在离地面高度较高以及狭小的空间作业,易造成操作上的人为差错、对部件的损伤以及维修人员本身的疲劳受伤。可维修性直接关系到航空安全、维修成本和航班准时性等。

波音人因工程学专家将维修人员作为整个人机系统评价的一部分,充分考虑到他们的工作负荷、舒适性、安全性和易操作性,在波音 B767 飞机维修性可改进环节和部件的基础上,开发了可维修性评价(MED)流程和工具。专家们还利用计算机辅助设计工具和人体建模软件系统对可维修性设计(如操作工具、可达性等)进行测试和核实。

总之,波音的人因工程学专家利用模拟舱法,在不同研发阶段,以不同的方式为设计决策提供了人机工效学实验依据。在早期研发阶段,采用了视觉仿真,如对平视显示器字符显示画面的优化筛选实验;在总体概念定义阶段,采用了物理仿真,如利用人体测量数据模型对驾驶舱空间布局和可达性的评价;在设计阶段,采用了认知仿真,如对飞行员垂直导航状态情景意识的实验;在测试阶段,采用了动态仿真,如对垂直阵风波动补偿系统的人机工效学测评;最后,为准备适航认证试飞采用全任务仿真,如对各飞行任务阶段飞行员工作负荷的测评等,来核实整体设计最终是否符合有关最小飞行机组工作负荷的适航规范要求。由此可知,在波音 B787 的研发过程中,波音将人机工效学的各种方法和手段作为一个组合部分,有机地整合在包括预研、总体概念定义、设计、测试、试飞以及适航论证等阶段的流程中，为我们提供了一个非常值得借鉴的飞机人因设计和相关适航验证技术应用的范本。

6. 人因工程学在民用客机研发中应用的新技术与途径

当前，人工智能、大数据、云计算、无人机、虚拟现实等技术带来了新的技术革命。这些新技术给人机交互带来自然性、智能化、普适化（Pervasive/Ubiquitous Computing）、虚拟化、隐式化（Implicit Human - Computer Interaction，IHCI）、生态化和社会性等特征。关于这部分的内容，将在第 4 章给予详述。

0.2　人因工程学的常用研究方法

0.2.1　人因工程学的研究方法概述

研究方法在科学发展中具有重要作用，只有掌握科学的研究方法才会使研究工作取得预期的结果。人因工程学作为交叉学科，在研究中灵活使用到了各种方法。

1. 国内一些人因工程方法学专家列出的人因工程研究方法

系统论、信息论和控制论等系统科学理论为人因工程学科的研究提供了理论基础。受篇幅所限，本教材仅以国内王保国等专家撰写的这一领域的学术专著《人机系统方法学》里所提的人因研究方法分类做一简单介绍，有兴趣的读者可查阅本章参考文献[7]进行延伸阅读。

《人机系统方法学》主要从人机系统的数学模型、人机系统的分析和评价方法、人机系统性能的预测与优化方法、人机系统的哲学与法学基础以及人因事故预防这几个大的方向，系统化地梳理归纳了人机系统的各类研究方向和研究方法。

① 人机系统的数学模型。涉及人的数学模型、机的数学模型、人机闭环系统的数学模型、人机系统的经济模型和数据包络分析法等内容。

② 人机系统的分析和评价方法。包括层次分析评价方法、系统的模糊数学分析评价方法、故障树分析评价方法、人机系统可靠性分析与相关算法、基于认知神经科学的人机交互显示界面评价方法等。

③ 人机系统性能的预测与优化方法。包括人机环境系统性能预测的智能算法、灰色系统性能的预测、系统风险评价中的几种方法与多指标贝叶斯决策分析及各类涉及人机系统的多目标优化算法。

④ 人机系统的哲学与法学基础以及人因事故预防。涉及人机环境系统工程中涉及哲学和法学范畴的几个重要问题，以及事故的预防和危险源的控制。

2. 国外一些人因工程方法学专家列出的人因工程研究方法

受篇幅所限，本教材仅就国外内维尔·A·斯坦顿等 6 位专家撰写的《人因工程学研究方法——工程与设计实用指南》里所提的人因研究方法分类做一简单介绍，有兴趣的读者可查阅本章参考文献[8]、[9]的相关章节进行延伸阅读。本教材在之后的章节将较为详细地介绍其中一些方法的具体内容,如认知工作分析法、脑力负荷评价方法等。

《人因工程学研究方法——工程与设计实用指南》从具体运用的角度,描述了多达 107 种人因工程学研究方法,可谓集大成者。其中许多方法来源并运用于航空人因设计领域,读者可以从其分类体系大略管窥人因工程学各个研究方向上所用到的各种研究方法。

该书将人因工程学研究方法分为数据收集方法、任务分析方法、认知任务分析法、人误识别及事故分析方法、情景意识评估方法、脑力负荷评价方法、团队评价方法、界面分析方法、设计方法、执行时间预测方法等大的方法群组,每个方法群组里又包含多种具体的方法。

① 数据收集方法。包含问卷调查法、观察法、鼠标追踪法等。

② 任务分析方法。包含层次任务分析、口头报告分析、任务分解方法、次目标模板法、表格任务分析等。

③ 认知任务分析法。包含认知作业分析、应用认知任务分析、认知走查法、关键决策方法、关键事件技术、并行观测叙事技术、面向对象的认知任务分析与设计、同事口头报告法等。

④ 过程图法。包含工序图技术、操作顺序图技术、事件树分析方法、决策行动图法、故障树分析法、墨菲图法等。

⑤ 人误识别及事故分析方法。包含人的因素分析与分类系统(HFACS)、系统性人误降低和预测方法、认知差错的回溯性分析技术、针对差错识别的任务分析、危险与可操作性分析技术、人误评估技术、系统工具的人误识别、人误与恢复评价框架、预测性错误分析和降低系统、人误评估与减少技术、认知可靠性与差错分析方法、基于系统理论的事故模型和过程、事故地图法、安全事件分析法、寻因分析法等。

⑥ 情景意识评估方法。包含情境意识需求分析、情景意识全局评估技术、情景现状评估法、情景意识分级技术、情境意识主观工作负荷优势技术、命题网络方法等。

⑦ 脑力负荷评价方法。包含主/次任务绩效测量、生理学测量、预测性工作负荷主观评估技术、工作负荷主观评估法、主观工作负荷优势技术、经修订的 Cooper - Harper 量表、Bedford 量表、美国国家航空航天局任务负荷指数、防御研究中心工作负荷量表、马尔文容量评估技术、工作负荷剖面技术、认知任务负荷分析、脑力负荷指数等。

⑧ 团队评价方法。包含行为观察量表、通信使用图、协作需求分析、团体任务分析、团队层次任务分析、团队认知任务分析、社交网络分析、分布式团队交互意识评估问卷、团队任务分析、团队工作负荷评估、任务与训练需求分析法、生成事件/任务的目标化接受反应、团队沟通评估等。

⑨ 界面分析方法。包含检查单方法、启发式分析技术、施耐德曼的八项黄金法则、尼尔森的十项启发式原则、界面测量方法、空间布局分析、用户界面满意度问卷、

被选网格分析、软件可用性测试量表、系统可用性量表、有效性、满意度和易用性问卷、普渡大学可用性测试问卷、后研究系统可用性测试问卷、用户试验、走查分析等。

⑩ 设计方法。包含功能分配分析方法、焦点小组法、任务分析技术、基于场景的设计方法、以任务为中心的系统设计、向导奥兹技术、多图法、情节串联图板方法、情景调查法、需求和设计的协同分析方法等。

⑪ 执行时间预测方法。包含关键路径分析方法、击键水平模型、时间轴分析等。

该书结尾处提及了人因学方法的整合。

0.2.2 航空人因工程学常用方法简介

商用航空器设计过程极其复杂,耗时较长,是以"设计—测试/评估—再设计"为理念的迭代优化过程。通常航空器设计流程可分为需求定义、概念设计、总体(初步)设计、详细设计、试飞取证、交付运行这几个阶段。对于发现的设计问题,越早改进越能够减少设计成本和缩短设计周期。而就发现设计方案存在的问题、实现飞机设计方案的最优化来说,人因工程学方法是必不可少的工具,其贯穿于飞机设计的整个阶段。

人因学的研究方法,有一套基本程序:选择研究背景、选择变量、选择研究对象的样本、决定数据如何收集以及决定数据如何分析。

航空人因工程常用的方法有调查研究法、观测法、实验法、数学模型模拟法、可视化人机工程仿真、故障和事故分析等。一般上述方法也用于对人因设计进行评价与验证。

1. 调查研究法

人机环境系统工程专家经常采用各种调查研究方法来抽样分析操作者或使用者的意见和建议。这种方法包括简单的访问、专门调查,直至非常精细的评分、心理和生理学分析判断以及间接意见和建议分析等。常用的调查研究法有:访谈法,问卷调查、可用性度量等。

基础研究和应用研究都经常会采用访谈法和问卷调查法来测量变量。如果想要获得有信度和效度的结果,设计问卷和调查都是非常艰难的工作。问卷和调查有时候采用开放性问题来获得定性的数据。比如,"您希望看到这个仪器的什么特点?"或者问"用这个仪器的最大问题是什么?"然而,最有用的方法是使用调查获得定量的数据。这常常通过量表的方式来获得,可以是 7 点量表(同一维度的项目,根据性质的方向给予 1~7 分评分,通常给予正性评价高分值,负性评价低分值),也可以是 10 点量表。这样的数据有利于进行统计学处理。

传统意义上的访谈法和问卷法多是通过访问对象与研究人员面对面的交流来收集所需信息的研究方法。目前,随着科学技术的进步,访谈法和问卷法的形式越来越多样化。计算机技术的快速发展带动了调查研究法的进一步发展,显著提高了数据收集的效率。基于计算机技术的计算机辅助自陈式访谈(Computer-Assisted Self-

Interview，CASI）和计算机化的自填式问卷调查（Computerized Self-Administered Questionnaire，CSAQ）相继出现。相比于传统的方式，CASI 和 CSAQ 更具有匿名性，同时也可以避免受访者回答敏感问题产生不舒服的感觉，可以节省大量的时间、成本，实现自动化、无差错和匿名回收调查研究数据，为调查研究工作带来了很大的便利。

2. 观测法

观测法是研究者通过观察、测定和记录自然情境下发生的现象来认识研究对象的一种方法。这种方法是在不影响事件的情况下进行的，观测者不介入研究对象的活动中，因此能避免对研究对象的影响，可以保证研究的自然性和真实性。例如：观测作业的时间消耗、流水线生产节奏是否合理、工作日的时间利用情况等。进行这类研究，需要借助仪器设备，如计时器、录像机等。

在应用观测法时，研究者要事先确定观测目标并制定具体计划，避免发生误观测和漏观测的现象。为了保证对客观事物的正确全面感知，研究者不但要坚持客观性、系统性原则，还需要认真细微地做好观测的准备工作。

3. 实验法

实验法是在人为控制的条件下，排除无关因素的影响，系统地改变一定变量因素，以引起研究对象相应变化，来进行因果推论和变化预测的一种研究方法。在人因工程学研究中，这是一种很重要的方法。它的特点是可以系统地控制变量，使所研究的现象重复发生，反复观察，不必像观测法那样等待事件自然发生，使研究结果容易验证，并且可对各种无关因素进行控制。

实验法分为两种，实验室实验和自然实验。实验室实验是借助专门的实验设备，在对实验条件严加控制的情况下进行的。由于对实验条件严格控制，这种方法有助于发现事件的因果关系，并允许人们对实验结果进行反复验证。缺点是主试严格控制实验条件，使实验情境带有极大的人为性质；被试意识到正在接受实验，可能干扰实验结果的客观性。

自然实验也叫现场实验，在某种程度上克服了实验室实验的缺点。自然实验虽然也对实验条件进行适当控制，但由于实验是在正常的情境中进行，因此，实验结果比较符合实际。但是，由于实验条件控制不够严格，有时很难得到精密的实验结果。

实验中存在的变量有自变量、因变量和干扰变量三种。自变量是研究者能够控制的变量，它是引起因变量变化的原因。自变量因研究目的和内容而不同，如因照度、声压级、标志大小、控制器布置、作业负荷等的不同而不同。自变量的变化范围应在被试的正常感知范围之内，才能全面反映对被试的影响。

因变量应能稳定、精确地反映自变量引起的效应，具有可操作性；能充分代表研究对象的性质，具有有效性。同时尽可能要求指标客观、灵敏和定量描述。

干扰变量按其来源可分为个体差异、环境条件干扰及实验污染三个因素。个体差异是指被试在实验中，随时间推移而产生身心变化或选择的被试不符合样本标准而使样本出现偏差等；环境条件干扰是指环境条件对实验的影响，如听觉测试中噪声的干扰、测试仪器的系统误差等；实验污染是指由于多次对被试施加处理和反复测试而形成的交互作用，影响研究结果的准确性。在实验中，应采取实验控制法使干扰变量减小到最低限度。

4. 数学模型模拟法

数学模型能够用于发展复杂的模拟。也就是说，一些特定系统的重要变量以及它们之间的关系能通过数学建模并被编成可以运行的模拟程序。将不同的情况通过程序运行，观察会发生什么情况。模拟的预测可以和人的实际操作比拟（时间、人误、工作负荷）。模拟法使得研究者可以不需要进行实验就可以预测设计变动所带来的影响。

5. 可视化人机工程仿真

可视化人机工程仿真技术，将人因工程学理论与计算机图形仿真技术相结合，使设计者可以对还在设计中的人机系统进行数字化建模仿真。其基本思路是用三维虚拟样机，取代实物样机；用虚拟人体，取代实际操作人员，形成虚拟人操作虚拟设备的场景，从而实现对人机系统的可视化模拟及评价。该方法能够在设计阶段，原理样机推出之前，利用仿真的方法对人机工效进行预先分析和评价，以便发现设计中存在的重大缺陷，提出改进措施，为论证和方案阶段进行人机工效分析评价提供技术手段。

可视化人机工程仿真技术的新趋势是使用虚拟现实技术（Virtual Reality，VR）。VR技术变"后实物验证"为"先虚拟体验"，能提前开展性能仿真演示、人机工效分析、总体布置、装配与维修性评估，在整个设计阶段都有相应的应用需求，能够及早发现、弥补设计缺陷，实现"设计—分析—改进"的闭环迭代。图0.5展示了空客的设计团队人员，头戴头盔显示器，在3D数字建模环境中，进行沉浸式虚拟现实体验。

图 0.5　空客的设计团队在 3D 数字建模环境中进行沉浸式虚拟现实体验

（图片来自空客 **FAST** 杂志第 **57** 期）

6. 故障和事故分析

故障是指系统的运行已经有明显的问题发生,但是还没有形成事故。在航空领域,有正式的记录故障与事故的数据库。美国国家航空航天局(NASA)的航空安全报告系统(ASRS)数据库每年收集大约 3 万例由飞行员和空中交通管制员报告的故障。

预防事故是人因学专业的一项主要的目标,特别是人在越来越大而复杂的系统中工作的情况更是如此。无论事故是人引起的还是机器引起的,或者是什么交互作用引起的,我们都可以对事故进行系统的分析,以发现造成事故的根源。事故分析已经在很多场合指出了不好的系统设计是导致人误的原因。

0.2.3　研究方法的效度与信度

在人-机-环境系统中,人的行为受很多因素影响,很不容易测试。人因工程学的研究成果大多直接或间接地应用于生产和生活实际,其研究质量将对实践产生显著的影响。要准确地揭示人-机-环境系统的规律性,必须使所用的研究方法具有可靠性(信度)和有效性(效度)。研究方法的效度和信度是评价研究方法科学性的重要标准。在开展研究的同时,要注意所选研究方法的信度和效度,并对研究结果进行总结、评价和改进。

1. 效度(Validity)

效度是指研究结果能真实地反映所评价的内容。可从不同角度研究效度,应用比较广泛的是内部效度和外部效度。

(1) 内部效度

内部效度是指研究中各变量间确实存在着一定的因果关系。譬如在研究中,研究者发现,随着目标亮度的增大,观察者的效绩(反应时,判读正确率等)也在提高,并且排除了其他因素作用的可能性。这种研究就具有内部效度,即其效绩的改变的确是由于照明水平的变化引起的,两者之间存在着因果关系。

(2) 外部效度

外部效度是指某一研究的结论能够在多大程度上推广和普及到其他的人和背景中去。例如,在实验室条件下研究得到的学习曲线是否能应用于实际生产作业中,若可以,则表明该研究有较高的外部效度。

一项良好的人因工程学研究应满足上述两方面的效度要求。一般为了保证测试内容的效度,常常安排对照组的测试,以排除偶然因素对测试结果的影响。

2. 信度(Reliability)

信度是指研究方法和研究结果的可靠性,即多次测量的结果保持一致性的程度。如果一个测验的可靠度高,那么,同一个人多次接受这个测验时,就应得到相同或大致相同的成绩。

如图 0.6 所示,如用瞄准打靶的结果比喻研究结果,研究结果可能是既可靠又有效的(见图(a)),也可能是可靠而无效的(见图(b)),还可能是不可靠而有效的,或者是既不可靠又无效的(见图(c))。

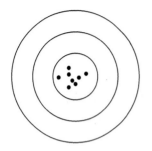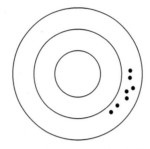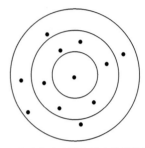

(a) 既有信度也有效度的研究结果　(b) 有信度但没有效度的研究结果　(c) 既没有信度也没有效度的研究结果

图 0.6　效度和信度的比拟说明

3. 样本的选择及对测量结果的统计处理

在人因工程研究中,通常采用抽样的方法进行观察和测量。因此,样本的选择及对测量结果的统计处理直接影响研究的效度和信度。

(1) 研究样本的选择

在人因工程学研究中,通常要求所选择的研究对象应满足研究问题所需要的素质。除此之外,还要保证样本数量能代表所要研究对象的全体。当研究对象的总体很大或观察值较为分散时,通常把样本选得大一些,比如,工程人体测量研究就常采用大样本。当研究的问题比较简单,个体间差异不太大时,如对有关感觉、知觉、记忆等的研究中,一般可选用较少量对象做多次的反应来进行研究。

取样的具体方式包括随机取样和分层取样两种。例如,工作空间设计需要参考人体参数。它的测量通常是采取分层取样的方式进行的,可以根据年龄、性别、地域等变量将总体划分成各种类型,然后按比例抽取样本,组成常模组。这种样本测量的结果就可以代表总体的人体尺寸。从选择偏斜的样本中得到的结果是不能代表总体的。所以,要重视取样的科学性。

(2) 统计分析的正确性

统计分析的正确性取决于良好的数据质量和所选择的统计方法的正确性。在人因工程学研究中,常需要对测量的结果进行统计分析,需要不同的分析方法。有对数据进行组织和概括的描述性统计方法,如表示数据集中程度的平均数、中位数和众数,以及表示数据离散趋势的方差、标准差等。也有在数据分析的基础上做出统计推论的推断统计方法,如 T 检验,F 检验和 X^2 检验等。不同的统计方法适用于特定的研究设计。它们对数据的质量也有一定要求,所以,研究者在进行数据分析时,应根据具体的研究要求选择正确的统计方法。

0.2.4　人因设计的工效学测评/评价技术

1. 工效学评价

通常,所谓系统评价,就是评定系统的可行方案或实物的价值。具体地说,系统评价是根据预定的系统目标,根据技术、经济、环境等方面的客观要求,利用系统的资料、模型或实物,从系统整体出发,分析对比各种方案或实物,全面权衡得失,最后确定技术上先进、经济上合理可行的最优方案或实物的过程。因此,概括地说,系统评价就是一个寻找最优方案或实物的过程。

评价可以是对现有的系统进行评价,以便使有关人员了解现有产品的优缺点和存在的问题,为今后改进产品设计提供依据和积累资料;也可以是对系统规划和设计阶段的评价,通过评价,可在规划和设计阶段预测到系统可能占有的优势和存在的不足,并及时改进。因此,评价的目的是:根据评价结果,对系统进行调整,发扬优点,改善薄弱环节,消除不良因素或潜在危险,以达到系统的最优化。

工效学评价是根据系统(产品)设计的工效学要求,对设计方案或产品实体,针对目标任务的技术要求和环境条件,选择合适的受试者,进行工作空间、操作可达性、观察可视性、操作可靠性等方面的评定,给出相应的结论,并且在结果分析的基础上,对不符合工效学设计要求的项目进行改进的过程。

从上面的定义可以看出,工效学评价具有 3 个方面的特点:

(1)多因素和多指标

对一个系统(产品)而言,涉及的因素众多,结构比较复杂,其目标不但有工效方面的指标,也有安全可靠性方面的指标,而且还有研制过程中技术实现可能性等方面的要求。同时涉及诸如失重、工作空间狭小、辐射、噪声、振动、高低温等环境因素,因此,在评价过程中,必须综合考虑,以得出一个科学的结论。

(2)定性与定量分析相结合

在工效学评价指标体系中,既有定量指标,又有定性指标,这也是系统特点所决定的。

(3)动态分析和迭代改进相结合

一个系统(产品)在研制的不同阶段(如方案、初样、正样等),其工效学设计本身是一个动态过程。不同阶段的目标不一样,例如,方案阶段,确定产品的分配基线(如功能特性、可靠性、人机特性等);初样阶段和正样阶段,确定产品基线(如产品规范、工艺规范、材料规范以及产品的技术状态、验收方法等)。通过工效学评价,应实现从方案设计阶段到产品研制阶段系统(产品)的工效性能迭代改进,使之最终向符合工效学设计要求的目标推进,确保最终实现设计目标。

航空人因设计一般通过定性与定量相结合,客观测评和主观测评相结合的评价手段进行评价。针对人为因素条款的适航取证审定,需要工业方根据相关的审定基础和依据,提供可接受的符合性验证方法,这本质上是检验航空产品的人因设计是否满足相关条款的要求,是对人因设计的测评。

2. 评价原则

测评工作应注意以下原则:

(1) 评价方法的客观性

评价的质量直接影响决策的正确性,为此要保证评价的客观性。应保证评价数据的可靠性、全面性和正确性,应防止评价者的主观因素的影响,同时对评价结果应进行检查。

(2) 评价方法的通用性

评价方法应适应评价同一级的各种系统。

(3) 评价指标的综合性

指标体系要能反映评价对象各个方面的最重要的功能和因素,这样才能真实地反映被评对象的实际情况,以保证评价不出现片面性。

3. 评价指标体系的建立

评价的第一步是设定评价指标,由此可导出评价要素,并可按其评判结果设计方案。建立指标体系时,应注意下列原则:

(1) 系统性原则

指标体系应尽可能完备,应能全面地反映被评价对象的综合情况,特别是不能忽略重要的因素,以保证综合评价的全面性。

(2) 独立性原则

进行评价时所依据的各个指标,必须是相互独立的,即对各个指标的价值的实施,不影响其他指标的价值,要尽量避免指标间的过分包含问题。

(3) 可测性原则

各个指标的特性应简单明确,尽可能定量地表达,至少要用文字定性地具体表达,收集方便,计算简单。

(4) 重点性原则

重要方面的指标应设置得密些、细些;次要方面的指标应设置得稀些、粗些。

评价指标体系是由确定的评价目标直接导出的。建立评价指标体系(要素集)是逐级逐项落实总目标的结果。因为要与价值相对应,所以全部要素都应用"正"方式表达。例如用"噪声低"而不用"声音响";用"省力"而不用"费力";用"易识别"而不用"难识别"等。

评价前需要将总目标分解为各级分目标,直至具体、直观为止。在分解过程中,要注意使分解后的各级分目标与总目标保持一致,分目标的集合一定要保证总目标的实现。所以,一个较高目标层次的分目标应当只与后继的较低目标层次上的一个目标相连接。这样的分层次使设计者易于判断是否已列出全部对判断有重大影响的分目标。同时,由此还较易估计这些分目标对于需要评价方案的总价值的重要性。然后由复杂度最低的目标层次中的分目标导出评价要素。(可参看图 2.1 民机驾驶

舱工效设计基本要素）

4. 人因工效评价常用方法

驾驶舱评价方法可分为主观评价、客观评价、虚拟评价 3 类。常见的主观评价方法，包括检查表法、专家打分法、模糊综合评价等。客观评价方法，主要采用生理测量学方法测量眼动、脑电、肌电等各项生理指标，进而评价驾驶员的工作负荷、注意力分配等是否符合人机工效设计原则。虚拟评价法，则如前所述，使用计算机仿真技术建立人体模型、机舱模型，将人-机-环作为一个整体进行设计评价。还可以结合虚拟现实技术使飞行员身处逼真的虚拟环境，使用人机交互设备测试飞行员的操作和姿态，同时将数据信息反馈到虚拟环境，进行工效学评价。

这里简单介绍一下模糊综合评判法和专家打分法。

（1）模糊综合评判法

模糊综合评判法（Fuzzy Comprehensive Evaluation，FCE）是以模糊数学为基础，应用模糊关系合成原理，将一些边界不清楚、不易定量的因素定量化，进行综合评估的一种方法。也就是说，FCE 是用来处理评估对象客观存在的，由模糊性导致的不确定性问题，它是模糊数学在自然科学领域和社会科学领域中应用的一个重要方面。具体而言，模糊综合评估是通过构造等级模糊子集，把反映被评估事物的模糊指标进行量化（即确定隶属度），然后利用模糊变换原理对各指标进行综合。

模糊理论是美国伯克利加州大学的自动控制专家 L. A. Zadeh 教授于 1965 年提出的，从此，模糊理论在各个研究领域得到了广泛应用。模糊综合评估是对具有多种属性的事物，或者说其总体优劣受多种因素影响的事物，合理地做出一个能综合这些属性或因素的总体评判。

模糊集理论的本质是用隶属函数作为桥梁，将不确定性在形式上转为确定性，即将模糊性加以量化，从而为模糊不确定性问题的解决提供了数学工具。模糊综合评估法（FCE）是较好地用于涉及多个模糊因素的对象的综合评估方法。

（2）专家打分法

专家打分法（德尔菲法）是一种能够实现征求和提炼专家群体意见的有效方法。它是指通过匿名方式征询有关专家的意见，对专家意见进行统计、处理、分析和归纳，客观地综合多数专家经验与主观判断，对大量难以采用技术方法进行定量分析的因素做出合理估算，经过多轮意见征询、反馈和调整后，对指标价值和价值可实现程度进行分析的方法。

依据系统的程序，专家打分法采用匿名发表意见的方式，即专家之间不得互相讨论，不发生横向联系，只能与调查人员发生关系，通过多轮次调查专家对问卷所提问题的看法，经过反复征询、归纳、修改，最后汇总成专家基本一致的看法，作为预测的结果。这种方法具有广泛的代表性，较为可靠。目前常用的是德尔菲法和改进德尔菲法（Modified Delphi，MD）。

0.3　与航空人因设计相关的适航审定条款依据简介

人为因素对于航空安全具有重要影响,这在飞机制造商、适航当局以及相关研究机构中已经达成共识。在飞机设计与取证评审过程中,对人因设计的要求越来越高,而相关的适航审定条款与依据也在不断的更新与完善中。

0.3.1　与航空人因设计相关的适航审定条例依据

1. 与航空人因设计相关的适航审定条款

表0.1列出了美国联邦航空条例FAR第25部中大部分与人因设计相关的审定条款。这些条款主要涉及飞机上各类装置的人机工效设计要求,如可视性、可达性、可操纵性、可维护性、防差错设计等要求。其中最为重要的人因设计适航审定条款是25.1302和25.1523。前者要求从人的认知能力的角度出发,设计飞行机组使用的安装系统与设备;后者则涉及飞行机组的工作负荷的评估测定。在后面的章节中,将对表0.1内比较具有典型性的条款进行介绍。读者可到美国联邦航空局、欧洲航空安全局、中国民用航空总局等机构的官网下载最新版本的第25部航空规章的电子版,按表0.1中所列条款编号和名称,查询相关条款的具体内容。

表0.1　FAR25部中与人因设计相关的审定条款

条款编号	条款名称	条款编号	条款名称
25.203	失速特性	25.773	驾驶舱视界
25.207	失速警告	25.775	风挡和窗户
25.233	航向稳定性和操纵性	25.777	驾驶舱操纵器件
25.251	振动和抖振	25.779	驾驶舱操纵器件的动作和效果
25.253	高速特性	25.781	驾驶舱操纵手柄形状
25.397	操纵系统载荷	25.785	座椅、卧铺、安全带和肩带
25.607	紧固件	25.789	客舱和机组舱以及厨房中物件的固定
25.611	可达性措施	25.793	地板表面
25.671	操纵系统—总则	25.809	应急出口布置
25.672	增稳系统及自动和带动力的操纵系统	25.831	通风
25.677	配平系统	25.841	增压座舱
25.679	操纵系统突风锁	25.941	进气系统、发动机和排气系统的匹配性
25.703	起飞警告系统	25.977	燃油箱出油口
25.729	收放机构	25.981	燃油箱点燃防护
25.735	刹车	25.1141	动力装置的操纵器件总则
25.771	驾驶舱	25.1142	辅助动力装置的操纵器件

续表 0.1

条款编号	条款名称	条款编号	条款名称
25.1143	发动机的操纵器件	25.1357	电路保护装置
25.1145	点火开关	25.1360	预防伤害
25.1147	混合比操纵器件	25.1381	仪表灯
25.1149	螺旋桨转速和桨距的操纵器件	25.1383	着陆灯
25.1153	螺旋桨顺桨操纵器件	25.1401	防撞灯系统
25.1155	反推力和低于飞行状态的桨距调定	25.1403	机翼探冰灯
25.1157	汽化器空气温度控制装置	25.1447	分氧装置设置的规定
25.1159	增压器操纵器件	25.1523	最小飞行机组
25.1161	应急放油系统的操纵器件	25.1541	标记和标牌—总则
25.1301	功能和安装	25.1543	仪表标记—总则
25.1302	飞行机组使用的安装系统与设备	25.1545	空速限制信息
25.1303	飞行和导航仪表	25.1547	磁航向指示器(标记)
25.1305	动力装置仪表	25.1549	动力装置和辅助动力装置仪表
25.1309	设备、系统及安装	25.1551	滑油油量指示器
25.1321	布局和可见度	25.1553	燃油油量表
25.1322	警告灯、告诫灯和提示灯	25.1555	操纵器件标记
25.1323	空速指示系统	25.1557	其它标记和标牌
25.1325	静压系统	25.1561	安全设备
25.1326	空速管加温指示系统	25.1563	空速标牌
25.1327	磁航向指示器	25.1711	部件识别:EWIS
25.1329	飞行导引系统	25.1719	可达性规定:EWIS
25.1331	使用能源的仪表	25.1721	EWIS 的保护
25.1351	电气系统和设备—总则		

2. 与人因设计适航审定相关的咨询通告、政策和备忘录

FAA 发布了一系列关于人因适航审定的咨询通告、政策和备忘录,用于指导申请人开展符合性验证工作和规范审定成员的适航审定工作,如:

① AC25.1302－1,飞行机组使用的安装系统和设备;

② AC25－11B,电子飞行显示器;

③ AC25.1322－1,飞行机组告警;

④ AC20－175,驾驶舱系统操控器件;

⑤ AC25.1523－1,最小飞行机组;

⑥ AC25.773－1,驾驶舱视界设计的考虑;

⑦ AC25.1309－1A,系统设计和分析;

⑧ AC120-28D,批准Ⅲ类起飞、着陆和着陆滑跑的最低天气标准;

⑨ PS-ANM111-1999-99-2,运输类飞机驾驶舱审定人为因素审定计划评审指南;

⑩ PS-ANM-01-03,驾驶舱审定人为因素符合性方法评审考虑;

⑪ PS-ANM111-2001-99-01,增强自动驾驶运行期间飞行机组的意识;

⑫ FAA Notice81.98,关于复杂综合航电作为TSO过程部分的人因/飞行员界面问题;

⑬ FAA Human Factors report,飞行机组和现代驾驶舱系统的界面;

⑭ DOT/FAA/CT-03/05,人为因素设计标准。

本教材将在第5~8章,结合相关的咨询通告,介绍飞机驾驶舱显示装置、告警装置(特殊的显示装置)、控制装置的人因设计知识和审定要求,并介绍最小机组的审定要求和可接受的验证方法。

0.3.2　FAR25.1302《飞行机组使用的安装系统与设备》简介

1. FAR25.1302《飞行机组使用的安装系统和设备》适航审定专门条款产生的背景

如表0.1所列,在驾驶舱人因设计适航审定专门条款25.1302发布之前,有关人为因素的适航审定条款零星地分布在第25部的各个部分,主要针对系统部件本身的特性做出工效学上的要求,最终通过25.1523《最小飞行机组》作为人为因素的集中体现。对于人为因素适航符合性的考察也主要以25.1523条款的符合性为主导。

由于飞行机组判断和操作失误造成的航空事故时有发生,随着综合航电和机电一体化技术的不断发展,驾驶舱内需要飞行员监控关注的因素越来越多,即使是经过良好训练、资历老练的飞行机组成员也难免会发生差错。事故分析结果显示,在涉及运输类飞机的大部分事故中,飞行机组的人为差错是一个重要因素。这些错误部分是由飞行机组使用的系统或人机界面的设计缺陷引起的。

针对居高不下的与人为差错相关的民机事故率,早在1999年,FAA便启动了一个人为因素协调工作组(Human Factors-Harmonization Working Group,HF-HWG),成员包括FAA、JAA、波音和空客等单位。HF-HWG的研究发现,已有的各种适航条款(不仅仅是第25部)和咨询通告(AC)存在约250项与人机界面设计和人为因素有关的问题。其中,35项重要问题主要集中在已有的适航审定条款和咨询通告中,没有就驾驶舱设计如何充分地考虑飞行员能力、如何有效地支持飞行员作业绩效和人为差错管理,提出全面系统的适航要求及指导。

研究还发现,由于没有充分考虑飞行员的能力,以及设计对飞行员操作绩效的影响,导致了机载人机界面设计过分复杂和缺乏足够的人机工效,从而可能导致人为差错的产生。较为突出的问题有:对贯彻"以人为中心"的设计理念缺乏具体有效的方法、工具和标准;设计过程和决策缺少足够的人机工效学考虑或专业人员的参与;设计员和试飞员缺乏足够的人机工效学知识和技能等。

　　如传统机电式机载设备人机界面设计中所采用的一些防错设计,为预防和减少人为差错的发生发挥了作用。例如,操纵装置的形状编码、互锁设计、位移限定装置等。但"玻璃驾驶舱"所带来的数字综合化交互式人机界面,出现了很多新问题,需要用新的方式考虑其防差错设计问题,如多功能控制器/控制显示器(MFC/CDU)中复杂的多层次菜单结构;非规范化设计的按键排列;难记且不一致的英文缩写指令符号;对某些重要飞行参数的输入缺乏执行前核准或复原功能等。这些设计有可能增加飞行员的认知工作负荷,并导致人为差错的发生。

　　又如,虽然民机驾驶舱自动化提高了飞行操作的准确性、可靠性、航运经济性和整体飞行的安全性,但它的发展从一开始就是以技术为导向,而并非遵循以飞行员为中心的人机工效学理念。新增的机载设备虽然为飞行安全提供了进一步的保障,但如果没有与原有机载设备实现有效的系统化整合,则可能增加人机界面的复杂性。比如原有机载设备通过各种信息加工通道(听觉、视觉、触觉等)给飞行员提供了众多的告警信号,由于逐步增加的新机载设备的告警信号并没有与原有各类告警信号实现有效的系统化整合,有时会在高负荷应急状态下,造成飞行员信息过载,从而导致产生人为差错的隐患。

　　人为因素协调工作组经过多年研究,于 2004 年 6 月向 FAA 提交了最终建议报告。HF - HWG 注意到系统设备的设计特性能够影响飞行机组差错,认为局部修改第 25 部的部分条款无法系统地解决所存在的问题,因而有必要按照"以飞行员为中心"的人机工效学方法来增补一项新条款。他们建议增加更明确的管理和避免飞行机组差错的相关设计要求,以补充增强现有驾驶舱人为因素适航性要求。这些要求之后纳入到了 25.1302 条款中。

　　欧洲航空安全局 EASA 率先于 2007 年采纳了这些建议报告,颁布了审定规范 25.1302(CS25.1302,CS:Certification Specification)和可接受的符合性方法 AMC25.1302,并对其进行具体的解释。FAA 在向航空业界广泛征求意见后,于 2013 年正式发布了内容一致的联邦航空条例 FAR 25.1302 以及咨询通告 AC25.1302 - 1。FAR 25 部 25 - 137 号修正案新增的 25.1302 条款于 2013 年 7 月 2 日生效,这意味着在此日期之后申请取证的运输类飞机皆需满足此要求。这一重大举措标志着飞机设计中考虑人因问题不再是单个飞机制造商或设计公司的行为,而是从法规上强制必须达到的设计要求。

　　从 25.1302 条款要求本身来看,并没有要求航空器在设计和制造时,为满足飞行机组需要而额外增加相应的系统和设备,而是要求飞行员所使用的驾驶舱系统和设备需具有较好的防差错设计和显示功能,能够有效提高飞行机组工效,避免出现操作或判读失误。该条款的增加,要求航空工业方在飞行员所使用的驾驶舱系统和设备的显示和操作的人机工效设计上下功夫,从而满足适航条款要求;同时也要求适航审定当局能够结合驾驶舱系统和设备的人机工效评判准则,给出条款符合性验证方法和判定准则。这虽然在一定程度上增加了航空工业方产品设计和适航当局审定的负担,但这对于减小驾驶舱人为因素失误、提高航空器安全意义重大。

25.1302条款对相关设备和功能的设计提出了一系列人机工效学要求,包括提供合适的显示器和控制器。这些显示器和控制器不但需符合相关的硬件设计指标,还需在信息的呈现方式和可用性等方面进行有效的设计,来支持各种飞行任务并进行后续的情景意识设计、设备和功能的可预测性和可控性分析、机载人机系统和界面整合设计以及人为差错管理设计等。

2. FAR25.1302《飞行机组使用的安装系统和设备》的具体内容

(1) 条款内容

本条款适用于驾驶舱中飞行机组在正常座位位置操作飞机时所使用的机上安装的系统和设备。申请人必须证明,所安装的系统和设备,无论是单独的还是与其他系统和设备的集成,设计上都满足经使用培训合格的机组人员能安全执行与系统和设备预定功能相关的所有任务。所安装的这些设备和系统必须满足以下要求:

(a) 驾驶舱控制器件的安装必须允许完成那些要求设备安全执行预定功能的所有任务,同时必须给飞行机组提供完成规定任务所必需的信息。

(b) 供飞行机组使用的驾驶舱操控组件和信息必须满足以下条件:

　　(1) 以明确的、毫不含糊的方式提供,且具有适合于任务的分辨率和精准度;

　　(2) 对于飞行机组方便可用,且与任务的紧迫性、频率和持续时间一致;

　　(3) 如果需要安全运行警告,则能够警告飞行机组其行为对飞机或系统的影响。

(c) 所安装设备的操作相关活动必须:

　　(1) 是可预测的和明确的;

　　(2) 设计上能够使飞行机组以适于任务的方式进行干预。

(d) 在实际可行的范围内,所安装的设备必须包含针对飞行机组操纵设备所造成的、可合理预测的使用中差错的管理方法。本款不适用于下列情形:

　　(1) 与飞机人工控制相关的技能错误;

　　(2) 由于恶意决策、行动或不作为造成的错误;

　　(3) 机组成员的鲁莽决定、行动,或忽视安全引起的遗漏;

　　(4) 暴力行为或受威胁造成的错误,包括受威胁进行的行为。

(2) 条款解读

条款25.1302第一自然段中提及的"飞行机组"是指为了组成最小飞行机组的任何人或所有人,以便同25.1523条相符合。并且飞行机组人员还需满足"经使用培训合格"这一条件。条款第一自然段中提及的"正常座位位置"(normally seated positions)是指飞行机组坐在他们通常操纵飞机的位置上,这一短语是为了限制要求的使用范围。比如说,本条款并不适用于某些供维修成员(以及不操纵飞机时的飞行机组)使用驾驶舱内的维修用控制器件。

25.1302(a),本项要求型号申请人为 25.1302 条第一款(第一自然段)中所确定的所有驾驶舱设备安装适当的控制器件,并提供必要的信息,控制器件和信息显示必须能够让飞行机组执行任务。虽然这看起来很明显,但揭示了驾驶舱控制器件和信息显示满足飞行机组需要的特定要求。这些要求没有在规章的其他部分反映,因此需在此处进行明确说明。

25.1302(b),本条款为驾驶舱控制器件和信息显示提出了必要的和适当的要求,使飞行机组能够如 25.1302(a)所规定的完成他们的任务。

➤ 25.1302(b)(1)条规定了应当以明确的毫不含糊的形式,对任务提供具有适当精度的控制件和信息显示。对控制器件来说,"明确的,毫不含糊的"的要求是指飞行机组能恰当地使用控制器件完成设备的预期功能。对信息显示,"明确的,毫不含糊的"的要求是指:能正确感知(易读);飞行机组任务的上下文能够被理解。25.1302(b)(1)条也对分辨率和精准度提出了要求。分辨率偏低或精度不高将意味着飞行机组无法充分地执行任务,而分辨率过高则会因为信息的可读性,或者完成任务需要的功能比实际更加精确而使任务难度增加。

➤ 25.1302(b)(2)条规定了控制器件和信息显示需与任务的紧迫性、频率和持续时间相匹配,以供飞行机组读取和使用。例如,经常使用或紧急使用的控制器件必须能够随时进行访问,或者需要较少的步骤就可以执行任务。关于这一点将在第 5 章~第 7 章中加以介绍。

➤ 25.1302(b)(3)条规定设备需要提供信息,以告知飞行机组对飞机或系统活动的影响。这种告警对安全操作是必需的,目的是让飞行机组了解由于飞行机组活动对系统或飞机状态产生的影响,从而允许他们检测和纠正自己的差错。

25.1302(c),设置该条款,是因为服役经验表明,一些自动驾驶系统的人机界面设计了过于复杂的自动化模式和控制方式,不能被飞行机组成员很好理解。这样的设计特征会使飞行机组成员产生混淆,并且在实际飞行中证明对一些事件或事故有重大影响。

➤ 25.1302(c)(1)条规定系统行为应当能够让一个合格的飞行机组成员了解系统正在做什么和为什么这样做,要求运行相关的系统行为是可预测和无歧义的。

➤ 25.1302(c)(2)条规定设计应该使飞行机组成员能对系统采取一些行动或者以一种适合于任务的方式改变系统输入。

25.1302(d),本条款阐述了如下的事实:即使是受过严格训练、娴熟的飞行机组成员在操纵精心设计的飞机时也会犯错。这样就要求设备被设计成能够使飞行机组成员管理这样的差错。(具体内容参看本节中的"飞行机组差错管理")

同时,本条排除了由于具有不良信誉的飞行机组成员所做的决策、行为、疏忽引起的差错,也不考虑由暴力或暴力威胁行为引起的差错。

3. 适航符合性验证规划

(1) 制定驾驶舱人因设计合格审定计划

由于民用航空适航体系以公众的安全为出发点,因此,为了保证航空器在设计制造与使用运营过程中保持其安全品质,要求所有使用的设备和技术都是成熟的,而不一定是最新的。由于适航规章给出的是民用航空产品必须满足的最低安全标准,这也意味着规章给出的最低标准从技术层面而言可能是较为陈旧的。但以目前航空电子技术的发展速度,新的人机交互方式,新的设计理念和技术层出不穷,这又要求适航规章有一定的前瞻性,能够容纳新技术,给新技术应用留有足够的空间。而新技术往往还没有经过实际的运营考验,可能包含潜在的不安全因素,应如何调和这一矛盾? 在 25.1302 的咨询通告中,引入了三个指标来衡量合格审定大纲制定的繁简程度。这三个指标是:综合性/集成水平、复杂性和新颖性。

1) 综合性/集成水平(Integration)

系统综合性/集成水平主要指的是影响飞行机组操纵飞机的各系统之间的相互作用或相互依存的程度。

现代民用飞机为了有效降低飞行机组执行飞行任务过程中的工作负荷,越来越多地采用自动化技术,如综合模块化航空电子(Integrated Modular Avionics,IMA)系统,这势必带来更多的系统交联,可能为飞行机组对系统工作状态的情景意识带来困难。因此,申请人在符合性验证工作中应对系统集成的情况,通过详细的系统描述文件,明确飞行机组任务和系统功能的关系。对于可能造成飞行机组情景意识降低的情形,需要开展相关试验验证工作。

2) 复杂性(Complexity)

复杂性有多重衡量尺度。从认知的角度来说,飞行机组所必须使用的信息元素,其数量的多寡(如在某个显示器上的信息条数)便可反映出一种复杂性程度;从操纵的角度来说,对系统的控制或自动化模式的切换等也反映出其复杂程度。由于自动化程度较高,需要机组监控的信息量可能会有所增加,同时,对不同自动化模式间的转换控制也会相应增加,因此在验证方面也要给予充分关注。

3) 新颖度(Novelty)

新颖度这一概念对于人因设计尤为重要,系统设计引入新技术可能带来新的交互方式,飞行机组在这种情况下可能带来人为差错。一般来说新颖度主要包括以下几类:

① 引入新技术带来的新的操作方式。

② 引入新技术带来的非常规操作或额外的附加程序。

③ 引入新的交互方式。

④ 对原有系统增加新的任务功能。

因此,申请人应当将设计特征按其综合性、复杂性和新颖性进行分类。被划为较新颖的特征,在合格审定时通常需要额外详细地审查。新颖性特征的影响会与其复杂性及其与驾驶舱其他组件的综合程度有关联,对一个新颖但简单的特征,所要求的审查详细程度,一般要比既新颖又复杂的特征要低。

这样,通过衡量这三个指标,局方和工业方就可对有关 25.1302 条款的审查范围和审查详细程度有一个评估。集成水平越高、越复杂、越新颖的设计特征,就需要越多的符合性验证证据,充分证明其安全性。

针对上述重点关注的要素,应按照图 0.7 所示的总体思路规划人为因素适航符合性验证过程。

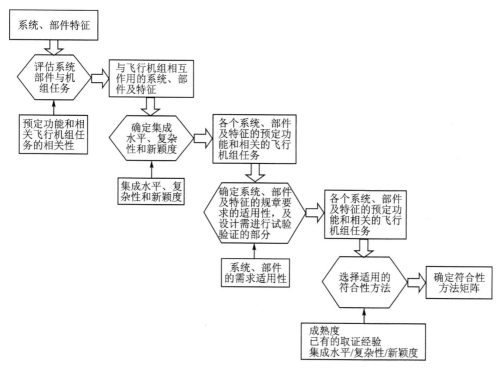

图 0.7　为设计相关人的行为问题制定合格审定计划的方法途径

(2) 设计考虑

从适航条款的要求分析可知,人为因素验证的主要目标是尽可能减少由设计诱导的人的失误。人为因素适航符合性验证的重点也是关注如何从设计源头规避人的差错。通过对驾驶舱设计过程细化分解,识别出在设计过程中需要考虑的要素。

1) 预定功能与飞行机组任务(Intended Function and Associated Flightcrew Tasks)

人为因素是基于任务的动态过程,所有验证工作都围绕飞行机组任务展开,因此,在驾驶舱设计过程中首先要明确飞行机组的任务。飞行机组完成任务的前提是飞机必须提供与任务相匹配的功能,这就是"预定功能"。

在适航符合性验证中,必须对机组任务和预定功能进行详细描述。尤其是对于新的功能更要明确说明与任务的匹配性。比如"速度显示功能",早期显示方式是仪表显示,现在大多采用液晶显示器,其在主飞行显示器(PFD)上显示,先进的还可在平视显示器(HUD)上显示,另外还有备用仪表显示。在显示内容上,可以显示以"节"为单位的空速,也可以显示用马赫数表示的空速,还可以显示真空速、地速等速度信息。而这些速度信息都与不同飞行阶段的任务相关。在符合性验证过程中必须说明功能是与任务相匹配的。

2) 操纵器件(Controls)

操纵器件是飞行机组操纵控制飞机以及进行系统管理的控制界面。必须表明驾驶舱中供机组使用的每一个操纵器件都是完成机组任务所需的,同时其功能、操作方式以及控制效果必须满足人为因素要求,即标识清楚、操作方式明确、功能适当、可达可用及反馈充分。

3) 信息显示(Presentation of Information)

显示界面是飞行机组获取飞机状态信息,以及对控制输入提供反馈信息的主要通道,也是保证飞行机组良好情景意识的重要途径。必须表明驾驶舱内显示信息可视、可辨识、可理解、精度和分辨率恰当、与任务匹配、能够为飞行机组决策提供支持。研究表明人机交互过程中,认知环节的差错率通常比执行环节的差错率高,因此为了给飞行机组提供良好的认知通道,信息显示设计应给予更多的关注。

4) 系统行为(System Behavior)

系统设计特征不同,飞行机组任务的需求也不同。不同系统对有关的飞行机组输入的响应也是不同的。条款要求"安装设备与操作相关的系统行为"必须设计成:可预知的和明确的,同时使飞行机组能够以与任务(和预定功能)相适应的模式干预。也就是说,飞行机组在任何时刻都应该明确知晓系统正在做什么,以及为什么这么做。飞机自动化程度越来越高,各类自动化功能可以使飞机在大多数时间由计算机控制飞行。这就使得飞行机组容易过度依赖自动化系统而丧失对系统行为的监控。在符合性验证工作中必须明确人机功能分配的原则,同时应在任何时刻为飞行机组提供自动化系统的工作模式信息,同时必须提供机组干预自动化模式的有效途径。

5) 飞行机组差错管理(Flightcrew Error Management)

墨菲定律指出,人总是会犯错误的。既然人的差错无法根除,驾驶舱设计必须提供有效的手段控制差错。设计上应遵循下列基本原则来有效控制差错:

① 能使飞行机组发现差错并从差错中恢复。

② 确保飞行机组差错对飞机功能或性能的影响,对飞行机组而言是显而易见的,且可以继续安全地飞行和着陆。

③ 通过使用开关保护、互锁装置、确认操作或相似的方法来降低飞行机组犯错的可能性。

④ 通过系统逻辑和/或冗余、鲁棒或容错系统设计来降低或消除差错的影响。

　　由于人为差错是人为因素条款重点关注的内容,而目前并没有有效的途径能够充分证明驾驶舱设计是可以完全避免人为差错的。因此,在适航符合性验证工作中应通过合理地设置场景试验,涵盖正常和非正常的情况,并能够覆盖大部分预期运行情况,从而表明条款符合性。

　　6) 整合/集成(Integration)

　　许多系统,如飞行管理系统,它们在物理上和功能上都被集成到了驾驶舱中,并且会与驾驶舱的其他系统互相作用。重要的是不能孤立地考虑一项设计,而是要在整个驾驶舱的环境中综合考虑。集成问题包括显示器或操控器件安装在什么地方;它与其他系统如何相互作用;在一个多功能显示器内的各项功能之间是否具有内部的一致性,以及与驾驶舱的其余设备是否具有一致性。其通常需要衡量以下四点:集成的一致性、一致性的折中权衡、驾驶舱环境、集成对工作负荷和差错的影响。

　　① 一致性。设计中应当考虑在某个给定系统内和整个驾驶舱内的一致性。不一致可能会增加工作负荷和差错,尤其是在高度紧张的场合。例如在某些飞行管理系统 FMS 中,经纬度输入的格式在不同的显示页上是有差别的,这可能会导致飞行机组差错,或至少会增加飞行机组工作负荷。另外,如果经纬度以不同于大多数常规纸质图纸使用的格式显示,就可能导致差错。所以应当尽可能使用与其他媒介一致的格式。

　　② 一致性的折中权衡。虽然提倡尽可能地保持一致性,但有些场合可能做不到。有时尽管符合了驾驶舱设计理念、一致性原则等,但却可能会对飞行机组工作负荷产生负面影响。例如:某项设计中的所有音响告警都可遵循驾驶舱告警规律,但告警的数量可能会多到不可接受。当单个任务要求必须以两种完全不同的格式显示数据时,在整个驾驶舱内格式的一致性就行不通了。有个例子是:在气象雷达显示器上是以扇形区的格式显示环境情况的,而在活动地图显示器上则是以 360°的视景显示。在这种情况下,申请人应当表明接口设计与驾驶任务要求的协调性,它可以单独使用,也可与其他接口一起使用而不会对系统或功能两者产生干扰。

　　③ 驾驶舱环境。飞机的物理形态及其运行环境会影响驾驶舱系统的集成和配置,该系统会受到作用于驾驶舱内诸如湍流、噪声、外界照明、烟雾和振动的影响。系统设计应当认识到此类影响对其可用性、工作负荷和飞行机组任务执行的作用。例如:紊流和外界光线会影响显示器的可读性。驾驶舱噪声会影响音响告警的可闻度。驾驶舱环境也包括操控器件和信息显示器的布局或物理布置。这里举一个影响可视性和可读性的物理集成设计不成功的例子:比如要求必须配备的交通防撞系统,会被正常工作位置的推力杆遮挡。

　　④ 集成对工作负荷和差错的影响。进行功能和/或设备集成时,设计人员应当知道其对飞行机组工作负荷以及随之而来对差错处理的潜在影响。因为集成到驾驶舱内的每一新系统,对工作负荷都可能产生正面或负面的影响,所以必须单独按每一系统及与其他系统一起进行对第 25.1523 条"最小飞行机组"的符合性评定。这样做

是为了确保其总的工作负荷是可接受的,即对执行飞行任务无不利影响,飞行机组对信息的检测和解读所用的响应时间不会过长到不可接受。

4. FAR25.1302 条款的符合性验证方法

(1) 符合性验证方法的种类

在适航管理程序 AP−21《航空器型号合格审定程序》中共包括 10 种符合性验证方法(MOC)。在欧盟,符合性验证方法通常被称为"可接受的验证方法"(AMC)。

符合性验证方法可以单独使用,也可以组合起来使用,这主要取决于要验证的适航条款内容。一般而言,涉及面广的、比较重要的条款往往需要使用多种符合性方法来验证。适航符合性验证方法如表 0.2 所列。

表 0.2 　适航符合性验证方法

符合性工作	方法编码	符合性验证方法	相应的文件
工程评审	MOC0	符合性声明: ➢ 引述型号设计文件; ➢ 公式、系数的选择; ➢ 定义	型号设计文件; 符合性记录单
	MOC1	说明性文件	说明、图纸、技术文件
	MOC2	分析/计算	综合性说明和验证报告
	MOC3	安全评估	安全性分析
试验	MOC4	试验室试验	试验任务书 试验大纲 试验报告 试验结果分析
	MOC5	地面试验	
	MOC6	试飞	
	MOC8	模拟器试验	
检查	MOC7	航空器检查	观察/检查报告,制造符合性检查记录
设备鉴定	MOC9	设备合格性	设备的鉴定是一种过程,它可能包含上述所有的符合性验证方法

从飞机立项开始,就应考虑符合性验证的基础和方法;确定之后,飞机研制部门就要按章办事,严格执行;民航审定部门负责跟踪检查,逐条审定。可以说民用飞机的研制过程就是符合性验证的过程,从确定哪些适航条例需要进行符合性验证开始,到是否满足这些条款作为符合性验证结束,全部满足符合性验证要求后,符合性验证的工作才算完成。

(2) 25.1302 的符合性验证方法

作为一项新的适航审定条款,即使是适航当局,也缺乏对实际取证工作进行指导的丰富经验。FAA 在 25.1302 的发布公告中明确表示,要与航空界共同累积经验并细化所建议的符合性验证方法。FAA 希望飞机设计方申请人在研发早期就能和 FAA 多做沟通,分享相关信息。这种合作可帮助申请人准确理解条款要求并确定合适的符合性方法。为了鼓励飞机设计制造商尽早与局方沟通,FAA 设立了认证信用分(Certification Credit)制度。对于申请人在研发早期主动向 FAA 分享信息和取证数据的,FAA 会考虑给予认证信用分。这样一来,人为因素符合性验证过程中的验证信用积累就很重要。

以下是 AC25.1302 中,FAA 建议对 25.1302 条款采用的符合性验证方法。

1) 相似性声明(Statement of similarity)

相似性声明是一个关于待批准系统和之前已批准的系统,针对符合性要求在物理、逻辑和运行上相似性的详细描述。可与先前已通过审定的系统进行比较来证明设计的充分性,这种比较可表明系统设计会尽可能少地产生机组差错,或当差错发生时增强飞行机组进行相应处理的能力。由于相似性声明方法的适用范围较窄,驾驶舱人为因素审定是以任务为基础的,强调整体动态过程,因此该方法只能在局部适用并作为符合性材料的一部分。

2) 设计描述(Design description)

可采用图纸、构型描述和设计准则等来证明设计符合特定规章的要求。

3) 计算分析(Calculation/Analysis)

通过工程计算或分析的方式表明符合性。如可以通过在数字样机中建立合理的人体模型,对驾驶舱的可达性进行分析。可采用计算的方式表明外视界的符合性。

4) 评估(Evaluations)

驾驶舱评估是驾驶舱人为因素符合性验证区别于其他条款的重要方法之一。驾驶舱评估并不要求一定在达到最终状态才开始评估,在设计过程中即可与局方沟通进行驾驶舱评估;一般评估局方不用到场。

评估可以在工程样机、部分任务模拟器、全任务模拟器中进行,也可以是飞行评估。

5) 试验(Tests)

评估和试验作为人为因素的符合性验证方法,都可以归为试验大类,施行过程都是人在环(Human in loop)的,试验主要关注的是软硬件系统对飞行机组绩效的影响,包括环境因素、系统响应、延迟和系统逻辑等。试验和评估最大的区别是,实验要求用真正满足适航制造符合性要求的产品/系统以及系统接口。

试验可在台架、试验室、模拟器或飞机上进行。

① 台架或试验室试验:

这类试验通常限于表明组部件工作是否符合设计要求。通常台架试验单独作为符合方法是不充分的。不过,在结合其他方法的情况下,它们可以提供有用的支持数据。

比如,飞机设计方为验证显示器在预期最亮照明条件下的可视性,可以用台架试验来表明,前提是有支持信息来定义预期照明条件。这类支持信息资料可能包括表明太阳照到显示器的潜在方向的几何分析,以及预期视角的计算。这些条件随后可

在试验室复现。(有关驾驶舱照明的条款和符合性方法介绍可参见本书2.5节)

　　② 模拟器试验:

　　模拟器通常具有较为完整的模拟座舱,可以模拟真实的飞机座舱操纵环境和视景,主要用于进行人在环的飞机操纵品质评估、人机界面和驾驶舱布局分析和评估等(参见图0.8)。只有满足适航制造符合性要求的驾驶舱零部件才可以用于模拟器试验。

图 0.8　C919 模拟座舱

　　比如,飞机设计方,可使用飞行机组训练模拟器,为设计确认大部分正常的和应急的程序,以及设备对飞行机组的任何工作负荷影响。若驾驶舱已全面地满足制造符合性要求,且其航电设备由满足适航制造符合性要求的硬件和软件驱动时,则飞机设计方申请人可通过使用综合航电试验来表明符合性。并非对任何给定的符合性问题,在模拟的所有方面都必须具有高等级的逼真度。对逼真度的要求可以根据要评定的问题来确定。

　　③ 飞机试验:

　　飞机试验可在地面或空中实施。

　　飞机地面试验举例:如对显示器潜在反射的评定。该试验通常需要遮挡驾驶舱窗户来模拟黑暗并调节驾驶舱照明到需要程度。因为光源、显示器硬件和/或窗户构造的不同,该项特定试验可能无法在模拟器上实施。

　　飞行试验是对设计的最终演示验证。这些试验是在满足适航制造符合性要求的飞机的飞行期间实施的,飞机及其组部件(驾驶舱)是待审定型号设计的最终体现,并且是最接近真实设备运行的。空中试验是最实际的试验环境,尽管其仅限于可以安全实施的那些评定。飞行试验可用来确认和证实在项目研发和合格审定期间先期进行的其他试验,对于用其他符合方法(包括分析和评定)收集到的数据资料,往往最好通过飞行试验进行最终确认。但飞行试验也存在一定的限制:试飞试验有时不能找到特定的天气条件,或不能安全地设置一些特定的系统故障状态,这时可考虑试飞与模拟舱或地面样机试验相结合的符合性方法。

【本章案例研究】

因驾驶员未能正确干预自动驾驶操纵造成的空难事故分析
——台湾中华航空飞机降落阶段坠毁空难事故

1994 年 4 月 26 日,台湾中华航空公司的 140 航班从台北国际机场起飞,前往日本名古屋。飞机为 A300B4 - 622R 宽体客机,搭载 271 名乘客和机组成员,于当地时间 20 点顺利到达名古屋国际机场上空。20:14,塔台准许 140 航班在 34 号跑道上着陆。飞机一直下降到距离地面 300 m 时,看起来还是一切正常,不过,驾驶舱内部已经陷入一片混乱。起因却是一件很小的过失。

事情的起因是,副驾驶可能为了把自动油门状态改成手动状态,不小心触动了油门杆的起飞/复飞按钮,这个指令使自动驾驶仪转为起飞状态,发动机恢复最大功率,飞机停止下降。机长在 A300 上有 1 357 飞行小时的积累。他立刻发现了这个错误,说:"你动了油门杆的起飞/复飞按钮。"副驾驶说:"我就碰了一下,先生。"机长吩咐他说:"解除起飞/复飞方式。"这个时候,飞机位于机场跑道入口 5 500 m,很快就可以着陆了。

副驾驶只有 26 岁,1990 年毕业于台湾航校,于 1993 年 3 月 22 日获得 A300 机型副驾驶资格。他按照机长吩咐,用升降舵操纵飞机,手动减少发动机功率,使飞机重新回到下降剖面上。可是,尽管机长提醒副驾驶两次,他仍然没有解除自动驾驶仪的起飞/复飞方式。这可能是因为副驾驶认为只要解除油门杆的起飞/复飞按钮就行了,但自动驾驶仪已经改变成起飞/复飞工作方式,不能通过油门杆解除。副驾驶也按照要求前推操纵杆,压低机头,因为自动驾驶仪已经处于起飞/复飞方式,推驾驶杆无法改变它的工作方式,必须直接用自动驾驶仪的功能按钮来解除。其实,只要在仪表板上重新选择要求的自动驾驶仪工作方式就可以了。

飞机在人工操纵下强行下降高度,但在自动驾驶仪的操纵下保持起飞/复飞姿态,飞机在不断抬头。距离地面只有 150 米高度时,机长自己接过驾驶,但也没有认识到飞机已经接近上仰极限状态,只是发现飞机虽然在勉强下降高度,却在持续抬头。他自言自语地说:"今天这是怎么啦?"飞机已经进入最大仰角保护姿态,系统发出了告警声。机长也像副驾驶那样,想通过推操纵杆来压低机头,进一步手动收小油门,可无法降低飞机抬头姿态。机长认为飞机姿态不对,无法落地,只能将错就错,要求改成复飞状态。副驾驶对塔台通话说:"飞机进入复飞"。

机长没有发现仪表板上的指示,飞机已经处于起飞/复飞工作方式,这是飞机自动抬头的根本原因。副驾驶没有解除自动驾驶仪的这种方式,他自己也认识到,自己操纵飞机时比正常情况下更费力。这是自动驾驶仪在抵抗他的操作。可是,他碍于面子不敢告诉机长,担心机长批评他。机长接过操纵时,主观认为副驾驶已经完全控制了飞机,没有观察仪表板上的工作状态,自己也没有采取正确的行动和程序。这样,在一系列错误操作下,飞机超过自动配平的工作范畴,系统无法自动保持飞机俯仰平衡,进入失速边缘。偏偏在这个时候,机长又决定复飞。

空中客车公司的这种驾驶系统设计概念在其他西方航空公司里已经导致两次同类错误,由于机组技术过硬,才及时纠正了错误,空中客车公司也发出了相应的修改指南。由于这些指南标识为"建议指南",而不是"必须执行",所以,中华航空公司计划等到飞行计算机有了故障需要修理时再一并进行修改。

空中客车的使用说明书写得不够明晰,机组不容易搞清楚这些自动工作方式之间精确的相互关系,特别是没有强调说明如何解除自动驾驶仪的基本工作方式。起飞/复飞方式是自动驾驶仪的基本工作方式。对于飞机失去平衡能力后的紧急恢复也描写得不够详细。

140机组没有及时认识和纠正错误的另一个原因是,公司选择了在泰国航空公司的飞行模拟器上训练,而泰国的模拟器没有及时更新相应的修改软件和培训材料。换言之,实际上,中华航空公司机组在泰国没有接受过这样的训练。

飞机在复飞动作下迅速抬头,但是速度太低,飞机立刻超出仰角极限进入失速状态。飞机尾部首先碰到了地面,但速度只有145 km/h。接着左翼触地,飞机解体,残骸分布范围长140 m、宽60 m,起火爆炸,距离跑道中线只有120 m。左发动机抛离,右发动机还连在挂架上,机翼断成几截,水平尾翼和垂直尾翼都折断了。机上271人中,264人先后罹难。救援人员曾从现场救出16名乘客,但是,在送往医院的途中已有6人停止了呼吸。之后,在医院的抢救和治疗过程中,又有3人离开人世。整个事故中,仅7人得以幸存,他们当时坐在客舱机翼附近部位。

事情发生后,有人提出飞机设计上采取了过多的自动保护措施,导致140机组在一系列操作错误后,飞机仍然能够勉强保持飞行,使机组没有及时认识到自己操作有问题,最终无法及时挽救飞机。空中客车公司征求了用户意见后,做了全面修改。首先是修改油门杆设计,不能无意碰到起飞/复飞按钮,并对自动驾驶仪软件进行修改,在起飞/复飞方式下,推动操纵杆可以直接解除自动驾驶仪工作。同时,对机组的训练科目也做了充实和改进。

案例分析:

这是一起比较典型的由于驾驶舱操控件设计不尽合理造成的空难事故。能够帮助我们更好地理解25.1302(c)条款:"安装设备与运行相关的特性必须是:(1)可预知的和明确的;(2)设计成使飞行机组能够以与其任务相适应的模式干预。"

在此例中,首先,副驾驶为了把自动油门状态改成手动状态,不小心触动了油门杆的起飞/复飞按钮,说明按钮存在设计问题,无法防止误触发;其次,副驾驶以为只要解除油门杆的起飞/复飞按钮就行了,但自动驾驶仪已经改变成起飞/复飞工作方式,不能通过油门杆按钮解除,说明设计上未做到"可预知和明确的";设计方说明书写得不够明晰,机组不容易搞清楚这些自动工作方式之间精确的相互关系,副驾驶接受的培训里也无此项内容,不知道正确的解除自动驾驶的方法,造成无法以与其任务相适应的模式进行干预,即无法立即改为手动驾驶着陆,不再执行自动复飞命令。可见人与自动化界面,如果出现人无法正确干预的情况,那么后果是非常危险的,一个小失误就造成了机毁人亡的惨剧! 因此,对驾驶舱控制器的设计,必须充分考虑到人-机界面,特别是人-自动化界面中,飞行员应能对自动工作方式有清楚的认知,并能够以最直观易实施的方式,做出与其任务相适应的干预,这就是 25,1302(c)条款所强调的适航审定要求。

复习思考题

0-1　试述人因工程学的定义。

0-2　什么是霍桑效应?

0-3　查阅相关网站,收集资料,调查在"剑桥驾驶舱"具体开展了哪些研究工作。

0-4　仪表 T 形布局指的是什么? 反映在目前第 25 部的哪项条款中?

0-5　试述波音 B787 采用了哪些先进的人因设计理念和技术,在飞机研发阶段进行驾驶舱、客舱和维修性人因设计?

0-6　航空人因工程学常用的研究方法有哪些? 请各找一个具体方法运用的案例。

0-7　通过查阅相关参考文献论文,说明虚拟现实技术可以用于哪些机舱设计阶段。

0-8　什么是信度? 什么是效度?

0-9　人因工效设计常用的评价方法有哪些?

0-10　什么是模糊综合评判法?

0-11　通过查阅相关资料,说明德尔菲法和改进德尔菲法的区别。

0-12　人为因素的适航符合性验证工作中必须重点考虑多系统集成和复杂特征,以及新技术引入带来的潜在人为因素安全风险。试述系统集成性水平、复杂性和新颖性这三个指标的具体内容。

0-13　为满足 25.1302 条款的设计要求,要做哪些方面的设计考虑?

0-14　驾驶舱设计应遵循哪些原则来有效控制飞行机组的人为差错? 应如何进行25.1302(d)条款的相关适航验证性工作?

0-15　根据适航管理程序 AP-21《航空器型号合格审定程序》,适航符合性验证方法有哪些?

0-16　根据美国 FAA 颁布的 AC-25.1302-1,在驾驶舱人为因素适航符合性验证过程中推荐选择哪些验证方法?

0-17　收集新一代民用客机的人机工效设计案例,可包括驾驶舱设计、客舱设计和维修性设计。

0-18　谈谈你对 FAR25.1302(c)(2)"所安装设备的操作相关活动必须：设计上能够使飞行机组以适于任务的方式干预"的理解。

参考文献

[1] 王东.基于信息流和控制流的飞行员工作负荷研究[D].上海：上海交通大学,2013.

[2] 周其焕.民用飞机驾驶舱的演变历程[J].国际航空,1998,7：66-69.

[3] 段林.驾驶舱人机界面演变与发展趋势[J].民用飞机设计与研究,2017,124(1)：7-11.

[4] 游旭群,姬鸣,焦武萍.航空心理学理论、实践与应用[M].杭州：浙江教育出版社,2017.

[5] 许为,陈勇.人机工效学在民用客机研发中应用的新进展及建议[J].航空科学技术,2012,6：18-21.

[6] 郭伏,钱省三.人因工程学[M].北京：机械业出版社,2005.

[7] 王保国,王伟,徐燕骥.人机系统方法学[M].北京：清华大学出版社,2015.

[8] 内维尔·A·斯坦顿,保罗·M·萨尔蒙,劳拉·A·拉菲蒂,等.人因工程学研究方法-工程与设计实用指南[M].罗晓利,陈德贤,陈勇刚,译.重庆：西南师范大学出版社,2017.

[9] WICKENS CHRISTOPHER D,LEE JOHN, LIU YILI D,等.人因工程学导论[M].上海：华东师范大学出版社,2007.

[10] 薛红军,张晓燕.民机驾驶舱人机工效设计与评估[M].西安：西北工业大学出版社,2014.

[11] 姚雄华,李磊,张杰.虚拟现实技术在飞机设计中的应用[J].航空制造技术,2013,3：67-70.

[12] 田磊,罗晓利,常松涛.民机驾驶舱设计中典型的人因工程学方法述评[J].中国民航飞行学院学报,2018,29(3)：53-57.

[13] Installed Systems and Equipment for Use by the Flightcrew. AC No：25.1302-1 [S].Washington,D. C.：Federal Aviation Administration,2013.

[14] FAR 25.1302 Installed systems and equipment for use by the flight crew. Doc. No. FAA-2010-1175, 78 FR 25846[S]. Washington,D. C.：Federal Aviation Administration,2013.

[15] 董大勇,俞金海,李宝峰,等.民机驾驶舱人为因素适航符合性验证技术[J].航空学报,2016,37(1)：311-315.

[16] 曹继军,张越梅,赵平安.民用飞机适航符合性验证方法探讨[J].民用飞机设计与研究,2008,4：37-41.

[17] 罗青.运输类飞机人为因素适航评审过程概述[J].科技信息,2013,12：83-84.

[18] 许为,陈勇.从驾驶舱设计和适航来减少由设计引发的飞行员人为差错的挑战和途径[J].民用飞机设计与研究,2014,113(4)：5-11.

[19] 钱进.运输类飞机驾驶舱人为因素设计评估指南[M].上海：上海交通大学出版社,2013.

[20] 揭裕文,朱亮,郑戈源,等.民用飞机驾驶舱人为因素适航验证导论[M].北京：北京航空航天大学出版社,2017.

[21] 傅山.民用运输类飞机驾驶舱人为因素设计原则[M].上海：上海交通大学出版社,2016.

[22] 中国民用航空局航空器适航审定司.航空器型号合格审定程序[S].2011,AP-21-AA-2011-03-R4.

[23] 顾世敏.血的洗礼——环球空难探秘[M].北京：北京航空航天大学出版社,2003.

第一部分 基于人体工效学的
航空人因设计与适航审定

本教材第一部分涵盖的章节及内容如下：

第1章"人体工效学基础"，主要介绍人体测量与建模仿真技术，和人体的感觉器官。

第2章"驾驶舱布局及微环境人因设计与适航审定"，主要介绍驾驶舱总体布局设计，驾驶舱视界、风挡、座椅、舱门的人因设计；驾驶舱微环境人因设计及相关审定条款、符合性依据和符合性验证方法。

第3章"客舱及航空维修人因设计与适航审定"，主要介绍客舱与航空维修人为因素设计的内容，以及相关适航审定条款符合性依据和符合性验证方法。

第1章 人体工效学基础

本章将从人体工效学的角度,探讨人体数据的获取;人体建模仿真技术及其应用;并研究人的各种感觉器官及其接收信息的特点。这些知识有助于读者更好地理解第25部中涉及的可达性和可视性这类指标的适航审定条款和相应的符合性验证方法。在第2章和第3章,将用到本章的相关的知识。

1.1 人体测量与建模仿真技术

1.1.1 人体测量技术及其在航空人因设计中的运用

人体测量学是人因工程学的重要组成部分。为了使各种与人体尺寸有关的设计能符合人的生理、心理特点,使人在使用时处于舒适的状态和适宜的环境之中,就必须在设计中充分考虑人体尺寸。

人体数据在飞机座舱设计中的应用主要有:驾驶舱总体设计、驾驶舱显控设施的设计和排布、客舱构型设计、机舱舱门和逃生通道的排布、机舱座椅、氧气面罩、救生滑梯等救生设施的设计、维修用接近口盖的设计等,这些人因设计无一不需要使用到大量的人体数据。

1. 人体测量的分类与测量方法

按人体测量的内容可分为形态参数测量、力学参数测量、生理参数测量、人体活动度测量等。目前,这些人体基础测量参数已被很好地整合进相关的人因设计软件,可以根据设计的需要进行选用。

(1) 形态尺寸参数测量

形态尺寸参数是指人体及各个部位的几何尺寸,如人体长度、宽度、高度等。依据不同的需要,它有许多测量参数,常见的有:身高、眼高、肩高、坐高、坐姿眼高、坐姿肩高、肩宽、臀宽、上肢长、下肢长、头围、胸围、臀围、前臂前伸长、上肢前伸长等参数。依据应用的不同,测量者还可以增减有关的测量参数。

形态参数的测量方法相对简单,主要包括二维人体形态尺寸参数测量和三维人体形态尺寸参数测量。

二维人体形态尺寸参数测量,是传统的人体尺寸测量,即利用马丁人体测量尺等适宜的仪器设备和方法,对人体的整体和局部在不同典型姿势或状态下的直线长度、曲线长度或距离等参数进行直接测量。其所有的测量项目都可以用二维平面示意图进行标示,各项目之间的相对空间信息较少。这种方法简单直接,绝对误差小,但是费时,尤其在大样本的测量时,这一弊端更加明显。另外,这种方法的测量是否可靠,在很大程度上与测量者的测量手段是否正确、技术是否熟练等有关。

三维人体形态尺寸测量,就是利用三维形态测量的仪器设备,通过接触或非接触的方式,对人体的三维外形形态进行三维数字化测量。测量的直接结果,是人体表面特征点或点云的三维坐标数据。这些数据可以直接作为三维造型设计的依据,也可以经过后期的数据处理,提取出与传统二维人体尺寸测量相对应的直线长度、弧线(围线)长度、距离(高度)等具体项目的尺寸数据。目前常用的是非接触主动式测量,它是指将光栅或额外的能量投射至被测体,借由光栅的变化或能量的反射来计算得到三维空间信息。非接触式三维测量仪主要包括光栅三维测量仪(也称拍照式三维测量仪)和激光扫描仪。

目前三维人体尺寸测量与二维人体尺寸测量尚不能相互替代,两种测量结果各有所长,相互补充,都是重要的工效学设计依据。

(2)力学参数测量

力学参数是指人体及各个体段的质量、质心、惯性矩和体积。通常将人体分为头颈段、躯干段、左右上臂段、左右前臂段、左右手段、左右大腿段、左右小腿段和左右足段等十四个体段来进行。

力学参数测量相对形态参数测量要困难和复杂得多。在测量的内容上,整体的质量、质心、体积和惯性矩的测量相对容易,而各个体段的力学参数却比较复杂。早期使用尸体解剖法、重心板法、水侵法进行测量,其后采用物理数学模型法、γ射线测量法、CT法、立体摄影法等方法测量。

(3)人体活动度测量

人体活动性的测量包括关节活动性的测量和肢体最大可达域的测量。前者可以利用关节活动性测规直接在人体关节处测量关节的屈、伸、内收、外展和旋转等活动的角度。后者的测量与形态参数的测量相同。

(4)生理参数测量

生理参数测量主要包括人体触觉反应测定、人体疲劳测定等。这些测量一般在生理学研究中进行。

2. 人体测量学术语及要求

(1)人体测量位置

在人体测量中,人为地规定采用垂直对称位的姿势。进行人体测量时,一般采用立姿和坐姿两种姿势。

(2)人体平面和轴

人体立体形态决定了它必须用垂轴、纵轴和横轴三个相互垂直的几何轴来描绘,这就构成人体坐标系,如图 1.1 所示。垂轴(Z 轴)是从头至足垂直于水平线的轴线;纵轴(Y 轴)又称矢状轴,是自背侧面至腹侧面并与垂轴和横轴相垂直的轴线;横轴(X 轴)又称冠状轴,是左右两侧等高点之间的轴线。

　　人体测量的基准面主要有矢状面、冠状面和水平面。矢状面是与 X 轴垂直的所有平面,其中,正中矢状面是通过人体正中线的矢状面,它将人体在几何上分为左右对称的两部分。冠状面是与 Y 轴垂直的所有平面,这些平面将人体分为前后不对称的两部分。水平面是与 Z 轴垂直的所有平面,这些平面将人体分为上下不对称的两部分,其中,眼耳平面(OAE)是通过左右耳屏点及右眼眶下点的水平面,这是一个十分重要的人体测量基准面。

　　(3) 测　点

　　人体测量基准点是人体几何参数测量的参照点,分布于人体各特征部位,数量较多。国标(GB/T 5703—2010)《用于技术设计的人体测量基础

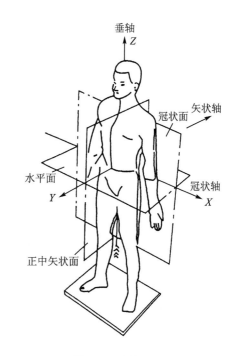

图 1.1　人体坐标系

项目》对人体测量各主要基准点作了严格定义,并给予命名和编号。该推荐性标准采用了 ISO、IEC 等国际国外组织的标准。

3. 人体测量数据的统计指标

　　由于群体中个体与个体之间存在着差异,一般来说,每一个个体的测量尺寸不能作为设计的依据。为使产品适合于一个群体的使用,设计中需要的是一个群体的测量尺寸。然而,全面测量群体中每个个体的尺寸又是不现实的,因此,通常是通过测量群体中较少量个体的尺寸,经数据处理后而获得较为精确的所需群体尺寸。

　　在数据处理中所得到的人体测量值,都是离散的随机变量,因而可根据概率论与数理统计理论对测量数据来进行统计分析,从而获得所需群体尺寸的统计规律和特征参数。

　　在对人体测量数据作统计处理时,通常使用三个统计量,即算术平均值、标准差、百分位数。利用这些统计量可很好地描述人体尺寸的变化规律。

　　1) 平均值

　　平均值表示样本的测量数据集中地趋向某一值,该值称为平均值,简称均值。平均值是描述测量数据位置特征的值,可用来衡量一定条件下的测量水平或概括地表现测量数据集中情况。对于有 n 个样本的测量值 $x_1, x_2, \cdots, x_n$,其均值为

$$\bar{x} = \frac{x_1 + x_2 + \cdots + x_n}{n} = \frac{1}{n} \sum_{i=1}^{n} x_i \tag{1.1}$$

2）标准差

标准差表明一系列测量值对平均值的波动情况。标准差大，表明数据分散，远离平均值；标准差小，表明数据接近平均值。标准差可以衡量变量值的变异程度和离散程度，也可以概括地估计变量值的频数分布。对于均值为 $\bar{x}$ 的 n 个样本测量值 x_1，x_2，…，x_n，其标准差 S_D 的一般计算式为

$$S_D = \sqrt{\frac{1}{N} \sum_{i=1}^{n} (x_i - \bar{x})^2} \tag{1.2}$$

3）百分位数

百分位数表示设计的适应域。在人机环境系统工程学中常用的是第 5 百分位、第 50 百分位、第 95 百分位数。如身高尺寸，第 5 百分位数代表矮"身材"，即只有 5% 的人群的数值低于此下限数值；第 50 百分位数代表"适中"身材，即分别有 50% 人群的数值高于或低于此值；第 95 百分位数代表"高"身材，即只有 5% 的人群的数值高于此上限值。

航空人员人体测量数据的应用，通常以第 5 百分位～第 95 百分位作为不涉及生命安全部分的设计范围，对于涉及生命安全的部分，如逃生通道等部分的设计等，则必须满足更大的百分位范围。根据不同的情况和目的，可选用第 3 百分位～第 97 百分位、第 2 百分位～第 98 百分位以及第 1 百分位～第 99 百分位等不同的范围。

在人体测量资料中，常常给出的是第 5 百分位、第 50 百分位和第 95 百分位数值。在设计中，当需要得到任一百分位 a 的数值 X_a 时，则可按下式进行计算

$$x_a = \bar{x} \pm S_D K \tag{1.3}$$

式中，$\bar{x}$ 为平均值（mm）；S_D 为标准差（mm）；K 为百分比变换系数。设计中常用的百分比值与变换系数 K 的关系如表 1.1 所列。

当求 1%～50% 之间的百分位数时，式中取"—"；当求 50%～99% 之间的百分位数时，式中取"＋"。

表 1.1　百分比与变换系数 K

百分比/%	K	百分比/%	K	百分比/%	K
0.5	2.576	25	0.674	90	1.282
1.0	2.326	30	0.524	95	1.645
2.5	1.960	50	0.000	97.5	1.960
5	1.645	70	0.524	99.0	2.326
10	1.282	75	0.674	99.5	2.576
15	1.036	80	0.842		
20	0.842	85	1.036		

4. 人体形态尺寸参数应用举例

（1）常见人体形态参数的用途及其百分位选择

表1.2给出了常见的人体形态尺寸测量项目及其适用范围、百分位选择和注意事项。

表 1.2　主要人体形态参数的应用

人体参数	适用范围	百分位选择	注意事项
身高	通道和门的最小高度,设备高度,车厢、机舱、船舱的高度,立姿身高也是计算人体各部分相关尺寸与设备高度的基础	由于主要的功用是确定可容空间尺寸,所以应该先用高百分位数据。一般选择第99百分位,设计者应考虑尽可能地适应100%的人	身高数据一般是不穿鞋测量的,故在使用时应给予适当补偿
立姿眼高	客舱行李箱的高度设计	百分位选择将取决于关键因素的变化。对于阻隔视线而言,应考虑较矮人的眼睛高度(第5百分位或更低)	这些数据应该与脖子的弯曲和旋转以及视线角度资料结合使用,以确定不同状态、不同头部角度的视觉范围
肘部高度	确定工作台以及其他站着使用的工作表面的舒适高度时,肘部高度数据是必不可少的。通常,这些表面的高度都是凭经验估计或是根据传统做法确定的。然而,通过科学研究发现最舒适的高度是低于人的肘部高度76 mm。另外,休息平面的高度应该低于肘部高度25~38 mm	假定工作面高度确定为低于肘部高度的76 mm,那么男性肘部高度从965 mm(第5百分位值)到1 118 mm(第95百分位值)这样一个范围都将适合中间的90%的男性使用者。考虑到第5百分位的女性肘部高度(889 mm)较低,这个范围应为889~1 118 mm,才能对男女使用者都适用。由于其中包含许多其他因素,如存在特别的功能要求和每个人对舒适高度见解不同等,所以,这些数值也只是假定推荐的	确定上述高度时必须考虑活动的性质,有时这一点比推荐的"低于肘部高度76 mm"还重要
坐高	用于确定座椅上方障碍物的允许高度	由于涉及间距问题,采用第95百分位的数据比较合适	座椅的倾斜、座椅软垫的弹性、衣服的厚度以及坐下和站起时的活动都是要考虑的重要因素

人体参数	适用范围	百分位选择	注意事项
坐姿眼高	确定视线和最佳视区要用到这个尺寸。这类设计对象包括各种机械仪表的高度和需要被视看对象的位置及剧院、礼堂、教室和其他需要有良好视听条件的室内空间	假如有适当的可调节性，就能适应从第5百分位到第95百分位或者更大的范围	这些数据应该与脖子的弯曲和旋转以及视线角度资料结合使用，以确定不同状态、不同头部角度的视觉范围及座椅的倾斜、软垫的弹性
坐姿的肩中部高度	大多数用于机动车辆工作空间的设计中。在设计那些对视觉有要求的空间时，这个尺寸有助于确定妨碍视线的障碍物	由于涉及间距问题，一般使用第95百分位的数据	要考虑座椅软垫的弹性
肩宽	肩宽数据可用于确定排椅座位间距，也可用于确定公用和专用空间的通道间距	由于涉及间距问题，应使用第95百分位的数据	使用这些数据要注意可能涉及的变化。要考虑衣服的厚度，对薄衣服要附加7.9 mm，对厚衣服要附加76 mm。还要注意，由于躯干和肩的活动，两肩之间所需的空间会加大
两肘之间的宽度	可用于确定会议桌、餐桌、柜台和牌桌周围座椅的位置	由于涉及间距问题，应使用第95百分位的数据	应该与肩宽尺寸结合使用
臀部宽度	这些数据对于确定座椅内侧尺寸，设计酒吧、柜台和办公座椅极为有用	由于涉及间距问题，应使用第95百分位的数据	根据具体条件，与两肘之间宽度和肩宽结合使用
肘部平放高度	与其他一些数据和考虑因素联系在一起，用于确定椅子扶手、工作台和其他特殊设备的高度		座椅软垫的弹性、座椅表面的倾斜以及身体姿势都应予以注意
大腿厚度	是设计设备、控制台、桌子等容膝空间的关键尺寸。而这些设备都需要把腿放在工作面下面，要使大腿与大腿上方的障碍物之间有适当的间隙	由于涉及间距问题，应选用第95百分位的数据	在确定上述设备的尺寸时，其他一些因素也应该同时予以考虑。例如，腿弯高度和座椅软垫的弹性

续表 1.2

人体参数	适用范围	百分位选择	注意事项
手臂平伸手握距离	有时,人们需要越过某种障碍去够一个物体或者操纵设备,这些数据可用来确定障碍物的最大尺寸	选用第5百分位的数据,这样能适应大多数人	要考虑操作或工作的特点
人体最大厚度	尽管这个尺寸可能对设备设计人员更为有用,但它们也有助于建筑师在较紧张的空间里考虑间隙,或在人们排队的场合下设计所需要的空间	应该选用第95百分位的数据	衣服的厚薄、使用者的性别以及一些不易察觉的因素都应予以考虑
人体最大宽度	可用于设计通道宽度、走廊宽度、门和出入口宽度,以及公共集会场所等	应该选用第95百分位的数据	衣服的厚薄、人走路或做其他事情时的影响,以及一些不易察觉的因素都应予以考虑
人体头围手长手宽足长足宽	头盔、手柄、杠杆、踏脚板、楼梯梯级深度、帽子、手套、靴子及其他各种手动工具		

下面,将根据中华人民共和国国家军用标准 GJB 4856—2003《中国男性飞行员人体尺寸》中的相关测量项目和测量数据,介绍其使用方法。

（2）坐姿测量项目举例

在驾驶舱布局设计时,常用到"坐姿眼高"这个测量项目的数据。通过查询 GJB 4856 规范性附录"测量项目名称及定义",结合其配图（见图 1.2）,可知其测量项目是 3.2 和 3.3。3.2 被定义为"坐姿眼高Ⅰ",是从瞳孔点到椅面的垂直距离;3.3 被定义为"坐姿眼高Ⅱ",是从眼内角点至椅面的垂直距离。

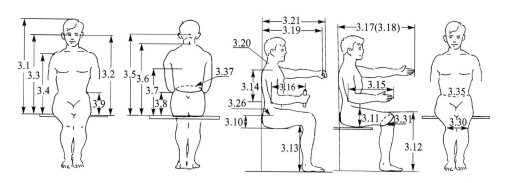

图 1.2　坐姿测量项目

当需要获得运输机飞行员的坐姿眼高数据时,可查阅国军标 GJB 4856 中的表 8 "运输机飞行员推荐项目数据"(见图 1.3)。找到测量项目号 3.2,可获得包括均值 ±标准误差、标准差、最大值、最小值及 P_1、P_2、P_3、P_5、P_{50}、P_{95}、P_{97}、P_{98}、P_{99} 百分位的相关坐姿眼高数据。

表 8(续)　　　　　　　　　　　　　　　　　　　　　　单位为毫米

项目代号和名称	均值±标准误	标准差	最小值	最大值	P_1	P_2	P_3	P_5	P_{50}	P_{95}	P_{97}	P_{98}	P_{99}
2.125 颈侧腋前弧长	186.8±0.80	12.5	160.0	220.0	160.0	162.6	165.0	170.0	185.0	210.0	210.0	213.2	217.8
2.126 颈侧腋后弧长	238.4±0.92	14.3	203.0	280.0	206.6	210.0	210.0	212.0	240.0	265.0	265.0	268.2	275.0
2.127 肩端腋前弧长	131.8±0.60	9.4	110.0	165.0	111.9	114.8	115.0	117.2	130.0	150.0	150.0	152.4	155.0
2.128 肩端腋后弧长	177.0±0.79	12.3	142.0	215.0	150.0	151.8	155.0	155.0	175.0	195.0	200.0	205.0	208.7
2.129 背后上部长I	188.0±0.97	15.2	145.0	230.0	150.4	158.6	160.0	164.0	188.0	210.0	215.0	220.2	224.2
2.130 背后上部长II	215.6±1.07	16.6	175.0	260.0	175.9	180.9	184.3	189.2	215.0	244.0	248.0	249.7	257.8
2.136 最大体围	1096.9±3.62	56.4	935.0	1272.0	955.9	984.6	1002.3	1010.0	1096.0	1200.0	1208.1	1215.2	1254.1
2.137 胸上围	973.0±3.71	57.9	815.0	1142.0	849.4	865.0	876.3	882.6	970.0	1078.0	1105.0	1110.0	1128.4
2.138 胸中围	960.6±3.74	58.4	810.0	1156.0	833.8	858.8	867.3	872.4	955.0	1062.4	1082.8	1096.8	1121.2
2.140 胸下围II	967.1±3.69	57.6	835.0	1133.0	855.0	863.9	870.0	876.0	964.0	1068.0	1083.4	1106.2	1125.6
2.143 腹围	848.7±5.66	88.2	665.0	1170.0	680.3	690.0	704.3	717.6	845.0	996.6	1023.8	1032.9	1096.1
2.146 上臂根围	430.5±1.83	28.6	355.0	530.0	370.0	372.6	375.3	390.0	425.0	492.0	500.7	505.6	518.7
2.147 腋窝部位上臂围	316.1±1.58	24.6	255.0	395.0	260.0	265.0	270.0	278.0	315.0	360.0	369.0	371.2	381.7
2.156 下肢根围	627.0±3.03	47.3	530.0	770.0	534.4	540.0	550.0	552.2	625.0	719.0	727.7	730.6	751.7
2.158 大腿中部围	507.3±2.34	36.5	390.0	625.0	419.9	425.0	441.6	452.4	505.0	567.4	574.7	579.4	608.0
3.2 坐姿眼高I	823.7±1.54	24.0	761.0	896.0	764.9	775.9	778.6	785.0	824.0	861.0	865.7	871.1	874.1
3.7 坐姿肩胛骨下角点高	469.6±1.49	23.2	408.0	534.0	410.9	415.6	424.0	427.2	470.0	504.8	511.7	517.1	523.6
3.9 坐姿臀部腘点高	220.0±0.77	12.0	178.0	254.0	189.8	194.0	196.6	201.2	220.0	240.0	244.4	246.4	251.7
3.18 上肢最大前伸长	885.8±2.13	33.2	762.0	968.0	817.9	828.9	834.0	839.0	883.0	948.8	954.7	958.8	967.6
3.20 背指峰距	117.5±1.07	16.8	72.0	155.0	76.2	80.0	87.3	88.2	118.0	144.0	147.7	148.2	155.0
3.21 背指点距	750.1±1.91	29.7	652.0	834.0	679.4	691.5	696.3	703.4	749.0	801.0	804.0	814.4	828.1
3.24 臀至腘肌后缘距	437.8±1.47	22.9	363.0	513.0	376.4	387.9	396.6	399.2	438.0	473.8	477.7	484.0	498.0
3.27 臀腘背头距	507.9±1.62	25.2	425.0	579.0	444.9	450.8	455.3	465.0	507.0	549.4	557.7	561.1	570.6
3.30 两膝宽	183.1±1.12	17.5	149.0	256.0	150.9	153.8	157.0	160.0	182.0	215.8	221.0	225.6	236.4

图 1.3　国军标 GJB 4856 中的表 8"运输机飞行员推荐项目数据"截图 I

（3）手部和足部测量项目举例

手部和足部尺寸很大程度上与驾驶舱的操控装置的人因设计相关联。

例如，当需要查询运输机飞行员的"拇指尖的最大活动距离"时，可在国军标规范性附录中找到其项目代码为 4.38（见图 1.4）；接着查询表 8"运输机飞行员推荐项目数据"中 4.38 项（见图 1.5），可获得一系列"拇指尖的最大活动距离"的测量数据。

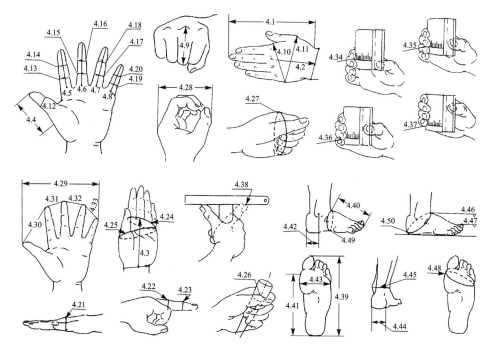

图 1.4　手部和足部测量项目

1.1.2　人体建模仿真技术及其在航空人因设计中的运用

如第 0 章中所述，可视化人机工程仿真技术，可结合飞行员身体测量数据，建造人体仿真模型，放入数字化仿真工作环境中，进行可达性、舒适性评估，并能够对驾驶舱环境，如视野和光线等进行有效的评估。对于不符合人因工程学原则的参数，可以直接在软件中修改，在缩短设计周期、节省设计成本的同时，实现最优的驾驶舱设计。人体测量技术正是为人体建模仿真技术服务的。

1. 工效虚拟人的概念

工效虚拟人是产品或系统用户群体的特征人体的计算机模型，主要作为产品或系统用户的替身（Agent）或化身（Avatar），来进行适人性水平的工效分析（如人的视域、可达、作业程序等），以满足工效设计要求，它重点强调在形状尺寸与行为等方面与操作者（人）的相似。工效虚拟人与通常的医学虚拟人是有区别的，这主要是因

表 8（续）

单位为毫米

项目代号和名称	均值±标准误	标准差	最小值	最大值	P_1	P_2	P_3	P_5	P_{50}	P_{95}	P_{97}	P_{98}	P_{99}
4.25	掌围Ⅱ（五指）	253.1±0.73	11.3	220.0	290.0	223.0	230.0	235.0	236.2	252.0	273.8	277.7	280.0	283.4
4.27	拳围	270.1±0.78	12.2	230.0	300.0	237.0	239.8	245.0	250.0	270.0	288.8	292.7	295.4	300.0
4.28	最大握径	90.4±0.38	5.9	76.0	109.0	76.4	78.9	80.3	81.2	90.0	100.0	103.0	104.0	106.1
4.29	拇指至小指指尖点最大距	198.0±0.81	12.6	170.0	242.0	171.3	173.0	174.0	176.2	198.0	220.0	222.0	223.1	225.6
4.30	拇指至食指指尖距	109.4±0.90	14.1	80.0	162.0	81.4	83.9	86.3	88.2	108.0	133.8	139.4	141.1	143.7
4.31	食指至中指指尖距	57.4±0.50	7.8	36.0	83.0	42.0	43.0	44.0	45.0	57.0	71.0	74.7	76.1	78.1
4.32	中指至无名指指尖距	45.0±0.49	7.6	24.0	71.0	28.4	30.9	31.0	33.2	45.0	58.0	60.0	60.4	66.1
4.33	无名指至小指指尖距	58.6±0.47	7.4	38.0	82.0	39.4	42.8	44.0	46.0	58.0	70.8	71.7	74.2	77.1
4.34	拇指至食指指尖弧长	161.5±0.49	7.7	144.0	185.0	144.4	145.0	146.3	150.0	161.0	175.8	176.0	178.1	181.2
4.35	拇指至中指指尖弧长	175.1±0.48	7.5	153.0	196.0	155.9	158.8	160.0	163.2	175.0	187.8	189.7	191.4	195.0
4.36	拇指至无名指指尖弧长	175.7±0.52	8.1	152.0	198.0	154.8	156.9	159.3	162.0	175.0	189.0	190.0	191.2	196.1
4.37	拇指至小指指尖弧长	165.2±0.57	8.9	137.0	188.0	141.8	145.0	147.3	149.2	165.0	179.0	181.7	183.0	183.6
4.38	拇指尖最大活动距离	89.1±0.81	12.6	40.0	140.0	65.0	68.0	70.0	70.0	89.0	110.8	115.0	117.1	123.2
4.40	足面长	168.7±0.54	8.4	146.0	192.0	149.3	152.0	153.0	155.0	168.0	183.0	185.7	188.0	191.0
4.41	足后跟胫侧踝骨点距	190.7±0.49	7.7	172.0	213.0	173.3	176.0	177.0	178.2	191.0	203.0	205.7	208.2	210.6
4.42	内踝足宽	65.7±0.34	5.2	51.0	85.0	54.4	55.0	56.0	57.0	66.0	74.0	75.7	77.0	80.6
4.44	足后跟宽	73.0±0.30	4.7	62.0	88.0	63.0	63.0	65.0	66.0	73.0	81.0	82.0	83.1	87.0
4.45	内外踝同宽	62.8±0.22	3.4	53.0	76.0	56.0	56.0	56.3	58.0	63.0	68.8	69.0	70.0	71.0
4.49	垂直足围	267.3±0.80	12.4	236.0	308.0	240.0	240.9	243.0	248.4	267.0	289.8	291.7	296.1	302.2
4.50	足后跟围	331.0±0.88	13.8	290.0	374.0	302.4	305.0	308.0	310.0	330.0	353.8	362.0	366.1	370.0

注：表中 P_1、P_2、P_3、P_5、P_{50}、P_{95}、P_{97}、P_{98}、P_{99} 表示第1、第2、第3、第5、第50、第95、第97、第98、第99百分位数值。

图 1.5　国军标 GJB 4856 中的表 8"运输机飞行员推荐项目数据"截图Ⅱ

为应用背景不同,其突出的特点包括以下几点:

① 工效虚拟人强调外观尺寸、关节活动等人体的几何形状、运动特点等与产品或系统用户真实人群的样本所对应指标的一致性,即在通常的工效分析中,强调"形似"。

② 工效虚拟人对真实人体的内部器官、组织结构等方面的建模一般不作要求,但对肢体各关节的运动特性则需要考虑。

③ 工效虚拟人是对真实人群样本的行为特性、疲劳表情、肢体动作等方面的真实建模,以实现与真人"神似"的目标,是工效虚拟人发展的最高阶段。

④ 工效虚拟人建模所用的数据源,一般采用特征人群的百分位数据,常用的有5%、50%、95%、99%等。

2. 人体建模仿真软件

目前有大量人体建模软件可用于人机工效学人体模型的建立。从应用领域的角度来说,这些建模软件可大致划分为如下三类:

① BOEMAN、CAPE COMBIMAN、BUFORD、CREWCHIEF、MIDAS、MDHMS 等,主要是为飞机制造业和航空航天领域开发的。

② SAMMIE、OSCAR、ANYBODY、ADAPS、JACK、DELMIA、SAFE WORK 等,主要面向一般机械系统和生产作业过程。

③ CYBERMAN、RAMSIS、MAN3D 等,是专门面向汽车设计而开发的系统。SAFE WORK 以及 SAMMIE 也有在汽车业中的应用实例,JACK 等软件后续也增加了汽车驾驶室内部的人机工效分析功能。

其中 SAMMIE 系统可提供简捷而有效的工效分析手段和强大的工作场所建模功能。设计人员和工程人员在此系统中能够生成三维的工作空间和装备模型,并且对于各种各样的人体模型做出人机评估,是当今畅销世界的商品化人体工效分析CAD 应用系统。此系统可以做的评估包括适合程度、可达性、可视性、姿势的舒适程度和后视镜评估。SAMMIE 向用户提供各种的人体测量学和关节运动限制的人体模型控制数据。对于任何一组人体数据,不论是整个还是部分人体都能够由第 1 百分位~第 99 百分位之间变化,而且用户可以直接指定四肢的力量。不同的数据库和百分位数值的选择之间是相互影响的,因此不需要对数据库进行操作。SAMMIE 的人体模型具有 23 个身体段和 21 个约束关节,可以覆盖一般人体的所有运动。

在计算机软件领域应用比较有代表性的是由法国 Dassault 公司推出的一款虚拟仿真软件 DELMIA,它可以观察虚拟人在虚拟环境中的操作活动,以发现可能存在的设计缺陷并提出改进建议。

JACK 软件由 NASA 等单位资助,宾夕法尼亚大学的人体建模和仿真中心 Balder 教授牵头,于 1995 年研制开发,随后由西门子工业软件有限公司商业化运作。经过十几年的改进提高,该软件已经成为集三维仿真、虚拟人体建模、人机工效分析等主要功能于一体的高端仿真软件。JACK 软件提供了简洁而美观的人体几何模型、方便直观的用户界面、完整的人体测量学数据库、有效的作业姿态控制及运动仿真，以及任务环境下作业姿态和运动的操纵控制能力。

3. 基于 JACK 软件的人机工效分析应用实例

JACK 软件的工效分析工具具有视域、受力和扭矩分析、舒适度分析、姿势预测、可及范围、疲劳和恢复、手动操作局限分析、新陈代谢能量消耗、举升分析、姿势分析、预定义的时间评估、快速上肢评估、静态受力预测等功能。

以驾驶舱的工效仿真分析为例，其从可视性、操纵装置的可达性和舒适性开展研究。

在系统的运行过程中，显示部件承担着将机器信息反馈给操作者的任务，是人机系统中使用最广泛的装置。对显示部件的要求就是使操作人员观察认读迅速、准确、不易疲劳。

依据显示面板设计的人机工效学原理：显示面板的空间位置应使操作者不必转动头部和眼睛，更不需移动身体位置就能看清显示面板，即在头部和眼睛的自然转动范围内。显示面板离人眼的最佳距离为 710 mm 左右；显示面板的中心与眼中心的连线与显示面板的夹角应在 $90°±10°$，视线与显示面板上边缘连线与水平面的夹角应该小于或等于 $10°$，下边缘的视线与水平视线的夹角小于 $45°$，显示面板与竖直方向的夹角应该在 $15°\sim30°$。显示面板上的仪表排列还应该符合视觉运动规律，使最常用、最重要的仪表尽可能排在视野中心范围内。

在 JACK 软件中可应用【Vision Analysis】工具分析处于最优驾驶姿势时，95％数字人模型的可视域。视锥模型所遮盖的区域表示为人的最佳视觉范围，这一区域为显示装置布置的适宜区域，部分位于视锥模型之外的区域则不易被观察，显示装置应避免布置在这类区域内。仿真结果可用于进行相关的设计评估和改进（见图 1.6）。

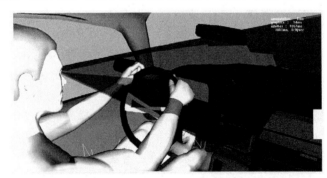

图 1.6　JACK 软件在驾驶舱可视性设计中的应用

利用 JACK 软件进行可达性分析：对操纵装置而言，需要通过虚拟人的手或脚完成操纵，如按钮、拨钮、操纵盘、操纵杆、脚蹬等。操纵装置的布置位置，既要依据作业者工作姿态的基本尺寸，也要考虑到人员的四肢活动范围。常用的操纵部件应尽可能布置在最佳操纵区域。

在 JAC K 软件中,可以应用【Reach Zones】分析工具生成一个特定数字人模型最大可触及范围,最终可以得出双肩和腰部运动联合驱动的最大可达区域,可以由此验证驾驶舱的空间布局及控制装置设计的合理性(见图 1.7)。

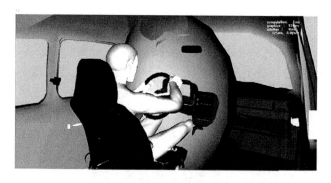

图 1.7　JACK 软件在驾驶舱可达性设计中的应用

常见的用于驾驶舱人因设计的人机界面分析工具如表 1.3 所列。

表 1.3　驾驶舱人机界面分析工具

分析工具	分析内容	所需仿真
可达性分析	操作元件是否便于接近,肢体的包络线和伸及范围	摆放虚拟人的操作姿势,调整虚拟人的方位。仿真人机交互过程
可视性分析	显示装置、报警装置、开关按键等是否在人的合适视域范围内	将虚拟人摆在察看位置上,调整视角,生成视锥
工作空间分析	人头部距顶盖是否有足够的空间? 肢体的活动裕量、肢体包络线和伸及范围、头部包络线、膝部包络线、手足伸及界面	将虚拟人摆在操作位置上,检查活动区域是否与周围物体发生干涉,扫描运动轨迹
人体关节转角分析	踩刹车时,脚关节是否合适? 通过获取虚拟人的相应关节角度,输入到隶属度函数计算得出分析结论	摆放虚拟人在特定场景下的姿势,仿真人机交互过程,从而获取相应的关节转角
人体姿势分析	人以某种姿势进行操作时是否舒适? 利用人体姿势舒适性分析方法进行	摆放虚拟人的姿势
人员受力分析	操作中推拉、踩踏及转动时人的体力限度。以某种姿势负载时,是否超出规定。通过对虚拟人进行肩背受压分析和手工作业极限分析,分析人的操作是否存在问题	对动作进行仿真,摆放虚拟人姿势
人体疲劳分析	人员完成一系列的操作过程是否产生疲劳	本质上不需要仿真操作过程,只需要给出系列的操作过程的信息描述

1.2　人体的感觉器官

1.2.1　视　觉

　　视觉是接收外部信息的主要器官,其功能在于感知物体的形状、大小、颜色、运动和方位。据估计,人所接收的信息中大约80%以上来自视觉通道。为视觉传递信息的媒体是波长在380～750 nm范围内的光线。光线通过眼的光学系统在视网膜上形成物体的像,刺激视网膜上的感光细胞,从而引起神经冲动,经视神经传达到神经中枢——大脑。视觉感知的光学参数主要是光的方向、强度和波长(颜色)。

1. 眼球的结构

　　眼球是视觉器官的核心,其外形接近圆球形,位于左右眼眶内,其基本结构如图1.8所示。从生理学角度来看,眼球结构可分为屈光系统和感光系统两个部分。

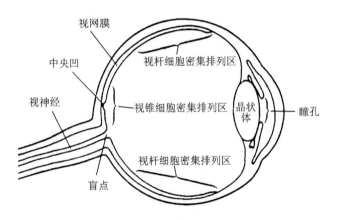

图1.8　眼球的结构

　　眼球的屈光系统包括角膜、房水、晶状体和玻璃体,均为透明组织,具有折光作用,能将外界物体成像于视网膜上。其中晶状体为双凸透镜,由睫状肌控制其曲度,将不同距离的物体聚焦于视网膜。眼球的壁有三层,由外向内分别为巩膜、虹膜和脉络膜。角膜是虹膜前端突出而透明的部分,具有保护眼球的作用。睫状肌向中央延伸形成虹膜,虹膜的中央形成瞳孔,在肌肉的控制下改变直径大小,以控制进入眼球的光线量。脉络膜富有微血管和色素细胞,前者为感光系统提供营养,后者防止散射光等其他光线进入感光系统。

　　眼球的感光系统由视网膜及其相连的视神经纤维组成。视网膜在结构上分为三层网状感光组织。最外层(接近脉络膜)为视细胞层,是第一级神经元;最内层(接近玻璃体)是神经节细胞,神经节细胞的轴突即为视神经纤维;中间层主要为双极细胞层,双极细胞的一极与视细胞相连,另一极与神经节细胞相连。视细胞有两种,依据其形状分为视锥细胞和视杆细胞。视锥细胞主要感受强光和颜色的刺激,视杆细胞主要感受弱光的刺激。人眼视网膜上约有 600～700 万个视锥细胞,而视杆细胞的数量高达 1.1～1.3 亿个,两者不仅在数量上相差较大,而且分布区域也不相同。视网膜后端约 5° 的区域因色素呈黄色而称为黄斑,其中央膜的厚度最小,形成所谓的中央凹。中央凹无血管,只有锥状细胞且排列紧密,密度可高达 250 000 个/mm²,故此处视觉最为敏锐。从中央凹向外,视锥细胞逐渐减少,而视杆细胞逐渐增多。在偏离中央区 10° 处,为旁中央区,视杆细胞密度达到最大,故此处对弱光最为敏感。在视网膜外缘部分,只有密度不高的视杆细胞,而无视锥细胞。距视轴 15° 鼻侧为视神经进入视网膜处,称为视神经乳头,此处无视细胞,不能感光,亦称盲点。

2. 视觉现象

视觉现象十分复杂,视觉感受除了直接取决于刺激的强度、面积、波长、持续时间和对比度外,还取决于许多内在因素,如被刺激的视网膜的部位、适应状态等;而且所有这些因素都是错综复杂、相互影响的。也就是说,几乎每个视觉活动和主观感觉都是好几个变量的函数。

(1) 暗适应与明适应

在光线明亮处,我们的视觉最清楚,这种视觉称为明视觉。从明亮处进入黑暗的地方,开始什么都看不见,数分钟后开始能逐渐辨别物体形象,直至大约半小时后才达到最敏感的视觉状态。这个过程称为暗适应,这时的视觉称为暗视觉。暗视觉时分辨物体形象的能力远比明视觉时差,而且缺乏色觉。

人由暗适应环境进入明亮的环境,使视阈由很低提高到正常水平,这一过程称为明适应。明适应在最初的 30 s 内进行得很快,然后渐慢,约 1～2 min 即可完全适应。人在明亮的环境中不仅可以辨认物体很小的细节,而且可以辨明颜色。

事实上,一只眼的适应还可以影响另一只眼。因此,面对明亮的灯光可以闭上一只眼,保持暗适应,待明亮的灯光消失后,眼睛可以很快恢复原来状态。

视觉的明暗适应特性,要求工作面和工作环境的设计须保证亮度均匀,避免阴影;环境的亮度要保持稳定;对于明暗交变的环境,要采取防范措施,否则眼睛需要频繁地调节,不仅增加了眼的疲劳,而且容易导致事故的发生。

(2) 视敏度

视觉器官分辨物体细节的能力称为视敏度,用视角的倒数表示。视角就是两条光线射入眼球通过节点时所成的角度,也就是被视目标物体上两点对眼所形成的张角,如图 1.9 所示。视角 α 以弧度单位的分或秒来度量,视角小于 10 度左右时,可以用以下公式计算:

$$\alpha = \frac{360 \times 60L}{2\pi D} = \frac{57.3 \times 60L}{D} = \frac{3438L}{D} \qquad (\text{单位为弧分}) \qquad (1.4)$$

式中,L 是刺激物或细节的高度,D 是物体到眼睛的距离。L 和 D 的单位必须相同。视力表就是据此设计的。视角越小,即视力越好。最小视角为 1′ 时,视力定为 1。如果某人所能分辨细节对应的弧度为 1.5′,则其视敏度为 1/1.5,即 0.67。

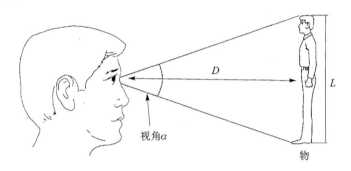

图 1.9　视角的定义

视敏度与许多因素有关,首先与视网膜的机能状态及位置有关。在黄斑处,视敏度最高,离开黄斑后视敏度则下降,离开黄斑的距离越大,视敏度也就越低。

视敏度受屈光系统机能的影响十分明显,若人眼的屈光系统机能不正常,则物像就不能正好成像在视网膜上,就会损害人的视力。

视敏度与背景的亮度及对比度有关。背景亮度加大,视敏度提高(视角变小);在同样背景亮度条件下,对比度加大,视敏度变好(视角减小)。

正常人眼辨别物体细节能力的极限视角为 1′。通常看静止物体的视力高于看运动物体的视力,随着所看物体相对眼运动速度的增大,视力都会下降。

(3) 视　距

从观察者的眼位到被观察者(对象)的距离称为视距。观察各种显示装置和目标时,都应当有合适的视距。视距过远和过近,都会影响认读速度与准确性。一般应根据观察目标的大小、形状、照明条件及工作要求确定视距。通常,观察距离在560 mm时最为适宜,低于 380 mm 时会引起目眩,超过 760 mm 时细节可能看不清。此外,观察时头部转动的角度,左右均不应超过 45°,上下不宜超过 30°。当视线转移时,约有 97% 的时间视觉是不真实的,所以应避免在转移视线中进行观察。

(4) 视　野

视野是当人头部和眼球保持不动时,人眼能看到的空间范围,通常用角度来表示。当头部垂直于地面,两眼正对前方时,垂直方向上:水平面上方的视野为 55°,水平面下方的视野为 60°;若加上眼球转动,则上、下方的视野均可达 75°。水平方向上:零线两侧视野各为 90°;若加上眼球转动,则左、右两侧视野均可达 95°。对于单眼,由于鼻梁的阻挡,鼻侧的视野要小于颞侧的视野。

人眼在垂直方向 3°和水平方向 3°的范围内视物,物像正好落在视网膜的黄斑上,感觉最为清晰,故该范围称为最佳视区。在垂直方向水平线以下 30°和水平方向零线左右各 15°的范围内视物,物像清晰,该范围称为最佳视野范围。垂直方向水平线以上 25°、以下 35°和水平方向零线左右各 35°的范围称为有效视野范围。因此,在显示器空间布局时,显示信息应安排在观测者的有效视野范围之内。其中重要的显示信息应尽可能安排在最佳视区或最佳视野范围内(参见 2.1.3 节图 2.10)。

(5) 颜色视觉

人的视网膜能感受颜色的区域要比感受白光的区域小,对白光和颜色最敏感的部分是中央凹。对不同颜色的光,人眼的视野是不同的,如图 1.10 所示为对不同颜色的光,人眼的不同视野范围。

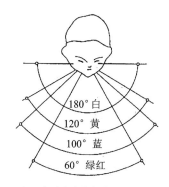

(a) 水平方向各颜色的视野范围

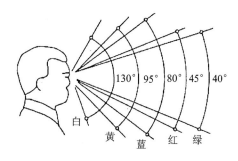

(b) 垂直方向上各颜色的视野范围

图 1.10　人眼的色觉视野

在不同背景照度下,人对不同颜色的点光源信号灯的强度阈不同。如果把不同颜色放在一起作对比,那么人眼分辨颜色差别的能力将很强。但是单独地区分一个不同的颜色,这种绝对分辨力要小得多。

(6) 相对光谱亮度曲线

能量相等、波长不同的光,引起的亮度感觉不一样。明视时,光谱中间波长为 555 nm 的黄绿光看起来最亮,愈向两端,亮度愈低。暗视时,没有颜色感,全光谱只呈不同程度的灰色。最亮的光向短波方向移动到 500 nm(原来的绿光),而原来的红光亮度最低。这种现象表现为:当照射光减弱而转入暗视时(如黄昏),则原来的“蓝”色物体要比原来的“红”色物体亮得多。表示视网膜对不同波长光线敏感度的曲线称为相对光谱亮度曲线或亮度曲线。由明视到暗视,整个曲线的位移如图 1.11 所示。

(7) 双眼的视觉

同一物体在人的两眼视网膜上分别成像,但主观上人只能感受一个视觉形象。这是因为,物体是成像在两眼视网膜的对称点上,当视神经冲动向上传输时,保持了视觉信息的空间相对关系,最终在视皮层被恰好融合成一个物像。实际上,左右两眼的成像由于两眼间距的存在,而不可能完全一致,多少有些错位。正是这种错位,使人产生了不同距离上物体的景深感,从而形成了立体视觉。人的视觉系统能判别立体视角的微小差别,最小可辨别的视差只有 4″～ 5″。倘若由于两侧屈光系统或感光系统,甚至视觉传输通路的某些异常,使两眼物像错位超过一定范围,则两眼的物像

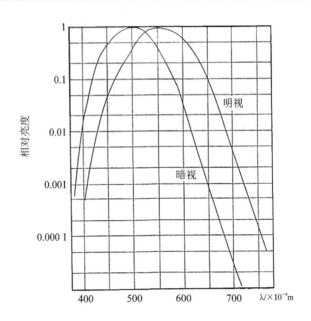

图 1.11　明视和暗视相对光谱亮度曲线

不能融合,而形成复视。

由于双眼间距的存在,人有了立体视觉。但对于单眼,也可借助物像相对大小、阴影和散射、头眼运动、视觉远近调节等因素而获得立体视觉。这时后天获得的经验就起到很重要的作用。

1.2.2　听　觉

人体的听觉系统由听觉器官、听神经和听觉中枢组成。

1. 听觉器官

听觉器官由外耳、中耳和内耳组成(见图 1.12)。外耳和中耳为听觉器官的导音部分,起声音传导作用;内耳为听觉器官感音部分,起声音的感受作用。

外耳包括耳郭和外耳道,主要起集声的作用。

中耳包括鼓膜、听骨链、中耳肌、鼓室和咽鼓管等结构。鼓膜是封闭外耳道内端和分隔外耳和内耳的薄膜结构。鼓膜在进入外耳道声波的驱动下振动。听骨链由锤骨、砧骨和镫骨三块听小骨组成,形成一个具有声阻抗匹配的杠杆结构。通过此杠杆结构,鼓膜的振动被传递到内耳。咽鼓管是保持鼓室气压与外界平衡的通道,使鼓膜处于自由振动。

内耳又称迷路,由前庭器官和耳蜗组成。前庭器官为平衡感觉器官,耳蜗则是听觉器官的感音部分,因形似蜗壳而得名。声音经中耳传至耳蜗,传播声波的介质变为高声阻抗的液体。

听觉过程是一个经历机械、电、化学、神经冲动的转换、传递及中枢信息处理的复

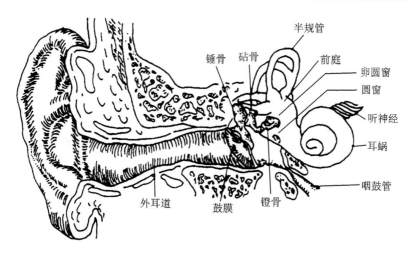

图 1.12　听觉器官

杂过程。大体上包括中耳传声、内耳声电转换、听觉信息编码和听觉中枢信息处理等过程。

2. 听觉的一般特征

(1) 听　力

人耳能听到的声音频率范围为 20～20 000 Hz。低于 20 Hz 的声音为次声,高于 20 000 Hz 的声音为超声。次声和超声均可刺激人耳,但不能诱发听觉,故不是特异性刺激。

听阈是足以引起听觉的最小声强,反映人耳的听觉敏感性。人耳最灵敏的频率范围在 500～4 000 Hz,平均听阈在 5 dB 左右。

(2) 听觉辨别力

频率和强度是声音的最基本物理参数,也是人听觉感受反映的主要特性,但是人对声音的主观感受,与声音的客观物理量并不完全对应。同时,对某一参数,人的听觉还有一个辨别的问题。听觉对于声音某参数的最小差值称为辨别阈。

对于声音的强度,人的主观反映是响度。声音越强,听起来越响,但其关系不是线性的。对于强度相同而频率不同的声音,人听起来是不一样响的。对于声音的频率,人的主观反映是音调。声音频率越高,音调也就越高,但其关系也不是线性的。对于频率不同的声音,人能辨别的频率差异是不相同的。

(3) 适应与疲劳

在声音连续作用的过程中,听觉的敏感度会发生一些变化。当声音不太强而作用时间又不太长时,它能引起响度感觉的降低,这称为对声音的适应。一般在声音停止作用后 10～15 s,适应过程即中止,听觉敏感度又恢复到声音作用以前的水平。当声音很强或作用时间很长时,听觉敏感度降低后不能很快恢复,这便是听觉疲劳。疲劳恢复所需要时间可长至数分钟甚至数天。假如声音极强或长期作用,则它引起的听觉敏感度降低可能不能恢复或不能完全恢复，这便是听力的丧失或减退。环境中的强噪声是引起听觉系统功能减退的主要因素，因此要对环境中的强噪声采取预防或消除措施。

（4）声音的掩盖现象

对一个声音的听觉敏感度由于另一个声音的存在而降低，这一现象称为掩盖现象。掩盖的程度与掩盖声音的强度，及掩盖和被掩盖声音二者的频率有关。掩盖声音强时，掩盖现象便较强；掩盖声音弱时，掩盖现象便较弱。被掩盖声音的频率若与掩盖声音的频率及其谐音接近时，则掩盖作用最明显。

（5）方位、距离判别

声源的空间定位需要双耳同时听音。处于不同方位的声源发出的声音达到两耳的距离不同，传递途中声音受阻的情况也不同，因此达到的时间和强度不同。中枢就根据这些差别分析声源的方位。对于频率较低的声音，声音波长较长，头部的阻碍作用较小，两耳听到的声音强度差别也小，因此，对于低频的声音主要靠时间差来确定方位。对于高频的声音，时间差较难感受，但声强受头部阻碍较强，因此主要靠声强差别定方位。

对声源远近的判断较为复杂，它与个人已往对所听声音的经验、已存在的听觉形象等因素有关。当头部位置变动时，从固定声源到达两耳声音刺激的特性有相应的变化，变化情况随声源位置而异，这是判断声源距离的根据。

以上听觉特点为飞机的听觉报警器，听觉控制器的设计提供了生理学设计依据。

另外，噪声和瞬时声压力对人有显著影响，如损害听觉、掩盖语音报警信号的噪声，严重影响语言通信，引起人烦恼，干扰睡眠，造成疲劳，降低机组人员工效。因此，飞行器设计中，必须考虑防止噪声、保护听觉的措施。

1.2.3　前庭觉

前庭分析器是感受人体头部在空间的方位以及运动时线速度变化与角（旋转）速度变化的器官。整个人体感受这种性质刺激的分析器，除前庭外，还有视觉、肌肉本体感觉及皮肤压觉等感受器，但前庭分析器在这方面具有特殊的作用。

1. 前庭分析器的结构

前庭分析器是内耳的一部分，与耳蜗相邻，由三个半规管、椭圆囊和球囊，以及包括互相连通的骨质外壳（骨迷路）和上皮结构（膜迷路）组成（见图1.13）。三个半规管所在的平面互相垂直，均通入椭圆囊，其入口处的膨大部分称壶腹，内有角加速度感受器的称壶腹嵴。椭圆囊和球囊内有体位和线性加速度感受器，称为囊斑，又称耳石器。壶腹嵴和囊斑内有感觉上皮，感觉细胞为特殊的毛细胞，其纤毛为胶质液所覆盖。囊斑的感受上皮胶质液上还有一层耳石膜，其内粘有微粒状碳酸钙结晶体——耳石。

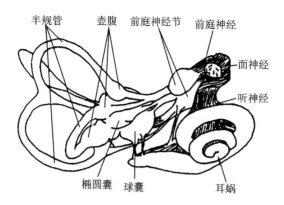

图 1.13　前庭分析器结构

2. 前庭分析器的适宜刺激

椭圆囊与球囊的适宜刺激为重力与直线加速度。当头部位置改变时,耳石相对重力场的方位发生变化,牵拉毛细胞,产生刺激,从而感知重力或线加速度的作用。

半规管的适宜刺激为转动(角)速度的变化,即角加速度或角减速度,这是由于内淋巴与半规管之间在头部旋转时相对位置的变化引起的。由于三个半规管的相互垂直关系,因此可感知头部在三个互相垂直方向上的角速度变化。

前庭在感知位置和线与角速度变化时,都对初始刺激很敏感。随着时间的加长,刺激量很快减小,这时会产生适应。产生适应所需的时间即为适应时,三个半规管的适应时大约为 30 s。

前庭觉对飞行员非常重要,因为飞行员需在三维空间内感知和控制飞机的姿态。视觉和前庭觉帮助飞行员进行空间定向。

1.2.4　运动觉

运动觉是人对自己身体各部位的位置及其运动状态的一种内部感觉。运动觉的感受器有三种:一是广泛分布于全身肌肉中的肌梭,它接受肌肉收缩长短的刺激;二是位于肌腱内的腱梭,接受肌肉张力变化的刺激;三是关节内的关节小体,接受关节屈伸运动的刺激。当人体动作时,上述感受器接受来自肌肉、关节的刺激,发放神经冲动,经传入神经,最后传至大脑皮层的相应反射区域,使人感知自身的姿势,身体各部位的运动状况。

运动觉涉及人体的每一个动作,是仅次于视觉和听觉的分析器。人的各种技能的形成,完全有赖于运动信息的反馈调节。在此过程中,意识的参与减少到了最低程度,视觉对动作的控制也被运动觉对动作的控制部分或完全代替。因此运动觉在随意运动的精确度和自动化方面有着其他感觉不能代替的作用。飞行员的技能训练,除了使其正确地掌握控制程序外,更重要的还要训练其执行任务的动作协调性、准确性,如运动的方向、速度、力度等。

1.2.5　皮肤感觉

皮肤感觉是通过体表皮肤、黏膜和感觉神经传入的感觉信息的统称,它主要包括机械感觉(触觉与压觉)、温度感觉(热觉与冷觉)和痛觉。除痛觉外,各种感觉分别有相应的传感器。

1. 机械感觉

皮肤的机械感觉主要有触觉和压觉。微弱机械刺激皮肤表面的感觉为触觉,触觉传感器有 Pacini 小体、Meissner 小体和围绕毛囊的神经末梢。较强机械刺激使深部组织变形而引起的感觉为压觉。压觉感受器有 Merkel 小体、Ruffini 小体和位于深部的 Pacini 小体。皮肤机械感受器接受刺激后,产生一组在空间和时间序列上构型复杂的冲动。触觉传感器传入神经纤维多属较粗的 Ⅰ 类神经纤维;压觉感受器传入神经纤维多属较细的 Ⅱ、Ⅲ 类神经纤维。

人体不同部位皮肤的触觉敏感性相差较大。嘴唇、指尖等处的触觉阈很低,约为 $0.3 \sim 0.5 \ \text{g/mm}^2$,躯干部皮肤的阈值要高于指尖的 $10 \sim 30$ 倍。这是因为触觉感受器的分布密度不同,指尖掌面的触觉和压觉传感器的面密度为 100 个/mm^2,而整个体表的平均面密度约为 $30 \sim 40$ 个/mm^2。

触觉在与飞机驾驶和维修相关的人为因素设计中是较为重要的考虑因素,如对于驾驶舱的各类控制器,触觉反馈通常是最直接、最直观的。电传操纵若配以侧杆技术,则需要设计复杂的人感系统,使飞行员能够通过对侧杆的触觉感觉,对飞行状况有较为确切的感知;在维修工具的设计中,有时由于夜间工作,或维修区域属于难于接近的区域,不能直接通过目视读取测量表上的数值,就需要设计成能够通过触觉感知。如定力矩扳手,在扳手的力矩达到预设要求时,扳手内的装置会给维护人员一个"打滑"的触觉感觉。

2. 温度感觉

温度感受器可分为热觉和冷觉两种,分别对热刺激和冷刺激做出反应,其活动特点是在非伤害温度范围下活动,对温度变化有动态反应,但对机械刺激不敏感。热感受器在给予热刺激时呈现放电频率增加,在冷刺激时放电频率减少;与此相反,冷感受器在热刺激时放电频率减少,在冷刺激时放电频率增加。

皮肤对温度的变化由冷、热感受器感受,人体不同部位对温度的敏感性不同,凡一切内外环境变化能引起皮肤温度变化时,均能为皮肤温度感受器感受。传导性不同的材料,手握时会有不同的冷热感。

机械感觉和温度感觉都是控制器编码要认真考虑的问题。

3. 痛　觉

痛觉没有特殊的感受器,是感觉神经受到各种伤害性刺激时产生的感觉,如可导致损伤的拉伸、压缩、切变、扭转等的机械刺激,可产生烧灼、腐蚀等的化学刺激均可引起痛觉。痛觉不只是局限于皮肤,还分布于人体内脏、器官和组织的感觉神经末梢均可产生痛觉。由伤害细胞释放的致痛物质也可刺激痛觉游离神经末梢。这就是为什么引起伤害的刺激源消失后,痛觉还滞后存在的原因。

痛觉刺激能反射性地引起人神经系统的一系列反应,剧烈的疼痛刺激能造成中枢神经系统调节活动的严重障碍,导致一些系统功能紊乱,会严重影响人的工作能力。

1.2.6　嗅觉与味觉

嗅觉与味觉是人体对外界化学刺激的感觉。嗅觉感受的是空气中化学物质对人体的刺激,味觉感受液态或固态化学物质的刺激。

1. 嗅觉感受器及其特性

覆盖在上鼻甲及鼻中隔后上部的嗅上皮是人的嗅觉感受器,它由嗅细胞、支持细胞和基底细胞组成,表面有一层黏液,亦称嗅黏膜。当呼吸时,特别是当用力呼吸时,吸入鼻腔空气中含有的化学物质分子达到该上皮,刺激嗅细胞,产生对气味的反应。

人对能引起嗅觉的气味物质的最小浓度称为嗅阈,通常用每升空气中含有某物质毫克数来表示。对于不同气味物质,嗅阈大小有很大的差异。对于同一气味,不同人的嗅觉灵敏性差异很大。即使是同一人,由于感冒、鼻炎等疾病,嗅觉也受到影响。

在飞行器座舱环境设计时,必须考虑诸如:有害气体、不愉快气味导致恶心、头痛、咳嗽等医学症状。

2. 味觉感受器及其特性

人的味觉感受器是位于舌和口腔黏膜上,能感受味觉刺激的味蕾。它主要分布在舌根、舌尖和舌侧面的三种乳头内,软腭、会厌和前腭帆等处也有分布。成人全舌约有 1 万个味蕾。不同部位的味蕾对各种味道的感受性不同。舌尖部主要对甜味和咸味,舌侧面对酸味,舌根部对苦味的阈值低。味蕾的形态成球形,直径约 $50~\mu m$。内部含有 $40\sim50$ 个味觉细胞和许多支持细胞。

如图 1.14 所示,舌前 2/3 味觉感受器所接受的刺激,经鼓索神经传递至面神经;舌后 1/3 的味觉刺激,由舌咽神经传递;舌后 1/3 的中部和软腭、会厌味觉感受器所接受的刺激,由迷走神经传递。味觉刺激经面神经,舌神经和迷走神经的轴突进入脑干后终于孤束核,更换神经元,再经丘脑到达皮层味觉区。

人的基本味觉为咸、酸、甜、苦四种。一般来说,不同物质的味道与其分子结构形式有关,因此物质的味道是多样的。但是依靠这四种基本味觉的不同组合,人可以感受和区别各种味道。

【本章实验建议】

1. 用于驾驶舱、客舱人机工效设计的重要人体数据测量实验

可根据最新发布的人体测量国际文件中推荐的测量项目和测量方法,选取航空人因设计常用的人体尺寸项目,如在手操纵装置和其可达性设计中常用的"上肢功能前伸长""上肢最大前伸长";用于驾驶舱座椅设计的"坐姿眼高"、用于客舱通道宽度

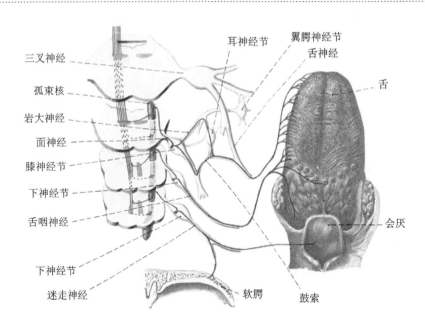

图 1.14　味觉及其神经分布

设计的"人体宽度尺寸"等项目;使用马丁尺或其他符合相关标准的测量工具,以全班学生为被试,测量相关数据,并使用 SPSS 等数据处理软件,求其平均值和方差。

2. 三维人体模型建模实验

可利用手持三维扫描枪(目前工程逆向设计中常见的三维数据采集工具),结合相关的人体建模软件,制作人体三维数字模型。

3. 各类感觉域值测定实验

可根据本章 1.2 节的内容,开展与各类感觉域值测定相关的生理测量实验。

【本章案例研究】

涉及人体尺寸参数的客舱通道设计缺陷案例

——英国空旅航空 28M 号航班在跑道上着火导致 55 人遇难的空难事故

英国空旅航空公司为英国航空公司旗下的廉价航空子公司。空旅航空 28M 号航班是从英国曼彻斯特机场飞往希腊克基拉岛扬尼斯·卡波迪斯特里亚斯国际机场的定期航班。

1985 年 8 月 22 日,131 名乘客和 6 名机组成员登上该航班,其机型为波音 B737 客机。早晨 6 时 12 分,28M 号航班准备从跑道起飞,当客机在加速滑跑时,副驾驶突然听到飞机底下传来爆炸声。飞机即将达到决断速度,机长立刻决定终止起飞程序,并开启发动机反推装置帮助飞机减速。机长当时以为某个飞机轮胎发生爆裂,他们为防止损坏起落架装置,决定采用点刹的方式试图将飞机停下来。而实际上是飞机的 1 号发动机发生了火灾。由于视觉盲角的问题,飞行员并不能看到火势,他们只能听从塔台引导进行疏散行动,塔台建议他们从飞机右侧开始疏散。

波音 B737 共有 4 道舱门,2 个大翼应急出口和 2 个驾驶舱逃生窗口,由于火势较大,乘务员和乘客只能拥向前两侧舱门和右侧的应急出口,遗憾的是其中又有一道门因机械故障而锁住了。乘务员只能被迫打开着火一侧的舱门。舱内弥散的浓烟成为最大"杀手",混乱的舱内秩序也严重影响了逃生效率,大多数乘客困在客舱内。机翼中的燃油不断泄露导致火势进一步扩大。

最终,一百多名消防队员奋战 2 个小时才将大火扑灭,他们经过清点发现 54 具尸体,1 名男子获救后,经抢救 6 天后不治身亡。事故共造成 55 人遇难,许多遇难者位置都在客舱后段(见图 1.15)。

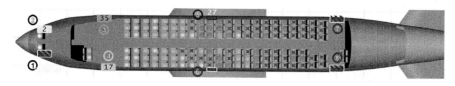

图 1.15　英国空旅航空 28M 号生还者和遇难者座位分布图

英国航空事故调查局(AAIB)奉命开展调查。事故现场的证据显示客机停下后,火势迅速从舱外窜入舱内。空旅航空 28M 号航班的发动机发生了明显的机械故障,客舱顶部被烧得漆黑,下部的座位则相对完好,残骸显示此次火灾并未发生闪燃现象(Flashover),(闪燃一般发生在密闭空间内,由于现场积累的大量可燃物,在密闭环境下燃烧时温度会急剧攀升至 500 ℃,火场会在 1～2 s 内因场内所有可燃物体被高温点燃而自动燃烧引起全场火灾,这会导致严重的人员伤亡。)这表明当时的火势虽然很凶猛,但并不会造成如此恶劣的伤亡后果。

经调查,事故的原因是:发动机内的 9 号罐式燃烧筒曾出现长裂纹,由于维修不当,在滑跑时,燃烧筒前段部件从发动机上崩裂,击穿了飞机左翼下侧,导致大量燃油泄漏到破损的发动机中,进而引发发动机大火。

调查员研究当时的气象记录后又有了新发现,风也是导致事故加剧的主要因素。当机长决定将飞机滑入旁边的跑道时,他们并不清楚火势。飞机停下时,侧风的方向恰巧将集中在左翼下侧的大火吹向机体,这个举动让整个形势急转直下,窜入客舱内的大火引发了大量的浓烟,吞噬了乘客的生命。调查员发现多数遇难者的尸体并非位于飞机被烧得最严重的地方,尸检报告显示,罹难者只有 6 人被严重烧伤,其余均为吸入了有毒的烟雾而死。

根据相关适航规章,飞机制造商必须证明飞机可以在危机发生时,在只有一半舱门能打开的情况下,在 90 s 内将乘客全部安全撤离。波音公司曾向英国适航部门演示了 130 人在 73 s 内全部撤离的范例。而 28M 号航班在事故发生后的 90 s 内,大多数乘客还停留在无序、混乱的客舱中。

事实上,飞机制造商在做取得认证的实验时,参试者是在视线清晰的环境下进行,没有烟雾的干扰,让整个撤退过程非常高效。28M号航班事发时,客舱内一片漆黑,浓烟极大地影响了乘客的判断力,相互的挤踏进一步加剧了灾难的严重性。

英国民航局邀请心理学专家对乘客的行为进行研究,为还原28M号航班客机的座舱环境,让志愿者坐满位置,并为率先逃出去的人提供奖金。实验显示,志愿者为了尽快逃离客舱不择手段,比如翻越座椅、奋力推攘拥挤等,完全没有了往日的秩序感。乘客都拥挤在主舱门和厨房的隔框处,该处通道仅有57 cm(22.5 in)宽,这个狭窄的通道成为逃生的严重的"瓶颈"。空乘员不得不拽出塞在一起的志愿者,而如果将通道拓宽至76 cm(30 in)时,则会大幅提升乘客的逃生效率。实验结束后,民航局向客机制造商提议将通道拓宽至76 cm,并在客舱内安装引导乘客走向的灯光装置,即使在浓烟环境中也能保证乘客找到正确出口。

空旅航空28M号航班空难事故为此后的航空工业带来深远影响,客机制造商对紧急逃生的设备和程序进行了重大改进,并更为注重通道和舱门的设计。

案例带来的启示:

结合本章的主题,我们知道,对飞机客舱通道和舱门的设计,是典型的需要充分考虑人体尺寸的人因设计项目。本案例给我们的启示是:在设计与逃生功能相关的通道和舱门时,不能仅凭人体的静态尺寸或动态尺寸如人体最大宽度尺寸,来确定通道和舱门的尺寸,而应像此例中的心理学家那样,关注到人在紧急情况下,急于求生不择手段的恐慌心理对人行为的影响。应充分考虑到事故现场可能出现的无序拥堵和踩踏现象。在本例中,通过悬赏先冲出来的志愿者的方式,心理学家较为真实地模拟了乘客争先恐后在舱内推攘的情景,通过现场试验,找出了导致人员堵在一起难于逃生的原因,并得出通道宽度增至30 in将大幅提升乘客逃生效率的结论。这种考虑到事故现场公众恐慌心理和相应应激行为,充分增大修正值的人因研究方法,值得借鉴。

复习思考题

1-1　试述人体数据在飞机座舱设计中有哪些应用?

1-2　人体测量分哪几类? 分别有哪些主要测量方法?

1-3　人体测量的基准面主要有哪些? 人体测量数据的三个常用统计学指标是什么?

1-4　什么是工效虚拟人? 它有何特点?

1-5　调查目前常用的人体建模仿真软件,并对比其各自的特点和适用领域。

1-6　常见的用于驾驶舱人因设计的人机界面分析工具有哪些?

1-7　试述眼球的屈光系统和感光系统各包括哪些组成部分?

1-8　什么是眼睛的暗适应与明适应? 什么是视敏度?

1-9　试述外耳、中耳、内耳的构造。

1-10　听觉有哪些一般特征?

1-11　前庭分析器由哪些部分组成? 它们的适宜刺激是什么?

1-12 什么是运动觉？对飞行员的技能训练有什么意义？

1-13 皮肤感觉包括哪些方面？在设计控制装置时，要用到哪些皮肤感觉？

1-14 试述嗅觉感受器和味觉感受器及其特性。

参考文献

[1] 王兴伟,刘宝善,郑伟,等.飞行人员人体测量学研究与应用进展[J].航空军医,2004,10(5)：201-205.

[2] 刘宝善,王兴伟.航空人体测量学[M].北京:北京航空航天大学出版社,2014.

[3] 周前祥.工效虚拟人建模技术与应用[M].北京:国防工业出版社,2013.

[4] 杜娟.面向民机驾驶舱人机工程的人体建模关键技术研究[D].西安:西北工业大学,2006.

[5] 马智,薛红军,苏润娥.基于 JACK 的人体建模与人机工效分析[J].航空计算技术,2008,38(1):97-100.

[6] 刘社明,王小平,陈登凯,等.基于 JACK 的驾驶舱仿真及人机工效分析[J].计算机与现代化,2013,216(8):106-110.

[7] 刘卫华,冯诗愚.现代人-机-环境系统工程[M].北京:北京航空航天大学出版社,2009.

[8] 中国人民解放军总装备部.中国男性飞行员人体尺寸:GJB 4856—2003[S].北京:2003.

[9] 罗晓利.飞行中的人的因素[M].成都:西南交通大学出版社,2002.

[10] 空中浩劫 S09 - E01.跑道惊魂——英国空旅航空 28M 号[Z].纪录片,加拿大:Cineflix 公司,2014.

第 2 章　驾驶舱布局及微环境
人因设计与适航审定

驾驶舱的主要功用在于保证飞行员能够获取足够的外部信息，并对飞机进行操纵，以实现飞机的安全飞行。运输机的驾驶舱位于飞机机身头部，包括风挡、前起落架、飞行仪表与控制等系统，构成飞行员的工作环境。

图 2.1 罗列出民机驾驶舱工效设计的一些基本要素。本章将根据第 25 部中驾驶舱相关人因设计条款，介绍驾驶舱的总体空间布局，飞行员座椅、风挡、舱门与应急出口的设计；并介绍驾驶舱的微环境设计，如驾驶舱光环境、噪声、振动、通风与臭氧浓度。这些内容主要涉及人体工效学的相关知识。

在本教材的第 5～7 章，将侧重于从认知工效学的角度，结合 25.1302 条款，进一步探讨驾驶舱显示设施、告警设施（特殊的显示装置）与控制设施的详细设计内容与要求。并在第 8 章介绍飞行员的任务负荷评价及 25.1523《最小飞行机组》的适航审定条款、依据和符合性验证方法。

2.1　驾驶舱布局人因设计与适航审定要求

2.1.1　运输类民用飞机驾驶舱常见布局

民用飞机驾驶舱的总体布局，首先涉及最小机组人员的确定，其适航审定条款 25.1523 的验证工作，实际贯穿驾驶舱设计的全过程。

1. 驾驶舱机组成员人数和布局方式的变迁

早期的长程运输机驾驶舱多使用多人制机组，包括两名驾驶员、一名工程师、一名领航员和一名无线电通信员，并且不同机型的驾驶舱有较大差异。驾驶舱的设计多依赖于先前驾驶员的飞行经验，典型五人制机组驾驶舱布局如图 2.2 所示。

在喷气飞机投入商业运营以后，随着通信技术的进步，首先无线电通信员的作用变得无足轻重。到 20 世纪 60 年代末，导航员的角色逐渐被自动导航系统所代替。L-1011，B707，B727，B747 等机型采用了三人制机组的驾驶舱设计，典型三人制机组驾驶舱布局如图 2.3 所示。

20 世纪 70 年代，中微处理器的发展，使得航电与控制系统的性能、自动化程度和可靠性大大提高。喷气式发动机可靠性的提高，使得飞行工程师的作用下降了，而且，经验数据也表明，在飞行过程中进行故障检查反而容易增加事故发生的概率。在波音发展第一代 B737 飞机时，对驾驶舱设计进行了详细的研究，研究的成果都倾向

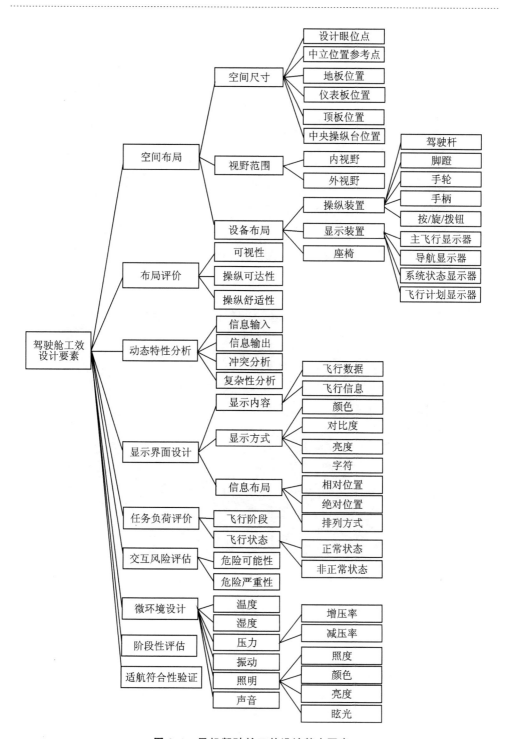

图 2.1 民机驾驶舱工效设计基本要素

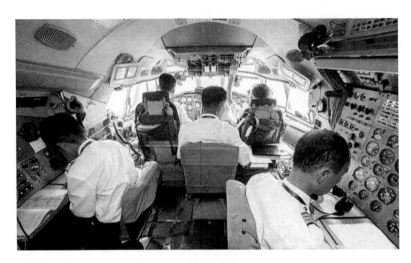

图 2.2　五人制机组驾驶舱布局

图 2.3　三人制机组驾驶舱布局

于使用两人机组。同一时期的其他型号,包括 DC - 9 和 BAC - 111 等都采用两人制机组。由于航空公司和驾驶员工会的反对,使得 B737 在早期运营中仍使用了三人机组,后来逐渐转变成为两人制机组。典型的两人制机组驾驶舱布局如图 2.4 所示。目前新一代机型如 A380、A350、B787 都为两人制机组。

　　根据 121 部相关规章条款的规定,驾驶舱内还需设置观察员座椅,以便供局方实施航路监察时使用。该座位的位置和设备要求由局方决定。一般第一观察员座椅位于中央操纵台之后,便于观察员观察正副驾驶员的操作。第二观察员座椅主要提供给见习或初始改装的飞行员使用(见图 2.5)。

图 2.4　两人制机组驾驶舱布局

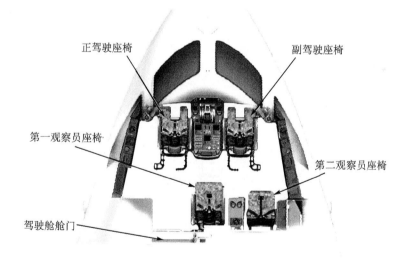

图 2.5　B787 两人制机组驾驶舱布局俯视图

2. 运输类民用飞机驾驶舱的典型总体布局方式

目前,运输类民用飞机的驾驶舱前部通常可分为以下 6 个区域(见图 2.6):

① 头顶板;

② 遮光板;

③ 飞行员仪表板;

④ 中央操控台(基座);

⑤ 侧操纵台；

⑥ 中央操纵盘/杆或侧杆（图 2.6 中⑥为侧杆，中央操纵盘/杆通常位于飞行员仪表板之后，座椅之前）。

控制方向舵的脚蹬通常安装在飞行员仪表板下方。驾驶舱的后部壁板上，有的机型还安装有航电跳开关面板等装置。

有研究者通过提取各类商用飞机驾驶舱的造型设计特征（见图 2.7）发现，目前驾

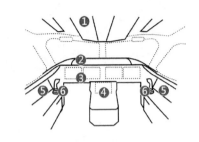

图 2.6　典型的驾驶舱设施布局示意图

驶舱总体布局方式的趋同性较高。从这些商用飞机代表性机型驾驶舱来看，绝大部分案例服从 6 个组成部分的划分方式，且每个部分的使用功能类似，说明驾驶舱的功能布局已经趋同化。而部件造型差异较大：从代表性机型驾驶舱案例的部件造型对

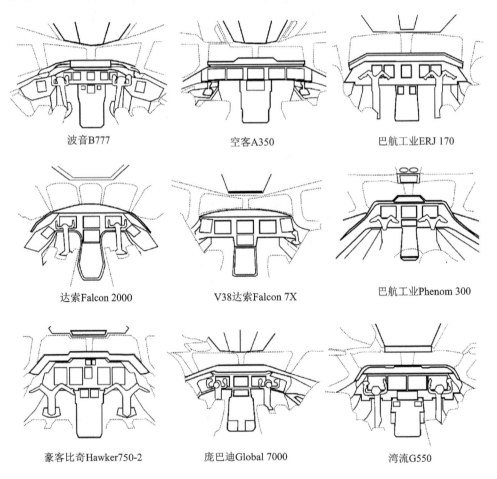

波音B777　　　　　　　空客A350　　　　　　巴航工业ERJ 170

达索Falcon 2000　　　V38达索Falcon 7X　　　巴航工业Phenom 300

豪客比奇Hawker750-2　庞巴迪Global 7000　　　湾流G550

图 2.7　多款商用飞机驾驶舱的驾驶舱布局特征线提取图

比来看,仅从单个部件(如驾驶盘/杆)的造型特征,就基本可以分辨出不同机型的驾驶舱,说明各个厂商均较为注重驾驶舱内部部件造型设计的独创性。由此可看出,虽然驾驶舱在布局及功能方面有着较多的约束,但在造型设计方面却有着比较广泛的自由发挥空间。

空客凭借欧洲的航空工业基础,率先在大型客机上采用侧杆,代替沿用了几十年的中央操纵杆,并用电传操控代替了机械操控。2014 年 6 月,空客在美国申请了一项专利,提出了未来基于实时显示技术与交互技术的无窗驾驶舱,该驾驶舱可以不需设计在飞机前方,而是可以布置在飞机的任何区域,该设计理念可能在未来颠覆目前的驾驶舱设计布局理念。

2.1.2　驾驶舱布局设计参数的确定方法

驾驶舱布局设计基本流程如图 2.8 所示。

驾驶舱布局设计参数的确定,主要包括定义眼位点坐标系、确定座椅中立位置参考点(Neutral Seat Reference Point,NSRP)、地板、仪表面板、顶部控制板、中央操纵台、驾驶盘(或侧杆)、脚蹬等相对于设计眼位点的距离参数。基于飞行员人体尺寸,可以确定驾驶舱布局设计参数。

民用飞机驾驶舱总体设计,以飞行员人体测量数据为依据,在满足飞行员的良好视界与舒适作业姿态,操纵台和仪表板的可视性、可达性及足够操作空间的前提下,对驾驶舱内各系统与设备进行综合布置。

驾驶舱布置的原则如下:

① 以标准飞行员(第 50 百分位测量统计的人)的设计眼位为中心,以满足飞行员外视界的相关要求来设计风挡,以满足飞行员内视界及可达性要求来布置仪表板、显示装置以及控制与操纵设备。

② 驾驶舱的布置必须考虑人体的尺寸限制。由于人体尺寸存在较大差异,驾驶舱设计必须以人体测量数据统计值相对于第 50 百分位飞行员的测量数据统计值的算术差为依据,以保证第 95 百分位的统计尺寸的飞行员的眼位都能调节到设计眼位上,并且可达性也可通过调节满足要求。

③ 驾驶舱总体布置的主要工作是确定驾驶

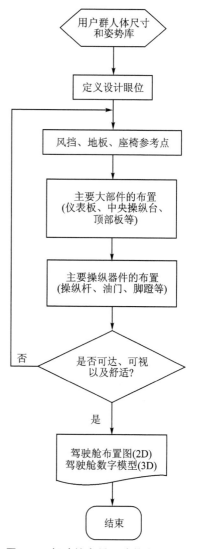

图 2.8　驾驶舱布局设计基本流程图

舱内各系统或设备的位置参数,从而确定各系统或设备在驾驶舱中的相对位置,这些参数主要涉及以下方面:

> 设计眼位点位置;
> 座椅中立参考点(NSRP)位置;
> 地板距眼位点距离;
> 仪表面板距眼位点位置;
> 驾驶舱顶部控制板距眼位点距离;
> 中央操纵台距眼位点位置;
> 操纵盘(或侧杆)距眼位点位置;
> 脚蹬距眼位点位置。

1. 设计眼位点坐标系

驾驶舱布局设计以正驾驶员的设计眼位点为坐标原点设置坐标系。坐标系的 STA 轴(机身站位线,Station)为飞机纵轴,向后为正;WL 轴(水线,Water Line)位于飞机水平面内,与 STA 轴垂直,向右为正;BL 轴(机身纵剖线,Buttock Line)遵循右手坐标系法则,如图 2.9 所示。设计眼位点的坐标为:STA＝0 mm,WL＝0 mm,BL＝0 mm。设计眼位点的理论位置是基于 P_{50} 飞行员在其座椅处于自然位置和处于 $1g$ 重力加速度的飞行条件下、允许内部和外部观察的双眼的中点。

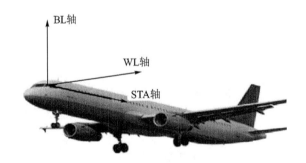

图 2.9　驾驶舱布局设计坐标系

2. 座椅中立参考点(NSRP)位置的计算方法

座椅中立参考点 NSRP 是 P_{50} 飞行员在坐高条件下,眼睛处于设计眼位时的座椅参考点(Seat Reference Point,SRP)。SRP 是指在座椅中心线上,座椅底切线与背切线的交点。NSRP 距眼位点位置可通过与设计眼位点的垂直距离和水平距离来确定。

(1) 垂直距离的计算方法

NSRP 点距眼位点垂直距离,可由下式计算得到:

$$H_s = H_{e50} + \Delta\gamma_{BL-E50} + \Delta C_{BL-T} \tag{2.1}$$

式中,H_s 为 NSRP 点距眼位点垂直距离;H_{e50} 为 P_{50} 飞行员的坐姿眼高;$\Delta\gamma_{BL-E50}$

为 P_{50} 飞行员的姿势修正量,即放松状态下坐姿眼位点与标准坐姿的眼位点垂直距离差;ΔC_{BL-T} 为机身纵剖线(BL)轴方向飞行员着装修正量(裤子厚度)。

(2) 水平距离的计算方法

NSRP 点距眼位点水平距离,可由下式计算得到:

$$L_s = L_{e50} + \Delta\gamma_{STA-E50} + \Delta C_{STA-C} \tag{2.2}$$

式中,L_s 为 NSRP 距离设计眼位点的水平距离;L_{e50} 为 P_{50} 飞行员的眼突枕突距(眼突枕突距为眼突点至枕后点的水平距,其中眼突点为飞行员闭目时眼凸处最突出的点,枕后点为在正中矢状面上枕部离眉间最远的点);$\Delta\gamma_{STA-E50}$ 为 P_{50} 飞行员放松坐姿眼位点与标准坐姿眼位点的前后距离差;ΔC_{STA-C} 为飞行员着装修正量(上衣厚度)。

3. 地板距眼位点距离的计算方法

地板距眼位点距离可根据 P_{50} 飞行员放松状态下的坐姿确定。放松状态下小腿与身体基本平行,可由下式计算得到:

$$H_f = H_s + H_{ll50} \cos\alpha_1 + \Delta C_{BL-S} \tag{2.3}$$

式中,H_f 为地板距眼位点高度;H_s 为 NSRP 距设计眼位点的垂直距离;H_{ll50} 为 P_{50} 飞行员坐姿小腿加足高;$\cos\alpha_1$ 为飞行员放松状态下小腿与垂直线的夹角;ΔC_{BL-S} 为飞行员着装修正量(鞋底厚度)。

4. 仪表面板距眼位点的距离

仪表面板安装位置要满足飞行员的操控要求,即仪表面板上的控制部分在飞行员的可达范围之内。仪表面板距眼位点水平距离可由下式计算:

$$L_p = L_{ua5} + L_{sh5} - L_{e5} \tag{2.4}$$

式中,L_p 为仪表面板距眼位点水平距离;L_{ua5} 为 P_5 飞行员上肢功能前伸长;L_{sh5} 为 P_5 飞行员背肩峰距(从背部后缘到肩峰点平行于矢状面的纵向水平直线距离);L_{e5} 为 P_5 飞行员的眼突枕突距。

5. 驾驶舱顶部控制板距眼位高度

驾驶舱顶部仪表板应满足 P_{95} 飞行员的头部净空要求,也要满足 P_5 飞行员的可达性要求。驾驶舱顶部控制板距眼位高度应满足下式:

$$H_{se95} - H_{e95} + \Delta p_{BL-C} < H_t \leqslant H_{sh5} + L_{ua5} - H_{e5} \tag{2.5}$$

式中,H_t 为顶部控制板距眼位高度;H_{se95} 为 P_{95} 飞行员坐高;L_{e95} 为 P_{95} 飞行员坐姿眼高;Δp_{BL-C} 为头顶活动空间心理修正量;H_{sh5} 为 P_5 飞行员坐姿肩高;L_{ua5} 为 P_5 飞行员上肢功能前伸长;H_{e5} 为 P_5 飞行员坐姿眼高。

6. 中央操纵台位置计算方法

中央操纵台可根据 P_5 和 P_{95} 飞行员上肢长、坐姿肩高、肩宽和躯干侧倾角度确定。

(1) 距眼位点的横向水平距离的计算

中央操纵台飞行员近侧边距眼位点的横向水平距离为 P_{95} 飞行员处于巡航姿势时,肩峰点与眼位点的横向水平距离以及座椅与中央操纵台之间过道距离之和,如下:

$$L_{ccl} = \frac{1}{2}L_{sw95} + L_{kn95} + \Delta C_{wl-t} + \Delta p_{wl-w} \tag{2.6}$$

式中,L_{ccl} 为中央操纵台飞行员近侧边距眼位点的横向水平距离;L_{sw95} 为 P_{95} 飞行员肩宽;L_{kn95} 为 P_{95} 飞行员膝宽;ΔC_{wl-t} 为飞行员着装修正量(裤子厚度);Δp_{wl-w} 为过道间距心理修正量。

中央操纵台飞行员远侧边距眼位点的横向水平距离为 P_5 飞行员处于躯干适宜右倾,手臂完全伸展时掌心与设计眼位点之间的横向水平距离,计算方法如下:

$$L_{ccR} = \frac{1}{2}L_{sw5} + L_{sh5}\sin\alpha_2 + L_{ua5} \tag{2.7}$$

式中,L_{ccR} 为中央操纵台飞行员远侧边距眼位点的横向水平距离;L_{sh5} 为 P_5 飞行员坐姿肩高;α_2 为躯干侧倾角;L_{sw5} 为 P_5 飞行员肩宽;L_{ua5} 为 P_5 飞行员上肢功能前伸长。

(2)距眼位点的纵向水平距离的计算

中央操纵台前侧距眼位点的纵向水平距离为 P_5 飞行员躯干处于适宜前倾,手臂完全伸展时掌心与设计眼位点之间的纵向水平距离,计算方法如下:

$$L_{ccF} = L_{sh5}\sin\alpha_3 + L_{ua5} - L_{e5} \tag{2.8}$$

式中,L_{ccF} 为中央操纵台前侧距眼位点的纵向水平距离;α_3 为飞行员躯干前倾角;L_{e5} 为 P_5 飞行员眼突枕突距;L_{ua5} 为 P_5 飞行员上肢功能前伸长;L_{sh5} 为 P_5 飞行员坐姿肩高。

中央操纵台后侧距眼位点的纵向水平距离为 P_5 飞行员上肢适宜后倾,手臂完全伸展时掌心与设计眼位点之间的纵向水平距离,计算方法如下:

$$L_{ccB} = L_{ua5}\cos\alpha_4 \tag{2.9}$$

式中,L_{ccB} 为中央操纵台后侧距眼位点的纵向水平距离;α_4 为手臂后倾角度。

(3)距眼位点垂直距离的计算

中央操纵台的高度应略低于 P_{50} 飞行员巡航姿势时的肘部位置。中央操纵台距眼位点的垂直距离为

$$H_{cc} = L_{e50} - L_{sh50} + L_{up50} + \Delta p_{STA-L} \tag{2.10}$$

式中,H_{cc} 为中央操纵台距眼位点的垂直距离;L_{e50} 为 P_{50} 飞行员坐姿眼高;L_{sh50} 为 P_{50} 飞行员坐姿肩高;L_{sh50} 为 P_{50} 飞行员上臂长;Δp_{STA-L} 为肘部纵向心理空间修正量。

同理,可根据具体机型的主飞行操纵面操纵器件的类型及飞行员手、手臂和腿、脚的相关尺寸和活动范围,设计中央控制盘/杆(或侧杆)和脚蹬的位置和操纵的行程范围。

2.1.3　驾驶舱布局的相关适航审定要求

与驾驶舱布局人因设计相关的适航审定条款与符合性验证方法如下:

1. 第 25.771 条　驾驶舱(a)

(1)条款内容

(a)驾驶舱及其设备必须能使(按第 25.1523 条规定的)最小飞行机组在执行职

责时不致过分专注或疲劳。

（2）符合性验证方法说明

条款 25.771（a）的符合性一般可以通过设计说明、飞行试验和模拟器试验来表明。

须根据 FAR25 部运输类飞机审定要求进行机组工作负荷分析，对飞行手册中飞机的使用限制里的最小飞行机组，进行工作负荷的评估。

2. 第 25.777 条　驾驶舱操纵器件（a、c、e、f、h）

（1）条款内容

（a）驾驶舱每个操纵器件的位置必须保证操作方便并防止混淆和误动。

（c）操纵器件相对于驾驶员座椅的位置和布局，必须使任何身高 158 厘米（5 英尺 2 英寸）至 190 厘米（6 英尺 3 英寸）的（按第 25.1523 条规定的）最小飞行机组成员就座，并系紧安全带和肩带（如果装有）时，每个操纵器件可无阻挡地作全行程运动，而不受驾驶舱结构或最小飞行机组成员衣着的干扰。

（e）襟翼和其他辅助升力装置的操纵器件必须设在操纵台的上部，油门杆之后，对准或右偏于操纵台中心线，并在起落架操纵器件之后至少 254 毫米（10 英寸）。

（f）起落架操纵器件必须设在油门杆之前，并且必须使每个驾驶员在就座并系紧安全带和肩带（如果装有）后可以操作。

（h）如要求有飞行工程师作为（按第 25.1523 条规定的）最小飞行机组成员，则飞机上必须设有飞行工程师工作位置，其部位和安排能使飞行机组成员有效地各行其职而互不干扰。

（2）符合性验证方法说明

① 25.777（a）：可通过设计说明和机上检查来表明。

② 25.777（c）：可通过设计说明，机上检查和飞行试验来表明。评审时应主要考虑飞机操控中的人为因素和操纵系统之间的交互影响。

③ 25.777（e）、（f）、（h）：可通过设计说明和机上检查来表明。

3. 第 25.1321 条　布局和可见度

（1）条款内容

（a）必须使任一驾驶员在其工作位置沿飞行航迹向前观察时，尽可能少偏移正常姿势和视线，即可看清供他使用的每个飞行、导航和动力装置仪表。

（2）符合性验证方法说明

建议采用设计说明、机上地面试验、飞行试验和机上检查等符合性验证方法。

① 设计说明：系统原理（方案）说明、设计图样。

② 机上地面试验：进行仪表板的振动特性试验，和显示仪表失灵的目视指示器在驾驶舱所有可能的照明条件下都有效的试验（也可在地面试验中验证仪表板的布局及可见度，但也可用其他方法验证此内容）。

③ 飞行试验：进行仪表板的振动特性试验，和显示仪表失灵的目视指示器在驾

驶舱所有可能的照明条件下都有效的试验(也可在飞行试验中验证仪表板的布局及可见度,但也可用其他方法验证此内容)。

在进行本条款的符合性验证时,还可通过驾驶员的评定去验证。

图 2.10 给出了飞行员的最佳垂直和水平视野范围以及最大垂直和水平视野范围。

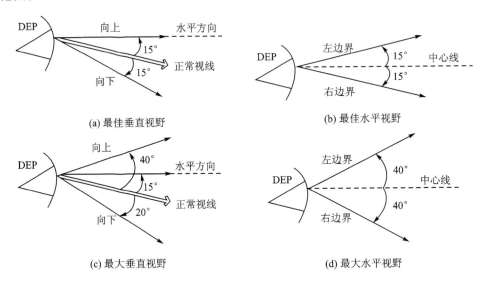

图 2.10　飞行员的垂直和水平视野范围

2.2　驾驶舱座椅的人因设计与适航审定要求

2.2.1　驾驶舱座椅的人因设计

1. 驾驶员座椅的构成

一般而言,驾驶员座椅主要由座椅的下部结构、椅面(包括座椅垫和腿部支撑)、椅背(包括靠背垫和腰部支撑)、头靠、扶手、座椅的调节机构和座椅约束系统等组成,如图 2.11 所示。

驾驶员座椅的调节机构包括座椅的上下调节、前后调节、侧向调节(如采用弯曲导轨或斜导轨则可不用侧向调节)、椅背的后倾角度调节、腰部支撑调节、头靠调节、扶手调节以及腿部支撑调节。座椅的调节有手动机械调节和电动调节,驾驶员比较青睐电动调节,因为这种形式操作比较方便。

侧杆驾驶装置必须配装合适的臂托,臂托是飞行员顺利实现侧杆驾驶操纵动作时必不可少的前肢支撑机构。因此,在图 2.11 中,此款空客正驾驶座椅侧杆一侧(正驾驶操纵的侧杆在其左手边)的扶手经过特别设计。

　　驾驶员座椅基本上采用五点式约束系统，它包括：两根肩带、两根腰带、一根裆带、一个圆盘式安全带连接装置和惯性卷筒。圆盘上有五个插口，用于插五根安全带的舌片（见图 2.11）。

2. 驾驶员座椅人因设计一般准则

　　① 座椅的形式应符合相应的应急撤离程序；

　　② 满足第 25.561 和 25.562 相关要求，其中规定座椅需能承受最大加速度 $14g$ 的向下冲击和最大加速度 $16g$ 的向前冲击；

　　③ 座椅的结构尺度必须符合人体尺寸；

　　④ 座椅中立位置必须对应于满足 50% 人体百分位驾驶员的设计眼位位置；

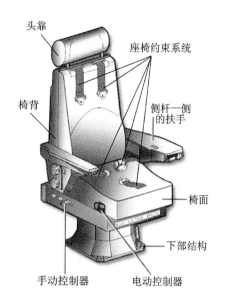

图 2.11　一款空客正驾驶座椅结构

　　⑤ 座椅坐垫、座椅靠背及靠背调节量等符合人体生理特征；

　　⑥ 座椅设计应使驾驶员在设计眼位时，能全程操控驾驶杆等而不受腿或身体的干涉；

　　⑦ 座椅上下调节量、座椅滑轨行程调节量与上、下肢可达性结合；

　　⑧ 座椅扶手中应至少有一个是可折叠的，以使驾驶员方便地出入座椅；

　　⑨ 座椅结构前缘设计时，应考虑和驾驶杆的运动空间范围相协调；

　　⑩ 座椅可调部分的结构构造，必须易于调节，还必须保证在椅子使用过程中不会改变调节好的位置且不松动；

　　⑪ 座椅应使机组人员在使用过程中保持身体舒适、稳定并能进行准确的控制和操作；

　　⑫ 座椅各零部件外露部分不得有易伤人的尖角锐边，各部件结构不得存在可能造成挤压、剪钳伤人部位；

　　⑬ 座椅的结构材料和装饰材料应耐用、阻燃、无毒。坐垫、腰靠、扶手的覆盖层应使用柔软、防滑、透气性好、吸汗的不导电的材料；

　　⑭ 座椅设计应满足在飞机整个飞行包线内的安全性、舒适性、可操纵性要求。

3. 驾驶员座椅设计人机工效要求

　　以下以运输机的驾驶员座椅为例，介绍驾驶员座椅人机工效设计相关参数。详细参数尺寸见图 2.12 和表 2.1。

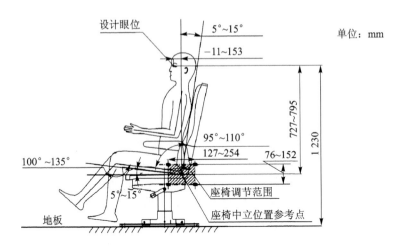

图 2.12　运输机驾驶员座椅人机工效设计参数

表 2.1　运输机座椅人机工效设计要求

部 位	人机工效设计要求	推荐值
座高	座椅高度的调节范围必须大于 GJB 4856 中"小腿加足高"5%～95%人体百分位驾驶员范围	350～420 mm
座宽	座宽必须适合于95%人体百分位驾驶员乘坐,其相对应的人体测量值是臀宽	420～460 mm
座深	满足5%～95%人体百分位驾驶员使用要求	419～495 mm
椅面倾角	因作业空间一般在身体前侧,如坐面过分后倾,脊椎因身体前倾作业而会被拉直,破坏正常的腰椎曲线,形成一种费力的姿势,因此,为消除驾驶员乘坐时的疲劳感,座椅表面设计为前高后底,并与水平面成一定夹角	5°～15°
靠背倾角	靠背由肩靠和腰靠组成,大部分工作场合,腰靠最为重要。腰靠一般设在由坐面往上的第二节腰椎骨处	95°～110°
座椅靠背高度调节	座椅靠背应具有可调节支撑,以满足5%～95%人体百分位驾驶员舒适性要求	25～76 mm
靠背角度调节操纵力	在操纵座椅靠背角度调节锁时,操纵力不应过大	不大于 50 N
扶手	扶手的高度是指扶手上缘到坐高的距离,其主要作用是支持手臂的质量,以减轻肩部负担,增加舒适感,扶手的高度应满足50%人体百分位驾驶员使用要求,扶手应具有水平抽拉、垂直平面内的角度调节和上折后收藏于靠背后部的功能,扶手垂直平面内角度调节不小于 30°	取坐垫有效厚度以上 200～300 mm

部　位	人机工效设计要求	推荐值
座椅前后调节量	满足 5%～95%人体百分位驾驶员设计眼位及可达性要求,座椅前后调节量为 5～10 in,(调节增量不大于 1 in)	127～254 mm
座椅上下调节量	满足 5%～95%人体百分位驾驶员设计眼位及可达性要求,座椅椅面上下调节量为 3～6 in(调节增量不大于 0.5 in)	76～152 mm
座椅参考点距地板距离	满足 5%～95%人体百分位驾驶员乘坐的舒适性要求	
坐垫	坐垫应该软硬适度,可使臀部压力值大为降低;坐垫材料要适当选择,必须透气,且不易打滑,同时要有一定的柔韧性,以增加舒适感,95%人体百分位驾驶员乘坐时,坐垫的压缩厚度不应大于坐垫总厚度的三分之二	
头靠	驾驶员座椅头靠应便于拆卸,且有角度调节功能,满足 5%～95%人体百分位驾驶员使用,头靠应有足够的厚度以防止飞机应急着陆时驾驶员头部受到座椅头靠结构构件的接触	−15°～15°

4. 观察员座椅和第二观察员座椅的设计

关于观察员座椅的设计,其适航条款是在第 121 部做了相关规定。

① CCAR121.589 和 FAR121.581 规定:合格证持有人应当在其用于本规则运行的飞机的驾驶舱内备有一个座位,供局方实施航路监察时使用。该座位的位置和设备要求由局方决定。

② AC-121-FS-2008-28 和 AC120-83 分别对观察员座椅的"安装位置、脚踏板、舒适度、可见度(识别其他航空器)、安全带系统、氧气(氧气面罩)和烟雾护目镜、通信、灯光、通风、安全性"提出了要求。

当驾驶舱内有多个观察员座椅的情况下,CCAR121.589 和 FAR121.581 规定如下:对于机组所需座位之外另有一个以上观察员座位的飞机,应当有一个向前观察员座位,或者局方选定的观察员座位供局方使用。通常意义上,是指位于中央操纵台后方的第一观察员座椅。因而,额外的观察员座椅不需要强制满足 AC-121-FS-2008-28 中的各项要求。

除了局方规定的第一观察员座椅外,多数主流飞机驾驶舱还额外设计有第二观察员座椅。一般航线运营过程中,第二观察员座椅主要提供给见习或初始改装的飞行员,可以有效降低飞行员的培训成本。另外,也提供给监察员、有转场需求的非当班机组或免费提供给航空公司内部员工(飞行员、签派、机务等人员)。

2.2.2　驾驶舱座椅人因设计的适航审定要求

与驾驶舱座椅人因设计相关的适航审定条款与符合性验证方法如下:

CCAR 第 25.785 条　座椅、卧铺、安全带和肩带(g、k)

(1) 条款内容

(g) 驾驶舱工作位置的每个座椅必须设有带单点脱扣装置的安全带和肩带组合式约束系统,使驾驶舱内乘员就座并系紧安全带—肩带后能执行该乘员在驾驶舱内所有必要的职责。必须有措施在每个组合约束系统不使用时将其固定,以免妨碍对飞机的操作和在应急情况下的迅速撤离。

(k) 在正常飞行中可能伤害机内坐着或走动的人员的每个凸出物都必须包垫。

(l) 必须表明由中国民用航空局有关营运规定要求的每个向前观察员座椅适用于进行必要的航路检查。

(2) 符合性验证方法说明

本条一般通过机上地面检查,驾驶舱机组的评定来说明机组座椅满足要求。

2.3　驾驶舱视界、风挡的人因设计与适航审定要求

风挡玻璃不仅要为飞行员提供清晰的视界,还应具备良好的光学性,具备除冰、除雾、泄静电、防雨水等多种功能。在各种飞行状态下,还要承受结构载荷和气动力冲击,必须具备足够的强度。本节将主要介绍 25.773 及其咨询通告 AC25.773-1、25.775 的主要内容和符合性验证方法。

2.3.1　驾驶舱视界的人因设计与适航审定要求

为了在各种气象条件下给飞行机组提供足够宽阔、清晰的视野,适航审定对驾驶舱视界的设计提出了较多的具体要求,反映在第 25.773 条 "驾驶舱视界"及其咨询通告 AC 25.773-1"驾驶舱视界设计"上。下面将先介绍这两个适航审定要求的具体内容,并介绍其符合性验证方法。另外,这里还涉及参考 SAE ARP 4101/2 的相关内容(见参考文献[7])。

1. 第 25.773 条 "驾驶舱视界"的条款内容及符合性验证方法

(1) 条款内容

(a) 无降水情况。

对于无降水情况,采用下列规定:

(1) 驾驶舱的布局必须给驾驶员以足够宽阔、清晰和不失真的视界,使其能在飞机使用限制内安全地完成任何机动动作,包括滑行、起飞、进场和着陆。

(2) 驾驶舱不得有影响(按第 25.1523 条规定的)最小飞行机组完成正常职责的眩光和反射,必须在无降水情况下通过昼和夜间飞行试验表明满足上述要求。

(b) 降水情况。

对于降水情况,采用下列规定:

(1) 飞机必须具有措施使风挡在降水过程中保持有一个清晰的部分,足以使两

名驾驶员在飞机各种正常姿态下沿飞行航迹均有充分宽阔的视界。此措施必须设计成在下列情况中均有效，而无需机组成员不断关注：

（ⅰ）大雨，速度直至 $1.5 V_{sR1}$（V_{sR1} 为相应于襟翼在进场位置，起落架在收起位置和最大着陆重量的基准失速速度），升力和阻力装置都收上；

（ⅱ）第 25.1419 条规定的结冰条件下，如果要求按结冰条件下的飞行进行审定

（2）正驾驶员必须有：

（ⅰ）当座舱不增压时，在本条（b）（1）规定条件下能打开的窗户，提供该项所规定的视界，又能给予驾驶员足够的保护，防止风雨影响其观察能力；

（ⅱ）在本条（b）（1）规定条件下考虑遭到严重冰雹可能造成的损伤，保持清晰视界的其他手段。

（c）风挡和窗户内侧的起雾。

飞机必须具有在其预定运行的所有内外环境条件（包括降水）下，防止风挡和窗户玻璃内侧在提供本条（a）规定视界的范围上起雾的措施。

（d）在每一驾驶员位置处必须装有固定标记或其他导标，使驾驶员能把座椅定位于可获得外部视界和仪表扫视最佳组合的位置。如使用有照明的标记或导标，它们必须满足第 25.1381 条规定的要求。

（2）符合性验证方法说明

通常对第 25.773 条的可接受的符合性方法包括但不限于以下几种：设计说明、计算/分析、飞行试验、地面试验、模拟器试验和机上检查。

1）25.773（a）（1）

25.73（a）（1）的符合性一般可通过设计说明、模拟器试验和飞行试验来表明，通常采用评估和试验的方法，要考虑飞机的各种运行情况，包括起飞、进近和着陆的情况，可采用主观评价的方法来进行评估和试验数据的收集。特别地，须评估遮光板对无障碍视野的影响。如飞机前端几何形状改变，则要评估它所带来的驾驶员视野的变化。评估可以采用虚拟 3D 评估。试验可采用模拟器试验和飞行试验。

2）25.773（a）（2）

25.773（a）（2）的符合性一般可通过设计说明、计算/分析和飞行试验来表明，采用技术分析和 Mock - up 评估的方法，需要考虑反射表面（窗，设备的玻璃表面等）的相对几何形状和直接的/非直接的光源（仪器，内部区域照明，白衬衫等）对符合性的影响。另外，还须考虑表面（窗，设备）的反射特性，会随材料和制造加工过程而产生很大的变化。可以通过分析的方法来证明眩光或反射问题。Mock - up 也可作为型号研制早期的评估方法，但是分析结果必须在高度真实环境下验证得出。内部光源反射和外部光源反射情况都应予以考虑。

3）25.773（b）

25.773（b）的符合性一般可通过地面试验和飞行试验来表明。地面试验，在真实和模拟阵雨条件下，检查风挡雨刷和驾驶员视界。用无降水和降水条件下的飞行

试验验证驾驶员视界。

4）25.773(c)

25.773(c)的符合性一般通过设计说明、飞行试验和地面试验来表明,采用设计说明的方法来验证除雾措施及其有效性。飞行试验通过驾驶员评估的方法来验证符合性。

风挡防雾的方法是采用加热风挡玻璃内表面,使其温度高于环境露点温度。军机一般采用射流热空气加热风挡玻璃内表面,民机则采用电加热方式。对于25.773(c)中风挡玻璃防雾视界范围最低要求,可参考 AC-25.773 进行设计。

民机空调系统设计中,湿度最大的条件为 19 g(水)/kg(干空气)(环境温度40 ℃)。人员呼吸引入的湿气相对比较固定,主要与驾驶舱人员数量有关。

在试飞过程中,为验证防雾性能,需先使风挡玻璃内表面结雾,然后开启防雾系统,验证防雾性能。试飞过程中关闭一侧的风挡加温系统,并在高空低温环境中长时间巡航,待风挡玻璃冷浸透后,快速下降到高温、高湿环境。此时由于风挡玻璃热惯性,风挡玻璃内表面的温度仍维持在较低温度状态,在合适的试验环境条件下,风挡玻璃内表面温度会低于环境露点温度,风挡玻璃内表面将发生结雾现象。此时开启风挡加温系统加热功能后,即可验证系统防雾性能。为增加驾驶舱内空气湿度,在快速下降到低空后,可使用空调系统应急通风向舱内供气。应急通风打开后,外界大气不经空调系统除湿,直接进入飞机舱内。

5）25.773(d)

25.773(d)的符合性一般可通过设计说明和机上检查来表明。

设计说明至少说明驾驶员座椅设计有调节装置,以及为获得最佳组合视野所采取措施的设计原则,和在驾驶舱的安装位置和布局。

机上检查主要是为确认该设计措施,如固定标记或导标的设计,是否能切实指导驾驶员找到外部视界和内部仪表扫描的最佳组合视野的座椅位置。

举例:在空客机型 1 号风挡玻璃之间的立柱上,通常装有座椅调整导标,由两侧两个白色标记球和中间一个略凸出一点的红色标记球组成(见图 2.13(a))。当正驾驶坐在驾驶员座椅上后,可前后、左右、上下调节座椅,直至从正驾驶的角度看过去,红色标记球遮挡住在副驾驶一侧的白色标记球为止,这就找到了正驾驶看外部视界和扫视仪表的最佳组合位置(见图 2.13(b))。副驾驶调整座椅时同理,红色标记球要把正驾驶一侧的白色标记球遮挡住便可。

2. AC 25.773-1 "驾驶舱视界设计"及 25.773 条款的符合性验证

(1) AC25.773-1 的主要内容

AC25.773-1"驾驶舱视界设计"给出了对驾驶舱视界的具体要求,详细内容见表 2.2。

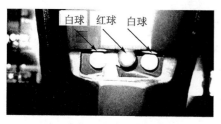 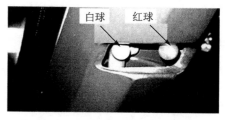

(a) 从正前方看3个小球的位置　　　　　　(b) 座椅调整好后，飞行员应望见红球遮挡住对侧白球

图 2.13　驾驶舱座椅调整导标

表 2.2　AC25.773 - 1 对驾驶舱视界的主要要求

无障碍视界要求	驾驶舱视界：满足最小驾驶舱视界要求
视界障碍物要求	1. 设计眼位左右 20°范围无障碍物。 2. 在此 40°范围外的障碍物数量不大于 3。 3. 在设计眼位右 80°范围内被另一飞行员挡住的情况下，可通过双眼观察来消除障碍物。 4. 视界范围内障碍物的投影尺寸最好小于平均人眼尺寸(63.6 mm)。 5. 可通过头向左或向右移动 13 mm 使用双眼观察消除障碍物
着陆视界要求	要求飞机着陆时向前下方的视界，还应满足飞机处于下列形态，驾驶员看到进场的场长和/或接地区域内的跑道灯的长度是其以着陆进场速度飞行 3 s 所覆盖的距离： 1. 飞机以 2.5°下滑坡度进场。 2. 飞机的最低部分(例如起落架放下时轮胎的下胎面)离接地区跑道平面的垂直高度为 30.5 m(100 ft)的决策高度上。 3. 飞机向左偏航以抵消 18.5 km/h(10 节)的侧风。 4. 飞机处于最临界的重心和质量位置。 5. 以 366 m(1 200 ft)的跑道视程(RVR)进场

(2) 符合性方法说明

1) 满足最小驾驶舱视界要求

首先，驾驶舱视界需满足最小驾驶舱视界要求，判定视界范围之前，应当确定驾驶员在正常驾驶操作过程中眼睛所处的位置，即设计眼位，在此基础上确定测量基准。其次，在以上测量基准的基础上，确定一定的角度范围作为透明区域，以此判断具体的驾驶舱视界是否"足够宽阔"。

① 确定设计眼位和测量基准：

如前所述，设计眼位(Design Eye Position)是驾驶员处于正常驾驶状态，两眼之间连线的中点所在的位置，是飞机承制方用于确定驾驶舱内部和外部视野以及驾驶舱几何尺寸

而选择的一个设计基准点。设计眼位由两个方面来决定:驾驶员座椅相对驾驶舱的基本位置;驾驶员自身的基本身体尺寸,包括身高、瞳孔间距等人体测量学基本数据。

在建立设计眼位位置时必须满足以下条件:

➢ 驾驶员处于正常操作位置,且中等身材(158~190 cm),驾驶员坐在该位置上可以全行程地使用所有操纵器件;

➢ 椅背处于直立位置;

➢ 椅垫压缩量,由 77~91 kg 的人员引起。

确定设计眼位后,为确定视界范围,还需要确定以下基准的测量参考面:

➢ 中心轴——通过设计眼位后 84 mm 的点,且垂直于水平面的直线;

➢ 垂直基准面——设计眼位与中心轴构成的平面;

➢ 水平基准面——通过设计眼位且垂直于中心轴的平面。

垂直基准面和水平基准面相对于飞机是固定的,且平行于飞机的零俯仰角和偏航角。

② 确定透明区域的角度范围:

所谓透明区域,是指驾驶员用"双目视界"从设计眼位进行角度测量而得到的。双目视界指用两只眼睛所能看到的总区域。在测量视界角度范围时,按照图 2.14 进行。其中,驾驶员两眼间距离为 63.6 mm,在同一个水平面内绕在设计眼位后约 84 mm 的中心轴转动。这些尺寸是人头盖尺寸的平均值。

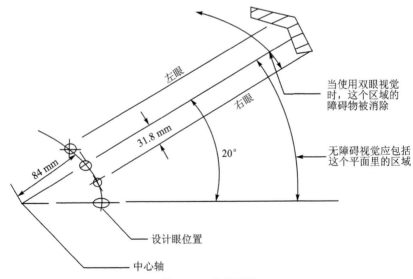

图 2.14　角度测量

在以上测量基础上,要求的透明区域(角度范围)如图 2.15 所示。图中表示的是左侧驾驶员的视界要求,对于右侧驾驶员而言,其尺寸应当与左侧驾驶员相对称。具体要求如下:

➢ 从设计眼位左侧 40°,上方 35°,延伸到右侧 20°,上方 15°,按线性关系递减。

➢ 从设计眼位左侧 30°,下方 17°,延伸到右侧 10°,下方 17°,然后延伸到右侧 20°,下方 10°,按线性关系递减。

➢ 从设计眼位左侧 40°,上方 35°,延伸到左侧 80°,上方 35°,然后延伸到左侧 120°,上方 15°,按线性关系递减。

➢ 从设计眼位左侧 30°,下方 17°,延伸到左侧 70°,下方 27°,按线性关系递增。

➢ 从设计眼位左侧 70°,下方 27°,延伸到左侧 90°,下方 27°,然后延伸到左侧 120°,下方 15°,按线性关系递减。

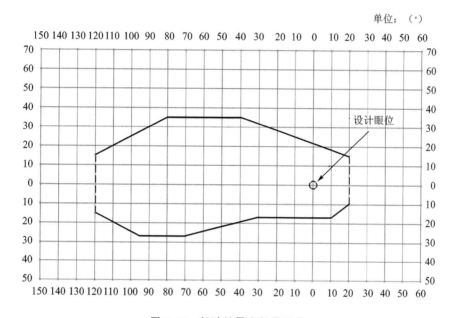

图 2.15　驾驶舱最小视界要求

以上是 AC 25.773-1 推荐的最低视界要求,在实际设计中应该尽可能超出该要求;而且,在规定的视界要求中,相对而言,驾驶员正前方的视界要求更为严格,所以很多型号设计中的风挡视界都超出了规定的要求(见图 2.16 和图 2.17)。

2)满足视界障碍物的要求

以上为基本的视界与透明区域要求。但是在此透明区域,因为风挡及窗户的边框等结构的存在,不可避免地会导致一些视界障碍,为此,需满足表 2.2 中视界障碍物的 5 点要求。

图 2.16 为 A380 提供的驾驶舱视界范围图,从图中可看出,在设计眼位左右 20°范围无障碍物;在 40°范围外的障碍物数量不大于 3;设计眼位右 80°范围内无遮挡;满足表 2.2 中 AC25.773-1 的前两类要求。

图 2.17 为 A350 的驾驶舱视界范围图,指明了图中各驾驶舱风挡所对应的驾驶舱实物风挡。

单位：（°）

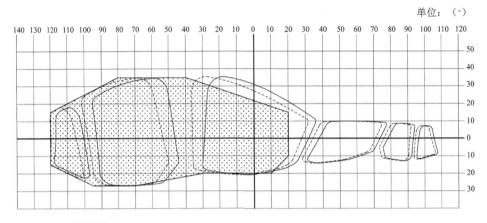

飞行员右眼
飞行员左眼
适航要求

图 2.16 A380 的视界范围图

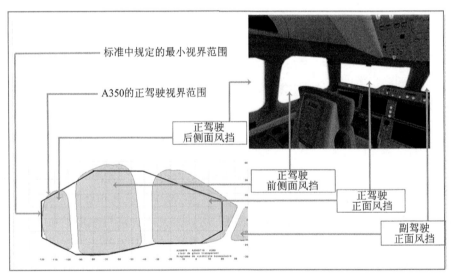

图 2.17 A350 的视界范围图

3）满足着陆视界要求

驾驶舱视界设计还需满足表 2.2 中 5 个着陆条件下的着陆视界要求（见图 2.18）。

图 2.18 中：

➢ θ_{DV} 为驾驶员对零方位视界下视角（Down Vision）；

➢ θ_{PA} 为飞机的姿态角（Pitch Angle）；

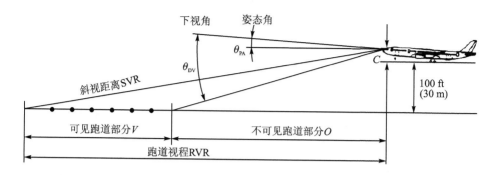

图 2.18　着陆视界要求

> C 为飞机在姿态角为 θ_{PA} 时,设计眼位和主起落架轮胎最低点之间的垂直距离,此参数为飞机的固有特征;

> RVR 为进近时跑道视程(Runway Visual Range),此数值不得小于 366 mm(1 200 ft);

> SRV 为斜视距离(Slant Visual Range);

> O 为不可视距离;

> V 为可视距离,即可见跑道部分,此数值应大于或等于按照飞机进近时的速度,3 s 时间内能飞过的水平距离。

可通过飞机处于最临界的质心和质量位置,以 2.5°下滑坡度进场时,3 s 内的进近飞行距离,计算出 3 s 飞过的水平距离;通过图 2.18 中各项几何尺寸的计算,计算出可视距离 V;对比这两个距离,验证飞机是否满足着陆视界要求。

为了验证无降水条件下的视界范围满足要求,可以提供相关的设计技术资料和图纸,并结合机上检查测量来验证。测量时既可以考虑传统的使用摄像系统的方法,也可采用其他方法,例如使用 3D 图解系统等。在此基础上,飞行员应当通过飞行试验来做出评估,给出评估报告。

因此,对于审定条款 25.773,常用的符合性验证方法如下:

> MOC1:根据设计技术资料,提供图纸和设计说明书,表明本款的符合性。

> MOC6:进行飞行试验,通过飞行试验演示驾驶舱视界符合要求。飞行员应对此做出评估,并写出评估报告。

> MOC7:进行机上地面检查或测量,可使用一个特别的照相系统进行检查,也可使用三维作图或其他的测量设备进行检查测量并写出报告。

2.3.2　驾驶舱风挡和窗户的人因设计与适航审定要求

1. 驾驶舱风挡玻璃的构型

飞机风挡玻璃的设计制造是科技与美学的博弈。目前,大部分民用飞机风挡采用非承载式结构形式,由主风挡、侧窗和固定窗共6块玻璃组成。非承载式风挡从设计上来说相对比较简单,风挡不参与机身载荷的传递,可以分别对风挡和机体结构进行分析和符合性验证。但是,这种设计对风挡周围窗框的强度和刚度有较高的要求,显得比较笨重。6块风挡玻璃之间的立柱还会遮挡飞行员的视线,通风窗制造装配及调节难度大,稳定性不好,运动轨迹还会占用驾驶舱不小的空间。

飞机的主风挡常使用平面玻璃。平面风挡的优点是光学性能好,折射和视觉变形影响小,制造成本低,安装拆卸方便,但其结构质量较大,气动阻力大,外形设计难度高,只有做到机头曲面与风挡平面之间实现平滑过渡,才能得到较好的气动特性,空客 A320 和波音 B737 均采用此种构型。

风挡间的立柱越多越遮挡视线。在航空公司对飞机燃油经济性日益重视的背景下,减少风挡数量,降低机头阻力,减轻机头质量,显得越发迫切。为此,一些新研制的机型,如波音 B787 和我国的 C919,均取消了通风窗,采用通风窗与侧窗一体化设计的 4 块风挡方案(见图 2.19)。随着风挡玻璃设计、制造技术的不断提高,曲面风挡的光学性能已经能够达到设计所需的视界要求,同时曲面风挡能以膜张力的形式传递机身载荷,对其周围的窗框结构起着加强作用,可以有效地减轻周围窗框的质量。

图 2.19　4 块式风挡的侧面形状

如 C919 飞机驾驶舱采用 4 块曲面承重风挡的宽视窗设计,为机组提供了非常宽广的视野,提升了飞机结构的承载效率,降低了整机质量。此外,流线型设计使得飞行阻力更小,更加省油,从而有效提升了飞机的整体性能(见图 2.20)。

图 2.20　C919 的 4 块式风挡玻璃造型

2. 第 25.775 条　"风挡和窗户"的条款内容及符合性验证方法

(1) 条款内容

(a) 内层玻璃必须用非碎裂性材料制成。

(b) 位于正常执行职责的驾驶员正前方的风挡玻璃及其支承结构,必须能经受住 1.8 公斤(4 磅)的飞鸟撞击而不被击穿,此时飞机的速度(沿飞机航迹相对于飞鸟)等于按第 25.335(a)选定的海平面 V_c 值。

(c) 除非能用分析或试验表明发生风挡破碎临界情况的概率很低,否则飞机必须有措施将鸟撞引起的风挡玻璃飞散碎片伤害驾驶员的危险减至最小,必须表明驾驶舱内的下列每块透明玻璃都能满足上述要求:

(1) 位于飞机正面的;

(2) 对飞机纵轴倾斜 15°或更大的;

(3) 其某一部分的位置会导致碎片伤害驾驶员的。

(d) 增压飞机的风挡和窗户必须根据高空飞行的特殊因素来设计,包括持续和循环增压载荷的影响、所用材料的固有特性、温度和温差的影响。在装置本身或有关系统中发生任何单个破损后,风挡和窗户玻璃必须能经受住座舱最大压差载荷与临界气动压力和温度影响的联合作用。可以假定在出现(按第 25.1523 条规定的)飞行机组易于发现的单个破损后,座舱压差从最大值按相应的使用限制下降,使飞机能以不大于 4 500 m(15 000 ft)的座舱压力高度继续安全飞行。

(e) 驾驶员正面风挡玻璃必须布置成,如果丧失了其中任何一块玻璃的视界,余下的一块或几块玻璃可供一个驾驶员在其驾驶位置上继续安全飞行和着陆。

(2) 符合性验证方法说明

1) 25.775(a)

设计说明:采用图样、玻璃规范和技术条件等文件。

2) 25.775(b)

① 分析/计算：分析计算中如果用到计算程序，则必须是经过鉴定批准的，经过试验或飞机的实践验证过的。分析报告中必须包括：程序说明、结构模型的建立、计算状态的确定、分析、结论等内容。

② 实验室试验：试验要在飞机使用温度范围内进行，可以使用液氮降温、红外线加温或由电加温玻璃本身加温，试验后进行检查。

> 玻璃件：采用目视法确定其损伤程度。

> 支撑结构件：采用目视法并配备 5 倍放大镜进行检查，以确定其损伤程度。

> 模拟乘员：采用目视法并配合高速摄影的照片，检查试件挠曲造成的影响，撞击碎片的数量、位置和尺寸以及对模拟乘员的损伤程度。

3) 25.775(c)

① 分析/计算：用认可的计算方法，计算表明鸟撞不会引起风挡玻璃的破碎。

② 实验室试验：用鸟撞试验表明风挡玻璃不会发生危险的破碎。

③ 安全性评估：在试验的基础上分析证明碎片对驾驶员的伤害危险性最小。

4) 25.775(d)

① 分析计算：用认可的计算方法表明结构的完整性。

② 实验室试验：增压飞机的风挡和窗户应进行的试验举例。

> 可靠性与功能试验。通过试验应该得出如下结论：当玻璃遭受到加热环境温度和压力载荷的最不利组合时，框架的安装是令人满意的。

> 疲劳试验。全尺寸增压舱疲劳试验应当包括窗户装配件及其周围结构在内。

> 强度试验。通过试验得出结论：最弱玻璃板的强度在最不利的运行条件下足以保证满足此款的安全性目标，即风挡窗户及其支撑结构不会产生破损及不允许的变形等损伤，保持结构的完整性。强度试验件一般为 3 件。

5) 25.775(e)

设计说明：采用产品图样、设计说明书等。

2.4　驾驶舱舱门和应急出口的人因设计与适航审定要求

2.4.1　驾驶舱舱门的设计与适航审定要求

1. 驾驶舱舱口设计的相关背景知识

2001 年美国"9·11"事件后，同年 11 月 19 日，美国国会指示 FAA 颁布命令，将执行 4 项安保要求作为最终法则，而无须征求公众意见，并在次年 1 月 15 日发布了《运输类飞机驾驶舱门设计的安保事项》的最终法则，公布了 FAR 25 - 106 修正案和 121 - 288 修正案，在 25 部中新增了第 25.795 条保安事项（Security Considerations)。该条款提出了保护驾驶舱免受未经许可人员的暴力入侵、轻型武器火力和爆炸装置穿透的要求，以期进一步提高安全水平。2008 年 11 月，FAA 颁布了 127 号修正案，在原 106 号修正案的基础上又增加了驾驶舱防烟、客舱防烟、货舱灭火的火情抑制内容；以及设置最低风险炸弹处置位置(Least risk bomb location，LRBL)，飞机必须设计成具有在指定位置，可以放置炸弹或其他爆炸装置，以便最好地保护飞机关键结构和系统在爆炸情况下不受损坏；机上厕所必须设计成防止直径大于 2 in 的固体物体通过；化学氧气发生器不能被故意操纵之类的新内容。

　　CAAC 在 25 部 R4 版中纳入了 FAR 25 - 106 修正案第 25.795 条的要求，也就是目前 FAR25.795 中(a)条款下的(1)、(2)、(3)条，本节将以 CCAR25.795 条为例，介绍其审定内容及验证方法。有关 FAR25.795 的详细内容，读者可通过查阅美国联邦航空局官网网站获取全文。

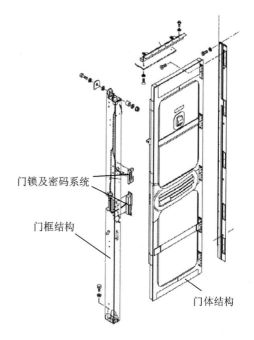

门锁及密码系统

门框结构

门体结构

图 2.21　驾驶舱舱门结构示意图

　　这里所提及的飞机驾驶舱门，是指布置在驾驶舱与客舱或机组休息区之间的舱门，其目的是为飞行员安全飞行提供安静且不受打扰的空间。驾驶舱门主要由门框结构、门体结构、门锁及密码系统等组成，如图 2.21 所示。

　　对于增强型驾驶舱门的适航验证，包括防侵入、防穿透、可靠性、泄压载荷、进入驾驶舱功能等方面，其验证工作涉及面广，验证工作之间有一定交叉，本教材主要就防侵入、防穿透及进入驾驶舱要求的验证工作做一个介绍。

2. 驾驶舱门防侵入及防穿透适航要求及验证方法

(1) 防侵入及防穿透适航要求

CCAR 第 25.795 条　保安事项

(a) 驾驶舱的保护，如果运行规则需要有驾驶舱门，则舱门的安装必须设计成：

(1) 抵御未经许可人员的暴力入侵，门上关键部位能够承受 300 焦耳(221.3 英尺·磅)的冲击能量，同时在旋钮和把手处能够承受 1 113 牛(250 磅)的定常拉伸载荷；

(2) 抵御轻型武器的火力和爆炸装置的穿透，达到中国民用航空局适航部门的要求。

第(1)项要求驾驶舱门能够承受 300 J 的冲击能量及手柄处施加的最大 250 lb 的拉伸载荷。如果能通过某些方式限制手柄上可施加最大载荷值,使其低于 250 lb,则更低的拉伸载荷值也可接受。300 J 的冲击能量比美国国家执法和刑事司法研究所(National Institute of Law Enforcement and Criminal Justice,简称 NILECJ)标准 0306.00 中规定的最高等级的能量还要高 50%,而选择 250 lb 的拉力是因为 FAA 认为该拉力可以产生相当于 300 J 冲击能量,从而达到所要求的抗入侵能力。该项要求仅延缓非授权侵入的时间或企图,而非阻止非授权人员采用非常规方式或花大量时间侵入驾驶舱。

第(2)项要求的目的是将客舱侧产生的爆炸碎片或由小型武器射出的子弹穿透驾驶舱门的概率减至最小,从而保护飞行机组及飞行关键设备。本项要求的意图不是为了使驾驶舱"不可穿透",而是为了给驾驶舱提供高水平的保护,该措施足以防止驾驶舱门免受最大威力的手枪弹和手榴弹弹片的破坏。

(2) 防侵入及防穿透试验验证

在驾驶舱防侵入设计中,需对驾驶舱门完成 4 种基本冲击/拉伸载荷试验,且每个试验均需使用新试验件。试验项目如表 2.3 所列。

表 2.3　试验项目

试　　验	测量参数	试验要求
壁板冲击	壁板抵御的冲击载荷	300 J 冲击两次
门闩冲击	门闩抵御的冲击载荷	300 J 冲击两次
铰链冲击	铰链抵御的冲击载荷	300 J 冲击两次
拉伸	手柄抵御的拉伸载荷	250 lb 拉伸载荷,或手柄不能承受的载荷

在使用钢制撞锤进行冲击试验时,为保证冲击能量不小于 300 J,需计算确定撞锤的摆起高度,并将撞锤固定在叉式升降机的叉头上或类似设备上,从而使每次试验的冲击高度是一致的。

在试验过程中,撞锤的冲击能量会通过撞击点传递到舱门的安装固定结构上,并通过这些结构平衡该载荷。因为舱门安装夹具刚度过强或过弱均不能反映驾驶舱门实际承受冲击载荷的能力,所以试验夹具提供的约束必须模拟驾驶舱门在飞机上的安装刚度。与装机构型相比,试验件的支撑不应显著增强结构阻尼和能量吸收水平。

在采用试验的方式验证驾驶舱门防穿透特性时,对于连续隔板,射弹以 0° 和 30° 两种入射角射击就足够了,对于非连续隔板则可能需要采用更大入射角。试验时采用两种规定子弹对驾驶舱门观察孔、舱门与门框的结合部位、舱门泄压板之间的结合部位等处进行射击。此外当子弹冲击驾驶舱门时会产生剧烈震动,在此震动冲击下可能会有危害飞行安全的小的舱门零件飞出,所以需要在试验件后方 6 in 处放置牛皮纸,试验后若纸张有破损则需评估其影响。

在驾驶舱门完成防侵入试验后,该舱门无需具有抵御射弹穿透的能力。但在对驾驶舱门进行子弹穿透试验时，如果舱门壁板、格栅等打开，导致驾驶舱和客舱之间没有有效的障碍抵御入侵，则认为试验失败；如果在飞机泄压发生中，驾驶舱门或其释压板打开，驾驶舱门也无需提供抵御暴力入侵或射弹穿透的能力。

3. 紧急情况下出入驾驶舱门的安保设计

（1）相关适航条款要求

第 25.772 条　驾驶舱舱门

在驾驶舱与客舱之间装有可锁舱门的飞机：

（a）对于最大客座量超过 20 座，应急出口的布局必须设计成使机组成员或旅客都不必通过上述舱门就能到达为他们设置的应急出口。

（b）必须有措施使飞行机组成员在该舱门卡住的情况下能直接从驾驶舱进入客舱。

（c）必须有紧急措施使飞行乘务员能够在飞行机组失去能力的情况下进入驾驶舱。

在这里着重探讨一下（c）条款：在某些飞行阶段，如果飞行员失能，而乘务员能够进入驾驶舱提供一定协助，这对于保证飞行安全无疑是非常必要的。

（2）设计措施及验证方法

针对 25.772(c) 的设计和验证基于以下假设：

① 仅在怀疑机组失能情况下，乘务员才能使用该紧急进入系统进入驾驶舱；

② 对于紧急进入驾驶舱的请求，机组的瞬时反应是拒绝进入。

以某型驾驶舱门为例，该舱门在客舱侧设计有数字小键盘，通过输入紧急进入代码，驾驶舱中会产生警告，以通知飞机机组有人在客舱一侧启动了舱门紧急解锁程序，如果飞行机组未失能，则会立刻禁止舱门解锁，并评估客舱侧人员的安全性，如果机组失能，则在经过一定时间延迟后舱门自动解锁。

无论是禁止舱门解锁还是舱门自动解锁，都需要合理的时间延迟供机组解除舱门警告。如果延迟时间较短，飞行机组未能及时反应驾驶舱门即解锁，这显然与设计目的相违背，此外飞机在下降阶段或严重失控情况下，即使延迟时间短，乘务员进入驾驶舱的作用也非常有限；如果延迟时间较长，在飞机平稳飞行且机组失能时，乘务员不能短时间内进入驾驶舱也会影响飞行安全。鉴于此，应急解锁的延迟时间应在 30~60 s 之间，如果短于 30 s 或超过 60 s，则需提供具体理由，但不会接受短于 15 s，长于 120 s 的时间延迟。延迟完成后，舱门保持解锁的时间不能少于 5 s。当飞机机组拒绝紧急进入请求后，系统小键盘处于禁止输入的时间不能超过 30 min。

针对上述设计，需通过符合性说明（MOC1）和机上地面试验（MOC5）的方式表明符合性。在符合性说明（MOC1）验证时，除说明驾驶舱门系统设计原理外，还需说明针对延迟时间的设定、乘务员紧急进入与日常进入驾驶舱的设计特征等内容；在机上地面试验（MOC5）验证时，需针对装机后的驾驶舱门进行机上试验，试验构型（包括软件构型）须与取证构型保持一致，试验时就紧急进入功能、机组拒绝进入功能、延迟时间等进行验证。

除上述要求及验证外,飞机驾驶舱门还需考虑(a)、(b)条款通风窗在外侧无法开启情况下的驾驶舱救援、驾驶舱门卡住情况下机组进入客舱、驾驶舱门阻燃及舱门安装固定等问题。

(3) 实际运营中出现的新问题

适航法规是逐步发展和完善的,在这个过程中可能有些涉及到人因设计的问题仍需逐步完善。美国联邦航空局调查显示:2002—2012 年,在美国发生的空难事故中,其中 8 起由飞行员自杀所致,约占 0.3%。上述设计中,如果乘务员或 1 名客舱侧的飞行员怀疑驾驶舱内机组有自杀倾向,而请求紧急进入驾驶舱被拒绝,客舱侧的人员将无计可施。

2015 年 3 月 24 日,由西班牙巴塞罗那飞往德国杜塞尔多夫的德国之翼 4U9525 号航班在飞行至法国东南部阿尔卑斯山区域时坠毁,机上 150 人无一生还。调查人员对黑匣子记录的坠机前驾驶舱录音进行了分析,怀疑该机副驾驶安德烈亚斯·卢比茨有意操纵飞机致其坠毁。

4 月 2 日,失事客机的第二个黑匣子——飞机数据记录仪被找到,再次证明了卢比茨蓄意坠机的事实。根据驾驶舱语音记录,坠机前卢比茨趁机长去卫生间时关闭驾驶舱门,将后者锁在外面,而飞行数据记录仪显示,卢比茨先是设定由自动驾驶仪操纵飞机往海拔 30 m 的高度下降,后又多次调节设定以加快下降速度。这些证据,揭开了飞机坠毁前 8 min 内高度下降近万米却仍然保持可控状态、始终未发出任何紧急信号的真相。而检方对卢比茨的调查结果表明:他患有精神类疾病,事发时并不适合飞行。

从此例可看出,虽然 25.1302 条款是专门针对驾驶舱人为因素设计的审定条款,但其不包含飞行员恶意破坏的情况。显然,实际的航空运营中,如果对此不加以考虑,仍可能出现对航空安全造成严重威胁的情况,需要人们重新审视,并从新的理念和角度去解决。

2.4.2　驾驶舱应急出口的设计与适航审定验证

1. 对驾驶舱应急出口的适航审定条款及要求

第 25.807 条　应急出口

(j) 飞行机组应急出口,对于旅客应急出口与飞行机组区的靠近程度不能为飞行机组撤离提供方便和易于接近的措施的飞机,以及客座量大于 20 座的所有飞机,飞行机组应急出口应设置在飞行机组区。此类出口的尺寸和位置应足以使机组能迅速撤离。在飞机两侧必须各有一个出口,或代之以一个顶部带盖舱口。每个出口必须包含一个至少为 483 毫米×510 毫米(19 英寸×20 英寸)的无障碍矩形出口,除非能通过一名典型的机组成员圆满地演示了出口的实用性。

第 25.809 条　应急出口布置

（a）每个应急出口，包括飞行机组应急出口在内，必须是机身外壁上能提供通向外部的无障碍开口的活动舱门或带盖舱口。而且，每个应急出口必须具有在出口关闭时能够观察外部状况的设施。该观察设施可以在出口上或者在出口附近，并且在出口和观察设施之间无障碍。还必须提供设施，能够观察撤离人员接地的可能区域。在起落架放下和起落架折断的所有条件下，在所有照明条件下，撤离人员接地的可能区域必须是可见的。

（b）每个应急出口必须能从内外两侧开启，但如果从飞行机组区域能方便而迅速地接近其他经批准的出口，则该区域的滑动窗户应急出口不必能从外侧开启。在下列条件下，当机身无变形时必须能打开每个应急出口：

（1）飞机处于正常地面姿态，和在一根或几根起落架支柱折断时的每一种姿态；

（2）从开门装置启动到出口完全打开，不超过 10 s；

（3）即使在飞机内侧有人拥挤在门上。

第 25.810 条　应急撤离辅助设施与撤离路线

（a）（2）飞行机组应急出口的辅助设施，可以是绳索或任何其他经演示表明适合于此用途的设施。如果辅助设施是绳索或一种经批准的等效装置，则必须满足下列要求：

ⅰ）辅助设施应连接在应急出口顶部（或顶部上方）的机身结构上，对于驾驶员应急出口窗上的设施，如果设施在收藏后或其接头会减小飞行中驾驶员视界，则也可连接在其他经批准的位置上；

ⅱ）辅助设施（连同其接头）应能承受 400 lb（180 kg, 1 765 N）的静载荷。

以上条款给出了驾驶舱应急出口的大小、位置、是否能从里面和外面打开、透明观察窗、逃生绳等的相关设计要求。

2. 驾驶舱应急出口设计的符合性验证方法

根据符合性方法划分，上述适航条款可采用 MOC1 符合性说明、MOC2 分析计算、MOC5 地面试验、MOC7 机上检查等方法。

（1）符合性说明

对该部分主要做功能解释式说明，重点提供飞行机组应急出口的相关设计技术资料。飞机设计描述文档、功能分析文档说明出口的操作机构、观察外部状况的设施、保持出口在打开位置的措施等。此外，通过提供图纸，说明飞行机组应急出口的位置站位、尺寸等关键参数。

（2）分析计算

参照 AC25.807 - 1，分析应急出口布置的均匀性，主要考虑以下两个方面：

① 根据该项准则，为了缩短撤离时间，就不能让人员绕过某个出口。因此须有合理的撤离量考虑，即驾驶舱应急逃生出口的允许撤离总量，事实上，由于驾驶舱机组人员通常不超过 3 名，因此单侧或者两边开口在此处并非决定性影响。

② 撤离出口之间的距离，即两个出口的间距均小于机身长度系数，其中机身长度系数为客舱长度除以飞机各旅客区出口单元之和。该处主要是为了论证"易于接

近的其他出口"设置的合理性。

　　此外,根据 AC25 - 17A 要求,还应当考虑起落架折断情况下对机组应急撤离的影响。

　　(3) 地面试验

　　在进行飞行机组应急出口实用性验证试验(模拟逃生试验)时,人体尺寸数据的选取可以参考文件 GJB2873 - 97 附录 B 中人体数据。

　　对于该试验,应当选取典型的男、女(第 5 百分位女性和第 95 百分位男性)同时考核,试验中,要符合标准:

　　① 男、女性试验人员总撤离时间小于 90 s;

　　② 试验成员必须是从飞行机组应急出口爬出并利用救生绳撤离至地面;

　　③ 试验成员在撤离过程中不会发生因上肢力量不足而造成的不可接受的滑落、摔倒。

　　该试验的应急照明参考 CCAR25 附录 J"应急撤离演示"进行。

　　(4) 机上检查

　　在地面试验的基础上,该处主要对应急出口进行必要的机上检查。检查保持出口在打开位置的措施的有效性;检查开启出口的措施在黑暗中是否易于定位和操作;同时对于开口的标记等也应当一并作记录。

　　3. 驾驶舱应急出口实际设计举例

　　目前,主流民用客机驾驶舱应急出口承担方式分为两种:一种是机头通风窗,另一种是驾驶舱顶部应急出口。

　　(1) 用通风窗作为驾驶舱应急出口

　　民用运输机若采用 6 片式驾驶舱玻璃风挡结构,则通常其左、右第 2 块风挡为通风窗,仅可从内部打开,可以作为地面的通风口、观察口,也可用于地面逃生(见图 2.22)。通风窗附近布置有一端固定在驾驶舱的逃离绳,逃离时打开逃离绳储藏盒盖板,从通风窗抛出逃生绳,沿绳下滑至地面。

图 2.22　6 片式驾驶舱风挡,其左、右第 2 块风挡玻璃为通风窗,仅可从内部打开

由于该类型飞机的登机门/服务门均可作为应急出口,因此飞机驾驶员能方便而迅速地接近,根据第 25.809 条要求,通风窗满足可不从外部开启的适航规定。

采用通风窗做应急出口有如下特点:

① 在地面状态,方便机组与地勤等沟通;

② 在飞机进场着落阶段,遇到冰雹风雨等影响视野情况,根据适航第 25.773 条,可以开启窗户作为视野辅助需求。

（2）设计机顶应急出口

上节中介绍的具有 4 片固定风挡玻璃的波音 B787 的驾驶舱,采用了机顶应急出口的设计,其布置及形式如图 2.23 所示。该应急出口平时有盖罩盖住,用时可拉去盖罩,该应急出口可从外部和内部打开。应急出口旁有透明的观察视窗,供机组人员判断机舱外的情况。在第一观察员座椅旁,驾驶舱和客舱之间的隔框上设计有可折叠的脚蹬板。应急出口附近是降落钢索装置存放口盖。里面为每个机组人员配备有一个红色的降落钢索装置拉手把。在应急出口和辅助装置边都标有清晰的标记。该实例较好地体现了上述适航审定条款中的各项细节。

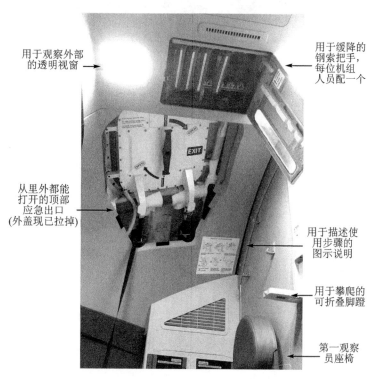

图 2.23　波音 B787 的驾驶舱机顶应急出口及相关辅助设施

逃生时,机组人员应当先通过机头驾驶舱舷窗和机顶透明视窗观察外部情况（有无着火危险、有无水源等）,拉去应急口盖盖罩;旋转手柄打开应急门;打开存放降落装置的口盖门；抓紧降落装置把手；然后脚踩第一观察员座椅椅垫，接着踩座椅扶手，再踩隔框上的脚蹬板逃生（见图 2.24）。此应急出口在驾驶舱的右侧，若到应急出口外部后，发现右侧有危险，可踩着外部踏板，从飞机左侧滑离飞机。

图 2.24　波音 B787 的驾驶舱机顶应急出口逃生通道示意图

2.5　驾驶舱光环境设计与适航审定要求

驾驶舱光环境设计是驾驶舱微环境设计中的重要内容。飞机座舱的光环境主要由外部光照和内部照明组成。外部光照，受外部太阳光、气候变化和机场的人工照明等因素影响。内部照明，则包括为了保证飞行员的视觉工效所提供的主照明、辅助照明和告警灯等。随着航空技术的发展，许多机型可以进行全天候飞行。在一架飞机从起飞到降落的整个飞行剖面内，其外部光照的变化范围跨度达到了十个数量级。飞行员的视觉适应状态也在明视觉、暗视觉和中间视觉间不断调整。而飞机座舱因为内部空间狭小、布局紧凑，其照度水平差异达到三个数量级。这样的照度情况非常不利于飞行员保持良好的视觉活动。

对驾驶舱光环境的研究，主要集中于照明和色彩两大部分。其中，照明部分，对显示器照明、导光板照明、泛光照明等具体的照明部件的亮度、色温、均匀度、对比度等内容作出了要求；色彩部分，则是对不同颜色的应用条件和配合方案给出了相应的标准。

2.5.1　与照明相关的基本概念和定义

以下是一些与照明相关的基本概念与术语的定义：

① 光通量：光源在单位时间内所发出的光量称为光源的光通量，以 Φ 表示，单位

为流明(lm)。其表示可见光对人眼的视觉刺激程度的量。

② 光强度:是光源在给定方向上单位立体角内辐射的光通量,以 I 表示,单位为坎德拉(Candela,简称 cd),它是国际基本单位之一。其与光通量的关系如下:

$$I = \frac{\mathrm{d}\Phi}{\mathrm{d}\omega} \tag{2.11}$$

③ 光照度:是从光源照射到单位面积上的光通量,以 E 表示,照度的单位为每平方英尺流明(lm/ft²),称为尺烛光;或每平方米流明(lm/m²),称为勒克斯(lx)(见图 2.25)。

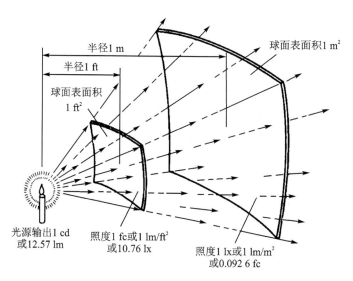

图 2.25　照度的英制与公制单位

④ 亮度:是指物体表面的明亮程度,以 L 表示,在光度学中,亮度常用来表征光源在某方向上的单位投影面,在单位立体角中发射的光通量,单位为每平方米坎德拉(cd/m²)或尼特(nit)。

⑤ 亮度对比度:是指视标与视背景的亮度差的绝对值和视背景亮度之比,以 C 表示,如下:

$$C = \frac{L_2 - L_1}{L_1} = \frac{\Delta L}{L_1} \tag{2.12}$$

式中,L_1 为视背景亮度;L_2 为视标亮度。

当 ΔL 为视觉刚刚可以察觉的亮度差别时,式(2.12)所表示的亮度对比度就是亮度差别阈限,用 C_n 表示。亮度对比阈限的倒数称为对比敏感度,表征人识别亮度差别的能力。人眼的对比敏感度随着眼睛所适应的视背景亮度变化而变化,在较暗的条件下相对较低,因此为了看清视标,必须增加对比度。

⑥ 平均显色指数 R_a：是从光谱分布计算求出来的。在显色性的比较中，一般是以日光或接近日光的人工光源作为标准光源，其显色性最优，若将其显色指数 R_a 用 100 表示，则其余光源的显色指数均小于 100。

2.5.2　驾驶舱光环境人因设计

驾驶舱光环境人因设计主要包括以下内容：

① 总体设计：舱内外的可视性、一般标识的可视性、可读性；

② 照明系统：照明亮度、调节方式、照明光色、照度水平、光源显色性、眩光控制；

③ 仪表系统：显示器的显示亮度、显示均匀度、对比度、显示色彩舒适性、可读性、仪表照明灯、自动化逻辑等；

④ 告警系统：闪烁率、可辨识、觉醒；

⑤ 其他：舱内灯具的防眩光设计，与其他电光显示设备的兼容性、舒适性、色彩一致性，以及目标察觉等。

1. 驾驶舱照明系统

驾驶舱照明系统在飞行过程中有诸多重要的用途，在日间飞行任务中，通过恰当的光色搭配来消除舱外光环境带来的眩光，通过提高控制面板亮度等方式增强对比度；在夜间飞行任务中，驾驶舱照明提供合适的照度以便飞行员获取控制面板信息；在雷暴天气，驾驶舱照明需要提供照明补偿；另外，通过采用不同颜色和亮度的信号灯为飞行员提供不同等级的信息。因此良好的驾驶舱照明设计对于减轻飞行员负担，以及增加飞行员舒适性非常重要。

驾驶舱照明系统可分为普通照明、整体式照明、信号灯。

(1) 驾驶舱普通照明(Cockpit General Illumination)

普通照明为整个驾驶舱区域和局部区域提供照明。驾驶舱区域照明灯光有顶灯和天花板灯等；局部区域照明灯光一般包括各个面板或操纵台的泛光灯、照明灯以及航图灯、图表灯、阅读灯、地板灯、备用罗盘和工作台照明灯等。局部照明的面板通常包括头顶板、遮光板、左中右仪表板、中央操纵台和左右操纵台等。对于不同的机型，普通照明灯光的具体构成和名称略有差别(见图 2.26)。

必须给每个机组人员设置一个阅读灯，供机组人员查看航图、资料等使用，每个阅读灯都必须具有从关断到最大亮度连续可调功能，不但如此，大部分阅读灯还具备大角度旋转功能，方便飞行员使用。

泛光灯的布置：仪表板泛光灯一般布置于遮光板下表面(见图 2.27)，侧操纵台泛光灯布置于侧操纵台上方的窗户下沿，中央操纵台泛光灯布置于顶部控制板上。

(2) 整体式照明(Integral Lighting)

整体式照明又称导光板照明。整体式照明灯的核心部件是灯板，灯板的正面有刻好的文字和挖好的开口，与控制和指示面板的选择电门和指示器相匹配。灯板的背面有电气接头和电路板，照明灯灯泡是体积微小的白炽灯泡，或发光二极管，它们

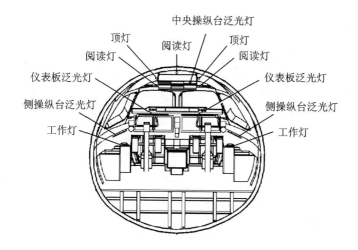

图 2.26　典型的驾驶舱普通照明灯具布局

图 2.27　遮光板下的泛光灯照明

镶嵌在灯板里。这些背光源发出的光线在有机玻璃内传递,并照亮导光板上的标记。使用这种照明方式,无论是在白天还是黑夜,导光板上的标记都是清晰可见的,能将导光板上的信息准确显示给飞行员。导光板在不通电时,导光板上的标记呈白色;导光板在通电时,导光板上的标记显示所要求的颜色。导光板照明的效果主要看它的暗适应性、视觉效果、判读准确性。

头顶板主要采用整体照明显示,如图 2.28 所示。

中央操纵台照明,一般除了在中央操纵台面板上设置导光板外,还应在头顶操纵板设置一个泛光灯给中央操纵台提供照明,避免因中央操纵台亮度过暗影响飞行员操纵(见图 2.26 和图 2.29)。

左右操纵台一般采用整体照明加泛光灯照明的方式。遮光板一般也采用整体

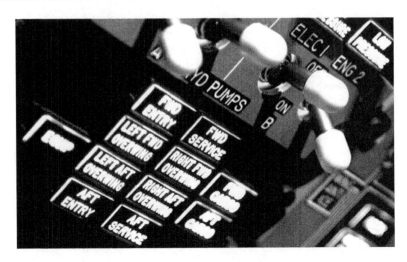

图 2.28　典型的头顶板导光板照明

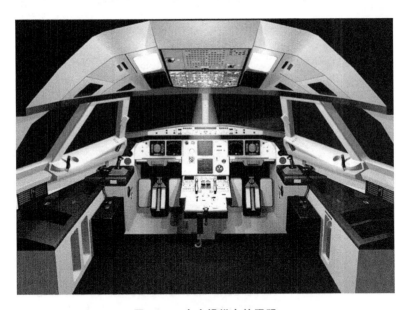

图 2.29　中央操纵台的照明

显示。

（3）信号指示灯（Annunciator Lights）

信号指示灯包括各仪表板上的系统警告灯、警戒灯和不同颜色（通常为蓝色、绿色和白色）的位置或状态指示灯，以及遮光板上的红色主警告灯和黄色主警戒灯等。当有系统出现故障时，该系统警告灯或警戒灯点亮，遮光板两侧相应的红色主警告灯或黄色主警戒灯同时点亮，发出警告或警戒。

（4）备用照明

为确保驾驶舱重要飞行仪表和指示的照明，重要仪表和指示的照明电源同时来自主电源汇流条和应急电源汇流条，当飞机主电源失效时，由应急电源汇流条供电的照明灯仍然能够点亮。提供备用照明的照明灯有顶灯、备用罗盘照明灯和主仪表板照明灯等。备用照明有时也称为应急照明。

2. 驾驶舱显示器

座舱显示器作为可设计完善的发光设备，其亮度、色度、色温、空间感、心理暗示等方面的设计，都会对显示工效产生影响。其中，受光环境变化影响较强的光度学参数主要有亮度、对比度等。

在航空工效设计中，显示的亮度与外界光环境的变化影响密切。显示亮度也常用于评价显示器件的发光强度，是指在垂直于光束传播方向上，单位面积上的发光强度，单位为 cd/m^2。目前，用于飞机座舱显示器的最高亮度一般都大于 $1\ 000\ cd/m^2$。有研究显示，新一代的液晶显示器 LCD（Liquid Crystal Display）和老式的阴极射线管显示器 CRT（Cathode Ray Tube）的亮度特性对飞行视觉工效影响差异较小。

应用座舱大屏幕显示系统能够方便、快捷地给飞行员提供不同任务和系统所需要的显示内容，这对于提高飞行员的信息接收、态势感知等能力非常重要。大屏显示系统正被逐步应用到越来越多的飞机座舱中。然而，由于常见大屏幕显示都是基于背光照明的，所以在不同的任务画面间进行切换时，色彩和亮度的快速变化会打破飞行员的中间视觉和暗视觉适应能力。飞行员的视网膜和屈光体需要不断地进行调节以适应光环境的变化，容易诱发视觉疲劳和不良的情绪。

3. 光源选择

较为传统的民航客机使用白炽灯或荧光灯作为驾驶舱照明光源，而新型的民航客机，如 A380 和 B787 都不同程度上使用了发光二极管 LED（Lighting Emitting Diode）光源。LED 利用 PN 结中少子与多子的复合来实现发光，发光波长对应于 PN 结的禁带宽度。LED 用作照明光源具有体积小、可靠性高、能冷启动、亮度可调性好、低压直流工作更安全等优点。LED 属于一次光源，在发光过程中，电能直接变成了光能，在与普通白炽灯保持同样亮度下，其耗电量只有后者的十分之一。LED 是固态光源，没有活动部件和易损坏部件（如灯丝等），抗振动性能好，并且响应速度快。LED 的寿命一般可以达到 $20\ 000\sim100\ 000$ h，远高于白炽灯，其可靠性高，可大幅降低飞机照明系统的故障率，减少飞机的维护成本。与荧光灯相比较，LED 不含有危害人体健康的汞，是无污染的光源。

2.5.3　驾驶舱调光及自动调光设计

驾驶舱光环境控制主要指照明系统和显示器亮度的控制。研究表明：过亮的外界光环境容易产生风挡玻璃的二次反射眩光，同时随着外界环境光的增大，仪表板的对比度随之下降；而外界环境光过暗，飞行员视锐度下降，驾驶舱照明系统需要解决飞行员需要暗环境以保持暗适应状态,和保持一定的仪表亮度以获取仪表信息之间的矛盾。特别是两类极端情况,一是环境光几乎为 0 lx,二是晴空阳光直射情况(环境光为 100 000 lx)。为了适应不断变化的光环境,飞行员需通过调节各类发光器件(导光板、显示器、信号灯、泛光灯等)的亮度来适应环境光的变化。

1. 手动调光

为满足驾驶员的不同视觉任务要求,一般在头顶板区域、仪表板区域、中央操纵台区域设置各自区域的调光控制旋钮,分别为各自区域的导光板进行连续调光;同时,在头顶板区域还设置了总调光控制旋钮,使得各区域导光板保持在同一亮度等级。各区域的调光控制旋钮只能在有限的范围内进行微调,以此保证驾驶舱导光板光色均匀、一致。

在驾驶舱顶板或中央操纵台上,有一个测试和控制所有信号指示灯明暗状态的电门(有些机型称为"主明暗测试电门"),该电门有"暗(DIM)""亮(BRT)""测试(TEST)"三个位置。当该电门处于"测试"位时,所有信号指示灯应该点亮;当驾驶舱遇到雷雨天气光线过足时,电门应置于"亮"位;当光线黯淡或夜间飞行时,电门应置于"暗"位。总之,该电门不但可以检查全部指示灯电源和电路的完整性,而且还可以在驾驶舱亮度突变的情况下,快速改变指示灯的亮度,确保驾驶员能够看到清晰的指示。

2. 自动调光设计原则

为了解决环境光变化时飞行员清楚观看仪表的问题,飞机驾驶舱可以采用自动调光系统。根据环境光变化自动调节发光器件到合适的亮度,使飞行员在任何时候都能清晰地判读信息,并保证驾驶舱照明环境整体均匀、舒适,具有良好的视觉工效。

亮环境条件下需保证仪表上的字符和流线的对比度至少为 3∶1,图像的对比度至少为 4∶1。一般来说,暗环境下的对比度比亮环境下容易实现。对比度用于评价仪表的可读性,如果仪表上的对比度过低,则飞行员可能就无法准确获取仪表信息。自动调光过程不应忽视驾驶舱照明均匀性问题,不均匀的仪表容易导致驾驶员分心,SAE 推荐的仪表均匀度为≤3∶1。

外界光环境变化时,驾驶舱照度水平应尽量保持与舱外一致。如果有夜航计划,则在黄昏时自动调光系统应通过逐渐降低驾驶舱内照明来使飞行员尽快进入暗适应状态。开始夜航前的 30 min 尽量避免亮光以免破坏飞行员的暗适应状态;夜航过程中驾驶舱照明不应过亮,以便飞行员能够同时观察舱内仪表和舱外环境,而无需太长的适应时间。如进行夜间起飞或降落作业,则自动调光系统一方面要保证仪表上的信息能够被获取,另一方面应把驾驶舱照明降到最低以保证飞行员观察舱外环境。如在闪电云附近进行飞行作业时,则应把仪表照明设置为最亮,以减弱闪电光造成的视觉冲击。

自动调光系统需要保证在所有外界光环境下的仪表可读性,因此驾驶舱照明单元的调光范围应可从关断状态逐渐变化到全亮度状态。为适应不同飞行员之前对驾驶舱照明的个性化需求,驾驶舱调光系统需具备纯自动调光、自动手动相结合调光、纯手动调光三种调光方式。

　　例如,波音 B787 的自动调光系统,在驾驶舱遮光板处装有两个远程光传感器(RLS)。传感器面向前方。RLS 用光电二极管传感器测量环境光,并提供与环境光成比例的模拟信号(见图 2.30)。

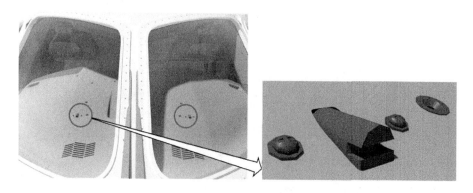

图 2.30　波音 B787 驾驶舱遮光板背部的两个朝向前方的远距光传感器

2.5.4　眩光、恶劣自然光环境及其控制与防护

1. 眩光及其控制与防护

　　眩光是由于视野内光照亮度分布不均匀或过强而引起的不舒适感或视觉功能降低的现象。一般是由灯、玻璃等透射或反射的光造成的。眩光刺激眼睛,影响正常的视觉,并加速视觉疲劳,是影响照明质量的最重要因素之一。

　　按照形成方式眩光可分为:直接眩光、间接眩光、极高亮度对比度形成的眩光、视觉不适应形成的眩光。

　　按照视觉状态等级眩光可分为:不舒适眩光、失能眩光、失明眩光。

　　① 不舒适眩光:让人产生不舒适感,却未必影响视觉绩效和视觉可见度的眩光,称为不舒适眩光,又称心理眩光。当人眼暴露在过于明亮的光环境时瞳孔会不自觉地收缩,这就是眩光导致视觉不舒适的过程。

　　② 失能眩光:失能眩光的效应主要是它能使观察者视野中观察对象的能见度下降,同时还会使人烦恼、精神涣散、注意力不集中等,从而导致视觉作业绩效的降低。

　　③ 失明眩光:由于光线太强直射眼睛,当移开光源后,经十几秒还看不清物体,造成短暂直射致盲。

　　眩光的大小与眩光源大小、眩光源亮度、光源的相对位置、环境亮度有着密切关系。

　　飞机驾驶舱内的眩光来源包括几大方面:驾驶舱内部照明和控制板形成的直接眩光;驾驶舱内光学设备经过多重反射后在风挡上形成的间接眩光和晕影。驾驶舱外强光(如太阳光)照射形成的直接眩光(见图 2.31)。

图 2.31　驾驶舱外太阳光强烈照射形成的直接眩光

对于驾驶舱内部照明和控制板形成的直接眩光,主要通过优化驾驶舱内部光环境设计的方法来避免,主要涉及照明灯具的位置优化、照明灯具和控制板的亮度优化。

对于驾驶舱内光学设备经过多重反射后形成的间接眩光和晕影,主要通过改变光源方向、改变光源位置、改变遮光罩的外形、驾驶舱面板材料表面使用哑光漆等来实现。

对于驾驶舱外强光照射形成的直接眩光,主要通过提高驾驶舱内环境光亮度的方法,以减小驾驶舱内外的亮度对比度。

2. 恶劣自然光环境对飞行员视觉功能的影响及防护措施

有学者研究了恶劣自然光环境对飞行员视觉功能的影响,将"雷暴雨"和"穿云层"这些典型的恶劣光环境的视觉特点,抽象为脉冲型和阶跃型的亮度变化。在许多机型的头顶板上有"storm"电门,该电门打开后其他灯光调节被抑制,它将所有照明灯都调到最亮,如图 2.32 所示。

图 2.32　当遇到驾驶舱外雷电强光照射时,应使驾驶舱内相关照明处于最亮

2.5.5　照明系统的光色选择

1. 驾驶舱光色的种类

（1）红光照明

1943 年,耶鲁大学心理学实验室的 Miles 提出,飞行员佩戴红色护目镜可以减少飞行员的暗适应时间,进而使机外观察视觉功能得到相应的提高,这使得红光备受关注。红光照明下飞行员辨识机外较暗物体的能力比白光强。同时,红光下的飞行员反应能力恢复到微弱光状态并进入暗适应的时间比白光下更短。因此,如果飞行任务对机外观察要求很高,红光照明就显得十分重要。1949 年后美国军机全部采用红光照明,英、法、俄也都相继采用。

（2）白光照明

民机与军机的飞行任务不同,内容单一且时间长,视觉任务主要集中在驾驶舱内的仪表、文件、地图手册等彩色视标的阅读,因此,民航对舒适性的要求更高。研究显示,对彩色编码的识别,使用白光优越于红光。同样亮度下,红光的视觉疲劳较白光显著。红光应激效应强,初始效率高,但不持久,因此常作为警告灯的颜色。白光初始反应低,但作用持久,因此民机大部分采用白光。

（3）蓝白光

蓝白光(滤蓝白光),色温在 2 700～3 200 K 范围内。蓝白光相当于日出后 30 min～1 h 的光色,舒适性较好。它是 20 世纪 70 年代出现的照明光色。早期的蓝白光是在白炽灯灯泡上套蓝色滤光镜,这样发出的光即蓝白光。目前可以采用相应色温(2 700～3 200 K)的 LED 光源实现蓝白光照明。

（4）夜视绿照明

由于增强视景系统、平视显示器 HUD 等在驾驶舱的出现,MIL‐DTL‐7788G 中提及了夜视绿照明的相关标准。

2. 光色的选择

对照明光色的选择,应根据不同的视觉需要,也就是根据不同飞机的飞行任务需要和总体要求来选择合适的照明颜色。

对于飞机航程远、飞行时间长的飞行任务,十分强调为飞行员创造良好而舒适的工作条件及环境,因为飞行员要进行长时间行精细的视觉作业,十分容易造成视觉疲劳;并且飞行员的视觉判读信息主要来源于先进的机载显示设备,在这样的情况下,驾驶舱选用白光照明更佳。白光与机载显示设备的兼容性更好。

对于飞行任务要求飞行员保持最佳外视力,也就是说对于中低空飞行,需要频繁交替观察舱内、舱外,飞行时间较短的飞机,驾驶舱选用红光照明比较适合。

对于飞行任务既要分辨颜色微弱差别,又要粗略观察目标细节,选择蓝白光比较合适。

2.5.6 与照明相关的适航审定要求

适航规章第 25 部中仅对驾驶舱照明做了定性要求,尚未提出定量要求。

目前,针对驾驶舱光环境控制,国外相关标准中最具代表性的是美国军用标准和国际自动机工程师学会(SAE International)的分支机构 SAE 航宇学会颁布的标准 SAE AS 和航宇推荐工作法 SAE APR。SAE 对于飞机驾驶舱照明颁布过一系列的标准和航宇推荐工作法,如:

> SAE ARP 4103 商业运输机的驾驶舱灯光(Flight Deck Lighting for Commercial Transport Aircraft);
> SAE AS 264 商业运输机的仪表和驾驶舱灯光(Instrument and Cockpit Lighting for Commercial Transport Aircraft);
> SAE ARP 6253 LED 与在飞机上的应用(LEDs and Aircraft Applications);
> SAE ARP 4256 运输类飞机(25 部)的液晶显示器设计目标(Design Objectives for Liquid Crystal Displays for Part 25 (Transport) Aircraft;
> SAE ARP 5288 运输类飞机的 HUD 显示器(Transport Category Airplane Head Up Display (HUD) Systems);
> SAE AS 2521(仪表玻璃的涂层和降反射 Coating, Reflection‐Reducing for Instrument Glasses)。

下面介绍 25 部中与驾驶舱光环境相关的一些适航审定条款和符合性验证方法。有关"警告灯、警戒灯和提示灯"的条款将在第 6 章"飞行机组告警系统的人因设计与适航审定"中进行详细介绍。

1. 第 25.1381 条 仪表灯

(1)条款内容

(a)仪表灯必须满足下列要求:

(1)提供足够的照明,使安全运行所必需的每个仪表、开关或其他装置易于判读,除非有其他光源提供的充足照明。

(2)灯的安装应做到:

(i)遮蔽直射驾驶员眼睛的光线;

(ii)使驾驶员看不到有害的反光。

(b)除非在每一预期的飞行条件下,不可调节亮度的仪表灯已令人满意,否则必须有措施控制照明强度。

(2)符合性验证方法说明

建议采用(但不限于)以下验证方法表明对第 25.1381 条的符合性。

① 设计说明:系统原理(方案)说明和设计图样等设计说明文件,对本条符合性的具体描述。

② 地面试验:由驾驶员在地面对驾驶舱仪表灯的照明效果进行整体评估,并提

出适航符合性意见,由适航当局审定。

③ 飞行试验:通过飞行试验对驾驶舱仪表灯的适航符合性进行评定。飞行试验中应考虑下列情况:

➢ 夜航时,着重验证仪表灯在低照度条件下各种信息的易读性;

➢ 在日出或黄昏飞行时(或模拟飞机在遇到雷暴雨状态时),着重验证仪表灯在高亮度条件下的各种信息的可读性;

➢ 在各种飞行条件下,注意验证是否有直射驾驶员视线的光线,是否有泄漏光,以及是否能感觉到有害的眩光;

➢ 驾驶员既能观察仪表又能观察窗外景物的照明需要。

④ 机上检查:对仪表灯的安装进行机上检查,以确认对本条要求的符合性。

2. 第 25. 1383 条　着陆灯(a)

(1) 条款内容

(a) 每个着陆灯必须经过批准,其安装必须做到:

(1) 使驾驶员看不到有害的眩光;

(2) 使驾驶员不受晕影的不利影响;

(3) 为夜间着陆提供足够的光线。

(2) 符合性验证方法

建议采用(但不限于)以下验证方法表明对 25.1383 的符合性。

① 设计说明:系统原理(方案)说明、设计图样(着陆灯线路图和安装图),主要对着陆灯的设计和安装方案进行描述及检查。

② 地面试验:通过机上地面试验,由驾驶员评定,适航当局批准着陆灯系统符合本条的要求,主要验证着陆灯能否为夜间着陆提供足够的光线,是否使驾驶员看不到有害的眩光,不受晕影的不利影响。检查内容包括试验大纲、试验前及试验件的制造符合性检查、目击试验等内容。

③ 飞行试验:通过起飞着陆飞行试验,由驾驶员评定,适航当局批准着陆灯系统符合本条的要求,主要验证着陆灯能否为夜间着陆提供足够的光线,是否使驾驶员看不到有害的眩光,不受晕影的不利影响。检查内容包括试验大纲、试验前及试验件的制造符合性检查、目击试验等内容。

④ 机上检查:对着陆灯的安装进行检查。

⑤ 设备合格鉴定:用着陆灯产品技术资料和有关文件证明产品符合本条要求。

以下是某运输类飞机的着陆照明试验。

着陆照明试验说明:

➢ 检查使跑道有足够的亮度;

➢ 检查无任何有害的眩光让驾驶员看见;

➢ 检查不会由于晕光对驾驶员产生不利影响;

➢ 检查在电子集中式飞机监控系统显示器上的起落架放下指示灯。

实验条件设置可参照表 2.4 进行设计。

表 2.4 着陆照明试验条件设置

	总 重	质 心	空 速	高 度	襟翼/缝翼	起落架	发动机推力	条 件	飞行阶段
01	任选	任选	任选	地面	3	放下	任选	黑夜	滑行起飞
02	任选	任选	任选	较低	全展	放下	任选	黑夜	着陆

3. 第 25.1401 条 防撞灯系统

(1) 相关条款内容

(a) 总则 飞机必须具有满足下列要求的防撞灯系统:

(1) 由一个或几个经批准的防撞灯组成,其安装部位应使其发射的光线不影响机组的视觉,也不损害航行灯的明显性。

(2) 符合性验证方法

建议综合采用(但不限于)以下验证方法来表明对第 25.1401 条的符合性。

① 设计说明:系统原理(方案)说明、设计图样(航行灯线路图和安装图);结合防撞灯设备规范,对飞机设计图样进行分析,证实防撞灯系统的布局(数量、位置、光强分布等)符合本条的各项要求:安装部位合适,防撞灯的光线不会影响机组的视觉,也不损害航行灯的明显性;作用范围符合本条的要求;防撞灯系统的闪光特性符合本条的要求;防撞灯安装到飞机上以后,防撞灯系统的光强分布符合本条的要求。

② 分析/计算:主要对遮蔽角的立体角进行计算。

③ 实验室试验:主要对条款中所要求的光强值进行测量。

④ 地面试验:如果没有文件证明防撞灯的光特性与分布符合本条要求,也可通过地面试验,用专用设备测试光特性与分布状况,用测试结果表明符合本条的要求。

⑤ 飞行试验:在飞行试验中由驾驶员目视观察以验证防撞灯的光线确实不影响机组人员的视觉。

⑥ 设备合格鉴定:装机所用的所有防撞灯必须符合有关规范的要求,已取得 TSO 批准。防撞灯的设备批准书应证实:灯光的颜色是符合适航标准要求的航空红色或航空白色;灯光的有效光强符合本条的要求;灯的闪光频率符合本条的要求;灯的有效作用范围符合本条的要求。

4. 第 25.1403 条 机翼探冰灯

(1) 相关条款内容

除非使用限制规定在已知或预报有结冰条件下禁止做夜间飞行,否则必须有措施来照亮或以其他方式确定机翼临界部位(从积冰观点考虑)的冰聚积情况。所采用的照明方式必须不会产生妨碍机组成员执行其任务的眩光或反光。

(2) 符合性验证方法

建议采用(但不限于)以下方法来表明对第 25.1403 条的符合性。

① 设计说明:用飞机设计图样,根据机翼探冰灯的灯光分布特性,结合其在飞机上

的安装部位及角度,分析其光线能够满足对机翼前缘各可能结冰部位提供足够的照明。

②飞行试验:经飞行试验,由机组人员目视观察,证实探冰灯的光线能满足探冰的照明需要,同时不会产生妨碍机组人员工作的眩光或反光。

③设备合格鉴定:主要通过检查机翼探冰灯是否具有相关的技术资料和文件以证明产品符合本条要求。

2.6　驾驶舱噪声、振动、通风及臭氧浓度控制与适航审定要求

本节将介绍第 25 部中涉及驾驶舱噪声、振动、通风及臭氧浓度这类驾驶舱微环境要素的审定要求。其他驾驶舱微环境因素,如座舱压力、座舱温度、湿度等,主要涉及环控系统设计的,在这里就不再赘述。

2.6.1　驾驶舱噪声控制及相关的适航审定要求

由于民用飞机舱内噪声直接影响到座舱的乘坐舒适性,舱内高噪声可以增加乘客的疲劳感,分散并降低机组人员的注意力和工作精力,影响语音通话,因此舱内声学设计和噪声控制是大型客机研制过程中不可或缺的重要部分。

1. 舱内噪声来源和减噪设计

(1)舱内噪声来源

飞机舱内噪声包括驾驶舱、客舱、电子设备舱和货舱内的噪声。影响大型客机舱内声学环境的噪声源很多,主要包括两大类,外部噪声源及内部噪声源。其中,外部噪声源主要包括:

①飞机在飞行状态下,气流流过机体表面产生的边界层脉动噪声;

②发动机向前传播及向后传播的噪声;

③发动机振动引起的振动辐射噪声。

内部噪声源主要包括:

①环控系统和辅助动力装置 APU 产生的噪声,其中包括通风管道噪声、乘客出风孔气流噪声等;

②液压系统产生的噪声,主要是指舱内各种液压设备工作时产生的噪声;

③电子设备噪声,主要是指各种电子设备工作时,由于散热风扇等产生的噪声。

舱内噪声来源有两种传播途径:空气声传播和结构声传播。空气声传播是声源直接激发空气,声波首先借助空气介质传播,然后透过舱壁进入舱内。结构声传播是声源直接激发壁板振动,这种振动以弹性波的形式在壁板结构中传播,同时由壁板结构向舱内辐射声能。

(2)减噪设计

从噪声源的角度,在设计飞机外形、机体时要考虑其产生的噪声,在对动力系统、

辅助动力系统、环境控制系统、发声设备等进行设计时,要提出明确的声学设计要求。

从噪声传播途径的角度,可通过结构的隔声设计、壁板材料和地毯的吸声设计、减振和隔振系统设计、管道消声设计、密封设计等方式降低舱内噪声。

2. 针对噪声的适航审定条款及符合性验证方法

第 25.771 条　驾驶舱(e)

(1) 条款内容

(e) 驾驶舱设备的振动和噪声特性不得影响飞机的安全运行。

(2) 符合性方法

25.771(e)条为对驾驶舱的噪声和振动的要求。驾驶舱设计应使设备的振动和噪声特性不影响飞机的安全运行,噪声不应超过可接受的水平,振动水平应当是可接受的。

要求必须仔细考虑可能会出现在正常和非正常情况下的振动和噪声的类型和大小,并确认可能被振动影响的任务(例如,显示信息的读取和操纵器件的操作)和被噪声影响的任务(例如,通信和音响告警的确认)。另外,应建立相应的方法,用于确定振动和噪声是否是不可接受的,并干扰飞机的安全运行。

针对 25.771(e)条有关噪声要求的符合性验证方法,一般采用飞行试验来表明。在整个飞行试验期间,应监测驾驶舱设备的噪声和振动特性,测出振动和噪声水平,进行记录,并须由驾驶员做出评价。

2.6.2　驾驶舱振动控制及相关的适航审定要求

许多研究已经表明,人类的视觉系统会受到振动的影响。因此,当在一个振动环境中对一些显示设备上的字符进行辨认时,振动往往会增加人对字符辨认的错误率,并降低识别速度。目前,虽然关于显示器上字符设置的研究很多,但是大部分都以处于静止状态的显示器为研究对象,针对动态环境中的显示器上字符设置的研究并不多。事实上,在进行显示器字符设计时,必须了解振动对人眼视觉绩效的影响规律,以便对振动进行控制,设计出能被人眼迅速准确识别的显示器字符。

目前大部分的研究是利用振动台设备,从振动频率、幅度和方向等方面,了解振动对人眼视觉功能的影响程度。Lewi 和 Griffin 发现对于 $8\sim16$ Hz 的振动,阅读任务更易受垂直方向振动的影响。Lin 等人发现,当观察者处于振动而屏幕固定时,只要频率不超过 8 Hz,仍有较好的视锐度。吴国梁等人的研究指出,影响视觉绩效最严重的振动频率范围是低频段,约 $4\sim14$ Hz。此外,如果字体很小,振动对于视觉绩效的影响尤为明显。

另一类关于振动对视觉影响的研究,是比较了三种观察条件下振动对视觉绩效的影响:观察者振动、视觉目标振动和观察者与视觉目标同时振动。Moseley 和 Griffin 研究了这三种振动形式并得出结论:当视觉目标独自振动时,振动造成的视觉功能衰退最严重。吴国梁和 Moseley 也得出结论:当视觉目标独自振动时,完成视觉任务出现的错误最多。

与驾驶舱振动相关的适航审定条款与符合性验证方法如下：

1. 第 25.251 条　振动和抖振

（1）条款内容

（c）除本条（d）的规定外，在正常飞行中，包括巡航期间的形态变化，不得存在强烈程度足以干扰操纵飞机、引起空勤人员过度疲劳或引起结构损伤的抖振状态，在上述限度以内的失速警告抖振是允许的。

（d）在速度直到 V_{MO}/M_{MO}（注：V_{MO}/M_{MO} 为最大使用限制速度：空速或马赫数在特定高度取其临界者）的直线飞行巡航形态，不得有可觉察的抖振，但失速警告抖振是允许的。

（2）符合性验证方法说明

对于第 25.251（c）、（d）条建议采用（但不限于）飞行试验作为符合性验证方法。

2. 第 25.771 条　驾驶舱（e）

（1）条款内容

25.771（e）驾驶舱设备的振动和噪声特性不得影响飞机的安全运行。

（2）符合性验证方法

25.771（e）条针对振动的符合性，一般采用飞行试验的方法来表明。较小的座椅垫设计更改就能对传到驾驶员的振动造成很大的影响，这一更改可通过试验来验证。若操纵器件具有常规的特征（尺寸、力度/摩擦、触觉反馈），并且预期的振动环境也不严峻，那么常规操纵器件，如按钮和旋钮，一般可通过相似性来表明符合性。

应考虑需要高度视觉分辨率或手动灵活度的任务，在座舱振动情况下，对持续的安全飞行和着陆的重要性。如果操纵器件/显示器是非常规的，或者预期的振动是不寻常的，则需要通过试验来对这一情况进行验证。可通过组件分析和试验来验证没有重大振动问题的出现。然而，通过相似性或分析不能表明符合性时，可采用主观评价的方法。

2.6.3　通风及相关的适航审定要求

与驾驶舱通风人因设计相关的适航审定条款及符合性验证方法如下：

第 25.831 条　通风（a、b）

（1）条款内容

（a）在正常操作情况和任何系统发生可能的失效而对通风产生有害影响条件下，通风系统都必须要能提供足够量的未被污染的空气，使得机组成员能够完成其职责而不致过度不适或疲劳，并且向旅客提供合理的舒适性。通常情况下通风系统至少应能向每一乘员提供每分钟 250 克（0.55 磅）的新鲜空气。

（b）机组和旅客舱的空气不得含有达到有害或危险浓度的气体或蒸气。为此，采用下列规定：

（1）一氧化碳在空气中浓度超过 1/20 000 即认为是危险的。可使用任何可接受的检测一氧化碳的方法进行测试。

（2）必须表明飞行期间通常有旅客或者机组乘坐的舱的二氧化碳浓度不得超过 0.5％体积含量（海平面当量）。

（2）符合性验证方法说明

① 25.831（a）条，建议对系统的工作原理进行描述，并且进行计算分析和系统安全性分析，表明在正常和可能的失效条件下，系统能满足每分钟为每一乘员提供 0.55 lb 新鲜空气的要求。另外，建议进行实验室试验、机上地面试验和飞行试验中的一种或几种组合的方法，对分析结果进行验证。

② 25.831（b）条，建议的可接受的符合性方法有系统描述，对一氧化碳和二氧化碳的浓度计算，机上地面浓度测量和飞行试验测量等。

2.6.4　座舱臭氧浓度控制及相关的适航审定要求

臭氧是一种强氧化剂，化学性质活泼。臭氧是由氧气分子和紫外线通过光化学反应而形成的，主要分布在对流层顶以上的高层大气中。臭氧浓度的最高值一般出现在 22 km 的高度，绝大部分臭氧集中在 10～25 km 高度范围内。民航飞机的巡航高度和最佳飞行高度大多集中在 9～12.5 km 之内，因此对于高空飞行的飞机，如果外界大气进入客舱之前没有保护措施，机组和乘客会受到臭氧的危害。臭氧与呼吸道黏膜、肺泡等组织表面接触会引起组织损伤，甚至出现咳嗽、胸痛、呕吐、头痛和极度疲劳等症状，特别在长途飞行中，这种危害尤为明显。

与座舱臭氧浓度相关的适航审定条款及符合性验证方法如下：

第 25.832 条　座舱臭氧浓度

（1）条款内容

（a）必须表明飞行时飞机座舱中的臭氧浓度符合下列要求：

（1）在 320 飞行高度层（高度相当于 9 750 米）以上的任何时刻，不超过 0.25/1 000 000 体积含量（海平面当量）；

（2）在 270 飞行高度层（高度相当于 8 230 米）以上任何 3 小时期间，不超过 0.1/1 000 000 体积含量（海平面当量时间加权平均值）。

（b）在本条中"海平面当量"是指 25 ℃和 760 毫米汞柱压力的状态。

（c）必须根据飞机的使用程序和性能限制进行分析或试验，当证实符合下列情况之一时，则表明满足本条要求：

（1）飞机不能在座舱臭氧浓度超过本条（a）规定限度的高度上运行；

（2）含有臭氧控制设备的飞机通风系统，能使座舱臭氧浓度保持在不高于本条（a）规定的限度。

（2）符合性验证方法说明

本条可接受的符合性方法包括设计说明、分析计算、地面试验和飞行试验等。

① 分析计算:分析计算座舱臭氧浓度时,若不使用 FAA 默认的臭氧保持系数 0.7,则要求用试验来验证所取的保持度值。

② 地面试验:在用地面试验建立舱内臭氧的保持度时,一种方法是通过发动机进气/排气系统,引入已知浓度的臭氧(表征大气环境最严重的情况),测量座舱和驾驶舱的臭氧浓度;另一方法是在能表征最严重的自然环境的地区,将飞机置于自然环境的臭氧浓度中,测量舱内的臭氧浓度。飞机的动力和通风系统即使在没有任何过滤的情况下也能减少引入座舱的臭氧浓度。测量的座舱臭氧浓度与引入臭氧浓度的比值(臭氧保持系数)就是飞机预期的乘员区域的臭氧运行特性。

③ 飞行试验:飞行试验应当考虑飞机运行的最大高度和使用的地区(纬度的影响)以及该地区大气臭氧浓度最高的季节,反映飞机运行最严酷的臭氧环境。

【本章实验建议】

1. 驾驶舱人机工效认知实验

可通过使用飞行模拟器,或参观航空公司现役运输类飞机的驾驶舱,了解其主要设施的布局,了解如何将驾驶员座椅调到最佳组合视野的位置,如何使用 5 条式安全带;观察风挡玻璃的结构,及其防冰、排雨、除雾装置的设计与控制方式;了解驾驶舱逃生窗或逃生口盖的位置和打开方式,测量其尺寸大小;观察驾驶室舱门的设计及进出控制方式;观察驾驶舱普通照明、整体照明及信号灯的位置和特点,观察如何调整驾驶舱显示器的亮度,如何调整普通照明和整体照明的亮度。总之,根据本章中相关的人因设计审定条款和符合性依据,尽可能完成符合性验证中相关的机上检查工作。

2. 驾驶舱工程逆向设计及可视性、可达性仿真验证实验

可通过工程逆向设计,获取真实驾驶舱主要设施的长、宽、高尺寸和空间位置尺寸,利用三维建模软件对驾驶舱进行三维建模,并把虚拟人放入虚拟驾驶舱,进行可视化的可视性、可达性验证。精度要求可放低,重在了解其方法。

3. 振动对阅读绩效的影响实验

振动度量可从振动的方向、强度、频率三个方面进行。振动的方向对人体而言可分为 X 方向(背—胸方向)、Y 方向(右侧—左侧)和 Z 方向(足—头)三个方向。振动的强度有多种度量方法,如峰值、振幅、位移、速度、加速度等。其中以加速度度量振动强度应用最为广泛,它是评价振动对人体影响的基本参数。振动频率是振动运动速度的表征,人体对不同频率的振动有不同的敏感性,可用计算机和液晶显示器做此实验。根据 VB 6.0 设计实验界面,在任务窗口的中央呈现黑色的数字,背景为灰色。任务窗口按照事先设计好的不同振幅、振动频率在水平和垂直方向上振动,使得数字看起来在振动。实验中,被试判断呈现在振动窗口中的数字,并通过按键盘上相应的数字做出反应。电脑记录被试判断的反应时、正确率。也可用其他能够产生可控振动源的装置做此实验。

4. 噪声对思维作业绩效的影响实验

可使用白噪声发生器,让被试暴露在不同声压级和频率的噪声环境中进行心算计算等工作,统计其正确率、计算总数等,与无噪声影响的对照组进行比较。

5. 有关驾驶舱照明的实验

可通过使用照度计、屏幕亮度计,测量驾驶舱各区域的相关光环境数值,或使用可控光源,做更为复杂的光环境实验。

授课教师可根据本单位的实际资源情况,设计与驾驶舱整体布局和微环境人因设计相关的实验,以上建议仅供参考。

【本章案例研究】

涉及驾驶舱风挡设计的飞行事故案例分析

——四川航空 3U8633 航班风挡玻璃完全破裂脱落事故

纵观近年来因驾驶舱设施出现问题造成的飞行事故,风挡玻璃破裂首当其冲。相关文献显示,仅自波音 B787 投入运行以来,就发生了 50 余起 1 号风挡玻璃外层破裂事件。其他机型的风挡玻璃飞行中出现裂纹,需要紧急备降的事件也时有发生。

2018 年 5 月 14 日,四川航空公司注册号为 B-6419 号的空客 A319 飞机,执行重庆至拉萨的 3U8633 航班任务。该机于 06:27 起飞后,正常爬升至 9 800 m 巡航高度。在飞经成都空管区域附近时,驾驶舱右座前风挡玻璃(件号 PN:STA320-2-7-1)突然产生裂纹,随即破裂,玻璃全部脱落,造成飞机机舱失压,遮光罩处的飞行控制面板 FCU 右侧三分之一脱落(见图 2.33)。事发时巨大的吸力使副驾驶的半个身体悬挂到窗外,所幸副驾驶当时系着安全带,后被拉回。舱内物品瞬间飞起,许多驾驶舱设备出现故障,在高速气流的冲刷之下,噪声极大,机长无法进行无线电通信。整架飞机振动非常大,无法看清仪表,操作困难,只能依靠目视水平仪来进行操作。

图 2.33　川航 3U8633 航班飞机玻璃风挡脱落造成的座舱设施损坏

乘客氧气面罩全部脱落。

空中险情发生后,机组第一时间向空管部门宣布紧急状态,由于机长无法与地面进行无线电联系,于是他手动输入了 7700 的客机空中遇险代码,同时检查飞机和机上人员情况,并实施紧急处置程序,就近选择成都双流机场紧急备降。

成都空管部门在接到紧急情况后,立即启动应急处置程序,迅速指挥空中其他飞机避让并为该机提供专用航道,优先安排该机降落。在民航各部门密切配合之下,07:46 该机安全备降成都双流机场。

该机于 2011 年 7 月 26 日以新机加入川航运营。机龄为 6.8 年,截至 2018 年 5 月 14 日,共使用 19 912.25 h,12 920 循环。脱落的右侧风挡玻璃为该机原装件,投入运营至事发前,未有任何故障记录,也未进行过任何维修和更换工作。

飞机在高空飞行发生座舱失压情况时,首先,飞行员必须在有用意识时间内及时佩戴氧气面罩,否则会因缺氧昏迷,使整架飞机失控,造成灾难性的后果。所谓有用意识时间(Time of Useful Consciousness, TUC)是指:在特定高度上失压、缺氧后,可供进行合理的活命决策和实施措施的最大时间限度,亦指在没有氧气供给的情况下飞行员能有效地维持正常操作的时间。在 9 800 m 的高度,人的有用意识时间只有约 30~45 s。同时,由于风挡玻璃掉落造成的座舱爆炸性减压,突然的压力变化会对耳膜造成伤害。监测到当时飞机飞行高度为 32 000 ft,该高度的气温约为零下 30~40 ℃左右,极度的寒冷会造成驾驶员身体冻伤,肢体僵硬。因此,当时机组人员面临失压、高噪声、极低温、大气流、部分仪表失灵的险情,操纵难度极大。由此可见,驾驶舱风挡玻璃破裂,将对驾驶舱人-机-环系统的安全性带来严重冲击。这次事故中所幸的是机长具有二十多年飞行驾龄,曾多次进行过"风挡爆裂"教学。在驾驶舱设施失效,舱内环境大变的情况下,靠人的高可靠性品质和操纵,临危不乱、果断应对、正确处置,从而避免了一次重大航空事故的发生。

案例分析:

由 25.773"驾驶舱视界"、25.775"风挡和窗户"的相关条款可知,由于驾驶舱的布局必须给驾驶员以足够宽阔、清晰和不失真的视界,风挡玻璃的面积越来越大;又由于有防冰排雨和除雾的要求,风挡玻璃通常是多层材质的,如波音 B787 驾驶舱 1 号风挡由三层组成:中间层与内层(MAIN PLY)是丙烯酸塑料材质的结构层,最外层(FACE PLY)是玻璃材质的非结构层,外层与中间层敷设有防冰加热膜(ANTI - ICE INTER LAYER),中间层和内层敷设有除雾加热膜(DE - FOG INTER LAYER),如果密封失效,潮气入侵到玻璃夹层,汇流条通电加热后可能产生电弧,就有可能造成风挡破裂;其他原因如风挡材质本身的问题(一般风挡玻璃可以承受 3 万个循环,如果风挡玻璃材质不合格,可能出现提前老化等情况);不当的风挡玻璃安装(如使用的紧固件不合格,或安装时力矩值过大,产生裂纹,造成隐患);遭到外来物撞击(如鸟撞和冰雹撞击)等,都有可能造成风挡玻璃的破裂。虽然此次风挡玻璃全部脱落事故发生在 A319 上,但对新机型的驾驶舱风挡玻璃的适航审定仍需引以为戒,给予充分的重视。目前,我国的 C919 也采用了新式的 4 块式大风挡玻璃结构,我国的适航部门和飞机研发部门,应积极探索相关的适航审定验证方法,确保风挡玻璃在飞行中的安全性。

复习思考题

2-1　民机驾驶舱工效设计的基本要素有哪些?

2-2　目前民用运输机驾驶舱总体布局呈现出什么特点? 各部件设计呈现什么特点?

2-3　试述驾驶舱布局人因设计基本流程。

2-4　什么是座椅中立参考点(NSRP)?

2-5　驾驶舱座椅分哪两类? 驾驶员座椅由哪几部分组成? 其座椅约束系统的设计有什么特点?

2-6　试述驾驶员座椅人因设计一般准则。

2-7　试述有关驾驶舱视界的适航审定条款要求及符合性验证方法。

2-8　试述 AC25.773-1"驾驶舱视界设计"中对驾驶舱视界的具体要求。

2-9　在空客驾驶舱或 C919 驾驶舱,飞行员如何获得最佳组合视野?

2-10　试述驾驶舱风挡玻璃的两种主要构型及特点。

2-11　试述第 25.775 条"风挡和窗户"的条款内容及符合性验证方法,并收集查找相关的符合性验证实例。

2-12　试述驾驶舱舱门的人因设计相关适航条款要求与符合性验证方法,并收集查找相关的符合性验证实例。

2-13　对紧急情况下出入驾驶舱门的安保设计,你有哪些设想与建议?

2-14　试述驾驶舱应急出口的类型及人因设计相关适航条款要求与符合性验证方法,并收集查找相关的符合性验证实例。

2-15　驾驶舱光环境人因设计主要包括哪些内容?

2-16　什么是整体式照明? 驾驶舱的哪些区域使用到整体式照明?

2-17　LED 光源有哪些显著的优点?

2-18　什么是眩光? 按照不同的分类方式,眩光能被分成哪些类型? 如何减弱或消除眩光?

2-19　试述驾驶舱光色的种类与选择依据。

2-20　试述驾驶舱自动调光设计原则。

2-21　收集有关驾驶舱布局和风挡、座椅、舱门设计不当造成的事故案例,并运用相关的人因设计准则和审定条款与依据进行分析。

2-22　收集有关驾驶舱微环境如照明、振动、噪声控制的相关人因设计准则和具体的符合性验证实例。

参考文献

[1] 刘岗,刘春荣.商用飞机驾驶舱造型设计特征研究[J].民用飞机设计与研究,2015,116(1)：
3-5.

[2] 金浙峰,张垠博,刘海燕,等.民用飞机驾驶舱布置设计方法研究[J].民用飞机设计与研究,
2017,124(1):12-16.

[3] 徐伟哲.基于人因工程学的干线客机驾驶舱布局设计与仿真研究[D].南京:南京航空航天大
学,2013.

[4] 梁爽,刘庆杰,聂磴,等.民机驾驶舱布局流程设计及应用[J].计算机测量与控制,2017,25(2)：
153-155.

[5] 张燕军.民机驾驶舱工效设计若干关键技术研究[D].南京:南京航空航天大学,2014.

[6] Flight Deck Layout and Facilities [R]. SAE ARP 4101. SAE MOBILUS, SAE Aerospace, Re-
affirmed 2003. 02.

[7] Pilot Visibility from the Flight Deck[R]. SAE ARP4101/2. SAE MOBILUS, SAE Aerospace,
Reaffirmed 2003. 02.

[8] Flight Deck Panels, Controls and Displays [R]. SAE ARP4102, SAE MOBILUS, SAE Aero-
space, Reaffirmed 2007. 07.

[9] 张瑞平.民机驾驶舱显示系统可达性的适航验证技术研究[J].军民两用技术产品,2018,114
(7):56-57.

[10] 李朋,陈悦菲,李慧,等.运输机驾驶员座椅人机工效设计研究[J].民用飞机设计与研究,
2017,124(1):26-31.

[11] 孟华,庄多多,金浙峰,等.民用飞机驾驶舱第二观察员座椅相关设计考虑与适航技术研究
[J].江苏科技信息,2017,25:59-60.

[12] 程明.浅谈民用飞机驾驶员座椅的设计[J].民用飞机设计与研究,2009,(2):41-44.

[13] Airbus Customer Service. Airbus A380 800 Flight Deck and Systems Briefing for Pilots [Z].
Toulouse, France. 2006.

[14] 白杰,高温成,杨坤.运输类飞机驾驶舱视界的适航符合性验证研究[J].科学技术与工程,
2015, 31(15):107−110.

[15] Airbus Customer Service. A350 900 Flight Deck and Systems Briefing for Pilots [Z]. Tou-
louse, France. 2013.

[16] 张永胜.波音 B787 飞机驾驶舱风挡玻璃外层破裂研究[J].航空维修与工程,2018,11:63-65.

[17] 李岩,谈炜荣,王春生.驾驶舱视界的适航性设计与验证方法研究[J]. 航空标准化与质量,
2011(5):6-9.

[18] 白斌,王向转,李志茂.民机风挡防雾试飞环境分析[J].民用飞机设计与研究,2015,119(4)：
48-50.

[19] Security considerations[S]. FAR25.795,https://www.ecfr.gov/cgi-bin/retrieveECFR? gp=
&SID= 5669e69106db58220c87cbd6af453063&mc = true&n = pt14. 1. 25&r = PART&ty =
HTML♯se14.1.25_1795, Federal Aviation Administration,2019.02.13.

[20] CCAR25.795 保安事项[S].中国民用航空规章第 25 部《运输类飞机适航标准》R4,中国民用

　　航空局,交通运输部,2016.

[21] 刘文成.民用运输类飞机驾驶舱门适航要求及验证[J].民用飞机设计与研究,2018(1):6-9.

[22] 严立浩,张洁,孙稳,等.民用飞机驾驶舱应急逃生出口设置适航要求研究[J].民用飞机设计
　　与研究,2018(2):126-130.

[23] Equipment and Furnishings, Oxygen, Cargo Compartment, Doors, and Windows [Z]. 787
　　Training Student Lab Notebook,The Boeing Company,2010.

[24] Mark S. Sanders, Ernest J. McCormick.工程和设计中的人因学[M].瑞峰,卢岚,译.北京,
　　清华大学出版社,2009.

[25] 王素环.LED在民用飞机驾驶舱泛光照明中的应用[J].照明工程学报,2015,26(6):14-18.

[26] 航空标准化编辑部.飞机座舱照明的工程心理分析与工程设计实践[J].航空标准化与质量,
　　1980,5:1-188.

[27] 杨彪.民机驾驶舱光环境设计及视觉工效学研究[D].上海:复旦大学,2011.

[28] 潘玲玲.飞机座舱光环境对视觉工效的影响研究 [D].南京:南京航空航天大学,2017.

[29] 余涛.光环境对飞机座舱显示工效的影响机理研究 [D].南京:南京航空航天大学,2016.

[30] 余涛,孙有朝.飞机驾驶舱视觉工效研究[J].飞机设计,2017,37(3):19-23.

[31] 杨立,黄顺云,罗莎,等.民机驾驶舱自动调光技术浅析[C].上海,2016第五届民用飞机航电
　　系统国际论坛论文集:236-240,2016.

[32] Flight Deck Lighting for Commercial Transport Aircraft [R] SAE ARP4103,SAE MOBI-
　　LUS,SAE Aerospace,2014.

[33] 杨建忠.运输类飞机适航要求解读第3卷 设计与构造[M].北京:航空工业出版社,2013.

[34] 阎芳.运输类飞机适航要求解读第5卷 设备[M].北京:航空工业出版社,2013.

[34] 扈西枝,韩峰,何立燕,等.大型客机舱内声学设计方案综述[J].民用飞机设计与研究,2011,
　　(2):1-3.

[35] 袁敏.高空飞行时飞机客舱臭氧浓度的评估[J].科学技术与工程,2015,27(15):207-209.

[36] 杜秀芳,周东明,王学军,等.工业与社会心理学实验指导[M].济南:山东人民出版社,2009.

[37] 5·14川航紧急迫降事件[EB/OL].https://baike. sogou. com/v171823787. htm? fromTitle＝
　　%E5%B7%9D%E8%88%AA3U8633%E6%AC%A1%E8%88%AA%E7%8F%AD%
　　E9%A3%8E%E6%8C%A1%E7%8E%BB%E7%92%83%E7%A0%B4%E8%A3%82%
　　E8%84%B1%E8%90%BD 搜狗百科,2018.

第 3 章　客舱及航空维修人因设计与适航审定

本章将介绍第 25 部《运输类飞机适航标准》中与客舱人因设计和维修人因设计相关度较高的条款,及其符合性验证方法。

3.1　客舱人因设计与适航审定

每一种机型,在设计过程中,可按用途的不同设计成为客机、客货混合型和货机。其内部的构型和布局有较大差别。一般而言,民用客机的客舱前起前客舱隔框,后至后承压隔框,其下是货舱(少数超大飞机(Very Large Airplane,VLA)如 B747 和 A380 拥有双层客舱)。在它的前方,前客舱隔框和天线罩舱壁之间为驾驶舱。后承压隔框的后面则是非增压的区域。现代喷气客机的机身横截面形状大多为圆形或椭圆形,可充分保证客舱的宽敞性、座位的安排能力和通融性,同时也能较好地保证货舱有足够的高度和宽度安置集装箱和货盘,使整个机身内部容积得到有效利用。

客舱是航空公司运营过程中最吸引公众眼球、体现公司独特文化特色的区域,乘客的第一印象来自客舱。因此,民用运输类飞机的客舱是最能体现客户化设计的区域,从客舱构型、通道、舱门设计,应急设施的配备,行李箱、分隔板、储物柜、厨卫水电设施的设计,旅客座椅和乘务员座椅的排布和选择,客舱灯光、空调、氧气系统设计,客舱噪声控制、娱乐系统的布局与设计,到客舱壁板、座椅表面织物与地毯等内饰的色彩搭配等,无一不与人数众多的乘客和机组人员息息相关。因此,客舱人因设计,可谓航空人因设计的"蓝海",在这一区域,人因工程师可大有所为。客舱内大部分设施为选装件,可根据客户航空公司投放航线的实际需要而设计。其人因设计目标除了安全性要求,更多的是体现在宜人性方面。

本教材因主要介绍与第 25 部运输类飞机型号合格证审定相关的航空人因设计,因而将从安全性的角度出发,罗列出与客舱人因设计相关度较高的审定条款(见表 3.1 和表 3.2),有重点地介绍其中的部分条款,及其符合性验证方法,使读者对这一区域的人因设计与适航审定要求有一个大致的了解。这些条款涉及人体尺寸、客舱空间布局、告示信息和微环境等客舱人-机-环境系统界面的相关要素。

3.1.1　客舱一般设施的人因设计与适航审定要求

表 3.1 给出了与人因设计相关的客舱内一般设施的适航审定要求。我们将有选择的介绍其中部分条款的详细内容及符合性验证方法。本节将主要介绍 CCAR25.785

"座椅、卧铺、安全带和肩带"中与客舱相关的部分以及第 25.793"地板表面"。而与微气候相关的第 25.831"通风"和第 25.832"座舱臭氧浓度"请参看 2.6 节。

表 3.1　客舱一般设施的人因设计适航审定要求与依据

条款号	条款名称	相关咨询通告 AC
25.785	座椅、卧铺、安全带和肩带	AC25.785 - 1B乘务员座椅和躯干约束系统安装
25.791	旅客通告标志和标牌	
25.793	地板表面	
25.819	下层服务舱(包括厨房)	
25.831	通风	
25.832	座舱臭氧浓度	

表 3.2　客舱应急出口的人因设计适航审定要求与依据

条款号	条款名称	相关咨询通告 AC
25.801	水上迫降	
25.803	应急撤离	AC25.803 - 1
25.807	应急出口	AC25.807 - 1
25.809	应急出口的布置	
25.810	应急撤离辅助设施与撤离路线	
25.811	应急出口的标记	
25.812	应急照明	
25.813	应急出口通路	
25.815	过道宽度	
25.817	最大并排座椅数	

1. CCAR 第 25.785 条　座椅、卧铺、安全带和肩带

(1) 条款内容

(a) 对每一位 2 周岁以上的乘员都必须提供一个座椅(或卧铺,对必须卧床者)。

(b) 指定供人在起飞和着陆时占用的每一位置处的座椅、卧铺、安全带、肩带以及附近的飞机部分,必须设计成使正确使用这些设施的人在应急着陆中不会因第 25.561 条和第 25.562 条中规定的惯性力而受到严重伤害。

(c) 座椅和卧铺必须经批准。

(d) 与通过飞机中心线的垂直平面成夹角大于 18° 的座椅上的乘员必须用安全带和承托臂、肩、头和背脊的缓冲靠垫来保护头部免受伤害,或用安全带和肩带防止头部触及任何致伤物体。任何其他座椅上的乘员必须用安全带以及根据座椅形式、位置和面向的角度采用以下一种或几种措施来保护头部免受伤害:

（1）防止头部触及任何致伤物体的肩带；

（2）去除头部能撞到的半径范围内的任何致伤物体；

（3）承托臂、肩、头和背脊的缓冲靠垫。

（e）卧铺必须设计成前部具有带包垫的端板、帆布隔挡或等效设施，它们可承受按第 25.561 条规定的乘员向前惯性力。卧铺不得有在应急情况下可能使睡卧者严重受伤的棱角和突部。

（f）每个座椅、卧铺及其支承结构，每根安全带或肩带及其锚固接头，必须按体重 77 公斤（170 磅）的使用者设计，按每种有关的飞行和地面载荷情况（包括第 25.561 条规定的应急着陆情况）考虑最大载荷系数、惯性力以及乘员、座椅、安全带和肩带之间的反作用力，此外，还必须符合下列规定：

（1）进行座椅、卧铺及其支承结构的结构分析和试验时，可以假定向前、侧向、向下、向上和向后的临界载荷（按规定的飞行、地面和应急着陆情况确定）分别作用，或者当各特定方向所要求的强度得到证实时，也可采用选定的载荷组合。卧铺安全带不必承受向前的载荷系数。

（3）在确定每个座椅与机体结构，或每根安全带或肩带与座椅或机体结构的连接强度时，第 25.561 条规定的惯性力必须乘以系数 1.33（而不是第 25.625 条规定的接头系数）。

（h）按中国民用航空局有关营运规定要求的客舱内设置的、在起飞和着陆时指定供空中服务员使用的座椅必须满足下列要求：

（1）必须靠近所要求的与地板齐平的应急出口。但如果设置在其他位置能提高旅客应急撤离效率时，则也是可以接受的。每个 A 型或 B 型应急出口旁边必须有个空中服务员座椅。而且在所要求的与地板齐平的应急出口之间，必须根据可行情况均匀设置其他空中服务员座椅。

（2）在不影响接近所要求的与地板齐平应急出口的条件下，空中服务员座椅应尽量设置在能直接观察到其所负责客舱区域的位置。

（3）布置在当其不使用时不会妨碍通道或出口使用的位置。

（4）必须布置在能使其乘员被从服务区，储藏间或服务设备掉出的物体撞伤的概率最小的位置。

（5）面向前或向后，并装有用于承托臂、肩、头和背脊的缓冲靠垫。

（6）装有单点脱扣装置的安全带和肩带组合式约束系统。必须有措施在每个组合式约束系统不工作时将其固定，以免妨碍应急情况下的迅速撤离。

（i）每根安全带必须装有金属对金属的锁紧装置。

（j）如果椅背上没有牢固的扶手处，则沿每条过道必须有把手或扶杆，使乘员在中等颠簸气流情况下使用过道时能够稳住。

（k）在正常飞行中可能伤害机内坐着或走动的人员的每个突出物都必须包垫。

（2）符合性验证方法说明

1）CCAR25.785(a)

可以采用设计说明、设备合格鉴定的方法表明对本款的符合性。

2）CCAR25.785(b)

一般通过客舱和驾驶舱的布局来说明驾驶员和其他乘员受到的保护措施，并用试验或座椅的合格证明文件表明座椅的强度和动态吸能性能满足要求。应当注意的是，根据 FAA AC25-17A，仅用 25.562(b)条款要求的试验来符合 25.785(b)条款和损伤判据有一定的局限，因为试验本身限制在了某些条件下，这些条件不能完全反映乘员可能受伤的所有状况，所以简单用 25.562 条的动态试验不能充分表明对 25.785(b)款的符合性，尽管潜在的伤害物体在头部碰撞包线之外，但物体仍需要加包垫并进行圆润化处理。

3）CCAR25.785(c)

座椅和卧铺一般先取得 TSO，提供合格证明文件，再进行装机批准。

4）CCAR25.785(d)

根据 AMC25.785(d)款，可用设计说明、设备的合格鉴定或试验，通过机上地面检查确认座椅设计和客舱驾驶舱布局已考虑了：

① 避免在座椅或旅客服务设施各部分上出现锐边或突出物，因为这不仅对座椅上的乘员，而且特别是对坐在椅背后面的乘员形成一种伤害源。在靠近坐在椅背后边并系紧安全带的乘员的头部移动圆弧范围内，所有旅客服务设施和椅背区域应当平滑并具有大的圆角。

② 乘员头部最外点的移动圆弧半径当取 710 mm，这一尺寸考虑了身材高的乘员和安全带的拉伸。椅背和底部交汇点朝前上方并与底部成 35°的角，距交汇点 460 mm 的一点作为移动圆弧的圆心（见图 3.1）。

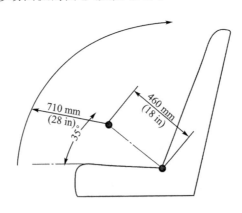

图 3.1　第 25.785(d)款的具体尺寸要求

③ 如果椅背的顶部处于头部移动圆弧范围内，则当用至少 12.5 mm 厚的牢固

衬垫垫于顶部,衬垫的圆角半径至少 25 mm。

④ 处于由第(2)条规定区域内的任何其他大体上水平的构件也应加一衬垫,或者在布置上能使头部躲过它们,而不会直接撞上。上述区域垂直构件顶部,应当至少像水平构件一样加以保护,在头部运动区域不应有构件。

5) CCAR25.785(e)

一般卧铺的安装,应在靠近乘员骨盆处附带安装安全带。卧铺的布置方式通常有:头部向前(飞机飞行方向)的布置、脚部向前的布置、身体垂直于飞机飞行方向的布置。无论何种布置方式,都需要做相应的过载实验,挡板和安全带应能承受第 25.561条规定的乘员向前的惯性力。

6) CCAR25.785(f)

本款一般通过分析计算和静力试验,来校核座椅及其约束和支撑结构在规定的受载情况下有足够的强度。一般来说,为了吸收冲击能量,座椅的椅腿可以在应急着陆冲击载荷作用下,通过变形来吸收能力,避免乘员受到大的冲击过载。但是座椅与支撑结构、座椅约束系统与座椅的连接部位必须有足够的强度,承受 25.561 条规定的静载,同时在承受应急着陆冲击时,不应损坏或变形到妨碍乘员快速撤离的程度。

7) CCAR25.785(h)

一般通过客舱布局说明和机上地面检查表明客舱机组座椅布置及其约束系统满足规章要求。

8) CCAR25.785(j)

如果过道没有把手或扶杆,椅背可能会作为扶手,使乘员在中等颠簸气流情况下使用过道时能够稳住。而大部分座椅都有折弯功能,这就要求椅背有足够的折弯强度,至少能承受在椅背顶部中间施加的 110 N(25 lb·f)水平方向的力。如果座椅间距超过 65 in,就不能使用椅背作为扶手,在这种情况下需要安装辅助装置作为扶手。

9) CCAR25.785(k)

客舱布局在细节上考虑突出物的加垫保护,并经过机上地面检查确认。

2. 第 25.793 条　地板表面

(1) 条款内容

服役中很可能弄湿的所有部位的地板表面必须具有防滑性能。

(2) 符合性验证方法说明

本条一般通过提供图样等技术资料,表明舱内地板具有防滑性能;一般还应进行实验室试验或机上地面检查,验证地板表面防滑性能满足要求。

3.1.2　客舱中涉及应急撤离的人因设计与适航审定要求

第 25 部中另一类涉及客舱人因设计的审定条款,主要集中在应急通道、应急出口和应急照明的审定要求上。有一系列的条款(25.801~817),对水上迫降,应急出口的大小、位置、应急出口通路和过道宽度、最大并排座椅数、应急撤离辅助设施和撤离路线做了详细的规定。

例如,在 25.807"应急出口"中,给出了各类应急出口的类型和尺寸大小,其中 A、B、C、Ⅰ型为与地板齐平的出口,Ⅱ型可位于机翼上方,Ⅳ型用于机翼上方(见表 3.3)。此外,还有机腹型和尾锥型出口(尾椎型出口见图 3.2)。

表 3.3　第 25.807 条中对应急出口的尺寸形状要求

应急出口	宽　　度	高　　度	圆角半径	形　　状
A 型	≥1 066 mm(42 in)	≥1 829 mm(72 in)	≤178 mm(7 in)	矩形
B 型	≥813 mm(32 in)	≥1 829 mm(72 in)	≤152 mm(6 in)	矩形
C 型	≥762 mm(30 in)	≥1 220 mm(48 in)	≤250 mm(10 in)	矩形
Ⅰ型	≥610 mm(24 in)	≥1 220 mm(48 in)	≤203 mm(8 in)	矩形
Ⅱ型	≥510 mm(20 in)	≥1 120 mm(44 in)	≤178 mm(7 in)	矩形
Ⅲ型	≥510 mm(20 in)	≥910 mm(36 in)	≤178 mm(7 in)	矩形
Ⅳ型	≥480 mm(19 in)	≥660 mm(26 in)	≤160 mm(6.3 in)	矩形

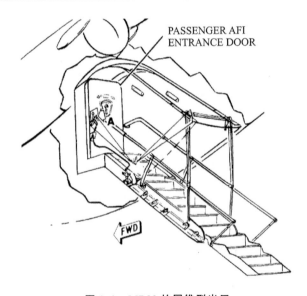

图 3.2　MD82 的尾锥型出口

受篇幅所限,仅选择 25.803"应急撤离"和 CCAR25.810"应急撤离辅助设施与撤离路线"这两个在此类条款中比较具有典型性的条款进行介绍。其余相关条款和符合性依据,读者可通过下载现行的 CCAR25 部航空规章和相关咨询通告,查看其详细内容和说明(见表 3.2)。

1. 第 25.803 条　应急撤离

(1)条款内容:

(a)每个有机组成员和旅客的区域,必须具有在起落架放下和收上的撞损着陆、并考虑飞机可能着火时能迅速撤离的应急措施。

（b）［备用］。

（c）对客座量大于 44 座的飞机，必须表明其最大乘坐量的乘员能在 90 秒钟内在模拟的应急情况下从飞机撤离至地面，该乘坐量包括申请合格审定的美国联邦航空局有关营运规定所要求的机组成员人数在内。对于这一点的符合性，必须通过按本部附录 J 规定的试验准则所进行的实际演示来表明，除非美国联邦航空局适航部门认为分析与试验的结合足以提供与实际演示所能获得的数据等同的数据资料。

（d）［备用］。

（e）［备用］。

附录 J 应急撤离演示。

必须使用下述试验准则和程序来表明符合第 25.803 条：

（a）必须在飞机应急照明系统工作之前外部灯光水平不超过 3.229 勒（0.3 英尺烛光）的条件下进行应急撤离演示。在实际演示过程中初始外部灯光水平可以保持或照亮。然而，不得增加外部灯光水平，除非由于启动了飞机应急照明系统。

（b）飞机必须处于起落架放下的正常姿态。

（c）除了飞机装备有从机翼下地的设施之外，可以利用台架或跳板从机翼下到地面。可以在地板或地面上放置安全设备（如垫子或翻转的救生筏）保护参加者。不得使用不属于飞机应急撤离设备的其他设备来协助参加演示者下到地面。

（d）除本附录（a）规定者外，只可以使用飞机应急照明系统提供照明。

（e）必须装齐飞机计划运行所要求的一切应急设备。

（f）每个内部舱门或帘布必须处于起飞时的状态。

（g）每个机组成员必须坐在通常指定的起飞时的座位上，并且直至接到开始演示的信号为止。他们必须是具有使用应急出口和应急设备知识的人，倘若还要演示对于美国联邦航空局有关营运规定的符合性，则还需证明他们是正规定期航班的机组成员。

（h）必须按下列规定由正常健康人组成有代表性的载客情况：

（1）至少 40% 是女性；

（2）至少 35% 是 50 岁以上的人；

（3）至少 15% 是女性，且 50 岁以上；

（4）旅客携带 3 个真人大小的玩偶（不计入总的旅客装载数内），以模拟 2 岁或不到 2 岁的真实婴儿；

（5）凡正规担任维护或操作飞机职务的机组人员、机械员和训练人员不得充当旅客。

（i）不得对任一旅客指定专门的座位，但美国联邦航空局适航部门有要求者除外。除本附录（g）规定者外，申请人的雇员不得坐在应急出口旁边。

　　(j) 必须系紧座椅安全带和肩带(如果装有)。

　　(k) 开始演示前,必须将总平均量的一半左右的随身携带行李、毯子、枕头和其他类似物品分放在过道和应急出口通道上的若干地点,以造成轻微的障碍。

　　(l) 不得向任何机组成员或旅客预示演示中要使用的特定出口。

　　(m) 申请人不得对参加演示者进行演示的训练、排演或描述,任何参加者也不得在演示前的六个月内参加过这种性质的演示。

　　(n) 在进入演示航空器之前,可以劝告旅客遵循机组成员的指导,但是除了演示所需的安全程序或在演示地点必须做的说明之外,对演示中要遵循的程序不得加以说明。在开始演示前,可以对旅客作 121.571 有关营运规定要求的起飞前的简介。飞行机组可以遵循经批准的培训大纲,在滑梯的底部协助人员,以帮助演示。

　　(o) 必须配置飞机以避免在开始演示前向飞机上参与演示的人员暴露将供使用的应急出口。

　　(p) 演示中使用的出口必须符合每一对出口中的一个出口。如果配有滑梯,演示可以使用充好气的滑梯并且在开始演示时出口处于打开的状态。在该情况下,必须配置所有的出口使得不会向参与人员暴露要使用的出口。如果使用这种方法,必须计及每一出口所用的出口准备时间,并且在开始演示前不得表明演示中不使用的出口。要使用的出口必须是飞机所有应急出口的代表性出口,并且必须由申请人指定并经美国联邦航空局适航部门批准。必须至少使用一个与地板齐平的出口。

　　(q) 除本附录(c)规定者外,所有撤离者必须借助属于飞机的撤离设备离开飞机。

　　(r) 在演示中必须完全执行申请人的经过批准的程序,但飞行机组不得主动对舱内其他人员提供协助。

　　(s) 当最后一名机上乘员撤离飞机并下到地面后,撤离时间即告结束。如果台架或跳板的撤离容纳率不大于实际撞损着陆情况下用来从机翼下地的机上可用设施的撤离容纳率,则当使用本附录(c)所允许的台架或跳板的撤离者处于台架或跳板上时,即认作已到地面。

　　(2) 符合性验证方法说明

　　建议 25.803 条的符合性验证可采用设计说明、分析/计算、地面试验等方法。

　　① 设计说明:说明飞机在起落架放下和收上的撞损着陆时所应采取的应急措施,并考虑飞机着火的可能性。对旅客和机组成员都有这样的应急措施,并且通过满足应急设施其他条款的要求来表明满足 25.803(a)的要求。

　　② 分析/计算:当分析与试验的结合足以提供与实际演示所能获得的数据等同的数据资料时,可通过分析与试验的结合表明符合性。进行分析时可参考 AC25.803-1 中提供的分析原则。

　　③ 地面试验:对于客座量大于 44 座的飞机,按照附录 J 中的要求和程序进行应急撤离演示试验表明符合性。在进行实际演示之前,申请人应准备一个试验计划,包

括演示的时间和地点、试验装置的布局、飞行机组培训大纲等细节,此计划应尽早提交适航当局,以便及时对大纲进行评审和安排有关人员参加。对于新研机型,通常需要进行应急撤离演示以表明 25.803 条和相关运营规章要求的符合性。对于更改或衍生机型,当有下列等情况的设计更改时,需要评估其对撤离能力的影响,必要时进行应急撤离演示试验:

> 应急出口类型、数量或位置的更改。
> 客座量增加超过型号审定数据单(TCDS)中所列时。
> 客舱内旅客分布的改变导致预期使用某出口对的旅客人数超过该出口对的额定人数时。
> 将某出口定义为额外出口时。
> 安装未在该机型上批准过的撤离滑梯或其他辅助设施时。
> 内饰的改变对旅客接近应急出口产生不利影响时,如隔板、厨房等限制从主过道和横向过道来的人流汇合,或者影响机组判断哪个出口可使用。
> 改变客舱乘务员座椅位置时等。

在应急撤离演示中,应注意:

> 保护参加演示者的安全,避免使用 18 岁以下或 60 岁以上的人参加演示试验。
> 演示者不应穿高跟鞋或有尖锐边的鞋子,不穿短裙或短裤,建议穿日常衣服,长裤和有袖衬衫。推荐旅客穿训练鞋,乘务员穿工作服装,这是为了减少受伤的发生及降低严重性。建议给演示者分发手套,以减少手和滑梯表面的擦伤。
> 局方观察人员应当处在舱内关键位置和飞机外部可使用的出口处。如果飞机上不能为局方观察人员提供足够的空间,那么必须有足够的录音录像设备使局方能监控和了解整个演示过程。

(3) 具体验证方法举例

下面,介绍 A380 使用 MOC5 实验的方法,采用真人向 EASA 和 FAA 演示应急撤离试验的过程。

实际上,A380 在设计之初就充分考虑到应急撤离的要求。如图 3.3(a)所示,空客曾经设想过采用双圆弧横排截面的机身形状,但正是考虑到横排截面的机身形状,

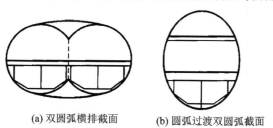

(a) 双圆弧横排截面　　　(b) 圆弧过渡双圆弧截面

图 3.3　横排和竖排圆弧截面的机身形状对比

会导致每一排的乘客人数过多,不便这架定位为"超大飞机"(Very Large Airplane, VLA)中大量旅客的撤离,因此,空客最终否决了这一双圆弧横排截面的方案,采用了图 3.3(b)的上下双层客舱的方案,但此方案也存在风险:紧急情况下,上部客舱滑梯的高度可能会对乘客心理产生影响;乘客沿着上下客舱之间宽敞的楼梯移动会带来不可预计的后果;当乘客试图从飞机上逃离时,由于乘客人数过多,增加了乘客之间互相干扰的可能性。

而这款超大型运输机必须符合普遍规定,包括最大乘坐量的乘客和机组在 90 s 内能够撤离的要求。因此,考虑到其设计新颖性和大载客量,EASA 和 FAA 决定 A380 需做真实的应急撤离试验。具体试验验证过程和方法如下:

1) A380 应急撤离试验计划

A380 应急撤离试验在德国汉堡的芬肯韦德工厂的厂房进行,使用按 853 名乘客专门布置的第四架 A380 试飞飞机(MSN007)。用于试验的这架 A380 飞机的客舱是全经济舱布局,座位排距为 30 in。构型根据目前用户的要求设置,在上层客舱可容纳 300 名以下的乘客。

空客为该试验做了大量的准备工作。A380 撤离试验的基本概念是:将两层客舱的每一层单独处理。应急撤离试验由 EASA 和 FAA 核查,他们提前 48 h 通知空客哪些出口可用。应急撤离试验顺利完成后,A380 将取得最大载客能力的认证。如果有必要再进行试验的话,5 天后将使用一批新的志愿者进行第二次应急撤离试验。一旦有技术上的故障或者参试人员受伤,将取消试验。例如,如果有一个滑梯在试验期间不能充气或者漏气,为了安全将停止试验;或者在试验期间,如果发生人员安全事件也将停止试验。如果适航管理人员对撤离试验的过程不满意,撤离出的人数则不能作为最终的取证依据。

2) A380 应急撤离试验具体关键要求

853 名乘客,18 名乘务员和 2 名驾驶员,总共 873 名参试人员只能使用每层客舱一半的出口(A380 上层客舱有 6 个出口,下层有 10 个出口,编号如图 3.4 所示),必

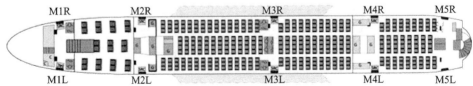

图 3.4　A380 出口位置和编号

须在 90 s 内安全撤离。如果安全撤离出的人数低于 650 名,那么空客将不得不重新再做一次试验。

A380 应急撤离试验必须符合以下关键要求:

① 尽管在试验前的 48 h 将通知空客哪些安全出口不能使用,但是客舱乘务员事先不能知道这些出口。同时,在试验中使用的应急出口的数目不得超过总数的 50%。试验中规定不能使用的出口,撤离人员一律不能使用。

② 应急撤离试验须在"漆黑的夜里"进行,外部只用微弱的安全照明系统照明。

③ 空客不得对参加试验的乘务人员和志愿者进行训练、排演或描述,任何参试人员也不得在参加应急撤离试验前六个月内参加过任何类似试验。

④ 要求参加应急撤离试验的志愿者中 35% 的年龄必须超过 50 岁,至少 40% 必须为女性,而且 15% 的女性年龄超过 50 岁。

⑤ 因为打开这些安全门需要一定的时间,出于安全的考虑,适航管理人员同意上层客舱的滑梯提前展开。所有窗户都必须遮掩,以免暴露试验中将提供使用的应急出口。参试人员经过没有窗户的通道进入飞机,不能看到已展开的滑梯。

⑥ 试验开始前,适航管理人员将在过道以及其他地点分放一些物品,例如行李等,以模拟轻微的障碍。

3) A380 应急撤离试验过程与结果

空客于 2006 年 3 月 26 日进行了 A380 飞机的全尺寸应急撤离试验,有 16 名来自 FAA 和 EASA 的适航管理人员利用安装在飞机内外部的 40 台红外线摄像机进行监督。如果对试验期间所观察到的任何一方面不满意,他们将拒绝认可试验结果。

当参试人员("乘客")走进飞机机库的一半时,只能看到飞机的前段,最前面的上层客舱门的后面全部用一个大的黑色帘子遮挡着。飞机的下面也用一排纸箱完全封住。一走进飞机就发现飞机所有的舷窗遮光板全部处于拉下位,让参试人员无法看到哪些上层客舱滑梯是预先展开的,哪些门被故意遮住以模拟实际无法利用的门。

飞机模拟起飞前,汉莎飞行乘务员与平时一样做了飞行前的安全简介,座椅背上的安全卡提醒"乘客"飞机上的门是同一种类型,开门程序相同。

参试人员在飞机上呆了将近 1 h 后客舱内灯光暗了下来,就像起飞前那样,"乘客"等待着,或许再过 15 min 就会进行紧急撤离。在没有任何警告的情况下,客舱突然变得漆黑一片,还伴随着英语的指挥,"乘客们"在 1~2 s 以内已经很快地做出了反应。人们开始离开座位,有的与过道对面座位的人相碰撞,顺着通道朝着在座位前、后的安全门疏散。当人们刚刚到达一个安全门时,就在几秒钟时间内,听到一位男乘务员在喊,这个门不起作用,并指引人们朝其他安全门疏散。出舱后,巨大的机库漆黑一片,只有滑梯壁上的应急灯照射出的暗黄色灯光特别醒目,突然变得嘈杂的环境与飞机的内部形成了鲜明的对比,黑暗中许多装扮的援救人员尖叫着提醒人们快速逃离飞机。空客对于乘客在上层客舱滑梯顶部犹豫不决可能会带来的危险进行过多次的讨论,但在真实的实验中,这种情况似乎并不像想象的那么严重。两天后

EASA证实853名乘客、18名机组人员、2名驾驶员撤离时间实际只用了78 s。

以上案例可帮助我们更好地理解25.803条款及其符合性验证方法和实施过程。

2. CCAR25.810应急撤离辅助设施与撤离路线

(1) 条款内容

(a) 当陆上飞机起落架放下停在地面时,对于每个非机翼上的A型、B型和C型应急出口和离地面高度超过1.83米(6英尺)的任何其他非机翼上方的应急出口,必须有经批准的设施协助乘员下地。

(1) 每个旅客应急出口的辅助设施必须是自行支承式滑梯或等效设施,当为A型或B型出口时,该设施必须能同时承载两股平行的撤离人员。此外,辅助设施的设计必须满足下列要求:

(i) 必须能自动展开,而且必须在从飞机内部启动开门装置至出口完全打开期间开始展开。但是如果旅客登机门或服务门兼作旅客应急出口,则必须有手段在非应急情况下,从内侧或外侧正常打开时防止辅助设施展开。

(ii) 除C型应急出口的辅助设施之外,必须能在展开后6秒钟内自动竖立。C型应急出口的辅助设施必须要在应急出口的开启设施被启动后10秒钟内自动竖立。

(iii) 在完全展开后,辅助设施的长度必须能使其下端自行支承在地面,并且在一根或几根起落架支柱折断后,能供乘员安全撤离到地面。

(iv) 必须能够在风向最不利、风速25节时展开,并能在完全展开后仅由一个人扶持,就能供乘员安全撤离到地面。

(v) 对于每种辅助设施的系统安装(装在实体模型或飞机上),必须连续进行五次展开和充气试验(每个出口)而无失败。每五次上述连续试验中,至少有三次必须使用装置的同一个典型抽样来举行。各抽样在经受第25.561(b)条规定的惯性力后,必须能用该系统的基本手段展开和充气,如在所要求的试验中该系统的任何部分发生损坏或工作不正常,必须确实排除损坏或故障的原因,此后必须再进行完整的连续五次的展开和充气试验而无失败。

(2) 飞行机组应急出口的辅助设施,可以是绳索或任何其他经过演示表明适合于此用途的设施。如果辅助设施是绳索或一种经过批准的等效装置,则必须满足下列要求:

(i) 辅助设施应连接在应急出口顶部(或顶部上方)的机身结构上,对于驾驶员应急出口窗上的设施,如果设施在收藏后或其接头会减小飞行中驾驶员视界,则也可连接在其他经批准的位置上;

(ii) 辅助设施(连同其接头)应能承受1,765牛(180千克;400磅)的静载荷。

(b) 每个位于机翼上方并具有跨下距离的A型、B型出口必须有从座舱下到机翼的辅助设施,除非能表明无辅助设施的此型出口的旅客撤离率至少与同型非机翼上方的出口相同。要求有辅助设施时,它必须能在出口打开的同时自动展开和自动竖立。对于C型出口,它必须要在出口的开启装置启动之后10秒钟内自动支承。

对于其他类型出口,必须要在展开之后 6 秒钟内自行支承。

(c) 必须制定从每个机翼上方应急出口撤离的撤离路线,并且(除了可作为滑梯使用的襟翼表面外)均应覆以防滑层。除了提供疏导撤离人流装置的情况外,撤离路线必须满足以下要求:

(1) A 型、B 型的乘客应急出口处的撤离路线,或两个Ⅲ型乘客应急出口处的任何共用撤离路线,必须至少 1 066 毫米(42 英寸)宽。任何其他的乘客应急出口必须至少 610 毫米(24 英寸)宽。

(2) 撤离路线表面的反射率必须至少为 80%,而且必须用表面对标记的对比度至少为 5:1 的标记进行界定。

(d) 位于机翼上方的 C 型出口和所有那些当飞机放下起落架停在地面上,本条(c)要求的撤离路线在飞机结构上的终点离地面高度大于 1.83 米(6 英尺)时,必须要为撤离者到达地面提供辅助设施,并且:

(1) 如果撤离路线经过襟翼,则必须在襟翼处于起飞或着陆位置(取离地高度较大者)时测量终点的高度。

(2) 辅助设施必须能在一根或几根起落架支柱折断后,风向最不利、风速 25 节的条件下仍然可以使用并自行支承。

(3) 供每条从 A 型、B 型应急出口引出的撤离路线使用的辅助设施,必须能同时承载两股平行的撤离人员。对任何其他类型的出口,其辅助设施能同时承载的撤离人员股数必须与所要求的撤离线路数目相同。

(4) 供每条从 C 型应急出口引出的撤离路线使用的辅助设施,必须能在出口的开启机构被启动后 10 秒钟内自动竖立,对于任何其他类型的出口,其辅助设施必须在竖立系统启动之后的 10 秒钟内自动竖立。

(e) 如果作为旅客应急出口的旅客登机门上装有整体式梯子,则该梯子必须设计成在下列情况下不会降低旅客应急撤离的有效性:

(1) 舱门、整体式梯子和操纵机构受到第 25.561 条(b)(3)规定的相对于周围结构分别作用的惯性力。

(2) 飞机处于正常的地面姿态和一根或几根起落架支柱折断的每一姿态。

(2) 符合性验证方法说明

注:CCAR25.801 目前与 FAR25.801 内容上无差异,只是 CCAR25.801 条款中各数值同时给予了公制和英制单位。

建议第 25.810 条的符合性验证可采用设计说明、计算/分析、实验室试验、机上地面试验、机上检查等方法。

1) 设计说明

说明每个出口所安装的辅助设施,提供图样说明辅助设施的安装和与舱门机构的连接,说明所采用的滑梯等辅助设施已经取得相应的 TSO 证书或其他批准文件(见图 3.5 和图 3.6)。

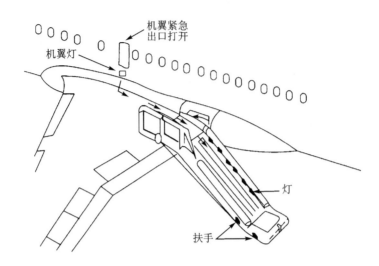

图 3.5　A320 翼上Ⅲ型应急出口处的辅助设施

图 3.6　空客使用 3D 技术演示飞机应急救生滑梯的布置和形式

（图片来源：空客杂志 FAST 第 57 期，详见本章参考文献[10]）

　　2）计算分析和/或实验室试验

　　计算分析或试验，验证旅客应急撤离辅助设施的安装强度、飞行机组辅助设施本身的强度及安装强度，验证整体式梯子（若有）在受到惯性力后不会影响撤离的有效性。

　　3）机上地面试验

　　旅客应急撤离辅助设施应取得 TSO 或经随机审查。对于取得相应 TSO 的辅助设施，还必须满足相应的装机批准，获得装机批准需要进行的试验至少有：

① 滑梯连续 5 次展开和充气试验。

② 风向最不利,风速 25 节(1 节＝1 海里/小时＝1.852 1 公里/小时,单位符号: kn)时的滑梯展开试验。

③ 验证滑梯竖立时间的试验。

在进行滑梯在风向最不利,风速 25 kn 时的展开试验中,应尽可能在飞机上进行,如果采用在实体模型上进行试验,应当考虑下列方面:

> 安装在实体模型上的舱门应当是全尺寸的舱门,并尽可能和真实的舱门相同或等效,因为束缚杆、滑梯和地板的连接、滑梯包、舱门的运动、舱门在整个开启过程中的速度、滑梯掉落的方式等对试验结果有很大的影响。

> 在任何飞机处于正常地面姿态和一个或几根起落架支柱折断的各个姿态下,在不同风向下,可能和滑梯接触的实体模型外表面,应尽可能和真实飞机的外表面相似。另外,机身上的突出物,比如皮托管或者外流阀也应当精确地模拟。

> 应当通过气动分析表明风对滑梯的影响等于或大于在真实飞机上对滑梯的影响。

4) 机上检查

检查辅助设施的安装、功能,检查翼上出口撤离路线的反射率、对比度等。如果采用等效安全表明本条款的符合性,可参考以下运输类飞机审定案例:A380 - 800 飞机,由于其 A 型出口上的撤离滑梯不能满足 25.810(a)(1)(ⅱ)的要求,不能在展开后 6 s 内自动竖立,为此申请等效安全为:由于 25.809(b)条要求出口在 10 s 内打开,25.810(a)(1)(i)要求滑梯在飞机内部启动开门装置至出口完全打开期间开始展开,如果撤离滑梯在出口完全打开时开始展开,那么应急出口可用于撤离所需准备的时间最大为 16 s,对于 A380 - 800 飞机,虽然滑梯展开后自动竖立时间大于 6 s,但能保证应急出口可用于撤离所需准备时间为 10 s,为此申请等效安全并被 FAA 批准。

3.2　航空维修人因设计与适航审定

地面维修人员的工作环境通常较为恶劣,如面临高低温、狭小空间作业、高空作业、存在有害吸入物(喷漆和复合材料打磨等)的情况,并且飞机的外场维护维修通常安排在航班结束后的夜间,维护人员经常需要在照明情况不佳,与正常人体 24 小时生理节律周期不相符的夜间开展作业,因而易造成操作上的人为差错、对部件的损伤以及维修人员本身的疲劳受伤。

飞机的维修性是指系统在规定的条件下和规定的时间内,按规定的程序和方法进行维修时,保持或恢复其规定状态的能力。维修性通常包括定性要求和定量要求两个方面,定性要求在飞机研制初期,根据飞机特点而确定,形成相应的维修性设计准则;定量要求应明确维修相关的参数和指标,如零部件的维修工时和平均维修间隔时间等。维修性直接关系到航空安全、维修成本和航班准时性。

设计中应考虑的维修性因素很多,与维修人因工程有关的因素主要有可达性(易达性)、标识识别、防差错设计、维修口盖设计、维修安全等。以下是一些常见的维修性人因设计问题:

> 一些飞机的操作空间相容性和可达性差,极大地增加了维修工作的难度。

> 有些飞机部件位置布局不符合人因工效学要求,有时为了排除一个故障,往往要拆卸几个无故障件,人为地增加了维修工作量,容易使人忙中出错。

> 一些飞机的关键部位没有采取防错和容错设计,极易导致人的差错。

> 维修工具粗笨,如工具设计不适合特殊姿势下手的把持捏握操作,工作梯的高度和推动装置设计不合适等,容易导致维修工作中的丢、错、漏、损等情况的发生。

在第 25 部中,关于维修性人因设计的适航审定条款,主要涉及持续适航所必需检查的主要结构元件和系统的可达性问题。较多的条款集中在对燃油系统和电气线路互联系统(EWIS)的可达性、标识、防差错设计要求上。还有对维修接近口盖和接近门的设计要求。

3.2.1　电气线路互联系统的人因设计与适航审定要求

1. 电气线路互联系统简介

电气线路互联系统(EWIS)的完整定义为:任何导线、线路装置或其组合(包括端点装置),安装于飞机的任何部位,用于两个或多个端点之间传输电能(包括数据和信号)。范围包括导线或电缆、连接器、保护材料、卡箍等多种产品,为飞机传输各系统信号及电能,对飞机的飞行和安全具有极其重要的作用。EWIS 系统是具有一定长度的柔性线路,连接各种系统,辅助完成各种系统的功能,与传统结构、系统部件维修性考虑因素相比,具有一定的特殊性。

2007 年底,FAA 通过 25-123 号修正案为 FAR-25 做出重大修正,增加了 H 分部,专门对 EWIS 做出明确要求,在相关条款中也对 EWIS 产品的可达性和部件识别等维修性内容进行了阐述。

EWIS 产品维修性的好坏在很大程度上影响飞机地面维修的费用,并且对飞机的安全检查至关重要。因此,在产品研制初期确定 EWIS 产品的维修性定性要求十分必要。

EWIS 在互换性、标准化性、模块化设计与标识识别等方面的要求与通常的结构、系统部件等的传统要求大体相同,而可达性、防差错等方面的要求,由于 EWIS 系统的特殊性而区别较大,应在设计之初加以考虑。例如,为总装或拆卸零组件时可能影响的 EWIS 线路设计分离面,所有 EWIS 线路及其导管的敷设不能妨碍其他零组件的维护通路等。

2. 有关 EWIS 的维修性设计的审定条款和符合性验证方法

第 25 部中关于 EWIS 的审定条款数量较多,涉及许多方面,这里只针对与维修性设计相关的部分加以介绍。

（1）第 25.611 条　可达性措施

1）条款内容

（a）必须具有措施，使能进行为持续适航所必需的检查（包括检查主要结构元件和操纵系统）、更换正常需要更换的零件、调整和润滑。每一项目的检查方法对于该项目的检查间隔时间必须是切实可行的。如果表明无损检查是有效的并在第 25.1529 条要求的维护手册中规定有检查程序，则在无法进行直接目视检查的部位可以借助无损检查手段来检查结构元件。

（b）EWIS 必须满足 25.1719 条的可达性要求。

2）符合性验证方法

主要采用设计说明和机上检查的方法，对于新的无损检查手段，须通过实验进行鉴定。

① 设计说明：用机体结构和各系统的图样（包括全机口盖图），机体结构和各系统的维修性分析报告、维护手册等文件表明符合性。

② 机上检查：对机体结构和各系统在原型机上按区域检查可达性。

（2）第 25.1360 条　预防伤害

1）条款内容

（a）触电　电气系统的设计，必须尽量减少下列人员触电的危险：机组人员，旅客，勤务人员和使用正常预防措施的维修人员。

2）符合性验证方法

满足该条款一般可采用设计说明和机上检查等方法来表明符合性。

（3）第 25.1711 条　部件识别：EWIS

1）条款内容

（a）EWIS 部件必须标注或用其他一致的方法识别 EWIS 部件、其功能、设计限制或其他内容。

（b）对于合格审定规章、中国民用航空规章的营运要求或作为第 25.1709 条评估结果所要求具有冗余设计的系统，与这些系统相关的 EWIS 部件必须特别标明部件号、功能和导线束的分离要求。

（1）标识必须沿导线、电缆、导线束，按适当的间隔，在飞机区域使机务、修理和改装人员容易看到。

2）符合性验证方法说明

满足该条款一般可采用设计说明和机上检查等验证方法来表明符合性。

（4）第 25.1719 条　可达性规定：EWIS

1）条款内容

任何 EWIS 部件必须可以接近，以对其进行持续适航所需的检查和更换

2）符合性验证方法说明

满足该条款一般可采用设计说明和机上检查等方法来表明符合性。

（5）第 25.1721 条　EWIS 的保护

1）条款内容

（b）EWIS 的设计和安装必须使其在所有飞行阶段、维护和勤务过程中，由于机内人员的移动造成 EWIS 损坏或损坏的风险降至最低。

2）符合性验证方法

满足该条款一般可采用设计说明和机上检查的方法来表明符合性。

（6）H25.5 电气线路互联系统（EWIS）的持续适航文件

1）条款内容

（a）申请人必须准备第 25.1701 条定义的，适用于 EWIS 的持续适航文件，经局方批准，并包含下列内容：

（1）通过增强区域分析程序制定的，EWIS 的维护和检查要求，包括：

（i）飞机每个区域的识别；

（ii）含有 EWIS 的每个区域的识别；

（iii）含有 EWIS 以及易燃材料的每个区域的识别；

（iv）EWIS 与主用和备份液压、机械或电气飞行控制和管线都密切接近的每个区域的识别；

（v）以下识别：

（A）减少点火源和易燃材料积聚可能性的任务和执行这些任务的间隔，和

（B）如果没有有效减少易燃材料积聚可能性的任务，则有效清除 EWIS 部件易燃材料的程序和执行这些程序的间隔。

（vi）在进行维护、改装或修理过程中，对 EWIS 造成污染和意外损坏降至最低的保护和告诫信息。

（2）标准格式的可接受的 EWIS 维护措施。

（3）第 25.1707 条确定的线路分离要求。

（4）说明 EWIS 识别方法的信息，以及按第 25.1711 条对 EWIS 更改识别的要求。

（5）电气负载数据和更新该数据的说明。

（b）按 H25.5（a）（1）条要求制定的 EWIS 持续适航文件，必须用适合于提供信息的文件形式，并容易被作为 EWIS 的持续适航文件所识别。该文件必须包含要求的 EWIS 持续适航文件，或明确提及包含该信息的持续适航文件的其他部分。

2）符合性验证方法

一般可提供相关持续性适航文件和进行机上检查来表明符合性。

3. EWIS 可达性设计举例

可达性是指能够接近设备或部件进行检查、修理、更换或保养的相对难易程度，包括能接近某个地点以便检查、测试、修理或更换所需要的空间。

EWIS 零部件主要包括线束、连接器、保护材料等，其可达性的意义主要在于保

证维修人员能够方便地到达 EWIS 零部件、测试点等部位,进行检查修理,FAR/CCAR 25.1719 规定,"任何 EWIS 部件必须可以接近,以对其进行持续适航所需的检查和更换",在实际设计中应按如下原则进行。

① EWIS 零部件按照故障频率的大小和维修工作的难易程度放置在可达性不同的位置。

② 保证能够在检查或拆卸任意故障设备部件时,不必拆卸其他设备和部件。

③ 保证所有连接器、开关放置在可达性较好的位置,必要时应设置口盖。

例如,为保证能够顺利检查或拆卸圆形连接器,应提供不使用工具拆装圆形连接器所需的足够空间,在连接器耦合环的周围最少保持 3~4 in 的间隔。

当若干连接器能按一定次序拆装时,在按次序安装和拆卸的起始连接器周围应提供 1 in、最少 270° 的扫掠区域。若 3~4 in 的 270° 扫掠范围不能满足,则应制定连接器拆装说明。

由于线束所连接的系统不同,其出现故障的概率也不尽相同,所以有必要考虑将维修频率高的线束放置在可达性好的位置。例如,客舱线束大部分敷设在其上部左右两侧及地板下左右两侧,如果需要维护此处线束,必须拆除客舱地板甚至座椅。而此处敷设的信号线由于线径较小、使用屏蔽导线等原因,需要经常维护,因此应该将信号线敷设在客舱地板下方中间位置,只需拆卸客舱地板即可达;而线径较粗的供电线不需经常维护,可以放置在座椅下方。

4. EWIS 防差错设计举例

防差错设计是维修性设计中的重要内容,即从设计上采取措施,使维修操作不可能发生差错或按照一般习惯去操作不会出错,并且采用容错技术,即使某些安装出现差错也不至于造成严重的事故。

(1) EWIS 设计中应采取的措施

① 防止 EWIS 零部件在连接、安装时发生差错,做到即使发生操作差错也能立即发现。

② 对于位置相近的零部件,应在结构和连接上采取措施,使之不会装错。

③ 对于需要引起维修人员注意的地方或容易发生维修差错的设备或部位,都应设置明显的维修标志或说明标牌。

④ 功能不同、位置相近、外形相似的零部件,可在结构上做出区别或设置明显标志。

⑤ 零部件的标记在飞机使用期间应保持清晰、牢固。

(2) EWIS 防差错设计举例:连接器的防差错设计

对于在相邻位置的相似连接器,可以按以下优先级顺序采取措施,保证不出现安装差错。

1) 使用不同尺寸的外壳和型谱

使用不同尺寸的外壳和型谱,实际上是选择了不同种类的连接器,此时应具体参照连接器的产品说明,按照系统要求和环境要求进行选型设计。

对于位置相邻的连接器,以维修性的角度而言,选用完全不同的连接器固然最好,但必须首先满足系统功能;而如果系统只能支持相同壳体规格和相同型谱的连接器,则需按照后续方法,如"使用不同键位连接器"等。

2) 使用不同键位连接器

连接器壳体边缘上都有 1 个或几个凸起或凹槽,之间角度大小不同,用来与同壳体同型谱的连接器相区别。如 D38999 Ⅲ 系列连接器的键位有 N、A、B、C、D、E,共6 种,不同代码表示连接器的键位与主键位之间的角度不同,可实现连接器的防错插,如图 3.7 所示。

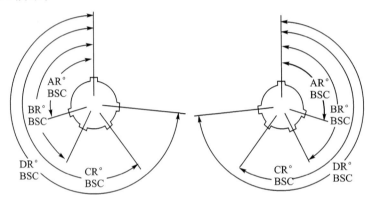

图 3.7　D38999 连接器键位

3) 利用敷设路径和卡箍的位置(包括尾附件的时钟方向)

连接器尾附件的时钟方位表示连接器主键槽相对于尾附件的位置。从连接器的正面看时,尾附件的入口处被定义为 180°。0°和主键槽之间的角度决定时钟方位,从0°开始以顺时针方向测量 ,如图 3.8 所示。此时钟方向根据具体敷设安装环境设置,操作者在装配连接器时,通过调节壳体内卡齿相对位置达到改变时钟方向的目的。在机上安装时,默认连接器的主键槽方向为"上"或"前"。在保证主键槽方向一定的情况下,可以通过与尾附件的时钟方向配合,符合具体敷设安装环境,达到满足滴水环、维修环等敷设要求。

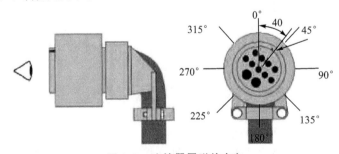

图 3.8　连接器尾附件方向

当在相邻位置存在型号完全类似的连接器时,如果不能通过键位和尾附件时钟区别,还可通过线束敷设的路径、线束的长短达到防错的目的。如图 3.9 所示,对于 BOX1 和 BOX2 而言,其设备连接器的型号类型完全一致,此时可以考虑通过敷设路径进行防错。方案 1 为首选,即两个连接器的线束分别从左右两个方向连接,如果错插,就会出现线束交叉的情况,提醒装配者出现了错误;或者选用方案 2,两个连接器的线束从一个方向敷设而来,但利用线束的长度进行区分,如果想要错插,则连接器 1 的线束因为长度的原因无法连接到连接器 2,但利用此方式防错,必须注意线束的长度不能松弛堆积,否则不能收到明显的防差错效果。

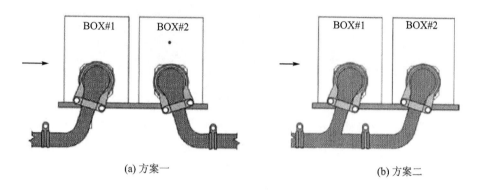

(a) 方案一   (b) 方案二

图 3.9　利用敷设及尾附件方向

4) 使用标识或短系索连接

在相邻的装配区域,也可以考虑使用附着在电连接器附近线束上的带颜色编码的套管,并且在周围的结构做好对应的颜色标记以明晰相配,或使用短系索连接的方式进行区分。但由于时间的原因,套管的颜色可能被污染或褪色,短系索有脱落的可能性,因此在一般情况下不建议采用这两种方式。

3.2.2　燃油系统、钢索系统、动力装置维护性人因设计与适航审定要求

第 25 部中对燃油系统、钢索系统及动力装置的维护性人因设计提出了相关的要求。

目前民用运输机的燃油系统大都采用的结构油箱。因作业空间小,燃油蒸汽有起火危险,且进入燃油箱的工作姿态常为卧姿、跪姿或匍匐姿(见图 3.10),因而燃油箱属飞机上难于接近的区域。由于整体油箱内属于黑暗封闭狭小的空间,少数维护人员可能出现幽闭恐惧症症状。当人进入一个封闭或狭小的空间时,会感到不同程度的生理或心理上的不舒服,通常认为这是正常的。当这种不舒服过于严重时,就是所谓的幽闭恐惧症。幽闭恐惧症是对封闭空间的一种焦虑症。第一次出现这种感觉往往是由于在有限空间里工作发生了麻烦而引起的,例如由于不能从油箱里脱身而产生的惊恐。

图 3.10　进入油箱进行相关维修维护工作

　　因此,需要了解维修人员的身材,以便让合适的人员进入燃油箱进行维修作业。通常需要对油箱进行惰化或强迫通风处理。为了避免在油箱内出现火花,进入油箱的维护人员不许穿鞋底有金属的硬底鞋,不能穿容易起静电的衣服;不能佩戴带有电池的助听器,不能带火柴或微型警告器、呼唤机;要用安全手电筒;不能带进电机、电钻等工具,应将不用的工具放在防静电盒内,避免金属碰撞和电火花产生。另外,工作中的无线电设备和雷达设备要远离飞机油箱。为了确保进入油箱维护人员的人身安全,还应向油箱内输送新鲜空气,并设置专门的安全观察员,如若油箱里的工作人员出现异常情况,可立即实施援救(见图 3.11)。

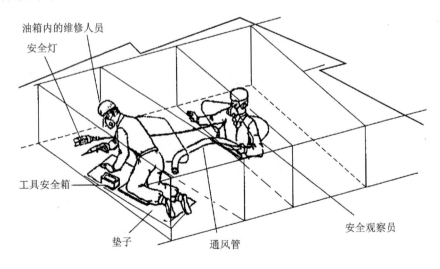

图 3.11　燃油箱维修安全注意事项示意图

　　因此,考虑到其难于接近和维修的特点,第 25 部条款中对燃油箱维修性设计提出了相关的要求。实际上,为了方便进行维修,燃油泵一般被设计成能在燃油箱外面进行拆换,而无需进入油箱拆换。

　　以下是本节涉及的第 25 部相关条款及符合性验证方法:

1. 第 25.963 条　燃油箱:总则

　　(1) 条款内容

　　(c) 整体油箱必须易于进行内部检查和修理。

　　(2) 符合性验证方法说明

　　用图样表明整体油箱有设施便于进行内部检查和修理,并进行机上地面检查。

2. 第 25.977 条　燃油箱出油口(e)

　　(1) 条款内容

　　(e) 每个指形滤网必须便于检查和清洗。

　　(2) 符合性验证方法说明

　　① 设计说明:通过燃油系统安装和设计说明文件,说明燃油箱出油口或增压泵进口安装有油滤,油滤尺寸和滤通能力满足条款要求。

　　② 机上检查:通过机上检查确认油滤安装便于接近、检查和清洗,符合条款要求。

3. 第 25.981 条　燃油箱点燃防护

　　(1) 条款内容

　　(d) 必须建立必要的关键设计构型控制限制(CDCCL)、检查或其他程序,以防止:依照本条(a)的燃油箱系统内形成点火源;油箱可燃性暴露时间超过本条(b)的允许值;以及按照本条(a)或(c)采用的任何措施的性能和可靠性的降低。这些 CD-CCL、检查和程序必须纳入第 25.1529 条所要求的持续适航文件的适航限制部分。飞机上可预见的维修行为、修理或改装会危及关键设计构型控制限制的区域内,必须设置识别这些关键设计特征的可视化措施(如用导线的颜色编码识别隔离限制)。这些可视化措施也必须被认定为 CDCCL。

　　附录 M 燃油箱系统降低可燃性的措施。

　　M25.3 可靠性指示和维修可达。

　　(b) 可靠性指示对于维修人员或机组必须有充分的可达性。

　　(c) 具有可燃性降低措施(FRM)的燃油箱(包括通过通气系统连通的其他油箱)和在正常或失效情况下可能存在危险气体的有限空间或封闭区域的接近口盖和面板,必须用永久的标记或标牌警告维修人员可能存在有潜在危险的气体。

　　(2) 符合性验证方法说明

　　① 设计说明:表明制定有相应的适航限制项目(CDCCL、特殊维护/检查工卡等)保持点火源防护和降低燃油箱可燃性的设计特征,并持续满足安全要求。

　　② 安全性评估:依据安全性分析确定适用的点火源防护和降低可燃性相关适航

限制项目和维修/检查项目及执行间隔。

③ 机上检查:对于 CDCCL 项目在飞机上的标识设置的合理性,进行必要的机上检查,确保在使用、维护过程中的持续适航保证。

4. 第 25.689 条　钢索系统(f)

(1) 条款内容

(f) 必须能对导引件、滑轮、钢索接头和松紧螺套进行目视检查。

(2) 符合性验证方法说明

本款的符合性一般可采用设计说明和航空器检查方法进行。

5. 第 25.901 条　安装(b)(3)

(1) 条款内容

(b) 对于动力装置,必须满足下列要求:

(3) 其安装必须是可达的,以进行必要的检查和维护;

(2) 符合性验证方法说明

建议采用航空器检查等验证方法表明符合性。通过对动力装置安装的机上符合性检查,确认系统安装可靠、可达性良好、便于检查返修以及具有良好的电气搭接等。

3.2.3　维护舱门口盖的人因设计与适航审定要求

维护用接近门、接近口盖的位置和尺寸,直接影响飞机的易接近性和可维护性。而由于舱门未关好或门锁失效造成的空难事也故屡见不鲜,这些与机务维修人员关系密切。以下是 25 部中对机身舱门人因设计的要求及符合性验证方法。

1. 第 25.783 条　机身舱门(a、b、e、f)

(1) 条款内容

(a) 总则　本条适用于位于机身外部不需要使用工具来开关的舱门,包括所有的门、带盖舱口、可打开的窗户、检修口盖、盖板等。本条也适用于穿过压力隔板的每一门或带盖舱口,隔板包括专门设计成在 25 部规定的失效条件下具有次级隔板功能的任何隔板。在增压和非增压飞行的状态下,这些门都必须符合本条的要求,并且必须按如下要求设计:

(3) 每一门的操纵系统的每一元件必须设计成或者(如不可行)采用突出和永久的标记,将可能导致故障的不正确装配和调整的概率降至最小。

(b) 人为打开　必须有措施防止每一门在飞行中被人无意中打开。而且,必须设计预防措施,将人在飞行中有意打开门的概率降至最小。如果这些预防措施包括使用辅助装置,则这些装置及其控制系统必须被设计成:

(1) 单个失效不会妨碍多个出口被打开;

(2) 着陆后妨碍出口打开的失效是不可能的。

(e) 警告、戒备和提示指示　必须给门提供下列指示:

(1) 必须有明确的措施,在每个舱门操作人员的位置处给出指示,所有要求的关闭、锁闩和锁定门的操作都已经完成。

（2）对于如果未锁闩则可能有危害的任何门，必须有明确的、从每一操作人员位置都清晰可见的措施，指示该门是否没有完全关闭、锁闩或锁定。

（3）在驾驶舱内必须有目视措施，如果门没有完全关闭、锁闩和锁定则给驾驶员发出信号。对于以下情况，该措施必须被设计成，任何失效或者失效组合导致错误的关闭、锁闩和锁定指示是不可能的：

（i）每一承压和打开时首先非内向运动的门；或

（ii）每一未锁闩可能有危险的门。

（4）在起飞滑跑最初阶段之前或者在起飞滑跑最初阶段中，如果任何门没有完全关闭、锁闩和锁定并且其打开可能妨碍安全起飞或返航着陆，则必须给驾驶员声学警告。

（f）目视检查规定　每一未锁闩可能有危险的门必须有清晰的直接目视检查措施，确定门是否完全关闭、锁闩和锁定。该措施必须是永久的，并且在运行照明条件下或者通过手电筒或同等光源的手段的照明条件下是清晰可辨的。

（2）符合性验证方法说明

1）符合性说明

① 已完成或有计划完成为持续适航所必需的维护手册和维护说明书，并在这些文件中规定有检查和维护途径、方法、间隔；

② 设计上已采取措施，保证结构和系统维修的可达性；

③ 已通过多种途径及现场检查和评定，包括制作样机进行协调、征求用户和修理单位及适航当局的意见，达到了可达性要求。

2）设计技术资料

① 飞机满足维修可达性论证报告；

② 生产图纸和检查口盖图；

③ 主要结构件（SSI，Structure Significant Item）区域分布图。

3）机上检查或测量

根据维修手册的检查项目，由审查人员对机体结构和各系统在原型机上按区域检查可达性。

3.2.4　考虑人因工效的维修性设计新技术及理念

目前，在民用运输类飞机的设计前沿，新一波的高科技利器，可帮助人因设计师更好地开展维修性人因设计。这里，将重点介绍空客在此领域的一些研究与应用技术，有关波音在维修性人因设计的新技术，请参看本教材第 0 章 0.1.2"航空人因工程学发展历程与趋势简介"中关于波音 B787 的可维修性和可制造性人因工效设计段落。

1. 空客提高飞机易维修性的设计理念

以空客的 A350 为例,A350 采用了先进的维修设计理念,有效地减少了飞机的维修工作量,延长了检查的间隔时间,降低了直接使用成本。比如,A350 在线维修统一采用"飞行维修分析"标准,大大改进了故障检修程序,减少了维修工作量。又如,A350 飞机的燃油系统被大为简化,部件数量大为减少;起落架,机轮,刹车,轮胎的可靠性也有了提高,降低了维修成本。A350 飞机的维修成本比目前维修性最好的 A330 - 200 还要低 15%,营运可靠性超过 99%,能够满足最新的 EASA 和 FAA 标准。

2. 虚拟现实(Virtual Reality,VR)技术在航空维修性人因设计中的运用

沉浸式虚拟现实是一种计算机仿真环境,它给用户一种身处其中的感觉,而不是他们实际所处的环境。为了让人的大脑感知虚拟环境,有几个关键因素,对于创建沉浸式虚拟现实体验至关重要。体验虚拟现实最流行的方法之一是通过头戴式视图器,它使用立体显示,以类似于我们眼睛如何组合和解释视觉信息的方式给出三维深度的影象。它是对人运动的跟踪和对投影图像的透视的重新计算,这给用户在这个虚拟环境中存在的印象。虚拟现实还需要允许用户能够在 3D 环境中自由移动。正是这种在虚拟世界中自由移动后的重新计算环境透视图和实时渲染,为用户提供了沉浸感。

在法国的图卢兹和圣纳扎尔,德国的汉堡,空客都建有新的虚拟现实室,可供设计团队在 3D 数字建模环境中进行沉浸式虚拟现实体验。以下是一些运用举例。通过 3D VR 计算提供的信息,维修性人因设计团队可以:

➢ 确定维修检查的类型(例如,目视检查、详细检查、特别详细检查)。

➢ 定义执行结构维护任务时的接近方式。

➢ 定义工作任务的临界值和间隔(仅用于由负责应力的部门进行的腐蚀、疲劳计算)。

图 3.12 显示了使用一个导航遥控器和一只示意人手,VR 技术允许设计者将自己投射到数字模型中并进行操作,在模型上检查维修工作是否易于接近。

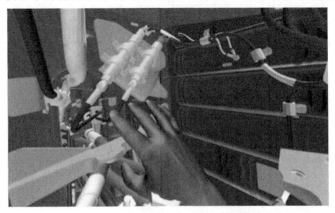

图 3.12　运用 VR 技术可检查维修工作的可接近性和易接近性

(图片来自空客杂志 FAST 第 57 期,详见本章参考文献[10])

图 3.13 展示了在 A380 上,运用 VR 技术进行仿真部件的拆装。在此例中,无需拆除水箱,就能拆装其上的一个端盖(模拟条件是选小个子的维修人员进入操作并使用专用工具)。

图 3.13　空客运用 VR 技术仿真无需拆水箱而拆装一个端盖的方法
(图片来自空客杂志 FAST 第 57 期,详见本章参考文献[10])

3. 增强现实技术(Augmented Reality,AR)在航空维修中的运用

"增强现实(Augmented Reality)"一词是由一位航空工程师在 20 世纪 90 年代初提出的。该技术领域的基础始于 20 世纪 60 年代,当时精心设计了第一种基本的、实验性的透视显示器,将数字图像叠加在用户的视野之上。简而言之,AR 是一个通过叠加来丰富用户对周围环境的自然感知的系统。不同于虚拟现实,AR 是根植于现实世界,然后与数字世界混合。

AR 系统的一个简单运用实例是雷达辅助停车技术,它安装在一些汽车的后保险杠上。由于驾驶员在汽车后面的自然视野受到车身结构限制,因此,一些停车操作并不容易。因而一些汽车制造商在后保险杠上安装了传感器,以实时采集距离数据。然后,该数据被处理、集成、编译为可利用的信息,通过不同的接口(声音、显示、振动)传输给驾驶员,驾驶员通过增强感知倒车区域的距离,使停车变得更容易、快捷和安全。

一种广为人知的 AR 产品是 2012 年谷歌推出的谷歌眼镜。其后,Microsoft 开发其新产品 HoloLens 眼镜时,引入了新一代的移动智能设备,为 AR 应用开辟了新的前景。Hololens 集成了先进的传感器,允许用户对其周围进行非常精确的跟踪。它有两块高清晰度透明屏幕。在每只眼睛前面,在用户的自然视野中显示数字图像,覆盖在"真实"的世界之上。

空客一直致力于评估各种 AR 设备、技术、算法和用途。空客开发了基于 AR 的应用程序 MiRA。该空客飞机部件检查应用程序将相应的数字版本叠加到眼镜上

（这要归功于基于摄像头的校准过程）。其中一个特别的节省时间的功能是引导维修人员去飞机的各个区域，自动优化其路径的能力。它能根据用户的位置，帮助寻找正确的飞机区域或入口，并且引导用户进入下一步的工作（见图 3.14）。

图 3.14　空客的增强现实技术

（图片来自空客杂志 FAST 第 57 期，详见本章参考文献[11]）

　　飞机上有数千个部件，要定位并确定需要测试的部件，然后进行修理或更换，对于维护人员来说是一个常见的耗费时间的问题，因此，一个正在被测试的 AR 功能，旨在精确定位和可视化不能被直接看到的组件（在各种结构层或系统层下）。

　　目前正在研究的另一个 AR 功能，是基于现有文档（维护手册 AMM、图解零件目录 IPC 等），将执行任务所需的正确过程的数字信息直接叠加到相关部分。这种可视化演示技术也可以用用户可以控制的画外音来解释。

【本章实验建议】

客舱人因设计和维修人因设计认知实验

➢ 可到获得 CCAR145 部民用航空器维修单位合格证的航空维修企业参观，了解现役运输类飞机的客舱布局及各类应急设施的存放位置；如条件允许，可测量氧气面罩存放盒到座椅上方的距离，各通道和过道的宽度等；了解 A 型至 IV 型机舱门的实际大小，特别观察这些门和地面是否齐平，大翼附近的应急门是如何设计的，如何打开，舱门总成里的救生滑梯气瓶压力如何检查，舱门的预位及其标志；坐在各乘务员座椅上，检查其可看到的旅客人数范围；观察乘客和乘务员座椅及安全带是否满足条款要求；观察客舱内的应急照明和各类提示牌的位置和设计式样。总之，根据本章中与客舱相关的人因设计审定条款和符合性依据，尽可能完成符合性验证中的机上检查工作。

➢ 可请维修人员向学生介绍飞机上各处的维护接近门、接近口盖的位置、大小、形状、打开方式，特别留意大翼下表面整体油箱的维护接近口盖的设计。

> 可请维修工程师向学生介绍标准线路施工的主要内容,演示所用到的各类专用工具和样件,介绍具体维护施工要求。学生可在培训人员的指导下,用教具学习电线束的捆扎等项目,以加深对第 25 部中有关 EWIS 系统的所有条款的理解。

> 可请航电维修工程师向学生介绍静电防护的相关知识与措施及所用到的各类专用设备。

> 有条件的单位可考虑设计与客舱或航空维修相关的 AR 或 VR 技术运用样例,用 AR 或 VR 设备给学生提供全新的体验。

以上实验建议仅供参考。

【本章案例研究】

EWIS 设计维护不当点燃燃油箱蒸汽导致 B747 空中爆炸
——美国环球航空公司 800 号班机起火空中爆炸空难事故(见参考文献[12])

1996 年 7 月 17 日傍晚,美国环球航空公司 800 号航班准备从美国纽约肯尼迪机场飞往巴黎,航班搭载了 212 名乘客及 18 名机组人员。执飞机型为波音 B747 - 131,于 1971 年 7 月交付环球航空公司,一共累计 93 303 飞行小时 16 869 个起降周期。当天,航班预计于 19 时起飞,但是由于一件无人认领的行李,导致起飞时间延迟了 1 h。安全人员经过排查后发现是虚惊一场,引起误会的乘客早已登机。

20 点 19 分,环球航空 800 号航班终于滑行到 22R 跑道,客机很快进入爬升阶段。在纽约长岛上空附近,飞机油箱突然发生爆炸,接着飞机的机头部分(驾驶舱以及部分客舱)从高空脱离,导致飞机失去控制,飞机的中央和机尾剩下的部分,由于惯性,且引擎仍在运转,仍在半空蹿升,约 30 s 后,失去动力,开始下坠,左翼部分突然再次发生爆炸,巨大的力道将飞机撕成碎片,最终散落于大西洋,造成机上 230 人全部罹难。

一周后,搜救员打捞上来客机的"黑匣子",但是解析出的数据里面并未显示驾驶舱有警报声,或者有异常的声音,这意味着事故的发生非常突然。录音的结束伴随着一声巨响,戛然而止。

美国国家运输安全委员会(NTSB)调查员将客机的坠毁区域分为三个部分,最先脱落的部件最有可能反映出造成事故的原因,经查最先脱离机体的是中央机翼的龙骨樑(从中央油箱一直延伸至起落架舱的部件)部分。紧接着则是驾驶舱部件,最后是剩余的机体。调查员发现最先脱落的部件上面有明显的高温影响下的挤压和起皱的样子,这个发现让空难调查取得突破性进展——客机油箱的某个部分发生了爆炸。

NTSB 的调查员需要找到三个原因:燃油易燃吗? 爆炸的力道能破坏油箱吗? 什么东西点燃了燃油?

通常情况下,燃油在液态状态并不可燃,但是如果过热便会汽化,在混合了油箱中的氧气后,可燃性将大为增加。800 号航班爆炸的高度约在 4 300 m,航空煤油需要达到 36 ℃ 才能被点燃。而飞机制造商波音则提出,油箱绝对不会达到燃油蒸发的温度。事发当天,肯尼迪机场的温度约为 30.5 ℃。但调查员从飞机的工程图中发现,飞机的空调组件恰巧位于中央油箱下方,这个部件在工作状态时会产生较大热量,尤其是在 7 月的纽约,炎热的天气加剧了空调的负荷。NTSB 的调查员决定按照同样的环境进行试验,他们借用长青航空的一架 B747-100 进行实验,并在油箱中安装了数十个探测器,数据显示的结果让他们大吃一惊,油箱内的温度高达 52 ℃。这也让调查员将目标锁定在了油箱方面。

波音公司指出,油箱可以承受 170 kPa 的压力。调查员用中央油箱的等比例缩小的 1:4 模型油箱进行试验,加注了 800 号航班使用的燃油,并加热到同样的温度环境。实验表明,点燃的油气混合物可以产生 340 kPa 的压力,这远超过波音设计的安全范围,爆炸的力度足以将油箱撕裂成碎片。

调查员重新辨听驾驶舱语音记录仪 CVR 中的信息,其中有名飞行员提及燃油流量表指针会乱转,但很快又恢复了正常。调查员又观察到,客机爆炸前 1 秒钟,背景噪声中出现了两次波谷,其中的背景音居然消失了,这意味着飞机的电路出现了短路现象。调查人员发现这架老旧飞机的电线束状况不好,有磨损和绝缘层开裂的现象。B747 的线路图显示,燃油流量表的电线就铺设在油箱内。线束里还有机舱照明线路,这里面的电压高达 350 V。可能是电线短路产生的火花,点燃了油箱里的油气混合物。

完整的证据链将事故的原因呈现出来:由于行李问题,导致 800 号航班延误,空调系统在炎热的环境下产生更多的热量,这让油箱里聚集了易燃的油气混合物。客机带着巨大的安全隐患起飞,高低压混合困扎的陈旧破损电线束让风险陡升,高压电流随着电线进入了油箱流量探测器内点燃燃油蒸汽,爆炸产生的巨大压力炸断了主翼梁。断裂的主翼梁冲击到前翼梁,并留下很多撞击痕迹。压力和碎片将机身下侧炸出了破洞,机身结构遭到严重破坏,继而导致机头和机体分离,连续的爆炸让客机变为碎片。调查员也将 800 号航班的残骸拼凑完成,飞机破损口清晰的表露出爆炸发生的地方。

美国国家运输安全委员会 NTSB 重组环球航空公司 800 号班机残骸如图 3.15 所示。

图 3.15　美国国家运输安全委员会 NTSB 重组环球航空公司 800 号班机残骸

　　800 号航班的调查过程历时 4 年之久,2000 年 8 月 23 日,NTSB 发布了事故调查报告,报告显示,由线路短路引发的油箱爆炸造成了此次坠机事故;建议所有 B747 飞机上的电路线束均需要进行检查和维护。报告亦建议飞机的设计需作出重大修改,其中包括空调系统和油箱之间需要进行额外的隔离设计。FAA 更是要求大型客机的油箱中需要增加惰化系统。

　　之后,由于线路连接器受潮引起的电线短路又造成多起飞机火灾事故,2007 年,FAA 在 FAR25 部中增加 H 部分,统一组织和明确原来分散在其他各分部中的有关电气线路系统设计、安装、维修方面的适航要求,这就是本章中相关条款的由来。这让我们充分认识到满足这些条款要求的重要性。

　　事实上,除了第 25 部中对维修性设计提出要求的这些项目之外,在提高维修人员情境意识、防止维修差错、提高航空器易维修性等航空人因设计领域,仍有值得关注和改进的广阔设计空间。

复习思考题

3-1　从中国民用航空局官网下载现行 CCAR25 部,并阅读本章表 3.1,表 3.2 内所有提及的针对客舱人因设计的审定条款。

3-2　收集查找 AC25.785-1B"乘务员视野",AC 25.785-1-2010"乘务员座椅和躯干约束系统安装"这两个第 25.785 条款的咨询通告,了解其主要内容。

3-3　收集有关 25.785 条款的符合性验证方法实例。

3-4　收集与客舱人因设计有关的新技术新方法,不限于第 25 部条款中提出审定要求的内容,比如波音 B787 使用了可自动调整亮度的客舱舷窗(Electrically Dimmable Window,EDW),避免了窗外出现强光照射时对旅客产生的不舒适影响。

3-5　航空维护人员的工作环境有何特点? 常见的维修性人因设计问题有哪些?

3-6　从现行 CCAR25 部中找出所有与电气线路互联系统(EWIS)有关的条款。并查找其符合性验证实例。

3-7　CCAR25 部中对钢索传动系统和发动机有哪些相关的人因设计条款? 如何进行符合性验证?

3-8　什么是幽闭恐惧症?

3-9　进入飞机燃油箱内进行施工必须注意做好哪些安全措施?

3-10　查找与舱门人因设计适航审定相关的符合性验证实例。

3-11　收集与航空维修人因设计有关的新技术、新方法。不限于 25 部条款中提出审定要求的内容。比如可减少维修人为差错,防止维修工作中的丢、错、漏、损等情况发生的设计。

参考文献

［1］杨建忠.运输类飞机适航要求解读第3卷 设计与构造［M］.北京:航空工业出版社,2013.

［2］阎芳.运输类飞机适航要求解读第5卷 设备［M］.北京:航空工业出版社,2013.

［3］顾颂芬.民用飞机总体设计［M］.上海:上海交通大学出版社,2010.

［4］汪萍.空客 A380 应急撤离实验［J］.民用飞机设计与研究,2006(3):10-13.

［5］张青松,杨彩红.飞机客舱应急撤离演示模拟方案设计研究［J］. 安全与环境学报,2016,16
　　(3):155-157.

［6］刘岩东,吕明,李鹏昌.EWIS 维修性设计准则浅析［J］.航空维修与工程,2015,(5):68-70.

［7］王鹏.运输类飞机适航要求解读第6卷 使用限制资料和电气线路互联系统［M］.北京:航空工
　　业出版社,2013.

［8］陶欢.民用飞机维修性的适航符合性验证的研究［J］.科技视界,2017,9:18.

［9］朱丽君,刘珂.人为因素和航空法规［M］.北京:兵器工业出版社,2006.

［10］Bertrand SOUQUET. Virtual Reality & 3D for Technical Data ［J］. Flight Airworthiness
　　　Support Technology,2016(1),57:22-27.

［11］Siegfried SOLDANI,Sebastien DEDIEU,Pascale HUGUES. Alexandre GODIN Augmented
　　　Reality in Airbus ［J］. Flight Airworthiness Support Technology,2016.(1)57:28-33.

［12］空中浩劫 Explosive Proof(环球航空 800 号班机空难)(纪录片)［Z］.乔善勋 译. 加拿大:
　　　Cineflix 公司,2017,第 17 季.

第二部分　基于认知工效学的航空人因设计与适航审定

第二部分涵盖的章节及内容如下：

第 4 章 "认知工效学基础"，主要介绍人的认知模式和信息处理过程，并探讨飞行员认知型差错致因分析、人机交互技术和人因学科发展的新技术和新途径。

第 5 章 "驾驶舱显示器/显示信息人因设计与适航审定"，主要从显示器装置呈现信息的方式，探讨驾驶舱显示器和显示信息的人因设计问题，并介绍了新的显示技术，如平视显示器（HUD）及增强视景系统、增强飞行视景系统、合成视景系统和组合视景系统的特点和相关的人因适航审定依据。

第 6 章 "机组告警系统的人因设计与适航审定"，介绍驾驶舱飞行机组告警设计的基本理念与知识，并介绍驾驶舱目视告警和音响告警的特点和设计准则及相关适航审定条款和符合性验证方法。

第 7 章 "驾驶舱控制器的人因设计与适航审定"，主要介绍驾驶舱常见的控制器和显控一体的控制器的人因设计适航审定要求和符合性验证方法，并探讨了多功能操控器，如光标操控装置、触摸屏、菜单、语音识别和语音动作以及主动侧杆等新型控制器的特点和设计要求。

第 8 章 "最小飞行机组评估与审定"，介绍 25.1523 "最小飞行机组" 及其咨询通告；机组工作负荷的预测分析和测量方法；以及最小飞行机组的适航符合性验证方法。

第4章 认知工效学基础

本章将着重探讨有关认知工效学的一些基本理论,从认知工效学的角度,分析飞行员产生人为差错的致因;并从认知工效学的角度,探讨动态人-机功能分配、人-机交互技术,以及该领域的一些前沿发展方向。相关知识将在驾驶舱显示、报警、控制装置的人因设计,以及确定最小飞行机组这些领域得以运用。

4.1 人的认知过程与认知能力

4.1.1 人的认知过程

关于人的认知过程,已建有许多模型来进行解释。在这里,仅简单介绍两种最典型的理论:信息加工理论和联结主义理论。信息加工理论强调心理加工可以用信息加工来表征,信息是以一种线性的方式被加工的,加工过程可分为一系列阶段,信息需要逐个通过这些阶段被加工。然而,信息加工理论不能很好的解释我们是如何设法完成大多数复杂的认知任务的。联结主义理论则认为应该用网络来解释认知加工,很多的操作可以同时进行,而不是一次只能进行一个步骤。换句话说,人类认知加工是平行的,而不是严格的线性的。

1. 信息加工理论

信息加工理论研究人如何注意和选择信息,及对信息进行认识、记忆,利用信息制定决策,指导外部行为等,该理论在注意、知觉、记忆、语言、思维、问题解决等方面做出了贡献。

信息加工学说(Information-Processing Theory)把人看作是信息加工系统,认为认知就是信息加工。科学家对计算机和人类的信息加工方式作了详细的比较和分析,提出可以通过编写流程图来表述人类认知活动的阶段、过程。按照信息加工学说,认知可以分解为一系列阶段,每一个阶段可以假定为一个单元,它对输入的信息进行某些操作,这一系列阶段和操作的产物就是反应。另外,信息加工系统的各个组成部分都以某种方式与其他部分相联系。

图 4.1 显示了一个这类的模型(Wickens,1984),该模型描述了人在信息处理中的主要元素或者阶段,以及它们之间的假设性关系。

在该模型中,环境刺激例如光线或者声波,被转换成神经脉冲并暂时存储在短时感觉储存器中(例如图像记忆或声像记忆),如果足够多的注意变成刺激信息,工作记忆存储的信息就会和长时记忆里存储的模式相比较,形成对外部世界当前状态的心

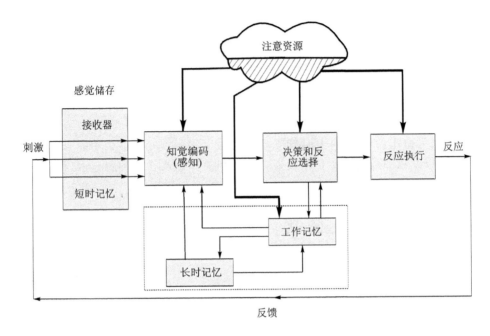

图 4.1　信息加工的基本模型

理表征。这时，个体就必须决定需要对所收集的信息作出反应，或是忽略掉它直到某个重要事件发生。

　　反馈将效应器官做出相应动作的结果作为一种新的刺激，反向传递给输入端。

　　注意则作为一种重要的心理努力，贯穿于信息加工的全过程。

　　下面，详细探讨图 4.1 中各个方块的具体含义：

　　（1）感觉储存

　　又称瞬时记忆、感觉记忆或者感觉登记，它储存输入感觉器官的刺激信息，保持极短时间的记忆，是人接受信息的第一步。由于人的感觉通道的容量有限，而人所接受的输入信息又大大超过了人的中枢神经系统的通道容量，因此大量的信息在传递过程中被过滤掉了，只有一部分进入神经中枢的高级部位。感觉信息传入神经中枢后，在大脑中贮存一段时间，使大脑能够提取感觉输入中的有用信息，抽取特征和进行模式识别。这种感觉信息贮存过程衰减很快，所能贮存的信息数量也有一定限度，延长显示时间并不能提高它的效率。感觉记忆包括图像记忆和声响记忆两种。图像记忆为作用于视觉器官的图像消失后，图像立即被登记在视觉记录器内，并保持约 300 ms 的记忆。声响记忆为作用于听觉器官的刺激消失后，声音信息被登记在听觉记录器内，并保持约 4 s 的记忆。

　　（2）知觉过程

　　知觉是在感觉的基础上进行的，是多种感觉综合的结果。知觉过程也是当前输入的信息与记忆中的信息进行综合加工的结果。感觉反映的是事物的个别属性，知觉反映的是事物的整体，即事物的各种不同属性、各个部分及其相互关系。如图 4.2 所示，虽然"认知心理学"这两个英语单词的手写体字母差别较大，（请观察大写字母 P），但是经过知觉辨识，我们知道这实际上是同一个词，不论外形如何不同，它的意思是一样的。说明知觉是比感觉更深入的加工。

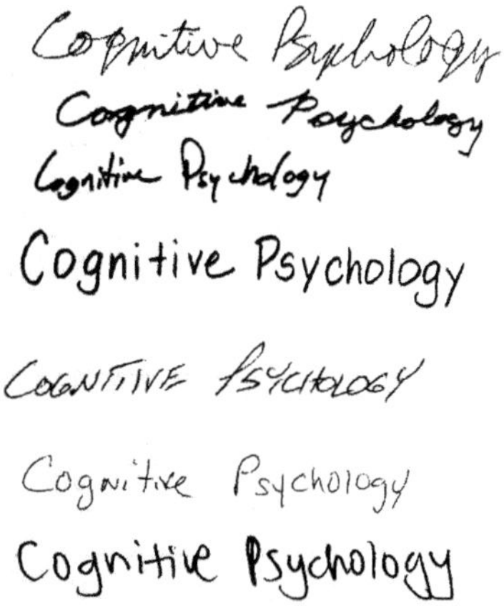

　　知觉过程的信息加工，可分为"自下而上"和"自上而下"两种相互联系、相互补充的方式。自下而上加工是指由外部刺激开始的加工，主要依赖于刺激物自身的性质和特性。自上而下的加工是由有关知觉对象的一般知识开始的加工，常体现于上下文效应中的知觉过程，还涉及到整体加工和局部加工的问题。

图 4.2　视知觉辨识

　　作为知觉对象的客体，包含着不同的部分。例如，一个水果包含有形、色、香、味等属性；一个图形包含有点、线、面等构成要素。对于一个客体，是先知觉其各部分，进而再知觉整体，还是先知觉整体，再由此知觉其各部分？对此问题有两种不同的看法：一种认为对客体的知觉过程中优先加工的是客体的构成成分，整体形象知觉是在对客体的组成部分进行加工后综合而成的。另一种则认为对客体的知觉过程是先有整体形象，而后才反映其组成部分。如格式塔心理学派就提出，整体不等于部分的简单相加，而是大于部分之和。如图 4.3 所示，在第一眼看到这张图片时，首先，你会根据以前的经验，想到背后的图形是不是被一个白三角遮挡而成为现在这个样子，会自动脑补齐白三角的轮廓。虽然它们根本不存在，仍把它们当做五个物体（两个三角图案和三个黑色圆形图案），而不会单纯的把它们看成 6 个孤立的图案：3 个有缺口的黑色圆形和 3 个 V 状的图形。

　　又如图 4.4 所示，请快速浏览图片上的文字，你将会对上下文效应有一点体会。

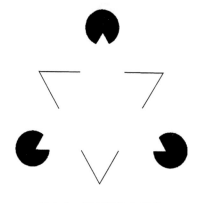

研表究明，汉字的序顺并不定一能影阅响读，比如当你看完这句话后，才发这现里的字全是都乱的。

图 4.3　不存在的白三角 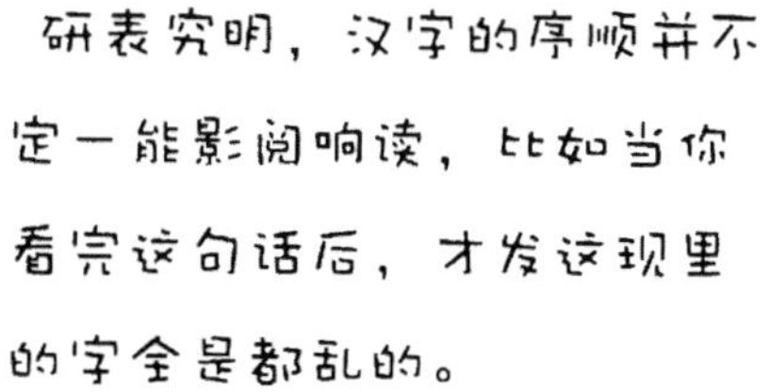　　　　　　　**图 4.4　上下文效应**

常见的知觉种类有：

① 深度知觉：深度知觉又称为距离知觉，是人对物体的远近或距离的视觉感受。人生活在三维立体世界中，靠眼球中的视网膜感光和靠晶状体调距，形成深度知觉。例如，在晴朗天空看飞机起飞，从最初看到一架完整的飞机到最后看到一个黑点从视界消失，给人带来天空无限深远的感受。

② 时间知觉：时间知觉是人对时间长短的估计。人的心态和情绪将影响人对时间长短的估计，如对感兴趣的事，感觉时间过得快，反过来对不感兴趣的事，感觉时间过得慢。

③ 方位知觉：方位知觉是人对空间位置等属性的判断与反映。人对上下、左右、前后等方位的判断主要靠人的视觉。方位知觉还可通过声音发出的位置和方向来判断，而且运动觉和平衡觉也会对方位知觉产生影响。

④ 运动知觉：物体在空间的位移引起的视觉感受称为运动知觉。知觉者固定不动，物体实际运动的视觉感受叫真动知觉。知觉者固定不动，物体也不运动时的视觉感受叫似动知觉，这是在视觉残留的作用下产生运动的感觉（见图4.5）。

⑤ 错觉：错觉是知觉恒常性颠倒时产生的对客观事物不正确的知觉。错觉中最常见的是视错觉（图4.6展示了一种典型的视觉错觉：视性立体错觉）。另外，人的听觉、嗅觉、味觉等都会产生错觉。飞行员在三维空间飞行，会产生各种特殊的视觉错觉和前庭错觉。这将在4.2.2小节中介绍。

图4.5　似动知觉

图4.6　视性立体错觉

（3）决策与反应选择

人在遇到问题仅凭记忆中的现成知识不能解决时，就会开展思维活动。解决问题的过程也是不断决策的过程。在实际决策时，往往包含多种可能行动方案，因此需要分析比较，以便从众多的方案中做选择。思维是人的认识活动中最复杂的信息加工活动。人只有通过思维活动才能认识事物的本质和规律。

（4）执行过程

信息经上述加工后，如果决定对外界刺激采取某种反应活动，这种决策将以指令形式输送到效应器官,支配效应器官作出相应的动作。效应器官是反应活动的执行机构,包括肌肉、腺体等。

（5）反　馈

反馈将效应器官作出相应动作的结果作为一种新的刺激,返回传递给输入端,即构成一个反馈回路。人借助于反馈信息,加强或者抑制信息的再输出,从而更为有效地调节效应器官的活动。

（6）注意资源

注意是心理活动或意识对一定对象的指向和集中,是和意识紧密相关的一个概念。从感觉贮存开始到反应执行的各个阶段的信息加工,几乎都离不开注意。注意的重要功能在于对外界的大量信息进行过滤和筛选,即选择并跟踪符合需要的信息,避开和抑制无关的信息,使符合需要的信息在大脑中得到精细的加工。注意保证了人对事物清晰的认识、更准确的反应和更有序可控的行为,是人们获取知识、掌握技能、完成各种实际操作和工作任务的重要心理条件。

构造主义心理学创始人冯特提出,注意力同视野一样,是一个具有阈限的有限领域,任何心理内容只有进入这一领域之后,才有被领会的可能。该领域内存在一个被称之为注意焦点的范围狭小的中心区域,只有进入注意焦点的心理内容才能获得最大的清晰性与鲜明度。

注意品质包括:注意的广度、注意的稳定性、注意的分配、注意的转移以及注意的持续。

① 注意的广度:注意的广度也叫注意的范围,是指一个人在同一时间里能清楚地把握对象的数量。一般成人能同时把握 4～6 个没有意义联系的对象。首先,被注意的对象越集中,排列得越有规律,越能成为相互联系的整体,注意的范围也就越大,这就是为什么要精心布局驾驶舱仪表板上相关仪表的原因。同时,注意的广度与个体对任务的熟悉程度等因素有关,随着个体经验的积累而扩大,比如专业人士阅读其专业的文章可以一目十行,注意的广度较大;但普通人需一个词一个词的辨识,相同时间里的阅读量要少得多。同时,个体的情绪对注意的广度也有影响,情绪越紧张,注意广度越小。飞行员的注意广度,是指同一时间内能够观察到的座舱仪表以及外景特征的数量。在高度紧张的状态下,可能出现注意范围狭窄或固着在某一仪表或几个仪表上。

② 注意的稳定性:主要表现为人摒弃内部如情绪紧张等、外部如噪声等无关刺激的能力,即所谓的抗干扰能力。

③ 注意的分配:在某些情形下,注意还可以在同一时间内分配给两种或多种活动,称为注意力的分配。驾驶员常需将自己的注意力合理地分配到不同的对象上,如一边观察仪表,一边操纵杆、舵等。心理学的研究表明,注意的分配是有条件的,即在同时性任务中,任务都应非常熟悉,是自动或半自动的,或使用不同的感知通道,否则注意的分配便不可能(如人左右手同时一手画方形,一手画圆形的实验)。许多注意

分配现象,严格来说,并不是真正的分配,而是注意的迅速转移,反复切换的结果。在像飞机驾驶舱这样复杂的大型人机系统中,操作者只有具备较高的注意分配能力,才能提高工作效率,避免出现差错和发生事故。

④ 注意的转移:根据当前活动的不同需要,注意可有意识地从一个对象转移到另一个对象,称为注意力的转移。飞行活动的一个重要特征,是需要飞行员不断地交叉检查和扫视飞行仪表或外景目视信息,这便对注意的转移品质提出了很高的要求。

⑤ 注意的持续:指观察者长时间对刺激持续注意并保持警惕的能力。飞行员作为系统监控者需保持注意力的发现偶尔出现的危急信号。

(7) 工作记忆

工作记忆又称短时记忆或操作记忆(注:也有学者认为工作记忆不能等同于短时记忆,而是两种不同的记忆方式),是指信息一次呈现后,保持时间在 1 min 以内的记忆。工作记忆的容量较小,信息一次呈现后,能立即正确记忆的最大量一般为 7 ± 2 个不相关联的项目。但若把输入的信息重新编码,按一定的顺序或按某种关系将记忆材料组合成一定的结构形式或具有某种意义的单元(组块),减少信息中独立成分的数量,便可明显提高工作记忆的广度,增加记忆的信息量。因此,为了保证工作记忆的作业效能,一方面需要工作记忆数量尽量不超过人所能贮存的容量,即信息编码尽量简短,数字、字母等最好不超过 7 个;另一方面则可改变编码方式,如选用作业者十分熟悉的内容或者信号编码,从而提高工作记忆的记忆容量。在设计人机系统时,应该考虑人的工作记忆的特点,以免增加操作者的心理负荷,造成人为差错与失误。

工作记忆中贮存的信息若不加以复述或运用,也会很快忘记。如打电话时从电话簿上查到的号码,打了电话后就会很快忘记,但若打过电话后对该号码复述数遍,就可在记忆中保持得长一些。复述次数越多,保持的时间就越长。这是因为工作记忆中的信息经过多次复述后,就会转入长时记忆,保持在长时记忆库中。

(8) 长时记忆

长时记忆是记忆发展的高级阶段,其保持时间在 1 min 以上。长时记忆中贮存的信息,大多是由短时记忆中的信息通过各种形式的复述或复习转入的,但也有些是由于对个体具有特别重大的意义而印象深刻的事物,在感知中一次形成的,譬如那些使人过目不忘的事。长时记忆中的信息是按意义进行编码和组织加工的。编码主要有两类:一类是语义编码,对于语言材料,多采用此类编码;另一类为表象编码,即以视觉、听觉以及其他感觉等心理图像形式对材料的意义编码。

长时记忆具有极大的容量,可以说没有限度,可以包含人的整个一生所获得的全部知识和经验。但这并不意味着人总是能记住和利用长时记忆中的信息,这是因为:其一是找不到读取信息的线索,即无法进行信息提取;其二是相似的信息和线索混在一起彼此干扰,以至于阻碍目标信息的读取。所以有时尽管某个信息客观上储存在长时记忆中,但实质上已丧失了它的功能。

2. 联结主义理论

1986 年，James McClelland、David Rumelhart 提出了联结主义理论。这个理论与传统的信息加工理论不同。联结主义理论（Connectionist Approach）认为，应该用网络来解释认知加工，网络是联结在一起的类似神经元的单位；此外，很多的操作可以同时进行，而不是一次只能进行一个步骤。联结主义的另外两个名称是：平行分配加工理论（Parallel Distributed Processing（PDP）Approach）和神经网络理论（Neural-Network Approach）。联结主义理论可以用来解释为什么我们可以快速准确地完成某些认知任务。这个理论是由神经科学和人工智能的发展而生发出来的。

在 20 世纪 70 年代，神经科学家研究开发了用来考察大脑皮层结构的技术，大脑皮层是大脑的最外层，在认知结构中有最重要的作用。另一个重要的发现是神经元之间大量的联结，这个模式与很多精细的网络类似。网络模式指出，存储在大脑中的一个项目不能在大脑皮层上针尖大小的特定位置找到，这个项目存储产生的神经活动分布在整个的脑区中。

提出联结主义理论的研究者们，提出了一个模拟了大脑很多重要特征的模型。当然，这个模型只反映了大脑复杂性的一小部分。但是像大脑一样，模型中包括了简化的类似神经元的单位，大量的单位相互联结，遍布整个系统的神经活动。很多认知活动好像都使用了平行加工（Parallel Processing），同时处理大量的信号，而不是使用系列加工。在这些任务中，加工好像是平行的、分散的，这就解释了"平行分配加工理论"这个理论名称的由来。很多心理学家认为联结主义理论是具有突破性的新的理论框架。联结主义理论使用人脑而不是系列加工的计算机来作为根本的模型，更加复杂的设计可以让联结主义理论达到更大的复杂性、灵活性和准确性，也就能更好地解释人类的认知加工。图 4.7 是大脑各个区域的功能示意图。

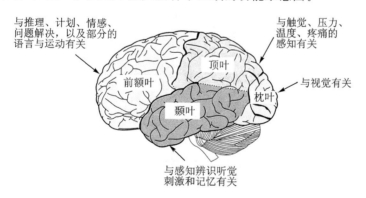

图 4.7　大脑各个区域的功能示意图

4.1.2　飞行员的认知能力

飞行认知能力（Flight Cognitive Ability）是飞行人员维护飞行安全、顺利完成飞行任务最为核心的因素,是飞行员生理心理品质以及飞行技术水平的综合体现。一方面,由于飞行活动的特殊性,飞行职业对认知能力的要求远远高于普通职业。飞行员面临大量的信息,任何信息的延误处理都有可能导致决策的失误。随着飞机自动化程度的提高,飞行员的心理负荷不断增加,对飞行员的记忆、信息加工和逻辑思维等智能的要求随之提高。另一方面,由于飞行任务的不同,航线飞行活动最突出的特点就是要求飞行的绝对安全。一般来说,在正常飞行情况下,飞行员的认知能力是能够满足民航飞行活动的需要的,只有在特殊情况下,飞行员的认知能力才会受到真正的考验,而飞行储备能力的大小,在很大程度上决定了飞行员能否面对紧急情境,进而正确处理应激性飞行事件,从而减少或避免飞行失误。

1. 飞行员的一般认知能力

飞行一般能力是指与航线飞行活动有关的信息加工能力,主要包括观察力、注意力、记忆力、判断力、决策力和数学逻辑推理等能力。

注意分配能力是主体心理活动指向刺激,并对其作出选择应答的一种意识调节状态。它不仅对运动技能的形成和发展起着监控、调节的作用,还是飞行员有效施展驾驶技能的关键。因而注意是飞行员良好操作技能的重要心理保障。

记忆能力,对学习、推理、思维及语言理解等复杂认知任务起重要作用。

判断是人们对事物的辨别或断定,也是对事物发展情况有所断定的思维形式,而决策是人们在问题发生后,根据判断所作出的处理决定、方法和预案的过程。因此,判断和决策是一个收集信息、处理信息的认知过程。它必然会受到信息的完整性、时间的紧迫性、条件的变更性及人的心理素质、可靠性等诸多主客观条件的限制。因此,飞行员要想得出一个既切合实际,又能通用的判断和决策问题的方法是十分困难的,所以飞行员必须具备自觉建立以风险为首、时间为序的判断和决策能力,以及及时反馈决策效果的能力。长期的飞行实践也证明,正确的判断是正确决策的源泉,正确的决策是正确行动的基础和依据,两者相互制约、相互促进,是保证飞行安全最基本的要素之一。

数学推理能力主要是考察被测者对数量关系的理解,并发现各数字之间规律的能力。

2. 飞行员的特殊认知能力

飞行特殊能力主要涉及空间认知能力。空间认知能力(Space Perception Ability)是指人们对物理空间或心理空间三维物体的大小、形状、方位和距离的信息加工过程。空间认知能力具体体现为空间定向、空间旋转、空间关系和视觉重构等要素,要求具有良好的视觉空间表象能力,是从事飞行职业人员所必备的素质。

如图 4.8 所示,请判断图中 A、B、C 三对物体中,哪一对是不一样的物体?这个心理旋转实验让我们更好的理解什么是表象能力:在实验中并没有拿着一个实体的模型在旋转,但这并不妨碍我们在头脑中让想象的三维物体旋转;该实验也让人体会到,在头脑中需要将一个立体图形旋转到与另一个对比图形一样的位置,来判断它们是否是同一物体时,图形旋转的角度越大,判断所需的时间就越长,因为旋转的角度越大,就越需要插入更多想象的帧。

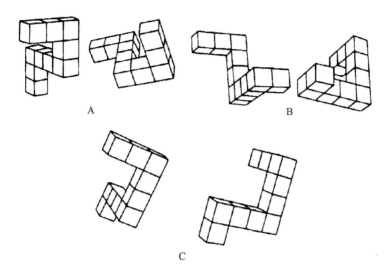

图 4.8　空间表象能力举例

　　飞行空间定向,是指飞行人员对地空目标、飞行状态、位置以及自身与飞行环境之间的空间关系进行识别和判断的一种认知过程。它是以人类视觉、前庭感受器和本体感受器等基本的感觉系统为先决条件,以飞行员对所接收到的视觉信息、仪表信息以及前庭和本体信息的整合加工为基础所形成和发展起来的,是人类定向活动的一种特殊形式。其主要特征是,伴随着时间维度条件下的四维空间定向方式。从飞行训练的角度讲,飞行定向不仅表现在对方向的识别和判断上,还包括对飞行的速度和高度以及飞机姿态的判断和控制,因此,它也被认为是飞行能力结构中最核心的要素。从人类的认知特点出发来分析和评价飞行定向水平,不仅有助于揭示特定认知能力与空间定向障碍之间的内在关系,还可大大提高对空间定向水平的诊断性和预测性。

3. 情境意识

　　随着航空技术的飞速发展,现代飞机的智能化程度越来越高,这给飞行员的信息加工能力提出了更高的要求。情境意识(Situation Awareness,SA)作为个体对不断变化的外部环境的内部表征,是复杂动态信息环境中影响操作者决策和绩效的关键因素。

　　情境意识是一系列认知加工过程的结果,即情境评估的结果,是个体在一定时间、空间内对动态环境刺激的知觉、理解以及对未来发展状况的预测。这里的动态环境包括时间维度和空间维度,情境意识来源于真实的动态环境刺激、系统知识、界面知识及其他个体。Endsley 提出用信息加工模型来描述情境意识,将情境意识分为不同的分离加工阶段。信息加工模型中包含注意、工作记忆、图式等认知成分,心理模型、任务目标及期望等个体因素和外在因素,协助工作记忆和注意对信息进行知觉、理解,并预测未来,形成情境意识。情境意识是决策和行为的先导。

在飞行前、飞行过程中以及飞行后,飞行员都需要准确知觉影响航空器与机组成员的因素和状况。情境意识分为个体情境意识和机组情境意识。在飞行驾驶舱这个狭小而特殊的环境中,责任机长是最高的权力领导人,他的情景意识对飞行安全有着决定性的影响。因此有研究表明,机组群体的情景意识,主要取决于责任机长所能获得的情境意识水平。但机组其他成员与机长之间的信息是否充分交流,是否相互理解对方意图,对机长情景意识水平有很大的影响。因此,对飞行驾驶舱中群体情景意识的研究就显得更有意义和价值。

情境意识包括 3 个等级水平,分别是知觉、理解及预测。

➢ 水平 1:知觉,个体不断获取动态情境中的与任务相关的信息;

➢ 水平 2:理解,个体通过长时记忆中已有的知识和经验,对获取的信息进行理解;

➢ 水平 3:预测,个体通过对信息的理解,以及已有的知识和经验形成心理模型,对动态情境的未来发展状况进行预测。

这 3 个等级水平是逐级实现的,更高等级的水平有赖于低一级水平的实现。在3 个等级水平中,情境意识发展和保持的关键因素是心理模型,环境中的各种成分映射在操作者的心理模型中,心理模型有助于操作者发展和保持情境意识。

4.2　飞行员认知型差错致因分析

在本教材的第 0 章,介绍了第 25.1302 条(d)的内容。

第 25.1302 条(d):

在实际可行的范围内,所安装的设备必须包含针对飞行机组操纵设备所造成的、可合理预测的使用中差错的管理方法。本款不适用于下列情形:

1) 飞机人工控制相关的技能错误;

2) 由于恶意决策、行动或不作为造成的错误;

3) 机组成员的鲁莽决定、行动,或忽视安全引起的遗漏;

4) 暴力行为或受威胁造成的错误,包括受威胁进行的行为。

因此,本节将主要讨论飞行员可合理预测的认知型差错及其致因,而不涉及飞行员由于技能水平不合格造成的差错。即针对的是经过选拔培训,经授权的合格飞行员普遍可能出现的人为差错及其致因。

4.2.1　飞行员的应激与疲劳

1. 应　激

应激(Stress)一词来自于工程学上的术语,原意是指施加于物体上的单位面积上的力,将会引起该物体的结构变化,如果应力过大,最终会导致该物体断裂。后引申为施加于人体之上的紧张和压力。应激是对感觉到的压力的反应,这就意味着压力的产生必须经过我们大脑的认知和评价。

应激源（Stressor）是引发应激的情境或事件。应激反应是对应激源的生理、心理或情绪的反应。这些反应彼此间并非完全独立,是相互关联的。

（1）应激的分类和阶段

1）生理性应激

生理性应激是由疲劳、睡眠缺失、昼夜节律受到扰乱、滥用药物与酒精等生理学因素引起的紧张。生理性应激可分为以下三个阶段:

① 动员阶段:机体采取防御性措施,开始对抗应激。大脑依赖先前的经验,产生适应性反应,身体分泌应激激素,即肾上腺素及去甲肾上腺素,动员机体各方面能力,通过提高肌肉活力以保护自身（如瞳孔放大、心率上升、支气管扩张、呼吸深度加大和呼吸频率加快、血压升高、消化系统活动减少,以及抑制膀胱收缩等）。

② 抵抗阶段:一旦调适起作用,机体就会准备进入抵抗阶段。这个阶段时间有限,机体只能应对一定的时间。此阶段机体会分泌皮质醇,促进脂肪转化成糖,以保持肌肉的能量供应。

③ 衰竭阶段:如果调适没有取得成功,抵抗最终会失败,进入衰竭阶段。持久的衰竭可能会是致命的,更普遍的衰竭反应是出现一些病症,如高血压、器官衰竭、心跳停止、溃疡,或者肾功能衰竭等。

2）心理性应激

心理性应激是由不良的认知方式和过高的自我要求或过高的他人要求等心理因素所带来的应激。心理应激与个体的感受和对情境反应的方式有关。这些感受可以分为以下三种类型:

① 情绪反应:对应激的一般情绪性反应包括愤怒、焦虑、担心、沮丧等。在极端情况下,情绪性反应可能会变得无法控制,引发焦虑性攻击等问题。过高的应激水平可能出现焦虑体验。焦虑（Anxiety）是一种复杂的复合性负性情绪,是预料到压力但又无能为力去应付的痛苦反应。焦虑的程度和持续的时间有很大的个体差异。它既可以是一种正常的具有适应意义的情绪状态,又可以发展到一定的严重程度而成为异常的神经性焦虑症。飞行员若长期处于焦虑之中,可能表现出人格的变化,给飞行表现带来不利影响。

② 认知反应:应激会影响个体对正在进行的工作的注意力。大脑可以运用一定的防御机制进行清晰的、有逻辑的思考,应对这些应激源。其他的认知性反应可能包括退化,即大脑以前所学习使用的一些反应可能会取代正确的反应;也可能是固着,在这种情况下不大可能对情境进行回顾,不会考虑其他的反应（如同心理阻碍一样）。

③ 行为反应:行为反应是承受应激时,个体行为上的改变。烦恼时的烦躁和发抖就是个例子。

(2) 飞行活动中的典型的应激源

① 短时性紧张情境：在紧急情况下，尤其是在进近、着陆阶段，由于时间紧迫，要求以最快的速度立即判明情况，组织动作；

② 长时性紧张情境：如在持续的不良气象条件下飞行，使飞行员必须长时间地保持注意力集中，从而造成身体和心理的疲劳；

③ 有不确定性的紧张情境：在两个或多个矛盾的方案中必须作出惟一的选择，而决策的结果有待于实施后的验证，这便使飞行员陷入心理冲突之中。如目的地机场的气象条件时好时坏，具有不确定性，飞行员便可能陷入飞往目的地机场还是改飞备降机场或者返航的矛盾心理之中；

④ 存在虚假信息的紧张情境：如仪表故障、调度指挥错误或飞行错觉，各种信息处于矛盾的状态，此时便会使飞行员处于紧张或应激之中；

⑤ 注意力过分集中所造成的紧张情境：如在着陆时，因能见度差看不清跑道，导致注意力过分集中于寻找跑道而忘记放起落架，若此时飞行员突然看见、听见告警信号时，便会产生高度的紧张。

2. 飞行疲劳

飞行疲劳是指在飞行条件下，由应激的发生和发展所造成的心理、生理上的不平衡状态。按疲劳产生的原因，可将人类的疲劳分为生理性疲劳和心理性疲劳。生理性疲劳是指由过度的体力劳动和环境物化因素所引起的体力衰竭和工作能力下降的现象。心理性疲劳是因过度的脑力劳动和情绪等心理性因素所引起的心理能量耗竭和工作能力下降的现象。

引起飞行疲劳的原因非常广泛，飞行环境、飞行任务、飞行员身心状态等因素都与疲劳的产生有关。引起飞行疲劳的主要因素如下：

(1) 跨时区长途飞行和夜间飞行引起的时差效应和昼夜节律扰乱

现代喷气客机以高速向东或向西作跨时区飞行时，可使飞行人员及乘客的昼夜节律与新抵达地点的环境昼夜之间出现数小时的"相位差"，发生所谓"去同步"(De-synchronization)现象，造成对时差的不适应及一系列生理、心理与行为能力的节律失调，这种现象便称之为时差效应(Time-difference Effect)。昼夜节律"去同步"是指：当机体固有 24 小时节律与外界周期性变化的相互关系发生急剧破裂时的特殊状态。这种状态的必然结果是使人体脆弱的自稳态系统受到干扰，引起身体不适和疲劳。人体自身能进行昼夜节律的重建，其重建的快慢程度，与跨越的时区数、飞行方向、停留时间、个体差异和睡眠状况有关。

(2) 过度的生理性应激

过度的生理性应激如座舱噪声、振动、座舱压力、温度、湿度、驾驶舱光环境过亮或过暗等引起的生理性应激，可使飞行员逐渐感到疲劳。

(3) 心理性应激

如气象条件差、飞机故障等引起的心理紧张、焦虑等，可引起飞行员的疲劳。

4.2.2　典型的飞行员认知型差错致因分析

在现代飞行条件下,飞行员不仅要面对复杂变化的仪表综合显示信息,而且由于视觉环境与地面相比千变万化,不断有各种加速度、重力变化,因此,飞行员不仅要准确及时地处理仪表信息和各种视觉信息,还要随时接收和处理来自前庭觉、本体觉方面的信息,特别是那些 G 值高的加速度及重力变化可向大脑传送大量错误的、互相矛盾的空间信息。同时,由于飞行员在执行飞行任务时,必须在一段较长的时间内对连续重复的信息加工任务保持注意力,这都大大增加了飞行员的认知负荷。

1. 注意环节

如前节所述,长时间飞行、生物节律的紊乱、睡眠缺失造成的飞行疲劳,会导致飞行员注意力不集中,造成对机舱中危险信息的反应失误。

(1) 唤起水平过低或过高

唤起水平又称激活水平、觉醒水平。"唤起"指机体的一般性兴奋水平,它影响到机体完成各种注意的功能,其中包括维持警觉的功能。它的一端是昏昏欲睡,另一极端则是超觉醒甚至惊慌失措。

唤起水平和操作绩效呈倒 U 形函数,也就是说,绩效首先增长到被称为最优唤起水平(Optimum Level of Arousal,OLA)的一点,然后随着应激所引起的唤起水平的增加而下降。从图 4.9 可以看出,简单任务的 OLA 高于复杂任务的 OLA(或者说,对于一个特定任务而言,熟练的操作者的 OLA 会高于生手的 OLA)。这个函数被称为叶克斯-道森(Yerkes - Dodson)定律。

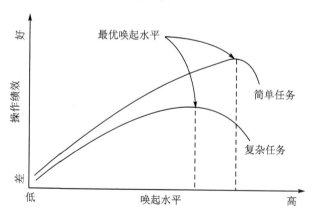

图 4.9　叶克斯-道森定律或叶克斯"倒 U 形"曲线

当飞行员处于低"唤起"水平,困倦或精神涣散时,就可能会遗漏重要的信息;过高的觉醒状态则可能引起注意力锥形集中或固着。即使是有经验的飞行员,当工作负荷过大而引起焦虑和过度紧张时,也会使其注意范围缩小,操纵绩效下降。例如,在仪表飞行中可能把注意力过分固着在一个仪表上(如速度表或升降速度表)而不能发现状态或高度上有潜在危险的改变,此时就容易发生飞行事故。

(2) 警觉水平

警觉 (Vigilance)是保持注意力集中的一种能力,是指个体对还没有出现,但可能出现的,对个体具有重要适应意义的刺激所保持的觉察和持续性的机能准备状态的特殊注意。在飞行活动中,视觉监控的警觉性是飞行任务的重要内容。过去的研究表明,个人在飞行条件下要保持警觉的能力具有显著的个体差异。事实上,飞行员的警觉性受到注意、情绪和动机等方面的影响,心理疲劳也会造成飞行员警觉性的下降,当发生心理疲劳时,行为效度减低,准确性下降,动作协调性受到破坏,反应时间延长,动作仓促或迟缓,同时思维判断失误增多,容易低估危险情境,从而造成决策的失误。

2. 知觉环节

在飞行过程中,飞行员依据总的飞行目的,通过接收来自飞机和外界环境的各种信息来操纵飞机。在此过程中,由于各种干扰因素的影响,可能在信息接收方面发生失误,如偏重于个别信息的知觉,忽视正常信息的显示,知觉的信息内容不准确,知觉的对象发生改变,对信息的判断能力下降,知觉反应速度迟钝,忽视新信息的出现等。此外,飞行实践活动的特殊性,决定了飞行人员的感知特点与其他地面工作人员的感知特点的差异性,如果没有正确的空间位置的智力判断,仅凭当时的感觉,飞行员可能会在操纵中犯错误,从而破坏飞行安全。

(1) 飞行错觉(Flight Illusion)

飞行错觉具有普遍性,即使是很有经验的飞行员也毫无例外地体验过某种或多种形式的错觉。根据飞行错觉产生的感觉通道,可以将飞行错觉分为前庭本体性错觉、前庭视性错觉和视性错觉这 3 种形式。

1) 前庭本体性错觉

在飞行中,飞行人员因视觉信息受到限制(如能见度差,夜间飞行时)而前庭本体觉的信息异常突出时所产生的错误知觉,称为前庭本体性错觉。引起这类错觉的原因,是因为人体是在大地上感知缓慢运动而进化出来的,习惯于准确地感知 $1g$ 的地心引力,而对三维空间飞行中的作用力环境的感知能力却要差得多。耳石器只能觉察加速度的合力,而不能辨别构成合力的分力的来源。正是由于这一原因,当飞行员在作协调转弯时,便只能感受到地心引力和向心力的合力。如在视觉受到限制或其作用减弱的条件下,飞机以缓慢的速度由平飞进入转弯。此时,飞行员感到飞机不是在转弯,而是在上升。

最为严重的一种前庭错觉称为科里奥利错觉(Coriolis Illusion),是当人体绕垂直轴 Z 轴旋转的同时,头又绕纵轴 X 轴倾动,所产生的绕第三轴即绕横轴 Y 轴的滚转知觉。它常常突然发生,且强度大,可使人产生强烈的植物性神经反应,如眩晕感、旋转感、翻转感等,往往使飞行员不知所措,已经导致许多起严重飞行事故的发生。因此,当正在进行俯仰或滚转操纵时,应使飞行员尽可能避免通过头部的转动去查看相关仪表或操控器件的位置。

2）前庭视性错觉

其为前庭感受器受到加速度的作用后，引起前庭-眼动反射，以视觉形式表现出来的一种错误知觉。在各种加速度的作用下，前庭感受器反映的错误空间信息，不仅会产生错误的空间知觉，还会让飞行员"看到"与实际不符的飞机状态和外界环境。

3）视性错觉

如图 4.10(a)所示，当机场跑道或机场附近地形向上带坡度时，飞行员看到的跑道形状会比平常的陡而高，由于知觉恒常性，会使飞行员产生进场偏高的错觉。如果飞行员按这一错觉操纵飞机，向前推控制盘，将使飞机离着陆点过近。而向下带坡度的跑道和周围地形，则会使飞行员产生进场偏低的错觉。如果按这一错觉操纵飞机，将使飞机离着陆点过远。同理，当要降落在一条比平时的跑道宽的跑道上时，也会使飞行员产生进场偏低的错觉(见图 4.10(b))。

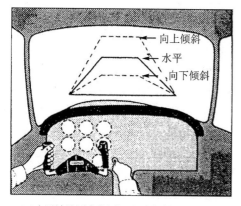
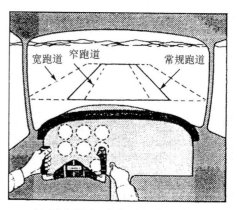

(a) 在五边进近中的同一点看向上和向下斜坡　　(b) 在五边上的同一点看不同宽度跑道的形状
　　跑道的形状

图 4.10　视性错觉举例

又如"黑洞"效应与"白洞"效应（"Black Hole"Effect ＆ "White Hole"Effect）。"黑洞"效应是指黑夜在仅有跑道边灯，无城镇灯光和街灯，也没有周围自然地形参照的情况下，引起进场高度偏高的错觉现象。这种情况常在热带环状珊瑚岛、沙漠机场或四面环水的机场进近时发生。"白洞"效应是指跑道周围被白雪覆盖，使飞行员在进近过程中无参照物可循，导致他难以发现跑道或主观感觉进场偏高的错觉现象。如果飞行员按照这些错觉操纵飞机，就会压低机头使飞机进场偏低。

由此可知，各类飞行错觉会给飞行员带来认知上的差错，从而影响判断和操纵。因此，要通过仪表飞行，或使用增强视景、合成视景等新的显示手段，帮助飞行员提高正确的感知能力。

（2）误读/误听

对显示器上各类信息的判读，不仅是看不看得见，看不看得清楚的问题，还与认知方式有关。如图 4.11 所示,从第一行的左边数起第 2 个字符,其形状、大小、颜色和第二行从左边数起第 4 个字符完全相同,但我们对这两个字符含义的理解却因上下文不同而差异巨大。因此,如果出现数字和字母混编的信息,就要特别注意字体的选择,防止驾驶员因为上下文效应而错误的理解某个字符的真实含义。听觉通道信息也有类似的设计要求,需要明白和毫不含糊,不允许有理解上的不确定性。

$$A, B, C, D, E, F$$
$$10, 11, 12, 13, 14$$

图 4.11　字符的设计

（3）信息过载

Card 等通过对人的知觉处理器系统、认知处理器系统以及运动处理器系统进行量化,预测了人对信息知觉、认知的容量和处理时间,如指出人的知觉处理器系统的平均处理时间为 100 ms,视觉信息库短期记忆的文字容量为 7～17 个,听觉信息库短期记忆的文字容量为 4.4～6.2 个。Miller 等研究发现人的工作记忆容量上限为 (7±2) 项。Steinbuch 等对信息流在传递过程中各阶段的最大信息流量做了粗略的估计,如指出感觉器官接受阶段的最大信息流量为 109 bit/s,意识阶段的最大信息流量为 16 bit/s,神经联系传递阶段的最大信息流量为 3 000 000 bit/s,永久储存阶段的最大信息流量为 0.7 bit/s。Singleton 估计人响应运动所能传递的最大信息量为 10 bit/s。Hrebec 等研究了信息负荷与飞行员人为失误之间的关系,研究结果发现,飞行员的作业绩效不仅受到信息数量的影响,也受到信息密度,或者说一条信息所包含的信息量的影响。

信息过载是指大量信息超过了个人或系统所能接受、处理或有效利用的范围,并导致故障的状况。在信息负荷过高,面临时间压力的情况下,人的工作效率会明显下降,出现各种操作错误、疏漏、紊乱、生理应激等状况,使飞行任务的安全性受到很大威胁。研究表明,60%～90%的飞行事故和事故征候,发生在视觉和听觉信息负荷大、应激水平高的起飞、低能见度仪表或手动进近和着陆阶段,而且多是由人为差错引起的。

目前,随着显示系统传达的信息日益增多,如何优化显示信息的数量,使得飞行员能够根据信息的优先级别,充分有效地利用注意资源,不丢失重要的飞行信息,成为工效学界的研究热点之一。在显示控制系统的设计中,就要充分考虑单位时间内信息显示的密度和时长。

3. 记忆环节

记忆品质的优劣直接关系到飞行质量和飞行安全。曾有调查发现,在 380 例因心理因素导致的飞行事故征候中,77 例与记忆错误和遗忘有关。而记忆比较容易受年龄的影响,年龄是影响飞行员记忆水平的主要原因。研究表明,飞行员在 35 岁之后,工作记忆能力就会明显下降,其人因失误的发生率也进而增多。这里,主要探讨一下前瞻性记忆失败这个常见的导致人为差错产生的致因。

前瞻记忆(Prospective Memory,PM)是对在一段时间延搁后的将来,如何引起、维持和执行有意图的行为的认知加工过程,包含多个认知加工阶段,如对信息的编码、保持和提取,以及对目的行为的执行等认知加工过程。

在形成了一个意图后,个体常常会参与到各种正在进行的任务中,不可能把全部的注意力放在延迟的意图上面,就会造成前瞻性记忆失败。

随着飞机自动化水平的不断提高,现代的新型客机都装备了技术先进的自动化驾驶管理系统,同时,飞行员的任务也由原来的传统的手动操作,转变为对多个同时性任务的有效监控和管理。然而,这就提高了对飞行员的认知要求,增加了认知负荷;而且飞行过程中经常出现的一些突发事件,打乱了飞行员的程序化操作行为,使得他们的注意力资源分配能力受到极大的挑战,从而推迟或延缓了他们重返执行任务的时间。如果飞行员不能有效地执行这些前瞻性记忆任务,可能会直接导致重大恶性事件或事故征候。

飞行中的操作程序虽然已经提供了一些保护性措施,比如,检查表,以确保飞行员执行前瞻性记忆的意图行为,但这些保护性措施本身就有缺陷,有许多空难是由于飞行员分心、任务中断,或者是记忆负载过大,使得飞行员忘了开始执行或重新执行检查表而造成的。

工作中断,在驾驶舱机组操作失误和航空维护操作失误中,是一个很主要的因素。中断方式、中断结束时恢复原任务的线索不明显、以及中断后紧随下一任务的紧迫性,这三个因素都可能影响导致前瞻性记忆任务失败。

提升前瞻性记忆的措施:很多研究针对前瞻性记忆的失误提出了一些相应的措施,来帮助前瞻性记忆的执行,减少前瞻性记忆的失败。虽然这些措施都是从经验主义的研究中衍生出来的,但是在大部分现实生活中的其他方面,已经验证了对前瞻性记忆的执行有帮助作用。比如,使用提醒前瞻性记忆辅助工具,可以减少在飞行中执行正在进行的任务时所发生的前瞻性记忆失败。对意图进行明确的界定:什么时候、在哪里执行,已经证明对前瞻性记忆的执行可以提高 2~4 倍。

根据以上研究的成果,结合飞行员的前瞻性记忆执行特点,在驾驶舱设计过程中,应注意:

① 如果条件允许的话,修改操作程序和系统,来尽量减少前瞻性记忆并发任务和中断任务的产生;

② 设计预警系统,来提醒飞行员,或帮助飞行员去完成未完结的任务。

4. 判断决策环节

在判断决策过程中,飞行员的认知型差错主要表现为情境意识丧失。

情境意识不仅包含对众多分离信息或数据的意识和感知,更重要的是,它需要根据操作者在一个高水平的层次上建立起对当前情境的理解,并能对系统未来的工作状态做出准确的判断。其与人的基本能力、经验和训练水平等个体差异方面的因素直接相关。情境意识丧失(Loss of Situation Awareness,LSA),是指飞行员面对众多复杂的飞行信息而不能或无法对当时的飞行情境作出有效的判断,从而导致丧失决策能力的一种现象。它不仅是近年来民航空难事故的主要因素,也是近年来导致高性能战斗机飞行员空间定向障碍的主要因素。情境意识丧失的发生,与人的情境意识水平有着最直接的关系。情境意识削弱或丧失主要表现为:错误地诊断系统问题、无人监控飞机、全神贯注于某事、与既定的目标不吻合等。

在判断是否应该中断起飞或者复飞的操作中,给予飞行员的决策时间非常短暂,这种在短时间高压力下的决策尤其困难。

5. 反应执行阶段

飞行员操纵动作反应正确与否,主要取决于飞行员正确的思维决策。由于发生特殊情况后,飞行员的操纵动作会因为情绪不稳,过度紧张而失去主动性和灵活性,操纵技术的准确性也随之下降,控制能力降低,操纵动作不柔和,都可能会造成各种执行差错,如忽略(当要求人工干预而未采取行动)、执行了部分动作(未执行全部操作)、与时间相关的差错(当任务存在时间要求时,任务执行过早或过迟)、与顺序相关的差错(子任务之间存在顺序要求,执行顺序出现紊乱)等。这就要求操控器件的设计,要尽可能简单、明了、易于辨识和操纵。

4.3　人机交互技术

作为信息技术的重要内容,人机交互技术比计算机硬件和软件技术的发展滞后许多,已成为人类运用信息技术深入探索和认识客观世界的瓶颈。因此,人机交互技术已成为21世纪信息领域亟需解决的重大课题,引起了许多国家的高度重视。

由于人机交互行为与操作者的绩效紧密相关,因此针对对飞机驾驶舱中人机交互的研究,能够帮助提高飞行机组的飞行绩效水平,减少人为差错发生的概率。人机交互的研究主要体现驾驶舱人机功能分配策略和人机接口界面设计这两个方向。

从人-机功能分配策略的角度出发,可将繁琐、重复性大、任务复杂度高的工作更多的交给机器进行处理;而将需要有决断力、创造性、与安全性紧密相关的工作交给飞行机组进行处理。这样,从根本上将飞行机组从复杂、繁琐的操作中解放出来,减少了他们的工作负荷和发生人为差错的可能性,让他们有更多的精力关注于飞行安全。

从人机交互界面设计的角度出发,通过对人机交互界面中显示与告警装置的设计,能够让飞行机组快速、准确、有效的获取当前飞机的状态信息及周围环境的情景意识,让他们对可能存在的潜在威胁有更加清楚的认识,从而做出提前的预判。同时,通过对人机交互界面中控制器件的设计,能够让飞行机组使用舒适的姿势、动作或是力度来操作飞机,并且让机组成员之间能够相互监察。这样设计的人机交互界面,能够从飞行机组信息的获取和动作操作的层面来减少人为差错的发生。

研究人-机交互技术,提高机组使用先进自动化系统的能力,是发挥自动化功能,提高航空安全的关键。设计者和飞行员都必须明确,自动化系统作为辅助工具不能替代飞行员的工作。对于飞行员来说,无论任何时候,人工操纵飞机的意识和能力一定要得到保证。因此,必须始终坚持飞行员在驾驶舱中的中心地位,不可以过分依赖自动化系统。

自动化系统的设计需要考虑以下原则:

① 飞行员/机组始终拥有飞行管理的最高权限。

② 确定自动化与人工操作的任务分配原则。

③ 确保自动化系统的可靠性,具备过载保护能力,进行冗余设计。

④ 需要确定哪些任务是单调、重复或者特别困难的,以对此实施自动化。

⑤ 需要研究不同任务目标的最佳分类与最适宜的自动化水平,将飞行员工作负荷降到一个合理值。

⑥ 自动化系统需要具备系统状态显示功能、报警和警告功能。

⑦ 自动化系统的界面设计简洁。

⑧ 解决自动化系统失效时飞行员如何直接超控自动化的技术问题。

4.3.1　静态人-机功能分配和动态人-机功能分配

科学技术的进步不断影响着人-机功能分配。例如,随着信息技术与智能技术的进步,机器在感觉、信息处理、甚至在决策等方面的能力大大提高。这就使得在人-机功能分配决策中,原先分配给人的某些功能,可能转向分配给机器去完成,或由机器辅助人去完成。

技术的发展,使得人-机功能分配有可能根据人的能力随环境、时间变化,随时调整系统的功能分配决策。这不仅是在设计阶段的调整,而且也可在系统运行阶段动态的调整人-机功能分配,使得功能分配更合理,实现的效果更佳。

在图 4.12 中,展示了静态人-机功能分配情况。在该图中,Uah(Unsuitable for automation & human)表示既不合适自动化也不合适人工操作的区域;Uh(Unsuitable for human)表示不合适人工操作的区域;Ua(Unsuitable for automation)表示不合适自动化操作的区域;Pa(Prefer to automation)表示自动化系统占优势区;Ph(Prefer to human)表示人的工效占优势的区域。在该图的中心区 Pha,是那些既可分配给人又可分配给机器来完成的作业,它们必须在仔细权衡分配给人还是机器的种种利弊的基础上,才能做出分配决策。这种静态的作业分配策略,是在忽略了作业的时变性与人响应的可变性的条件下产生的。

实际情况是,人的工作负荷是对分配给他的作业负荷,与他可利用的资源之间差距的反映。这种差距是随时间变化的,如图 4.13 所示。在通常情况下,人能够代偿

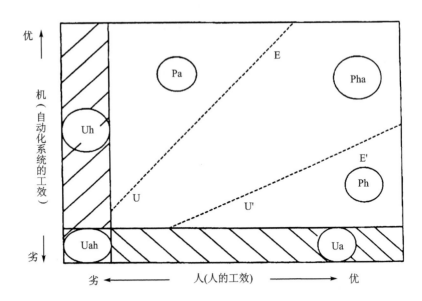

注：Uah表示人、机工效皆差的区；

　　Ua表示自动化系统工效差区；

　　Uh表示人的工效差区；

　　Pa表示自动化系统占优势区；

　　Ph表示人的工效占优势区(同Pa)；

　　Pha表示人、机皆可行区(这时存在一个最佳分配问题)。

图 4.12　人-机功能分配决策矩阵

这个变化,适应当前任务的要求与可利用能力之间的差距。然而,在某种情况下,这种差距可能过大,以致产生人不可接受的超负荷或低负荷。此时,人(作业者)无法完全适应这种变化,或者出现工效降低,或者出现更严重的问题,从而造成系统无法实现原定的功能。如何解决工作负荷要求与人的特性出现大的波动的问题? 这就需要有一个能动态的、"最佳"的实现作业分配的决策机制。在这个机制下,系统功能的分配能依据作业的定义、工作环境和当前系统组成要素的能力等条件,随时做出相应的分配决策。这就要求作业不是以一个固定的实体来设置。理想的情况是作业的构造能随着系统的目标与要求而变化;同时,作业的构造也能随着作用于系统的环境约束数量与类型而变化。而且,当一个特定的作业定义给出之后,分配给人或机器的任务应由一个智能适应界面系统或辅助智能界面系统来实施。这个智能界面系统的输入,是当前作业要求与作业者可利用资源之间的失匹配信息。智能界面系统能根据这个信息和相关的作业模型、机器系统模型、人的模型、工作负荷与能力关系模型等进行推理与预测。智能界面系统的输出,将是作业的重新构造与作业的重新分配。动态的系统功能分配是要达到人、机两方面功能的互相支援、互相补充、互相促进的目的。很显然,这实际上是在原有的系统中加进了一个智能适应性机构。相信随着人工智能技术的发展及其在航空领域应用的深入,这种动态的人-机功能分配策略将更好的帮助飞行员减少整个飞行过程中的工作负荷的不均匀性。特别是在紧急情况下,能够帮助飞行员克服工作负荷过大的情况。

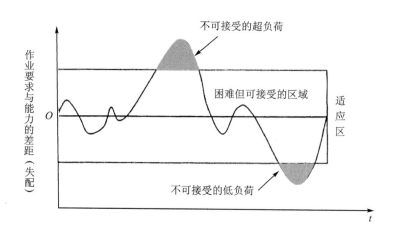

图 4.13　作业要求与可利用能力失配示意图(阴影区域表示不可接受的负荷条件)

4.3.2　人机界面设计

狭义地讲,人机交互(Human – Computer Interaction,HCI)技术主要是研究人与计算机之间的信息交换,主要包括人到计算机和计算机到人的信息交换两部分。对于前者,人们可以借助键盘、鼠标、操纵杆、数据服装、数据手套、压力笔、位置跟踪器、眼动跟踪器、脑电设备等,用手、脚、声音、姿势或身体的动作、视线甚至脑电波等向计算机传递信息;对于后者,计算机通过打印机、绘图仪、显示器、头盔式显示器(HMD)、音箱等输出或显示设备给人提供信息。它涉及计算机科学、心理学、认知科学和社会学以及人类学等诸多学科,是信息技术的一个重要组成部分,并将继续对信息技术的发展产生巨大的影响。

1. 人机界面的概念

人机界面(Human – Machine Interface,HMI)作为计算机系统的重要组成部分,主要是指人类与计算机系统之间的通信方式,包括人-机双向信息交换的支持软件和硬件。

人机界面是系统中用户和系统之间交互信息的任何部分,通常包括:
① 通过文字、图形、颜色、图像、视频和标记来传递信息的视觉显示器;
② 通过音频信息交流和听觉警报来传递信息的听觉显示器;
③ 以信息的形式对一个系统提供输入或改变物理状态的操纵装置;
④ 标签,即静态标识装置或静态说明信息。

2. 人机界面设计的基本原则

人机界面设计的基本原则如下：

① 简单。用户界面应简单、易学、高效、防错，并且使用时愉悦。

② 可用性。是指一个系统、产品或技术使用时很轻松容易。要使得一个显示界面具有可用性，就要使得信息以一种能被迅速和正确解释的方式呈现。因而在设计的时候要考虑用户的文化背景，用户的期望和偏好，用户的控制和自动化程度，以及整个工作环境条件。

③ 标准化。系统的用户界面必须标准化，包括显示器和操纵器件用户界面（视觉的、听觉的和触觉的）的标准化和整个系统操作方法的标准化，这对系统的一致性和易学性非常重要。

④ 提示。用户界面通过使用提示行、标记、菜单和其他明显的快速提示，从而减少用户记忆的需要。提示符、提示行和快速提示，帮助操作者感知系统状态或做出恰当的判断。提示可能是视觉的、听觉的或触觉的。研究表明，使用提示来识别一个物体，比在没有任何帮助的情况下回忆起相同的物体更快更准确。

⑤ 区分性。必须区分不同目的或功能的行动、反馈和系统状态指示，避免混淆，帮助确认。为了最大化相似物体的不同点，改变物体的两个或两个以上的维度是比较理想的（比如，颜色和形状）。

⑥ 反馈。系统必须对用户的操作和系统的改变提供反馈。反馈对确保系统对用户的操作按用户的意图来进行响应是十分重要的。反馈应清楚、易于理解、并且对于操作应是特定的。如果用户需要更多的操作，反馈应是特定的，并且有时间做充分的思考和执行下一步操作。

⑦ 掌握系统状态。用户必须能随时访问系统的状态。设计者应考虑应用状态指示器的类型、传递状态信息的方法和信息传递的定时性或准确性等三种主要的设计特征，来让用户了解系统的状态。

⑧ 防止无意中的操作。系统必须设计成能防止无意中的操作。如果触发无意中的操作，系统必须提供快速恢复的功能。由于各种人误的类型在任何状态下都可能意外触发某个操作或命令。比如，操作者在面板上选取了错误的按钮，在显示器上点击了错误的菜单等。因此，在设计用户交互界面时，预防错误的发生是非常重要的，而且如果一旦发生误操作，应该有简单的程序恢复。

⑨ 操作一致性。操作者操作系统的方式应保持一致，除非用户要求改变，否则不应改变。如果出现一个意外的改变，应用明显的方式警告用户。

事实上，用于人机界面设计的基本原则有许多版本，内容大同小异，如施耐德曼的八项黄金法则（Schneideman's Eight Golden Rules, Schneideman, 1998）；尼尔森的十项启发式原则（Nielsen's 10 Heuristics, Nielsen, 1994）。感兴趣的读者可参阅第 0 章的参考文献[8]进行延伸阅读。

4.4　人因学科发展的新技术和新途径

目前,人工智能、虚拟现实、大数据、云计算、无人机等技术给人机交互带来深刻变化。

基于人的认知信息加工理论的工程心理学是人因学科的基础理论。在过去的20多年间,许多人因学家尝试采用不同的途径来补充和丰富认知理论,来进一步探索人因学科。这些探索从深度和广度上拓展了人因学科研究的新技术和新途径,其中,神经人因学、认知工程、协同认知系统是典型的代表,已开始被广泛地应用在人因学研究和应用中,为人因学科在新一波技术革命中的研究和应用提供了新技术和新途径。

4.4.1　神经人因学

基于认知神经科学和脑电成像等测量技术,以 Raja Parasuraman 为代表的人因学家开辟了神经人因学(Neuroergonomics)的新途径。以往人因学通常注重在外在行为层面上,开展对人在操作环境中的客观工作绩效和主观评价等方面的测量方法,而神经人因学则开辟了一条新途径,通过有效的脑科学的相关测量技术(如脑电(EEG)、事件相关电位(ERP)、功能性磁共振成像(fMRI)、功能性近红外光学成像(fNIRS)、经颅直流电刺激技术(tDCS))和数据分析(信号特征提取及模式分类算法等),能够深入到人的认知神经内部层面上,开始了解在操作环境中人机交互时人的信息加工的神经机制。

首先,神经人因学为人因工程学的研究提供了新的途径,以及更客观和更敏感的测试指标。已有研究表明:EEG 和 ERP 等测试指标对心理负荷的变化敏感。也有研究表明,基于脑电成像等测量的指标,可能比传统人因学基于绩效和主观评价的指标更敏感。其次,利用人脑功能技术可以实现新的自然式人机交互方式,例如,脑机接口(BCI)提供了一种可根据不同情景下的人脑活动(例如诱发或自发 EEG)来操控计算机或设备的人机交互的新方式。BCI 也为进一步的人机融合的探索研究提供了实验和技术基础。另外,神经人因学加强了人因工程学的基础理论研究手段,有助于进一步探索复杂作业条件下人脑功能和认知加工的神经机制。

4.4.2　认知工程

认知工程最初是由 Norman (1986)提出的,但具体的方法和工具则是近20年来经过许多人因学家的努力逐步发展形成的。认知工程强调将认知心理学/工程心理学的知识应用在人机系统的设计中。具有代表性的认知工程方法包括认知工作分析、认知计算建模和面向情景意识的设计。

1. 认知工作分析

以不同于工程心理学的信息加工的角度,基于 James Gibson 的注重人与生态环境关系的生态心理学原理,Rasmussen 和 Vicente 提出了可为复杂社会技术系统开展定性分析建模,并为人机交互设计服务的认知工作分析(Cognitive Work Analysis,CWA)方法体系。该体系注重于对整个复杂工作领域中影响人的目标导向和问题解决、认知操作行为的各种工作领域内的制约条件和属性特征的分析。CWA 倡导从工作领域分析、领域活动分析、策略分析、社会组织和协作分析、人的认知技能分析等 5 个维度对复杂工作领域的各种制约和属性特征开展分析建模,并且提供了相应的分析建模工具。

针对传统人因学科方法注重具体的用户作业、用户界面物理属性等的特点,CWA 强调对全工作领域中各种制约条件和属性特征进行分析,认为这些制约条件和属性特征,决定了用户在该领域所有活动和行为的可能性,而对于用户的许多具体操作行为(尤其是解决问题等复杂操作),设计者是无法事先预测的,因此在设计中只有充分考虑了所有的领域制约条件和属性特征,设计才能有效地支持用户在复杂领域中全部的活动,包括在无法预测的应急情景下解决问题的自适应决策操作行为,从而提高系统的总体绩效和安全。CWA 倡导的生态用户界面设计(Ecological Interface Design, EID)为人因学提供了一种针对复杂领域的人机界面的设计方法。CWA 和 EID 已在航空、医疗、流程控制、核电站控制等领域得到了广泛的研究。EID 还为复杂领域内的大数据信息视觉化设计提供一种建模工具,以及信息视觉化的用户界面表征架构,从而弥补了以往的人因学科在研究方法上的不足。

2. 认知计算建模

认知计算建模采用基于人的认知模型的计算方法,来定量地模拟计算人在操作和任务条件下的认知加工绩效,为人因学在系统研发中提供一种评价和预测系统设计有效性的工具。针对传统人因学在系统开发流程后期才开展设计有效性的验证工作,以及后期改进可能带来较大代价的"滞后效应",认知计算建模在开发早期便能开展快速低成本的人因学设计验证工作,从而提升了人因学在系统研发中的"发言权",尤其对航空、航天这样的特殊复杂系统领域的具操作风险的任务和环境,有效的认知模拟仿真试验更显出其价值。美国航空航天总署(NASA)在 2007 年启动了一项人因学认知计算建模研究项目:人的操纵能力的仿真项目(NASA Human Performance Modeling, HPM),其应用了 5 种不同的建模方法来解决两个航空领域的难题:飞机滑行和进场/着陆作业中飞行员的表现,以及合成视景系统的设计和评估。在 NASA HPM 计划中的 5 种建模方法中,每一个都具有仿真复杂飞行环境的能力,在仿真模型中,飞行员被构建为一个认知部件,与飞机的各种状态参数之间进行交互。该计划包括如下 5 个人的性能建模工具:

> 理性思维自适应控制 ACT‑R(Adaptive Control of Thought‑Rational);

> 融合 ACT‑R 的改进的人的能力仿真集成系统 IMPRINT/ACT‑R (Im‑

proved Performance Research Integration Tool/ ACT – R hybrid）；

➢ 航空人机综合设计与分析系统 Air MIDAS（Air Man – Machine Integration Design and Analysis System）；

➢ 分布式操作人员模型架构 DOMAR（Distributed Operator Model Architecture）；

➢ 注意情景感知 A – SA（Attention – Situation Awareness）。

结果表明,各模型都达到了一定的预期效果,但有效性并不一致。同时该研究也对今后的建模工作提出了改进意见。

3. 面向情景意识的设计

如前所述,基于认知信息加工三水平模型的情景意识（Situation Awareness, SA）,强调 SA 是在一定的时间和空间条件下,人对当前操作环境信息（包括来自外界物理环境、操作的系统设备以及其他团队成员）的感知、理解,对未来状态的预测。这种基于结构化认知加工过程的方法为人因学在人机交互的分析、设计和测评提供了一条清晰的思路,以及有效的方法和工具。传统人因学注重操作员用户心理结构（Mental Construct）,例如,用户心理模型在系统设计中的作用,但是心理模型是用户通常经过长期学习所形成的相对稳定的一种心理结构。随着复杂技术系统的广泛应用,人们在动态操作环境中从事认知特性不断增加的实时动态监控和决策操作任务, SA 强调依赖用户对动态变化环境中快速实时更新的心理结构表征来支持瞬间（Moment-to-Moment）决策和绩效,因此,SA 开辟了一种新的研究途径和解决方案。SA的贡献首先体现并应用在航空领域。例如,对航空飞行事故中的人误的 SA 分析研究;飞机驾驶舱中人-自动化交互作用的研究。目前,SA 已被扩展应用到航天、军事、医疗、过程控制等领域。

Endsley 和 Jones（2012）进一步提出了基于"以用户为中心设计"的一个成熟的面向 SA 设计的体系框架（SA-Oriented Design）。该框架包括了一整套在系统开发中可具体操作的方法、流程和工具。其中,包括 SA 需求定义、SA 设计原则、SA 测评、SA 导向的培训等,为人因学在系统开发中提供了一套系统化、实用的方法和流程。SA 在新一波技术应用中,可为人因学提供一种有效的方法。在大数据的视觉化显示、人-自动化交互和人-机器交互中的自动化意识、无人驾驶车、无人机避撞、网络安全监控、普适计算中的隐式人机交互,以及其他智能系统的人机交互设计等各个领域中,SA 的研究有待进一步的开展。另外,SA 强调依赖用户瞬间更新的对动态变化环境的表征来支持快速实时的决策和绩效,今后如果能解决实时精确的 SA 测量问题,SA 的这种思路将有助于实时自适应人机交互的设计。

4.4.3　协同认知系统

在人因学的发展进程中,人因学研究的侧重点从最初的"人适应机器"到"机器适应于人",再到广义的人机交互,或称为人-计算机交互（Human – Computer Interaction，HCI），如今正呈现出逐步向人机融合（Human‐Computer Integration/Merger）的方向发展。在传统的人机交互中，人与机器（包括一般机器或基于计算技术的产品）之间的交互关系基本上是一种"刺激‐反应"的关系，即两者间的"反应"基本上按顺序地取决于另一方的"刺激"输入或输出。这种交互关系从最初的机械式人机界面到数字式人机界面，再到如今的自然式人机界面，在本质上没有变化。

在人机融合中，人和机器的关系则是合作的关系。这种合作表现在以人脑为代表的生物智能（认知加工能力等）和以计算技术为代表的机器智能（人工智能等）通过深度的融合来达到智能互补。人机交互与人机融合形成了一个连续体的两端。随着智能技术的发展，人机关系将继续向人机融合端演化，各种具有不同智能程度的产品在这样一个连续体内共存。按照 Hollnagel 和 Woods 提出的理论，人机融合就是通过人和机器两个认知主体，互相依存和合作组成的协同认知系统。可以认为，今后的智能社会将由大量的不同规模的协同认知系统组成。借助于人工智能、感应、控制等技术，机器已不再是以"刺激‐反应"的方式为人服务的工具，它们具有一定的感知、推理、学习、决策能力，与人类协同工作和生活。智能时代的人机融合理念将促使人因学对现有的人机关系理论进行再思考。

【本章实验建议】

1. 信道容量的测定

信道容量与单位时间内能够正确辨识的刺激数量有关，其表达式为 $C=(n\log_2 N)/T$。其中 C 为信道容量，N 为辨认的刺激数目，n 为单位时间内能做出正确反应的刺激数目，T 为对一个刺激做出正确辨识所需要的时间。通过 E‐Prime 试验平台和设计相关的实验程序，可测得相关的信道容量数据。

2. 记忆广度实验

可采用数字记忆广度来测定工作记忆能力。信息单元为阿拉伯数字，从 3 位数字开始，然后是 $4,5,6,7,8,\cdots$，直到同一数字系列的 3 遍都错了为止。每一系列数字呈现的时间为 750 ms，与第二次呈现中间间隔 250 ms。若被试能准确同时记忆住的信息单元数为 6 个，当信息单元数为 7 时正确率为 2/3，当信息单元数为 8 时正确率为 1/3，当信息单元数为 9 时正确率为 0，则该生的短时记忆广度为 6+2/3+1/3＝7。按此方法可得出每个人的记忆广度，然后求平均值和方差值。

3. 速度‐准确性互换曲线测定

反应速度和反应准确性之间有着一定互补的关系，即当人快速做某件事时，他更可能出错；相反，当他试图准确地完成某件事时，为了达到预期的准确性，他必须放慢工作速度。这被称为"速度‐准确性的互换特性"。从绩效上看，这是以降低速度换取正确率，或者以降低正确率来换取速度。以反应时为横轴，以准确性为纵轴，所描绘的曲线称为速度‐准确性操作特性曲线。通过 E‐Prime 平台和运行相关的实验程序，在电脑显示屏幕中间呈现两个字母中的一个，要求被试根据呈现的字母做出相应的反应,由机器自动记录下被试的反应时。呈现的字母分为两种情况,相似性高的字母,如 B 和 P,相似性低的字母,如 A 和 C。采用 ABBA 法平衡两种条件的实验顺序。速度或准确性大小通过实验指导语控制,分 3 种情况,即要求被试:① 尽可能快地反应;② 尽可能准确地反应;③ 既快又准确地反应。采用拉丁方设计平衡 3 种指导语。将不同实验条件下被试的反应时结果进行整理;采用方差分析的方法考察字母相似性和不同实验指导语对辨识字母反应时的影响;根据实验结果绘制速度-准确性的互换特性曲线。

【本章案例研究】

从危机化解审视人-机关系发展新趋势
——澳洲航空 32 号航班发动机空中爆炸飞行事故

澳洲航空公司 Qantas(曾保持了长达半个多世纪的安全记录无人员伤亡)。2015 年,被 Airlineratings.com 评为"全球十大最安全航空公司"首位。当然这并不代表澳洲航空的飞机就没有出过事故,重要的是发生事故后如何应对。

2010 年 11 月 4 日,澳洲航空从英国伦敦西斯罗机场飞往澳大利亚悉尼机场的 32 号航班,经停新加坡樟宜机场加油。经过两个小时的修整后,机组成员和乘客即将飞赴最终的目的地。此航班总共耗时长达 22 个小时。

执行此航班飞行任务的飞机为空中客车 A380-842。这架注册号为 VH-OQA 的客机在 2008 年交付给澳洲航空使用,是该公司的首架 A380 客机。

当时只有少数的飞行员接受过空客 A380 的机长培训,执飞该航班的机长为前战斗机飞行员理查德,副驾驶为马特,第二副驾驶为马克,这三名飞行员负责在 7 个小时内轮流驾驶飞机直至目的地。航班共搭载有 440 名乘客和 29 名机组人员,此次飞行也是澳航对理查德机长进行年度考核的评估项目之一,执行评估任务的是澳航的资深机长哈利和戴夫,驾驶舱的阵容可谓"空前豪华"。

澳航 32 号从樟宜机场顺利升空。遍布机身的 25 万个传感器也在监视着飞机的一举一动,现代科技让自动驾驶功能变得极为强大。飞机电子中央监控系统(Electronic Centralized Aircraft Monitor,ECAM)显示着飞机的工作状态,同时监控飞机上出现的任何故障,并对飞行员进行及时的提醒。上午 10 点 01 分,澳航 32 号航班在刚起飞 4 分钟后,飞机的 2 号发动机便发生爆炸。理查德机长当机立断关闭自动驾驶仪,即刻接手控制飞机并保持在 7 400 英尺高度,接下来他 35 年的飞行经验起了决定性作用。

理查德机长要求副驾驶马特分析监控电子中央监控系统的信息,并对上面提供的诸多信息进行评估和解析,屏幕左下方的箭头也在指示更多的信息需要处理。与此同时理查德机长向航管中心发出了"Pan、Pan、Pan"的求救信号,(仅次于 Mayday 的紧急求救信号),告知澳航 32 号航班发动机失效等重要情况,并要求清空附近的空域,进行紧急迫降程序。

电子中央监控系统显示受损的发动机温度过高,而且极可能引发更为严重的问题。开启灭火开关后,他们只能期待灭火装置真的奏效。警报的消除让飞行员松了一口气,不过他们依然需要确认问题是否已经解决。卡罗尔是此次航班的乘客之一,她恰巧坐在飞机的左翼正上方的位置,她看到发生爆炸后机翼的蒙皮上破了几个洞。位于悉尼的澳洲航空签派运营中心也接收到了飞机传送过来的实时信息,澳航 32 号的航路下方——印尼巴丹岛(batam island)上也出现了飞机的残骸,当地人怀疑有架飞机失事了。

澳大利亚运输安全局(Australian Transport Safety Bureau, ATSB)专家凯文看到了媒体的相关报道,如果信息属实,他将接受职业生涯中最大的调查任务。新闻显示有一架澳航的 A380 在印尼坠毁,残骸的图像也传遍全球。

此时的 32 号航班上副驾驶正在处理层出不穷的系统警报,机组必须逐项解决系统给出的警报问题。在日常的飞行训练中,飞行员只会遇到 2 到 3 个模拟故障问题,但在此航班上则出现了 58 个!这对机组成员是一个极大的考验。

爆炸发生 5 分钟后,澳航 32 号航班位于新加坡以南 70 公里处,而且正处在飞离大陆的航向。飞行员想要返回新加坡,但是在不知道客机目前处在何种状态的情况下,贸然转向可能会带来不可控的后果。一项接一项的故障信息也在考验着机组的应变能力。听完副驾驶马特的故障汇报后,理查德机长决定让戴夫通过机内广播向乘客们通报情况。越来越多的故障迫使理查德机长做出返航的决定:进行 180°大转弯,迫降新加坡机场。他通过无线电和新加坡空管中心取得了转向许可。

理查德机长操控飞机缓慢地进行左转,他明白飞机随时可能陷入失控的险境。此时飞机的重量比最大着陆重量还要高出 40 吨,新加坡樟宜机场是方圆 350 公里内最大的机场,长达 4 000 米的跑道也是空客 A380 客机安全迫降系数最高的机场。顺利地完成转向,让机组成员慢慢积累起信心,他们即将面临终极挑战——安全降落这架受重创的全世界最大的客机。

飞行员需要进一步了解飞机的受损情况,以便规划好之后的决策和行动。理查德机长决定派第二副驾驶去客舱看受损发动机的情况,他走到卡罗尔的位置,能够清楚看到飞机受损的样子,发动机碎片将机翼的蒙皮完全打穿。2 号发动机受损严重。他将情况汇报给机长,更糟糕的是飞机在漏油!这个消息也印证了信息系统显示出来的诸多故障原因。爆炸后的发动机碎片洞穿了飞机机翼,并破坏了位于机翼的飞控系统的管线。搞清楚了飞机故障的原因,并未减轻飞行员的操作难度,受损的线路和液压系统会在降落的时候引发另外的灾难。

飞行员打算在机场附近盘旋,并制定具体的迫降方案。戴夫利用空客 A380 的降落计算软件推算出这架大飞机在单发失效的情况下需要多长跑道才能满足降落标准,令人沮丧的是电脑的显示是没有答案。这架飞机满载了所需的 105 吨燃油,这意味着任何降落都是极其危险的行为,燃油输送泵的损坏也让这些燃油变成了十足的负担。由于客机超重 40 吨,飞机降落时需要的速度和跑道长度也需相应增加。在计算机技术高度成熟的今天,部分航空业内人士宁愿相信电脑也不愿相信自己的判断,而 32 号航班机组成员以亲身经历,说明了人通过多年工作经验积累获得的判断力的可贵性。

戴夫决定输入相对乐观的数据,电脑预测了最糟糕的场景后给出了 139 米的跑道余量,相对于跑道全长,这是一个不容丝毫错误的距离,电脑也给出了 146 节(时速 270 公里)的进场速度。副驾驶立刻质疑这个数据,他认为建议的进场速度太慢了。在飞机降落时维持正确的速度非常关键,速度过慢,飞机会失去足够的升力直接砸向地面,速度过快会冲出跑道,最后机长决定以 166 节的速度降落。机长联系新加坡空管中心要求做长距离进场程序,并要求地面做好消防准备。

机长现在依然不清楚这架客机是否具备降落所应有的操控精度,他决定提前试验一下飞机的飞控系统。他操控飞机轻微的向左侧倾斜,模拟对准跑道的场景,当他操控飞机右转的时候,发现这个过程很艰难。这下理查德机长就对飞机的操控性能了然于胸,经过试验得知,飞机失去了大约 6 成的机动能力。在座的所有机组人员都明白,他们只有一次对准跑道的机会。

接着机组人员又发现了一个潜在的威胁,收放起落架的液压系统仍未恢复正常工作,他们只能利用重力放出起落架。这一过程又耗费了两分钟的时间,现在他们距离最后的降落也只有两分钟时间。理查德机长调整飞机油门尽量以最低的速度落地,飞机在失速的边缘飞行。机长终于艰难地对准了跑道,100 英尺—50 英尺—30 英尺—20 英尺,在飞机即将落地时失速警报再度响起,最终以比正常降落速度快 35 节的速度降落在樟宜机场的跑道上。空客 A380 因为机翼宽度的原因,只有内侧的两个发动机具有反推功能,而爆炸的 2 号发动机直接影响了 50% 的反推性能,机翼中受损的管线也让一半的扰流板不能正常工作,影响减速效果。飞行员拼尽全力踩下刹车,在四只轮胎爆胎的情况下将飞机停在了跑道尽头前方的 150 米处。

澳洲航空 32 号航班稳稳地停在了跑道上。危机并未消除,破损的油箱不断渗出燃油,距离热得发烫的起落架咫尺之遥,这架安全降落的飞机随时都会有爆炸起火的危险。理查德机长并未选择立刻疏散乘客,而是等待消防喷洒阻燃泡沫,防止飞机突然起火,他知道飞机上拥有 16 个紧急滑梯,能在 90 秒内疏散所有乘客,但负面影响是造成 5%~10% 的乘客受伤。理查德机长认为飞机上要比流淌着燃油的跑道更安全。机组执行完关闭发动机的程序后,耳机里传来消防队长请求关闭 1 号发动机的声音,受损的机翼破坏了 1 号发动机的控制线路。他们只能打电话求助于悉尼的澳航工程师,来寻找关闭仍在运转的发动机的方法。

消防员只能依靠不断地喷水来强制关闭发动机,由于发动机设计的时候就曾考虑过暴雨模式,喷水并未达到预期的效果。火灾的威胁消除后,乘客通过登机梯走下飞机,这比逃生滑梯安全多了。1 号发动机仍在运转,消防队员只好改用消防泡沫,直至降落 3 个小时后,1 号发动机才完全熄灭。在得到 1 号发动机被控制住的消息后,机组成员才决定离开驾驶舱。

　　澳大利亚运输安全局对此事展开了大规模的调查，发动机受损的程度令调查员触目惊心。掉下来的残骸中包含一个破损的涡轮盘，这个重达160千克的涡轮盘包含有镍合金，也是飞机最坚固的零部件之一，调查局把这个涡轮盘送回发动机供应商罗·罗公司进行分析。罗·罗的工程师在实验室对受损的涡轮盘和制造记录进行比对，他们发现这个涡轮盘的直径超过了正常的大小。这表明涡轮盘在工作过程中处在了比正常温度高很多的环境中。调查员绘制了发动机碎片的运动轨迹，结果显示这些碎片切断了燃油管和液压系统，几乎瘫痪了整个飞机的左翼系统，这也不难解释中央监控系统上显示的诸多故障。调查员进一步拆解了发动机，发动机内部被烧得焦黑一片，而且布满了烟尘和油污，他们判断是燃油引发了这一切。最终发现是发动机内部的一根称为供油短管的输油管线断裂后，将燃油泄漏到了高速工作状态的涡轮盘上，漏出来的燃油被点燃，发动机内部温度越来越高，大火也导致传动轴受损，从而使涡轮盘转速越来越快，直至破裂引发了爆炸。而供油短管断裂的原因居然是由低级的制造失误造成的。

　　之后，官方的调查报告证实，澳洲航空32号航班的事故原因，是由有制造瑕疵的供油短管断裂造成的，并建议对所有的空客A380型客机进行排查。此时全球共有20架在役的空客A380型客机使用的罗·罗同款发动机，其中的34台发动机被发现有同样的隐患。罗·罗公司对其质量管理体系做出重大改进，并对软件系统进行了改进，一旦发生类似的事故，将会自动切断燃油的输送。

　　调查人员同样认为，澳航32号航班成功返航的最大因素在于训练有素的飞行员，他们快速有效的应急能力在此次灾难中大显身手。如果飞行员选择146节的电脑推荐速度，以当时情况飞机必定失速。副驾驶的勇敢质疑和机长的灵活操作显得相得益彰，优秀的驾驶舱文化更为安全着陆奠定了基础。事实证明，即使是最先进的机械设备也会出现故障，人的因素永远不可或缺。

事故带来的启示：

　　结合本章的主题：人的认知工效学知识，这个案例带给我们许多值得深入思考的问题。

　　首先是飞机设计方面，此次发动机爆炸，确实造成了一系列险象环生的后果：爆炸碎片击穿了飞机大翼，导致燃油渗漏，并损坏了部分燃油系统和液压系统附件；虽然成功灭火，但也一定程度影响了燃油和液压系统的正常工作，几乎瘫痪了整个飞机的左翼，以至于之后操纵能力受损，无法空中放油，降落过程中无法正常放出起落架；扰流板和反推不能正常工作，停在地面后，1号发动机无法关闭。这一系列险情确实会引发大量的告警信息，机组必须逐项解决。如文中描述：在日常的飞行训练中，飞行员只会遇到2到3个模拟故障问题，但在此航班上则出现了58个！从此例中，我们能够意识到，在出现危急状况时，对监控系统大量传感器收集到的各类相关信息，飞机的告警系统应具备深度整合和分析预测能力，将飞行员为完成安全降落的任务最需要的信息,以清晰明白和适合飞行员接收信息能力的方式呈现给飞行员。在这个案例里,短时间内告警信息的数量显然还是偏多,而飞行员真正需要的信息,如飞机目前的操纵机动性的信息;这架大飞机在直接影响反推能力的发动机单发失效,超出最大着陆重量 40 吨的情况下,需要多长跑道才能满足降落标准的信息,速度应是多少才不至于失速或冲出跑道的信息,却不容易获取,或提供的数据未为准确。

再来分析一下飞行员的判断和处置过程:机长在发现出现发动机爆炸险情时第一时间断开了自动驾驶,并运用多种手段使机组保持较好的情境意识:首先让副驾驶分析监控电子中央监控系统的信息,并对上面提供的诸多信息进行评估和解析;从频频的告警中意识到事态的严重性后,立即决定备降周边最大的机场,小心实施,将飞机缓慢向左转掉转 180 度;并派第二副驾驶去客舱观察左大翼实际受损情况;机长在不清楚这架客机是否具备降落所应有的操控精度时,还凭借手动操纵做了验证;在副驾驶对电脑提供的降落速度提出异议的时候,没有过分相信依赖设备提供的数据,而是以实际情况为准,进行人工判断和干预;选择了 166 节的速度;并具有较好的预见性,意识到飞机超重和反推无法使用的情况,拼尽全力踩下刹车;又由于意识到乘客留在飞机上比从应急滑梯冲到有燃油和发烫起落架的地面更安全,而采取了更为安全的做法,使这个极其危险的空中事故最终化险为夷。

从这个实例,可以使我们能够更好的理解本章最后一节所提倡的新的设计理念:发展人机融合的协同认知系统的重要性。即在紧急情况下,飞机上的先进设施给飞行员提供为完成其目前最重要的飞行任务而经过深度加工整合的重要信息;飞行员则需利用一切条件保持良好的情境意识,发挥其主观能动性,这样,通过人的智能和机的人工智能的完美结合,才可能降低航空事故发生的概率。

复习思考题

4-1　信息加工理论和联结主义理论的主要观点是什么? 有何不同?

4-2　试绘制 Wickens 信息加工模型,并查找其他认知模型如 SOAR、ACT-R、HPM、A-SA、D-OMAR 等模型,绘制结构图。

4-3　瞬时记忆、工作记忆、长期记忆各有何特点?

4-4　知觉过程的信息加工,可分为哪两种相互联系相互补充的方式? 如何证明?

4-5　知觉的种类有哪些?

4-6　注意品质包括哪几方面?

4-7　了解大脑各个区域的名称和基本功能。

4-8　飞行员的一般认知能力大致包括哪些方面? 飞行员的特殊认知能力包括哪些方面?

4-9　什么是情境意识? 它有哪三个等级水平?

4-10　什么是应激? 什么是应激源? 试述飞行活动中的典型的应激源

4-11　生理性应激可分为哪三个阶段? 心理性应激分为哪三种类型? 什么是焦虑?

4-12 什么是时差效应? 什么是昼夜生理去同步?

4-13 人体进行昼夜节律重建时,其重建的快慢程度与哪些因素有关?

4-14 试述叶克斯-道森(Yerkes-Dodson)定律的主要内容。

4-15 根据飞行错觉产生的感觉通道,可以将飞行错觉分为哪三类? 请参阅相关参考书,将所有的前庭本体性错觉、前庭视性错觉和视性错觉的种类、产生机理列和特点列表详述。

4-16 什么是情境意识丧失? 什么是信息过载?

4-17 什么是前瞻记忆(prospective memory,PM),如何克服前瞻性记忆失败?

4-18 什么是静态人-机功能分配? 什么是动态人-机功能分配?

4-19 自动化系统的设计需要考虑哪些原则?

4-20 试述人机界面设计的基本原则

4-21 查找施耐德曼的八项黄金法则(Schneideman's Eight Golden Rules)的具体内容。

4-22 查找尼尔森的十项启发式原则(Nielsen's 10 Heuristics)的具体内容。

4-23 查找各类新型人机交互方式,如体感控制、脑电控制、VR、AR 等技术,列表分析它们的特点及应用领域。

4-24 神经人因学研究的主要内容是什么?

4-25 什么是协同认知系统? 什么是人机融合?

参考文献

[1] 玛格丽特·马特林.认知心理学理论、研究和应用[M].北京:机械工业出版社,2016.

[2] 何静远.驾驶舱飞行员手眼配合模式与认知过程相关性研究[D].上海:上海交通大学,2013.

[3] 薛红军,张晓燕.民机驾驶舱人机工效设计与评估[M].西安:西北工业大学出版社,2014.

[4] 杜红兵,刘明,靳慧斌.基于信息加工模型的飞行员差错分析与分类[J].工业安全与环保,2013,39(2):90-93.

[5] 完颜笑如,庄达民.飞行员注意力分配理论与应用[M].北京:科学出版社,2013.

[6] 完颜笑如,庄达民.飞行员脑力负荷测量与应用[M].北京:科学出版社,2014.

[7] 游旭群,姬鸣,焦武萍.航空心理学理论、实践与应用[M].杭州:浙江教育出版社,2017.

[8] 何灿群.产品设计人机工程学[M].北京:化学工业出版社,2006.

[9] 毕红哲,庄达明.航空人机工程计算机仿真[M].北京:电子工业出版社,2010.

[10] 沈泽江,孙慧.航线运输飞行员理论培训教材 人的因素[M].大连:大连海事大学出版社,2017.

[11] 罗晓利.飞行中人的因素[M].成都:西南交通大学出版社,2002.

[12] 姬鸣.飞行员人因失误的心理机制研究[M].北京:科学出版社,2015.

[13] 许为,葛列众.人因学发展的新取向[J].心理科学进展,2018,26(9):1521-1534.

[14] 杜秀芳,周东明,王学军,等.工业与社会心理学实验指导[M].济南:山东人民出版社,2009.

[15] 乔善勋.空难悲歌:航空安全背后的故事[M].北京:中国民航出版社,2016.

第5章 驾驶舱显示器/显示信息
人因设计与适航审定

  民用飞机在不同位置上安装有各种不同类别和功用的显示器,如驾驶舱内给飞行员使用的各类显示装置和显控一体装置;客舱内给乘务员和乘客使用的视觉和听觉显示器,如客舱服务显示控制面板、机载娱乐系统的显示器、监控摄像显示器、旅客广播等;以及分布在飞机多个区域内的具有显示功能的维修用设施。本章将主要探讨驾驶舱显示器及显示信息的人因设计,与相关适航条款、审定依据。

  显示信息是飞行员进行决策和操控的重要依据,是影响飞行员工作效率的最主要因素之一。由于现代飞行任务的综合化程度日益提高,导致驾驶舱显示信息的数量也急剧的增长。为了解决信息过载带来的问题,研究人员开展了相关研究,并提出将数量繁多的信息以更为综合、直观的方式提供给飞行员,以降低信息过载造成的影响。

  本章将着重介绍驾驶舱显示器装置的布局和呈现信息的方式,进一步从视知觉和飞行员接收、处理各类驾驶舱信息的方式和能力的角度,探讨驾驶舱显示器和显示信息的人因设计问题,以及相关的适航条款及符合性依据。

  好的显示系统设计,不仅应能保障飞行员拥有良好的视觉工作效率,还应能提升飞行员的态势感知等能力。必须尽可能统一整套显示系统的界面设计,即布局、显示格式、颜色和尺寸等信息编码特性。由于不同设备的各自特点,在设计中还需考虑这些编码特性的优先级。研究表明,飞行员对色彩的偏好比显示格式和尺寸更加明显。保持显示格式的一致性能够让飞行员在不同的显示界面上高效、准确的获取相应信息。

  目前,驾驶舱飞行显示器发展到普遍采用平板式显示器的新阶段。自从波音 B777 飞机全面使用平板式显示器以来,大型民用飞机的下显示器(Head Down Display, HDD)大都选用了平板式显示器,多采用薄膜晶体管液晶显示器(Thin Film Transistor Liquid Crystal Displayer),一般简称液晶显示器(Liquid Crystal Display,LCD)。

  新一代波音和空客民用飞机驾驶舱都相继推出了平视显示器,并结合增强视景系统和合成视景系统,使得飞行信息得以以更为直观、不受天气能见度和夜航影响的方式呈现,降低了飞行员的工作负荷。

  民机驾驶舱显示技术正朝着显示综合化、大屏幕显示、多模式控制、智能化的方向发展。从技术上说,先进的驾驶舱显示系统普遍采用了高度集成的低功耗、轻量化、高可靠性,同时兼具开放性的系统架构。

  ➢ 显示综合化:对机上的飞行信息、各类传感器信息以及设备状态信息进行综合显示与控制,将更多的新显示功能和新显示方式,综合显示到相应的显示器上,提供良好的人机界面,提高飞行效率,减轻驾驶员工作负担。

➤ 大屏幕显示:显示尺寸、显示分辨率显著提高,实现全景显示。综合显示出周边的空中通道、气象云图、三维地形、视景增强图像、机场信息等。增强飞行员的态势感知能力,提高驾驶员对飞机的正确快速决策能力、管理能力和操纵能力。

➤ 多模式控制:注重发展集采集、分析、显示、控制策略于一体的全景座舱显示系统,兼有按键、语音、触摸等多种控制模式,增强飞行员态势感知能力,提高飞行安全性。

➤ 智能化:民机对航电系统智能化的需求显得格外重要,要求人机接口交互性强、提高系统告警能力,以减轻驾驶员工作负担,保证驾驶安全。

驾驶舱显示器及控制器将进一步向着显控一体的方向发展,驾驶舱信息的显示和控制方式都将出现新的改变。

5.1　显示器/显示信息设计基础

按照接收信息的感觉通道,可以将显示器分为视觉显示器、听觉显示器、触觉显示器等,其中以视觉和听觉显示应用最为广泛。表 5.1 给出了上述三种显示方式传递的信息特征。

表 5.1　视觉/听觉/触觉显示方式传递的信息特征

显示方式	传递的信息特征
视觉显示	① 比较复杂、抽象的信息或含有科学技术术语的信息、文字、图表、公式等; ② 传递的信息很长或需要延迟者; ③ 需用方位、距离等空间状态说明的信息; ④ 以后有被引用的可能的信息; ⑤ 所处环境不适合听觉传递的信息; ⑥ 适合听觉传递,但听觉负荷已很重的场合; ⑦ 不需要急迫传递的信息; ⑧ 传递的信息常需同时显示、监控
听觉显示	① 较短或无需延迟的信息; ② 简单且要求快速传递的信息; ③ 视觉通道负荷过重的场合; ④ 所处环境不适合视觉通道传递的信息
触觉显示	① 视、听觉通道负荷过重的场合; ② 使用视、听觉通道传递信息有困难的场合; ③ 简单并要求快速传递的信息

在飞机设计制造厂商开发显示系统时,根据相关适航审定依据,需要考虑下列因素并形成文件:

 ➢ 飞行机组工作负荷。

 ➢ 飞行机组达到充分熟悉使用显示器所需的培训时间。

 ➢ 飞行机组差错的潜在可能性。

高工作负荷或过长的培训时间可能表示该显示器设计使用不便,需要过度的注意力,或者易于引起飞行机组差错。

5.1.1　驾驶舱仪表板显示器的布局

通常,驾驶舱的显示器主要分布在主仪表板(MIP)上,包括主飞行显示器(PFD)、导航显示器(ND)、发动机及告警显示器(E/WD)等显示控制设备。在飞行时,飞行员所需要的动态信息基本都位于驾驶舱的这个区域。在正常情况下,机长通过左侧的正驾驶 PFD、ND 读取信息,而副驾驶则通过右侧的 ND、PFD 读取信息。两边的显示屏显示相同的信息。发动机及告警显示器(E/WD)一般布置在中间,由正副驾驶共用。下面简单介绍常见主流机型的驾驶舱显示器布局。

1. B737/A320 的驾驶舱显示器布局

B737 和 A320 的驾驶舱皆布置有 6 块显示屏,左侧 2 块为正驾驶的主飞行显示器和导航显示器,右侧两块为副驾驶的 ND 和 PFD,中间上下排布的两个显示屏,在波音系列中称为"发动机显示与机组警告系统"(EICAS),如图 5.1 所示;在空客系列中称"电子中央飞机监控"(ECAM),也是上下排布的显示屏,区别只是波音 737 的 EICAS 下显示屏在基座上,空客的 ECAM 下显示屏在 MIP 上。

图 5.1　B737 的 6 块显示屏布局

2. A380 的驾驶舱显示器布局

A380 驾驶舱的下显示器 HDD 大屏幕显示器多达 10 块(见图 5.2 和图 5.3),除了常规的 PFD、ND、E/WD,还在基座上设计了 3 块大屏幕:把左右 2 块在早期机型上称为多功能控制显示器（MCDU）的显控一体装置换为大屏幕，称为多功能显示器（MFD）。中间一块是系统显示器（SD）。这些显示屏上的显示内容可经多种方式切换到其他显示屏上，保证了大屏幕的设计安全冗余（见图 5.4）。

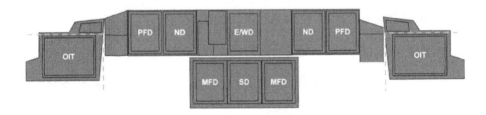

图 5.2　A380 的显示屏布局示意图

图 5.3　A380 的显示屏布局实物照片

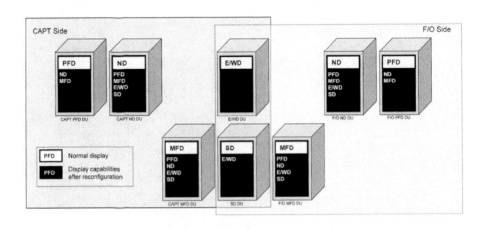

图 5.4　A380 各显示屏进行切换后能够显示的显示信息

除此之外，还在正副驾驶的左右操纵台附近安装了显示"机载信息系统"（OIS）信息的显示器"机载信息终端"（OIT），还可装 2 个平视显示器。这些显示器需由分布在多个区域的控制器来进行控制。

3. A350 的驾驶舱显示器布局

A350 的 HDD 仍沿袭 6 块屏布置,但屏幕的尺寸大为增加,每一块屏显示的信息也做了更好的整合。

在正副驾驶内侧显示屏上,可以显示 PFD 和 ND 信息,和 A380 一样,ND 上可显示垂直导航状态,由遮光板上的 EFIS 控制面板控制;正副驾驶的外侧显示屏上,显示 OIS 信息,由可滑动收放的小桌板上的键盘和指点控制器控制;正中间的上显示屏仍为 ECAM 显示屏,在基座后部的 ECAM 控制面板 ECP 上控制;正中间的下显示屏为 MFD,由其附近的"键盘和光标控制组件"KCCU 控制。

A350 可配平视显示器。在遮光板的两侧,有 HUD 控制面板(HUD CP)提供控制,如图 5.5 和图 5.6 所示。

图 5.5　A350 的 6 块下显示屏布局

图 5.6　A350 驾驶舱仪表板布局实物照片

4. C919 的驾驶舱显示系统布局

C919 驾驶舱显示系统包含 5 块 15.4 英寸的大屏幕显示器。5 块显示屏呈 T 形布局,可同时为正副驾驶提供主飞行数据、导航、通信、监视、电子检查单、气象和地形以及其他系统工作状态等信息。C919 也采用了"综合显示"技术,各类显示信息经过软件处理实现了高度综合,可在一台显示器上显示多种类型的数据,并可实现多个显示器之间相互切换。C919 驾驶舱显示器的布局和综合显示技术,与波音 B787 的类似(见图 5.7)。由于上排显示器是对称的 4 块大屏幕,其起落架收放手柄被安排在正中位,方便正副驾驶的操纵。在左右操纵台还布置有 2 块侧显示屏(见图 5.8)。

C919 同样标配 2 个平视显示器。

图 5.7　C919 驾驶舱正面的 5 块大屏幕显示器布局

图 5.8　C919 驾驶舱侧面的侧显示屏

由以上驾驶舱显示器布局方式介绍可知,各机型间驾驶舱显示屏幕的数量和位置存在一定的差异,但最为重要的信息都显示在飞行员最佳视角范围之内,符合人机工效的基本准则。

5.1.2　视觉显示器/显示信息的排布要求

驾驶舱显示系统为飞行机组提供主飞行参数、发动机参数、机组告警信息及系统状态参数等多种类型的信息。这里将讨论这些参数具体在显示屏上的排布方式。信息的排布方式应符合适航规定,并与飞行员操作习惯相符,考虑到人机工效的合理的排布方式,有利于经过专业训练的飞行员迅速搜寻接收相关信息。

1. 特定信息应放置于某个不变位置

以下信息在正常情况下应当放置于某个不变位置:

① 主飞行信息。

② 动力装置信息。

③ 飞行机组告警:每一飞行机组告警应当显示在一个特定位置或在飞行机组中央告警区域内。

④ 自动驾驶仪和飞行指引仪工作模式。

⑤ 横向和垂直航迹偏离指示器。

⑥ 无线电高度指示。

⑦ 失效旗标应当展示在其所引注的信息位置或取而代之。

⑧ 用于导航、交通、飞机系统以及其他信息的数据标识应当放置在相对其所标识信息的某一不变位置上。

⑨ 用于其他信息的支持数据,诸如可移标记和限制标记,应当放置于相对其所支持信息的不变位置。

⑩ 相对当前飞机位置的移动式电子地图显示器上的特征,如其高频全向信标台(Very high-frequency Omnidirectional Range,VOR)、航路点等。此外,这类特征(信息)应当置于相应每一选定范围的定常标尺上。

⑪ 在各飞行阶段中相类似的信息。

2. 主飞行参数信息的排布要求

按照第 25.1321 条的规定,飞行、导航仪表(即主飞行参数)必在仪表板上构成组列,并尽可能集中在驾驶员向前视线所在的垂直平面附近。主飞行参数的布局要满足以下"T"形布局:

① 最有效地指示姿态的仪表必须装在仪表板上部中心位置;

② 最有效地指示空速的仪表必须直接装在姿态指示仪表的左边;

③ 最有效地指示高度的仪表必须直接装在姿态指示仪表的右边;

④ 最有效地指示航向的仪表必须直接装在姿态指示仪表的下边。

作为条款要求,这种主飞行参数的"T"形布局是符合飞行员的驾驶习惯的。典型的主飞行显示如图 5.9 所示。

3. 发动机信息的排布要求

发动机信息要以容易辨认的、逻辑的方式紧密地排列组合,以便飞行员能够清晰

图 5.9　按 T 形排布的主飞行参数信息

地、快速地辨认显示的信息并与相应的发动机关联。

　　为设置和监控发动机推力或功率所必需的规定的发动机指示,应当连续显示于飞行机组的主视界;动力装置信息的自动选择显示,不应当抑制飞行机组必须知道的其他信息。

　　一般把与某一动力装置有关的参数作垂直排列,并且按照动力装置的位置,将其放置在与另一动力装置有关的参数旁边,使得相同的动力装置参数水平对齐。通常,要按重要性的次序来放置参数指示,最重要的放在顶部。一般说来,顶部指示的是主推力设定参数(如图 5.10(a)所示)。

　　提供给机组的信息显示要与飞机的布局相一致。如发动机信息显示中相关参数的排列要与飞机发动机的物理安装位置一致,即左发参数相应地显示在左边,右发参数显示在右边(如图 5.10 所示)。

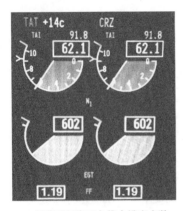

(a) 屏幕顶部指示主推力设定参数

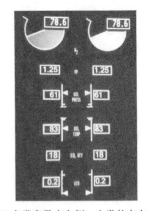

(b) 左发参数在左侧,右发的在右侧

图 5.10　典型的双发飞机发动机参数信息显示方式

4. 其他信息的排布要求

下滑道偏离标尺应当位于主姿态指示的右边。若在电子水平态势指示器和电子姿态航向指示器上都展示下滑道偏离数据时，则该项信息应当出现在每个指示器上的同一相对位置。

若下滑道指针由带垂直导航（VNAV）或仪表着陆系统（ILS）相仿功能的区域导航（RNAV）系统驱动时，对该指针不应当做"GS"或"下滑道"标记。

导航、天气以及垂直态势显示信息常常会在多功能显示器上显示。该类信息可显示在一个或更多的实体电子显示器上，或者显示在一个较大显示器的若干区域内。当不要求该类信息连续显示时，其可作分时段显示，但在需要时，显示过的信息应当易于恢复给飞行机组。

其他信息不应当设置在主飞行信息或规定的动力装置信息通常会显示的地方。

5. 使用窗口和菜单展示信息的注意事项

窗口是可以在一个或多个实体显示器上出现的某个规定区域。包含一组相关信息的窗口，通常称之为一种格式。一个实体显示器表面可以展示多个窗口。窗口可有不同的大小。窗口应当有固定的尺寸和位置。窗口之内以及跨窗口的信息元素之间的间隔，应当足以使飞行机组能够快速区分独立的功能或功能组（如动力装置指示）并且避免任何混乱或无意的交互影响。可选择信息的显示，如在某个显示区域的一个窗口，不应当干扰或影响主飞行信息的使用。

菜单是飞行机组可以从中做出选择的显示项目清单。菜单有下拉式菜单、滚动式菜单、在多功能显示器上的行选择键以及飞行管理系统菜单树等形式。选项是菜单上可选择的某个项目。选择是用户挑选某个菜单选项的行动，其可通过点击（用光标操控装置或其他机构）、输入一个相关的选项编码或作动某个功能键来实施。

菜单的层次结构和编排设计，应当按能使飞行机组完成其任务的逻辑顺序进行编排，飞行机组可按步骤顺序浏览选择菜单或相关选项。任何具体菜单所提供的选项应当互相逻辑相关。菜单的显示位置应当协调一致，可以是某个固定位置或是相对不变的位置，使飞行机组知道去何处找到它们。系统应始终显示在菜单和菜单层次中的现行位置。

子菜单数目的设计，应当确保能够及时访问想要的选项，而无需过于依赖对菜单结构的记忆。某个菜单上显示的项目，和其他菜单上显示的项目，以及最终选定的项目之间应能够明显区分。挑选期望选项所必需的步骤数目，应当与飞行机组任务的频度、重要性以及紧迫性相协调。被显示的菜单不应当遮挡必需的信息。

6. 显示器上的共享信息

在给定显示器上的共享信息有三种主要方法。首先，信息可以重叠或组合，比如把交通告警和防撞系统（TCAS）信息叠加在一个地图显示器上。其次，信息可按时间分享，使驾驶员能够在各功能之间选择，一次触发一个功能。最后，信息可以同时在分开的物理区域或窗口中显示。不管采用何种信息共享方法，都应当注意确保因优先权较低而被排除,但仍可能有用的那些信息能够恢复显示,并且一旦有需求即能恢复显示。

7. 信息的全时段与分时段显示

驾驶舱有些信息如飞机姿态信息,是需要全时段显示的。但也有一些信息是某些飞行阶段所需要或必需的。哪些信息可以分时段显示?这些信息能否在需要使用时自动弹出?自动弹出的信息是否会导致显示器的不可接受的杂乱无章?这些自动弹出的信息是否应伴有警告?以下是分时段显示信息的一些设计准则:

(1) 在确定某个显示器上的信息能否分时段显示时需要考虑的准则

① 相对在所有正常飞行阶段的飞行安全性,该参数不必要连续显示。

② 在必须显示的飞行阶段,当其值表明某种非正常状态,或当其会是某种失效情况中的相关信息时,该参数会自动显示。

③ 被抑制的参数可由飞行机组手动选择显示,而不会妨碍显示其他必要的信息。

④ 若该参数在需要时没有显示出来,其失效影响以及组合影响必须满足所有适用条例(如 25.1309)的要求。

⑤ 被抑制参数的自动显示或请求显示,不应当引起显示器上不可接受的杂乱无序,而且,同时多重的"弹出"也不应当引起显示器上不可接受的杂乱无序。

⑥ 若某个新参数的出现并非明显地不言而喻,则对于该参数的自动显示应当伴以合适的告警或其他通告。

(2) 信息的自动弹出显示的设计准则

某些类型的信息,诸如地形和空中交通预警和防撞系统(Traffic Alert and Collision Avoidance System,TCAS),是运行条例要求显示的,但它们只为某些飞行阶段或某些特定条件所需要或必需。一种通常用来显示这类信息的方法称为"自动弹出"。自动弹出可以用覆盖的形式,如在移动式地图上覆以 TCAS,或作为显示格式的一部分在一个独立窗口弹出。弹出窗口的位置不应当遮挡必要的信息。

显示自动弹出信息要考虑以下准则:

① 当其值表明某种预定状态或当其相关参数达到预定值时,信息会自动显示。

② 弹出信息应当恰当地吸引飞行机组的注意,同时又尽量降低对任务的干扰。

③ 若飞行机组中途取消自动弹出信息的显示,则在有新的情况/事件引发之前,不应当再次发生自动弹出。

④ 若某个自动弹出条件被触发而系统仍处于显示信息的错误形态或模式,并且该系统形态不能自动改变时,则应当显示一项符合其告警性质颜色的通告,提醒飞行机组为信息显示进行必要的更改。

⑤ 若发生弹出或同时多重弹出时遮挡了信息,则应当表明被遮挡的信息对于飞行机组的当前任务是无关的或并非必要的。此外,弹出还应当不会引起误导。

⑥ 若在某个显示区域同时发生一个以上的自动弹出,例如地形和 TCAS 弹出,

则系统应当根据弹出事件的临界性对其进行排序。弹出显示的取向应当使航迹向上或航向向上。

⑦ 对某给定系统的并非连续显示的任何信息,若安全性评估确定其需要向飞行机组展示时,应当自动弹出,或另行指示其为必要的显示。

8. 系统失效时信息的重新配置方法

有时,由于显示器故障或航电系统的其他故障造成某块显示器不可用,通常将把显示格式移到驾驶舱其他显示位置,或利用冗余显示路径来驱动显示信息。非正常情况下使用的替代显示位置,应当通过 FAA 或其委任代表评定以确定该替代位置是否满足可接受性准则。

对于主飞行信息显示单元位于导航信息显示单元之上的仪表板配置形态,若上显示单元失效时,可把主飞行信息移到下显示单元。

对于主飞行信息显示单元位于导航信息显示单元旁边的仪表板配置形态,若首选显示单元失效时,可把主飞行信息移到其紧邻的显示单元。也可把导航信息切换到某个中央位置的辅助显示器上(如图 5.11 所示)。

图 5.11　B737NG 导航信息被切换到中央位置的下显示器上

要求在系统失效情况下,具有手动或自动切换屏幕显示的方式,首选自动切换。一般要求系统出现显示故障时,无需增加飞行机组的动作,就应有足够的信息确保一名驾驶员能对飞机的空速、高度、航向和姿态实施操控。

在主显示失效时,可通过紧凑格式显示。"紧凑格式"指一种恢复性显示模式,此时,在多重显示构型下所选择的各项显示内容,将结合成为一种单一显示格式,以便在某种显示失效后,提供较高优先权的信息。在主显示失效的情况下可自动选择"紧凑格式"或由飞行机组手动选择,首选自动选择。除培训目的外,只有在发生显示失效时才可使用"紧凑格式"。

在主格式被替代时,紧凑显示格式应当保持同样的显示属性(颜色、符号位置等)并且包含同样的必要信息。紧凑格式应当确保其所展示的所有显示功能均正常工作,包括导航和导引模式的通告。然而,由于尺寸限制并为了避免其杂乱无序,可能有必要减少紧凑格式下的显示功能数目。例如对于某些情况,可用数字读出器代替图形标尺。只要有可能,失效旗标和模式通告应当显示在与正常格式相同的位置。

9. 清除杂乱的信息

有时显示器会呈现过多数量或种类的符号、颜色和/或其他不必要的信息。杂乱无序的显示会增加飞行机组判读显示信息的时间,而且可能分散其对导引与驾驶飞机所必需的信息判读的注意力。因此,在一些特定情况下,要能够用一种手段清理显示器上过多的信息,让飞行员将注意力集中在关键的飞行信息上。例如,当飞机处于某异常姿态时,姿态指示器会自动清理,消除一些不必要的信息,保留飞行机组恢复飞机姿态所必需的信息,以帮助驾驶员改出该异常姿态。

5.1.3　视觉显示信息元素的设计

在现代化的飞机座舱内,飞行员使用什么字符和画面以及如何显示这些信息,才能使飞行员快速准确地理解信息的含义,一直是国际航空工效学界关注的问题。信息的显示方式是影响飞行员对信息的快速准确识别、判读和理解的因素之一。合理地使用颜色、数字、字母、文字、图形等视觉刺激,对显示信息进行编码,可以有效地提高飞行员辨识信息的效率,减少人为失误。

驾驶舱信息的显示,首先要注意一致性的问题。AC25-11B"电子飞行显示器"要求:应当使符号表示、位置、操控、行为特征、尺寸、形状、颜色、标识、动态特性以及告警等方面均符合驾驶舱的设计理念。代表相同事项的信息在同一驾驶舱的多个显示器上的显示应当协调一致,缩略语和标识的使用应当始终如一,而消息/通告也应当以一致的方式包含文本。应当对不一致性进行评定,以确保其不易导致混淆或差错,并且不会对有关系统的预定功能产生不利影响。

显示信息元素通常有数字指示、文本、符号、图形、标识等。

1. 数字指示

数字有两种常见的显示方式:

➤ 数字式:用数字来显示有关参数或工作状态。其特点是显示简单、直接精确、认读速度快,且不易产生视觉疲劳等,适用于需要计数或读数的信息显示,但不适合于用于检查、追踪功能的显示。各种数字显示屏、数字计数器属于这类仪表(见图5.12)。

图 5.12　典型的数字式显示：B737NG 驾驶舱甚高频调频旋钮和显示器

➤ 指针刻度式：用模拟量来显示机器有关参数和状态。其特点是显示的信息形象，能连续、直观地反映信息的基本变化趋势，使人对模拟值在全量程范围内所处的位置一目了然，并能明显显示出偏差量，特别适合于监控作业（见图 5.13）。这类数字显示装置又可分为指针运动式和指针固定式两种。

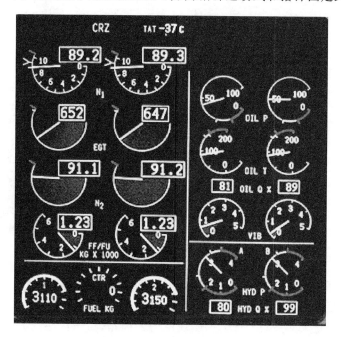

图 5.13　指针刻度式数字显示便于反映信息的基本变化趋势，及全量程范围

（1）数字读出器

数字读出器不仅包括数字位置保持固定的显示器，也包括模拟旋转磁鼓读出器滚动数字的显示器。

数字读出器的数据精度应当足够用于预定功能，并能避免飞行机组作不适当响应，其有效位数应当相应于数据精度。不应当显示前导零，除非规约另有指令（如航向和航迹）。在数字改变或滚动时，不应当有任何混淆运动的影响，致使表观运动与实际趋势不相匹配。

1) 数字字符的高度

数字字符的适宜高度与观察距离、对比度、照明水平以及显示时间等因素有着密切的关系，数字与字母的字高 H 可以按下式计算：

$$H = 0.002\ 2D + K_1 + K_2 \tag{5.1}$$

式中，H 为字高，单位：mm。D 为视距，单位：mm。K_1 为照明和阅读条件校正系数。对于高水平环境照明，当阅读条件好时，K_1 取 1.524 mm，当阅读条件差时，K_1 取 4.064 mm；对于低水平环境照明，当阅读条件好时，K_1 取 4.064 mm，当阅读条件差时，K_1 取 6.604 mm。K_2 为重要性校正系数，一般情况下，$K_2 = 0$；对于重要项目，如故障信号，K_2 可取 1.905 mm。

在实际应用中，照顾到照明条件的不良和观察者视力水平不一，数字高度尺寸还可以适当放大些。

2) 数字笔画宽度

数字笔画宽度一般以其与字高的比值表示（见图 5.14）。比值也可用百分比表示，如 $1:10 = 0.1$。

| 笔画宽度比 | 白底黑字 | 黑底白字 |

图 5.14　字母和数字的笔画宽高比示意图

数字笔画宽度与字高的最佳比值，与字的笔画和背景（底）二者的颜色有关。一般地，笔画宽度与字高之比在 $1:7 \sim 1:40$ 之间，看清黑底上的白字比看清白底上的黑字，最大观察距离要远一些。产生上述现象的原因是，由于白底的光渗效应，即白光渗入到黑字区域而使黑字不易被看清楚。

3) 数字间距

数字在水平方向上的间距为字宽的 $1/4 \sim 1/2$。具有 5 位以上的数字应分为 3 位一组，组间可用相当于半个字符宽度的空白空间或者用逗号隔开，其中，编组要从右侧开始。

（2）标尺、刻度盘与尺带

现已表明带有固定和/或移动指针的标尺、刻度盘和尺带可有效提高飞行机组对数字数据的判读能力。例如，图 5.9 中，姿态仪左侧的飞行速度显示和右侧的飞行高度显示，皆以数字和带垂直标尺尺带的方式显示，指针不动尺带移动。姿态仪下方的航向显示为圆弧形刻度盘，指针固定，表盘转动。

标尺、刻度盘和尺带显示的范围应当足够执行预定功能。若在任何给定时间均不能显示整个运行范围时，则在转向该范围的其他区段时不应当造成混乱或引起混淆。

标尺的分辨度应当足以执行预定任务。若单靠标尺就能为预定功能提供足够精度时，可以就使用标尺而无需相关数字读出器。当数字读出器结合标尺使用时，其位置应当足够靠近标尺，以确保适当的相关性，但也不能影响对图形或读出器的判读。

指针和分度器的位置应当足够精确以适合其预定功能。此处的精确包括因数据分辨率、反应时间、图形定位等方面的影响。

2. 文　本

文本的表达对于其所展示的信息应当是清楚明了并且合乎理性的，消息应当传达预期含义，简称和缩略语应当简洁明确并符合既定标准。例如，国际民用航空组织 ICAO 文件 8400"空中导航服务程序 ICAO 简称和代码"提供了国际公认的标准简称和机场标识符。

无论字体类型、尺寸、颜色与背景，文本都应当在所有可预期的照明与运行条件下，可以从飞行机组工作位置上读取。

对较长的文本和消息，应采用大小写字母的标准语法，对于句子形式的文本结构，也应使用这种格式。文本标识可仅使用大写字母；避免简写，如用"can't"代替"can not"；仅在空行或其他自然分隔符处作文本断行；尽量避免使用简称和缩略语（如图 5.15 所示）。

（1）文本的字体大小

1）字符的形状

字符形状应简明、规整、易读、美观，多用直角或尖角，以突出各个字的形状特点，避免字与字之间的混淆。

2）字符的大小

字的高度要根据视距及照明等条件确定；通常其高度为视距的 1/200。

3）字符与背景的关系

当仪表在暗处，而观察者在明处时，即观察仪表需要暗适应的情况下，以暗底亮字为好。其次，字形越复杂，字符与背景的明度对比越要大些。

（2）文本的字体选择

文本字体和标记应该满足 SAE AS18012、SAE ARP4103、SAE ARP4102/7 - "电子显示器"等规范的要求。常用的英语字体有 Futura、Gorton、Helvetica、DIN

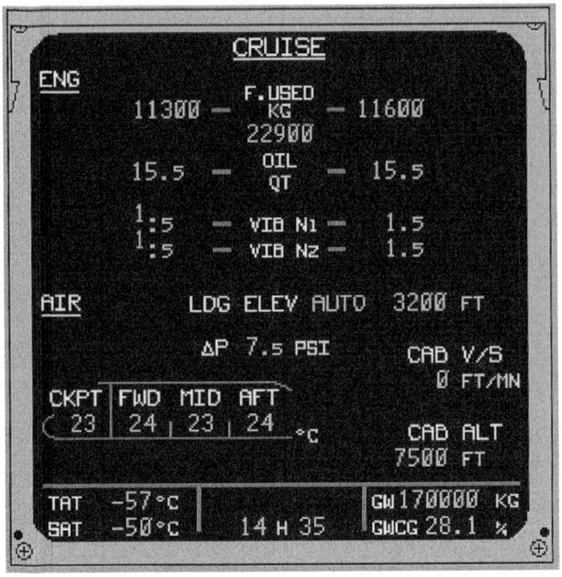

图 5.15　A320 电子中央飞机监控(ECAM)状态页显示的文本字体和颜色

1451 和这些字体的变体。每种字体各有其设计准则,如字符高宽比,间距等。现以 SAE ARP4103 中介绍的字体 Futura Medium 举例,如图 5.16 所示。

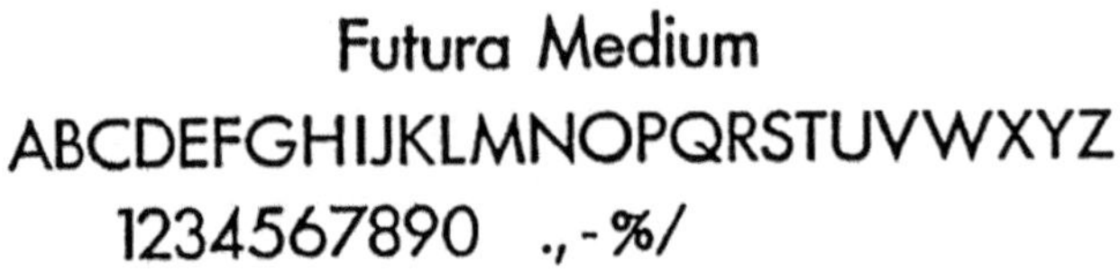

图 5.16　字体 Future Medium 的字体示意图

字体 Future Medium 的具体要求如下:

① 字符高宽比为 8:5。

② 字高与笔画宽度之比为 8:1。

③ 字符间距为 1 个笔画宽。

④ 每个词之间的间距为一个字符宽。

⑤ 每行的间距为 1.5 倍字符高度。

⑥ 字符高和字符宽的公差为±0.013 cm (0.005 in)。

⑦ 字符笔画宽度的公差为±0.005 cm (0.002 in)。

⑧ 字距调整(编者注:SAE ARP4103 原文此处仅有"Kerning"一词,未提及字距调整的要求)。

以下是一些容易引起混淆的字符举例,可以通过选择合适的字体减少这类误读。

➢ I(字母)/1(数字)

➢ O(字母)/0(数字)

➢ Z(字母)/2(数字)

➢ P/R

➢ B/D/E

➢ G/O/C

（3）阅读容易度

一段文字的可读性不只取决于字的物理特性或者是排版的特别之处,还与书写风格、句子结构和文字内容有关。一个句子可以是主动的或被动的,并且可以表达为肯定的或否定的意思。例如,指示语"绿色按钮启动某装置"是主动的,其被动形式为"某装置被绿色按钮启动",否定形式为"红色按钮不能启动发动机"。虽然也有专家指出一些例外,但一般的原则是简单的、肯定的、主动的句子最容易理解。词语的顺序也需考虑,比如指示语"按绿色按钮之前要关掉煤气",很可能会造成很多次煤气还开着就按下了绿色按钮的情况。词语在句中的顺序,应该与要采取的动作顺序一致。改进的提示语为"关掉煤气之后再按绿色按钮"。

3. 符　　号

电子显示器符号的外观和动态特性的设计,应当根据其预定的功能来增强飞行机组的理解力与记忆力,并且最大限度减少飞行机组的工作负荷与差错。

① 符号的位置应当足够精确,以避免判读差错或显著增加判读时间。

② 所用的每一符号应当能与其他相关符号相互识别和区分。

③ 在同一驾驶舱多个显示器上表示相同功能的符号,其形状、动态特性和其他特征应当统一。

④ 用来传递多层次信息的符号修饰符,应当遵循申请人清楚阐明的表述规则。符号修饰符是对易于识别的基准符号的改变,诸如颜色、填充和边界。

⑤ 代表物理目标(如导航辅助装置和空中交通)的符号,不应当在目标的物理特性(包括位置、大小、包络面以及取向)方面做出误导。

⑥ 在驾驶舱之内,要避免为不同目的使用同一符号,除非能够表明其没有产生误解差错或增加飞行机组培训时间的潜在可能性。

建议使用标准化符号,下列 SAE 文件中的符号经确认可接受用于符合有关条例:

① SAE ARP4102/7"电子显示器",附录 A～C(用于主飞行、导航和动力装置显示器)。

② SAE ARP5289A"航空电子符号"(关于导航符号描述)。

③ SAE ARP5288"运输类飞机平视显示器(HUD)系统"(关于 HUD 符号)。

4. 图形和图像

图形包括示意图、概要图以及其他图形,诸如姿态指示、移动式地图和垂直态势显示。为避免目视杂乱无序,只有在能够添加有用信息内容,减少飞行机组访问或判读时间,或者降低判读差错概率情况下,才应当纳入图形元素。

图像可包括气象雷达回波信号、地形描述、天气预报地图、视频信号、增强的视景显示以及合成视景显示。图像可以由数据库或传感器产生。

图像应当有足够的大小并纳入充分的细节,以满足其预定功能。驾驶员应当能够迅即区分其所描述的特征。图像的取向方式应当使其易于判读。所有图像,尤其是动态图像,所具有的位置或可控性,应当使其不会分散驾驶员处理规定任务的注意力。应当向驾驶员提供图像的来源及其预定功能,以及使用该图像的运行批准等级。这一点可以利用飞机飞行手册(Airplane Flight Manual,AFM)、图像位置、足够的标识、特定的纹理或其他手段来完成。

图像畸变不应当影响图像的判读。旨在提供有关纵深信息的图像(如三维型透视显示)应当提供足够的纵深信息,以满足其预定功能。

动态图像相对于实际时间的系统总迟延时间,不应当引起飞行机组误解或导致潜在的危害性状态。图像失效冻结或变色不应当产生误导,并应当在安全性分析中予以考虑。

把编码信息元素重叠到图像上时,这类叠加上去的信息元素都应当易于识别和区分,且这类信息元素不应当遮挡图像中原来包含的信息。应当以合适的尺寸、形状以及放置精度来显示此类信息以免造成误导。它们应当在下层被叠加图像的所有可预期情况及其运动范围内,都保留和维持其形状、尺寸及颜色。

在融合或重叠多个图像时,尽管图像之间会在图像质量、投影、数据更新率、对阳光的敏感度、数据反应时间或传感器调节算法等方面有所差别,但其合成的组合图像应当满足预定功能。在把某个图像叠加到真实的外部场景时,比如在 HUD 上,该图像不应遮挡外部场景中的目标,或明显妨碍飞行机组侦测该目标的能力。对图像的独立亮度控制可有助于满足上述要求。与实际外场景目标相关的,或突出实际外场景目标的图像元素,应当与实际外场景的目标高度一致,以免产生判读差错或显著增加判读时间。如在 HUD 上显示的外场景的地平线图像,应与实际的地平线重合。

5. 目　标

目标是指屏上显示的被追踪物的像,它可以是具体实物的真实映像,也可以是抽象符号代表的像,其工效指标包括大小、亮度、运动速度、呈现时间、形状、颜色等。

(1)目标大小

通常目标越大越易于辨认,但由于受其他条件限制,目标也不宜太大。目标的大小不仅与观察距离密切相关,还与其亮度、背景的对比度、颜色、背景复杂程度、呈现时间等许多因素有关。因此,要根据具体情况决定目标的大小。

(2)目标亮度

目标越亮越容易察觉到,但当目标亮度超过 34 cd/m² 时,观察效率不再会继续有较大提高的可能,因此目标的适宜亮度为 34 cd/m²。但从辨认角度看,除目标本身亮度外,还应考虑背景的亮度。

(3) 运动速度

从人的知觉特征看,运动的目标比静止的目标更易于为人所发现。但从辨认效果来看,运动的目标比静止的目标难于分辨清楚,而且目标运动的速度越快,要分辨清楚就越困难。此外,运动速度又与呈现时间相矛盾。当屏面尺寸一定时,运动速度越快,呈现时间就越短。

(4) 呈现时间

目标的呈现时间与目标的视见度之间存在一定的关系,但并不是呈现时间越长视见度越高。一般在 0.01~10 s 的范围内,目标的视见度随呈现时间提高的增长而提高;但当呈现时间超过 1 s 后,视见度随呈现时间提高的速度减慢。当呈现时间大于 10 s 时,对视见度的提高已无意义。通常,目标呈现时间为 0.5 s 时,即可基本满足视觉辨认的要求。呈现时间为 2~3 s 时,即可清楚地辨认目标。当然目标的辨认还与其形状及背景杂乱程度和对比度有关。

(5) 形状和颜色

目标的形状和颜色也是影响辨认效率的因素。代表被显示实物的目标形状最好与实物的形状相联系,这样,形状及状态关系都十分相似,便于判断。

6. 颜色编码

颜色用于编码时,至少还应当使用另一种可区分的编码参数(如尺寸、形状、位置等)。眼睛的正常老花会降低对红色目标的敏锐聚焦能力或区分蓝绿色的能力。对具有这类缺陷的驾驶员,显示判读的工作负荷可能会增加到不可接受的程度,除非对符号进行更多方面的编码而不仅是颜色。但是,对于某些情况,诸如气象雷达以及导航显示器的侧视图上的地形描述,已表明仅用颜色来进行信息编码是可接受的。

为确保正确的信息传输,信息颜色的使用应保持一致性及标准化。为避免混淆或判读差错,感知颜色的方法在所有可预期情况下不应当有变化。在某组信息中用于某种目的的颜色,不应当在另一组信息中用于可能产生误解的不兼容目的。尤其根据 25.1322 的规定,对红色与琥珀色或黄色的统一使用与标准化,是保持飞行机组告警有效性所必需的。通常的应用是:从绿色到琥珀色到红色的递进,代表了威胁程度、潜在危险性、安全临界性的逐步提高,或者是告知飞行机组要求其响应紧迫性增加。应当评定颜色使用的不一致情况,以确保其不易引起混淆或差错,并且不会对有关系统的预定功能产生不利影响。

如果把颜色用于编码,通常认为使用六种或更少一些颜色作为编码参数是较好的做法。每一编码的颜色之间应当有足够色度间隔,使其在所有可预期照明和运行条件下一起使用时,能互相辨别和区分。在信息元素尺寸、形状和运动的整个范围内,颜色应当是可辨别的,并且是易于区分的。应当仔细选择可用于电子显示系统编码的颜色,使其色度间隔最大化,应当避免使用亮度相同的颜色组合(如海军蓝色置于黑色之上,或者黄色置于白色之上)。

其他图形描述,诸如地形地图与合成视景展示,可以使用6种以上的颜色,并可使用颜色混合技术来表示外部世界的色彩或者强调地形特征。显示器所用到的颜色不应当妨碍飞行机组判读重叠的信息参数。

表5.2列出了为驾驶舱某些功能推荐的颜色;表5.3列出了为某些显示特征规定的颜色。应当从颜色集1和颜色集2中指定一种颜色的显示特征。信息的颜色举例见图5.17。

表5.2　为驾驶舱某些功能推荐的颜色

特　征	颜　色
警告	红色
飞行包线和系统限制,超出数	红色或黄色/琥珀色
警戒,非正常源	黄色/琥珀色
标尺、刻度盘、尺带以及相关信息元素	白色;把绿色用于尺带元素(如空速和高度)也已被确认为可接受,只要该绿色不对飞行机组告警产生不利影响
地面	褐色/棕色
天空	蓝色/青色
接通的模式/正常情况	绿色
仪表着陆系统偏移指针	洋红色
无效软按钮的分割线、单位和标识	浅灰色

表5.3　为某些显示特征规定的颜色

显示特征	颜色集1	颜色集2
固定基准符号	白色	黄色[①]
当前数据、数值	白色	绿色
预位模式	白色	青色
选定数据、数值	绿色	青色
选定航向	洋红色[②]	青色
有效航路/飞行计划	洋红色	白色

注:① 应当限制将黄色用于非飞行机组告警的其他功能,即使使用了也不应当对飞行机组告警产生不利影响。

② 在颜色集1中,洋红色意在用于构成"飞往"或"保持对中"一类信息的那些模拟参数。

需要说明的是,还有一类信息涉及报警和指示,报警和指示包括报警器电门、消息、提示符、旗标,以及状态或模式指示,它们或就在驾驶舱显示器上,或操控某个驾驶舱显示器。有关诸如警告、警戒和提示等级别的告警一类的专用通告和指示的信息,将在第 6 章的相关章节做详细介绍。

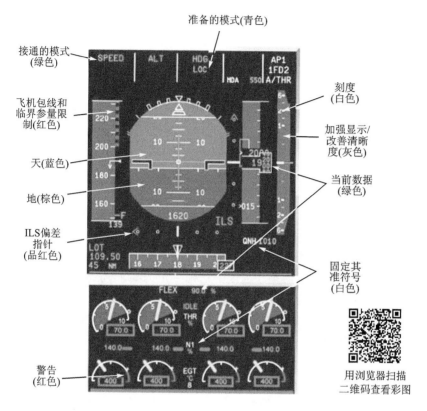

图 5.17　A380 驾驶舱主飞行参数显示和发动机/警告显示的颜色举例

5.1.4　听觉显示器的特点与设计要求

听觉显示器是利用声音向人传递信息的装置,一般可分为音响听觉显示器和语音听觉显示器。音响显示器有各种不同的形式,如喇叭、报时钟等。语音显示器也有多种不同的形式,如话筒、扬声器、耳机、电话、对讲机、各种语音合成器。无论是音响显示器还是语音显示器,在传递信息上都有各自不同的特点和作用,分别适用于不同的场合。

1. 听觉信号的特点和适用场合

与视觉相比,听觉信号具有易引起人不随意注意,反应速度快,不受空间和照明条件的限制等特点。一般而言,听觉显示器特别适合于以下场合使用:

① 传递的信息本身具有声音的特点,例如机器运转会因振动和摩擦而发出声音,操作者可通过机器声音的变化而获得机器运转是否正常的信息。

② 视觉显示无法胜任信息传递的场合,如缺乏照明、视线受阻挡或者视觉通道

不胜重负的场合,均可采用听觉显示器来传递信息,或对信息传递进行分流。

③ 信息接收者需要在工作过程中不时移动工作位置的场合,视觉信号基本上是空间性质的,因此不适合需要操作者经常移动的场合,而听觉信号主要是时间性质的,有利于顺序呈现。

④ 需要紧急显示、及时处理信息的场合,视觉信号必须由人主动地去寻找,听觉信号则容易察觉,而且不易疲劳,特别适合紧急情况下使用。

与视觉信号相比,听觉信号可以采用语音显示,具有良好的表达效果。但是,听觉通道容量低于视觉通道容量,且不能长久保持,只能反复呈现。在多数情况下,听觉信号可以与视觉信号同时使用,以增加传递信息的冗余度,提高传递效率。

2. 听觉显示器设计的人机工程学原则

听觉显示器的设计,要设法使显示器显示声音的特点与人的听觉系统的特点相匹配,只有做到优化匹配,才能高效率地传递信息。具体而言,其设计至少要满足以下原则。

(1) 显示的声音要有足够的强度

听觉显示器发出的声音必须在强度上达到一定的要求,能够让人听得到的声音强度与环境背景噪声的强度有关,信号的强度应高于背景噪声。因此,要选择适当的信噪比,以防声音掩蔽效应的不利影响。当信噪比提高到 $6 \sim 8$ dB 时,一般都能保证听觉信号被清晰地感知到。

(2) 使用多个信号时,信号之间应有明显差别

当听觉显示器显示的声音信号只有一个时,一般只要求它能从环境背景中分离出来,使人能清楚地感知到。但是若要求显示两个或两个以上的声音信号时,则要求保证所显示的声音信号在强度、频率、波形等方面互相不会发生混淆,也就是要使不同的声音信号差异明显。

(3) 采用译码容易和反应速度快的声音信号

人接收到声音代码后,还要经过译码过程才能知道传递的信息含义,声音信号的译码过程的快慢和难易程度是影响听觉显示器效能的重要因素。为了提高声音信号的译码速度和减少译码的差错,在设计声音信号时应注意以下几点:

① 尽量使用清晰、明确的声音,避免同时使用强度、频率或音色上相同或相近的信号。

② 一个声音信号只表示一个意义,避免采用一音多义的信号,并且各个信号在所有的时间里代表同样的含义。

③ 信号维度、代码和反应方式应与使用者已形成的或熟悉的行为习惯和思维方式相一致,尽量避免与熟悉的信号在意义上相矛盾。

④ 对不同场合使用的听觉信号尽可能标准化。

⑤ 尽量使用间歇或可变的信号,避免使用连续稳态信号,以减少对信号的听觉适应性。

⑥ 同时使用多种信号时，可对其进行多维编码。人耳对单维度声音的辨别能力有限，一般超过 5 种信号，就会发生混淆，而采用声音的强度、频率、持续时间等多维度信号能提高辨别能力。

⑦ 显示复杂信息时，可采用两级信号，第一级引起注意，第二级起具体指示作用。

3. 听觉显示装置的选择原则

(1) 音响显示装置的选择原则

① 在有背景噪声的场合，要把音响显示装置和报警装置的频率选择在噪声掩蔽效应最小的范围内，使人们在噪声中也能辨别出音响信号。

② 对于引起人们注意的音响显示装置，最好使用断续的声音信号；而对报警装置最好采用变频的方法，使音调有上升和下降的变化，更能引起人们注意。另外，报警装置最好与信号灯一起作用，组成视、听双重报警信号。

③ 要求音响信号传播距离很远和穿越障碍物时，应加大声波的强度，使用较低的频率。

④ 在小范围内使用音响信号，应注意音响信号装置的多少。当音响信号装置太多时，会因几个音响信号同时显示而互相干扰、混淆，遮掩了需要的信息。这种情况下可舍去一些次要的音响装置，而保留较重要的，以减小彼此间的影响。

在飞机驾驶舱内，音响显示主要用于告警系统，使用多种谐音(Chime)以及离散音响音调(Tone)作为音响警告，这部分的内容将在第 6 章 6.4 节 "飞机音响告警系统的设计准则" 中进行详细介绍和说明。客舱内的呼叫系统，通常采用音响显示和指示灯显示提醒乘务员，有飞行员或乘客在呼叫他/她。

(2) 语音显示装置的选择原则

① 需显示的内容较多时，用一个语音显示装置可代替多个音响装置，且表达准确，各信息内容不易混淆。

② 语音显示装置所显示的语言信息，表达力强，较一般的视觉信号更有利于指导检修和故障处理工作。同时，语言信号还可以用来指导操作者进行某种操作，有时会比视觉信号更为细致、明确。

③ 在某些追踪操纵中，语音显示装置的效率并不比视觉信号差。如飞机着陆导航的语音信号，船舶驾驶的语音信号等。

④ 在一些非职业性领域中，如娱乐、广播等，采用语音显示装置比音响装置更符合人们的习惯。

在驾驶舱内，语音显示主要用于报警提示。客舱内最典型的语音显示系统是旅客广播(PA)，用扬声器对客舱区域进行广播(见图 5.18)。旅客广播的播放设置有优先权。优先权的顺序是：驾驶舱飞行员，客舱乘务员，预录广播，登机音乐或娱乐系统。当发动机的运转引起客舱内的噪声增大时，旅客广播音频输出也会增大。该系统的设计能够避免发生自激现象，不会在客舱形成尖锐噪声。

图 5.18　客舱旅客服务面板内扁圆盘状的扬声器——用于听觉显示

5.2　驾驶舱显示器人因设计的适航审定要求

5.2.1　驾驶舱显示器人因设计的适航审定条款与依据

在第 25 部中,与驾驶舱显示器设计相关的条款数量众多。与驾驶舱显示器人因设计最为密切相关的条款有第 25.1302(a)、(b)条款及相关的咨询通告 AC25.1302 的 5.5 节;第 25.1303 飞行和导航仪表;第 25.1305 动力装置仪表;第 25.1333 仪表系统,及相关的咨询通告 AC25 - 11B"电子飞行显示器"等。

由于新的显示方式和显示技术,带来了新的安全性要求。咨询通告 AC25 - 11B "电子飞行显示器"对审定驾驶舱的电子显示系统给予了详细的描述、解释与梳理。

本节主要介绍 25.1302(a)、(b)条款及相关的 AC25.1302 的 5.5 节、AC25 - 11B "电子飞行显示器"的主要内容,使读者对驾驶舱显示器人因设计与适航审定验证有大致的了解。

1. FAR25.1302(a)、(b)条款

25.1302 飞行机组使用安装的系统和设备

(a) 驾驶舱控制器件的安装必须允许完成那些要求设备安全执行预定功能的所有任务,同时必须给飞行机组提供完成规定任务所必需的信息。

(b) 驾驶舱控制和飞行机组使用的信息必须满足以下条件:

(1) 以明确的、毫不含糊的方式提供,且具有适合于任务的分辨率和精准度;

(2) 对于飞行机组方便可用,且与任务的紧迫性、频率和持续时间一致;

(3) 如果需要安全运行警告,则能够警告飞行机组其行为对飞机或系统的影响。

2. AC25.1302 的 5.5 节"信息显示"

在 AC25.1302 - 1 的 5.5 节,详细的给出了驾驶舱信息显示的具体符合性依据。读者可通过扫描右侧二维码获取本咨询通告中关于 "信息显示"的相关内容。

3. AC25-11B 电子飞行显示器

在 AC25-11B"电子飞行显示器"这份咨询通告中,涵盖了大量对驾驶舱显示器与显示方式的描述与指导性意见,以及相关的人因设计要求,是关于驾驶舱显示器最为重要的指导性文件。本教材在介绍驾驶舱显示器的相关人因设计知识时,已涵盖了此咨询通告中的大部分内容,并将在接下来的两节"5.3 平视显示器(HUD)的人因设计与适航审定要求"、"5.4 增强视景系统、合成视景系统和组合视景系统介绍"中引用该咨询通告中的相关适航审定依据。读者可通过延伸阅读该咨询通告,进一步了解其细节内容。

5.2.2　驾驶舱显示器人因设计的符合性验证方法

显示系统的可接受符合性方法取决于许多因素,并需按个案确定。例如当提出的显示系统采用成熟的众所周知的技术时,诸如以"相似性声明"文件表示的类比理由的方法也许就足够了。然而,对被视为新颖、复杂或高度综合的显示系统设计方案,就比较适用更为严谨和有组织的方法,诸如分析和飞行试验。

可接受符合性方法还与其他因素有关,包括接受准则的主观性、申请人的评定设施(如高保真度飞行模拟器)以及这类设施的使用方式(如数据收集)。当以主观性准则证实符合方法时,应当向多人(包括驾驶员、工程师以及人为因素专家)收集主观性数据。

以下为建议的电子显示器符合性验证方法:

1. 系统说明

系统说明可以包括系统构架、驾驶舱布局和总体安排说明,预定功能、飞行机组接口、系统接口、功能性、运行模式、模式转换和特性(如显示系统的动态特性)等方面说明,以及本说明涉及的适用要求。布局图和/或工程图可以表明硬件或显示图形的几何关系,当表明对于条例的符合性可以方便地缩减到图纸上的简单几何关系、布局或给定特征时,通常会使用图纸。以下问题可用于评定预定功能的说明是否足够具体和详尽。

① 是否对每一系统、特征以及功能都规定了预定功能?

② 根据该显示系统,预期飞行机组成员会做出怎样的评估、决定或行动?

③ 假设有哪些其他信息会与该显示系统一起使用?

④ 被使用的设备将有怎样的假定运行环境?例如在驾驶舱、飞行阶段以及飞行程序中,驾驶员的任务和操作。

2. 相似性声明

此处的相似性声明是一种需通过与以往经批准的显示器(系统或功能)的比较来

演示符合性的验证方法。这要从两个系统的物理、逻辑、功能及运行等方面进行详细比较其相似性,应当为这种比较提供关于之前安装的验证数据资料。应当慎用这种符合方法,因为对驾驶舱应当作为一个整体来评定,而不仅是一组个别的功能或系统。例如在以往不同项目中已获批准的显示功能,当其用于别的驾驶舱时,就不一定兼容。同样地,更改驾驶舱内的某项特征,也许会有必要相应更改其他特征,以便保持一致性和避免混淆(如颜色的使用)。

3. 计算和工程分析

这里包括了相关参数和关联事项的假设,诸如运行环境、驾驶员群体以及驾驶员培训。计算和工程分析的例子包括在视力检测、任务时间以及操纵力方面的人的行为模拟。对于那些并非根据咨询材料或可接受工业标准的分析,应当考虑采用与显示器直接参与互动来对计算和工程分析进行确认。

4. 评 定

这是一种由申请人进行的设计评估,然后由其向 FAA 提供结果报告。评定通常会使用一个显示器设计模型,它比图样更能代表一个实际系统。该评定具有两个定义特点,使其与试验相区分:

① 显示器设计的样件制造上不必符合其最终文档。

② FAA 可以到场也可以不到场。

该评定可有助于作出符合性确认,但一般不能根据其本身来确认符合性。

① 该评定可在合格审定项目早期开始,可以涉及对显示器基本设计和布局的静态评估、在代表性运行环境(环境可以模拟)中的部分任务评定和/或全部任务评定。进行评定时,可以使用多种多样的研发工具,包括从模型到实际产品或驾驶舱的完全安装样件。

② 对用被试人员(通常是驾驶员)来收集(主观或客观)数据的情况,申请人应当用文件全面说明被试人员选择的过程、该被试人员的经验、所收集数据的类型及其收集方法。所得到的信息应当尽早提供给 FAA,以便在申请人与 FAA 之间,就该评定的有效性及与合格审定认证信用相关的问题达成协议。此外,合格审定认证信用的获取,还取决于设备和设施能代表实际驾驶舱构型的程度以及飞行机组任务的真实性。

5. 试 验

这种符合方法的实施方式与评定很相似,只是要采用制造符合的系统(或与试验相关的制造符合项目)按经批准的试验大纲来进行,且有 FAA 或其委任代表到场。试验可以在试验台架、模拟器和/或实际飞机上进行,常常要比评定更为正式、更有组织和更加严谨。

① 为表明符合性而进行的台架或模拟器试验,应当在按其试验目的能够充分代表飞机环境的条件下进行。

② 应当通过飞行试验来确认和核查从其他符合性方法收集到的数据资料,诸如分析、评定与模拟。依据 25.1523 条款,在合格审定过程中,应当用飞行模拟器或实际飞机来完成飞行机组工作负荷的评估和失效分级的确认(有关分析类型的规定见 AC25.1523 - 1"最小飞行机组")。

5.3 视显示器(HUD)的人因设计与适航审定要求

平视显示器(Head Up Display,HUD)具有支持平视飞行操纵的特性。20 世纪 50 年代,HUD 首次在军用飞机上应用时,是作为一种简单的机炮攻击瞄准具。之后,HUD 在军用飞机上得到广泛应用。从 20 世纪 70 年代开始应用于民用飞机领域。研究和实践应用表明:HUD 能够引导飞行员精确操纵飞行,显著改善飞行操纵品质和精度,减轻飞行员负担,增强飞行安全。特别是民航客机在起飞和降落过程中,HUD 的应用可以提高着陆精度,提高起降成功率,并能实现低能见度起降,提高航班的正点率,降低航空公司的运营成本。

目前,波音、空客、中国商飞等飞机制造商已经将 HUD 作为其民航客机的标配设备。国际民航组织建议各国民航当局将 HUD 技术作为提高飞行安全品质的措施之一,并进行推广。为了加速 HUD 在国内的推广应用,中国民航局在 2012 年 8 月发布了《平视显示器应用发展路线图》,要求到 2025 年,中国航空运营人应在所有审定合格的航空器上安装并运行 HUD。

5.3.1 HUD 的工作原理及其优越性

在咨询通告 AC25 - 11B"电子飞行显示器"中,平视显示器 HUD 是这样定义的:HUD 是一种显示系统,它将主飞行信息(如姿态、大气数据和导引)投射在驾驶员与风挡之间的、处于驾驶员前视界(FOV)内的一个透明屏幕(组合器)上,使得驾驶员能够同时一面使用飞行信息,一面观察风挡外面的前向航迹,而无需扫视下视显示器(HDD)。其飞行信息的各种符号应当以聚焦于光学无穷远处的虚像展示,姿态和飞行航迹符号需要对外面视景保形(即对齐和缩比),见图 5.19。

1. HUD 的组成和工作原理

典型的民用飞机 HUD 主要由组合仪、投影装置、HUD 计算机、HUD 显示控制板等组成(见图 5.20)。投影装置安装在飞行员头顶正上方,组合仪安装在飞行员前方,HUD 显示控制板安装在仪表板上,HUD 计算机安装在设备舱。

HUD 计算机通过航电总线接收来自于机上其他航电设备的各种数据,如速度、加速度、姿态、位置、风速、导航信息、引导提示、告警信息等,经处理、融合后生成 HUD 显示图像,并通过视频接口传送给投影装置。

图 5.19　空客平视显示器 HUD 与多个下显示器 HDD 联合使用提供各种飞机信息

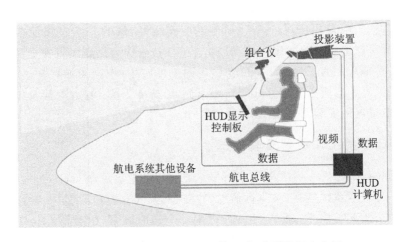

图 5.20　典型民用飞机 HUD 的组成、交联及机上布局

　　投影装置将接收到的视频图像,经过畸变校正和电光转换后投射出来,经组合仪特殊的光学玻璃与飞机外界实景叠加,飞行员通过组合仪既可以观察到飞行、导航及指引等信息,同时也能看到真实外景。

　　HUD 显示控制板是飞行员控制 HUD 工作模式、监控 HUD 工作状态的接口。

2. HUD 的主要特点

　　HUD 作为一种先进的机载光学显示系统,具有以下几个显著特点。

　　(1) 透过性

　　HUD 采用特殊的光学设计,使图像通过一块透明的玻璃成像,飞行员通过 HUD 特殊的光学透明玻璃既能看到 HUD 图像,又能观察到外部视景,使飞行员获得的信息更全面、态势感知度更高。

（2）平视性

HUD 将显示图像投射在飞行员的正前方，飞行员不用低头看其他仪表就能获取所需的飞行信息，使飞行员可以保持平视操纵飞行，不用频繁在低头看仪表和抬头看外景之间切换，避免反应延迟，使飞行更安全。

（3）准直性

HUD 采用准直光学设计，字符图像经组合仪反射后在无穷远处形成虚像，飞行员平视飞行时，观察到的符号与外景是融合在一起的，无须在外景和画面之间切换、调焦，使飞行员目视飞行更舒服、减轻眼睛疲劳感。

（4）等角性

HUD 的等角性使得其上显示的地平线、俯仰梯、航迹矢量等符号与其代表的物理量在空间角度上具有一致性，飞行员在 HUD 上看到的符号位置就指示了该物理量在实际空间的位置、方向。HUD 上显示的图像与外界景物也能够实现 1∶1 的重合。HUD 的等角显示特性能够为飞行员直观、准确地指示飞行态势、相对位置关系，能提高飞行员的态势感知能力，提高飞行操纵精度。

3. HUD 在民用飞机上的典型应用模式

HUD 在民用飞机上的典型应用模式主要包括 3 种形式：HUD 单独使用；HUD与飞行导引技术相结合，构成平视导引系统（Head Up Flight Guidance System，HFGS）；HUD 与视景增强系统相结合，构成增强飞行视景系统（Enhanced Flight Vision System，EFVS）。

（1）HUD 单独使用

使用 HUD 后，把飞行员从传统的俯视看仪表的飞行方式中解放出来，使飞行员可以在平视的状态下获取关键飞行信息，在不需要低头观察传统仪表的情况下完成飞行任务，这既能减轻飞行员的工作负荷，又能提高飞行安全和飞行操纵效率。HUD 通过向飞行员平视显示准直、等角的关键飞行信息，可以提高飞行员对姿态、速度、加速度、空间位置关系等飞行态势的感知能力，提高飞行操纵精度、减轻飞行技术误差。特别是在起飞和进近着陆过程中，HUD 的应用可以减少不稳定进近、重着陆、擦机尾、可控飞行撞地等事故的发生，使民机的起降过程更加安全。

（2）HUD 与飞行导引技术结合使用

HUD 与飞行导引技术相结合，可以构成平视飞行导引系统。飞行导引计算功能，一方面接收来自机场精密导航设施提供的飞机相对于跑道的角度偏差信号，另一方面接收机载传感器测量的飞机位置、速度、加速度、角速度、姿态等参数以及风速等外界环境数据，利用这些数据解算出飞行操纵引导指令，通过 HUD 显示给飞行员，引导飞行员在起飞、进近、拉平和滑跑过程中实施精准飞行。

平视飞行导引系统可以引导飞行员实施Ⅱ类、Ⅲ类进近着陆和低能见度起飞。由于 HUD 在提高飞行精度方面的特殊作用，装备有平视飞行导引系统的飞机在进近着陆时允许降低对地面导航设施的要求和最低着陆标准,经过特殊批准后,可以在Ⅰ类机场实施特殊的Ⅰ类、Ⅱ类进近着陆,甚至Ⅲ类进近着陆。

(3) HUD 与增强视景系统 EVS 结合使用

HUD 与飞行导引技术结合构成的飞行导引系统可以使飞行员飞得更准,而HUD 与增强视景系统(Enhanced Vision System,EVS) 构成的增强飞行视景系统(Enhanced Flight Vision System,EFVS),则可以使飞行员在飞得准的同时,能够"穿透"大气,看得更清楚。关于 EVS 系统,将在5.4节做详细的介绍。

5.3.2　HUD 人因设计的适航审定依据

在美国机动工程师协会航空标准 8055(SAE AS(Aerospace Standard) 8055)"机载平视显示器(HUD)最低性能标准"、美国机动工程师协会航宇推荐工作法SAE ARP(Aerospace Recommended Practice)5288"运输类飞机平视显示器(HUD)系统"、SAE ARP4102/8"驾驶舱 平视显示器"和 AC25-11B"电子飞行显示器"的附录 F 中,有关于 HUD 设计的详细指导。

AC25-11B"电子飞行显示器"的附录 F 主要描述了有关 HUD 对机组安全性的要求、设计要求、HUD 眼眶准则、HUD 上的信息呈现方式、双套 HUD 的使用情况,及飞行数据记录仪必须能记录其最低限度数据参数的要求。以下将对其中与人因设计相关度较高的内容做简略介绍。

1. 安装 HUD 对机组安全性的要求

(1) 防头部伤害

HUD 设备可导致的潜在危害性,是驾驶舱下视显示器一般都不会有的,所以HUD 系统的设计和安装必须要防止驾驶员在事故过程或任何其他可预期情况下,诸如湍流、硬着陆或鸟撞情况下,受到伤害的可能性。

对于合格审定基础中包含25.562"应急着陆动力要求"的飞机,其 HUD 的安装,包括顶部装置和组合器,必须满足 25.562(c)(5)定义的头部伤害判据。对于带摇臂展开机构的 HUD 组合器设计,应当避免其处于没有完全收起或打开时的虚假卡位和虚假锁住指示。没有收好的组合器会意外摇出撞到驾驶员头部而造成伤害。此外,HUD 安装还必须符合 25.785"座椅、卧铺、安全带和肩带"(d)和(k)的乘员防伤害要求以及 25.789"客舱和机组舱以及厨房中物件的固定"(a)的约束固定要求(见图 5.21、图 5.22 和图 5.23)。

(2) 双套 HUD 安装的专项考虑

对于双套 HUD 安装,申请人必须考虑那些可能同时使两名驾驶员都失能,从而成为飞行安全问题的单项事件。此类单项事件的例子有:飞行载荷或突风载荷、硬着陆或应急着陆等。若安装的几何特性显示此类事件可能引起乘员碰到 HUD 时,FAA 可能会需要形成问题纪要来提供项目专项符合性方法。

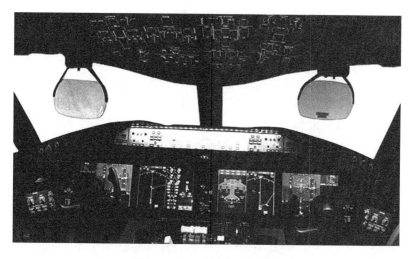

图 5.21　HUD 正常工作状态

图 5.22　HUD 收起时的状态

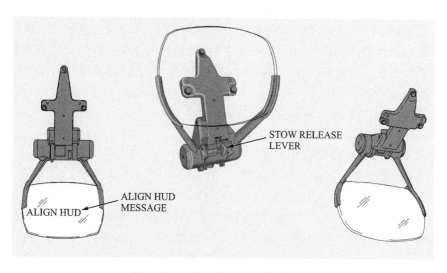

图 5.23　处于各种角度位置的 HUD

（3）与应急设备无干扰

25.1441"氧气设备和供氧"，25.1447"分氧装置设置的规定"和25.803"应急撤离"，要求 HUD 安装后，不得干扰或妨碍其他装机设备，如应急氧气面罩、耳机或话筒的使用；安装 HUD，对于飞行机组的应急撤离设施不得有不利影响或严重妨碍飞行机组通路。在飞行机组实施任何飞行程序时，该系统不得妨碍其动作。

2. HUD 设计眼框准则

为了解释 HUD 设计眼框准则，先回顾一下相关概念：

（1）设计眼位（Design Eye Point，DEP）

正如第 2 章中介绍的，AC25.773-1"驾驶舱视界设计考虑"，把设计眼位定义为是满足 25.773 和 25.777 要求的一个点。就合格审定而言，DEP 就是驾驶员在正常就座位置时的眼位。每位驾驶员的工作位置应当装有固定标记或某种其他手段，使座椅上的驾驶员能把自己调整至 DEP 这个外部可见性与仪表扫视的最佳组合位置。HUD 的安装必须符合 25.773 和 25.1321，HUD 必须适合高度从 5 英尺 2 英寸到 6 英尺 3 英寸的驾驶员，在其按 DEP 就座，系紧肩带和安全带后，能够符合 25.777。

（2）驾驶舱头部运动框（Cockpit Head Motion Box，CHMB）

驾驶舱头部运动框是一个以设计眼位 DEP 为几何中心的三维盒状框，按照 SAE AS8055 的规定，最小驾驶舱头部运动框的尺寸是：

➤ 横向为：3.0 in(76.2 mm)。

➤ 立向为：2.0 in(50.8 mm)。

➤ 纵向为：4.0 in(101.6 mm)。

（3）HUD 眼动框（或称为 HUD 眼框）（HUD Eye Motion Box，or Eye Box）

HUD 眼框的横向和高向尺寸代表了一个带 0.25 in(6.35 mm)入口孔径（瞳孔）的单眼观看仪表的总移动量。眼框的纵向尺寸则代表了能够满足相关规范要求的总前后移动量（见 SAE AS8055）。当 HUD 作为主飞行显示器，当适航批准预期要使用 HUD，或者当可以合理预期驾驶员要参考 HUD 进行主要操纵时，HUD 眼框尺寸设计需要大于最小驾驶舱头部运动框的尺寸（图 5.24），也就是说，HUD 眼框应能完全容纳驾驶舱头部运动框。

① 横向：离 DEP 左右各 1.5 in(宽 3.0 in)。

② 高向：离 DEP 上下各 1.0 in(高 2.0 in)。

③ 纵向：离 DEP 前后各 2.0 in(深 4.0 in)。

3. HUD 上信息呈现应注意的问题

设计 HUD 上的显示信息时，必须考虑 HUD-HDD 显示匹配性。HUD 上的信息内容、布局、符号和格式与 HDD 的匹配性应当足以防止驾驶员发生混淆、误解、增加其认知工作负荷或飞行机组差错。如气压高度、空速和姿态的相对位置在 HUD 和 HDD 上应当是相似的，同样地，关于推力和横向与垂直飞行航迹的飞行导引模式通告的缩略语和相对位置，也应当相似。又如字母数字（即文字）信息应当具有相同

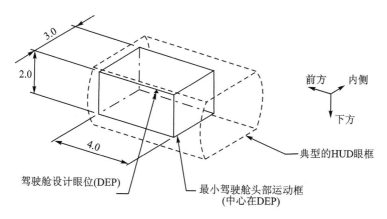

图 5.24　HUD 眼框的设计要求

的分辨率、单位和标识。

　　HUD 还有一个特殊的问题,第 25.1322 条"警告灯、警戒灯和提示灯"规定:红色用于警告灯;琥珀色用于警戒灯;绿色用于安全工作灯,其他颜色可用于这三种指定颜色场合之外的地方,但目前大多数 HUD 是单色主导的装置,因此,对在 HUD 上的告警呈现有特别的规定,将在第 6 章进行详细说明。

　　4. 安装双套 HUD 需要考虑的问题

　　如果驾驶舱只安装了单套 HUD,那么使用这套 HUD 的飞行员将会把其当做主飞行显示器使用,而另一名飞行员将负责对下视显示器和告警装置进行长时间监控,这样可及时发现那些没有显示在 HUD 上的关键信息,如发动机指示与机组警告系统面板上的动力装置指示、告警信息等。但如果驾驶舱中安装了双套 HUD,两位飞行员就都有可能用它们作为主飞行显示器,将注意力集中在 HUD 上,而忽略了下视显示器上相关重要信息,如发动机参数和告警信息的扫视,降低了警觉性,因此,AC25-11B"电子飞行显示器"的附录 F 里要求设计双套 HUD 时,必须有一些补偿措施,以保证安装有双套 HUD 的飞机的机组,能够对下视显示器里那些没有显示在平视显示器中的信息保持足够的警觉性。

　　(1) 双套 HUD 的使用概念

　　申请人应当规定双套 HUD 的使用概念。使用概念应当详细列出飞行驾驶员(Pilot Flying, PF)和不驾机驾驶员(Pilot Not Flying, PNF)两者在所有飞行阶段使用和监督 HDD 和 HUD 的工作任务和相关责任。应当具体规定在每一飞行阶段两位驾驶员同时使用 HUD 的情况和驾驶舱控制权转交时的情况。

　　(2) 飞行机组对其他仪表和指示的知晓度

　　对于单台 HUD 安装,一般就是 PF 用 HUD 作为主飞行基准,而 PNF 对下视仪表和告警系统,监督其不在主飞行显示器或 HUD 上显示的系统失效、模式和功能。但是对于两位飞行机组成员同时使用 HUD 的情况,他们对于没有显示在 HUD 上的关键信息(如动力装置指示、告警消息和飞机形态指示)的知晓度,也应当能够保持同等水平。

(3) 飞行员的地位和职责

申请人应当考虑到 PF 和 PNF 的预期地位和职责,还应当考虑下列方面:

1) 对下视警觉性的影响

当飞行机组的两位驾驶员都把 HUD 作为主飞行显示器使用时,对于下视指示的目视(与用下视主飞行显示器的驾驶员相比)可能就不会有同等水平的警觉性。

2) 下视显示的扫视保证

申请人应当说明如何在所有飞行阶段,保证对下视仪表的扫视,若做不到时,有哪些设计补偿特征可帮助飞行机组保持了解仅显示在 HDD 上的关键信息(如动力装置指示、告警消息以及飞机形态指示)。申请人应当规定由哪位驾驶员扫视下视仪表的指示以及扫视的频度。对于至少有一名驾驶员不是全时段扫视下视仪表的任何情况,设计上都应当有补偿特征,能够保证以等效水平及时了解下视目视指示所提供的信息。

3) 告　警

对等同于下视主飞行显示器的 HUD 上无目视指示的任何警戒和警告,设计上应当采取有效的补偿。补偿设计特征的目的,是要让使用 HUD 的驾驶员了解告警信息,及时知道告警并做出响应,无更多的延迟。飞行机组应当能够对告警做出响应,而无任何任务性能或安全性等级的降低。

4) 复　评

飞机设计申请人应当对告警功能进行全面复评,以确保飞行机组及时了解告警并做出响应。复评时,应当对设计和技术、告警吸引注意的特性(如目视主警告、主警戒和音响告警),以及驾驶舱内的其他告警进行评审。在单台和双套 HUD 安装构型之间,飞行机组对于告警的知晓程度可能有所不同。对于双套 HUD 安装,可能会有一段时间内没有驾驶员扫视仪表板。而对于单台 HUD 构型,PNF 只看下视仪表板,并可能只负责监督该仪表板上的指示。对于双套 HUD 构型,两位驾驶员的注意力可能都会转向他们自己的 HUD,而忽略了对不使用 HUD 的驾驶员本来可以一眼看到的告警。

5.4　增强视景系统、合成视景系统和组合视景系统介绍

5.4.1　视景系统相关概念与定义

AC-11B《电子飞行显示器》中给出了以下术语的定义:

1. 视景系统（Vision System, VS）

视景系统一般指由飞机前视探测传感器信号处理和成像部分所组成的系统,它可以是单传感器成像或多传感器综合成像。视景系统的视景可以是前视探测传感器生成的真实世界的实时再现图像,也可以是调用数据库中的资料虚构生成的虚拟世界的仿真图像。

2. 增强型视景系统（Enhanced Vision System, EVS）

增强型视景系统是指一种通过使用图像传感器,提供前向外部场景地形显示的电子装置,如前向红外观测器、毫米波射线探测仪、毫米波雷达以及低照度图像增强装置。

3. 增强型飞行视景系统（Enhanced Flight Vision System, EFVS）

增强型飞行视景系统指一种通过使用图像传感器,提供前向外部场景地形(一个地方或区域的自然或人工设置的特征,特别是在某种程度上,能够表示它们的相对位置和相对高度的特征)显示的电子装置,诸如毫米波射线探测仪、毫米波雷达以及低照度图像增强装置。

增强型视景系统和增强型飞行视景系统这两个概念的差别是:EFVS 是预期用于依据 14 CFR 91.175(l)和(m)的规定进行仪表进近的一种 EVS,所以图像必须在平视显示器上与仪表飞行信息一起显示。

4. 合成视景（Synthetic Vision, SV）

合成视景指一种计算机生成的,从驾驶舱观测到的外部地形图像,该图像通过飞机姿态、高精度导航解算,以及地形、障碍物和相关特征的数据库推导得出。

5. 合成视景系统（Synthetic Vision System, SVS）

合成视景系统指一种向飞行机组显示外部地形情景综合可视图像的电子装置。

由上述定义可知,EVS 主要是通过前向红外观测器、毫米波射线探测仪、毫米波雷达以及低照度图像增强装置来获得实时地形数据;而 SVS 是对着陆机场的跑道和环境、地形和障碍物等详情预先建立一个可靠的数据库(机场地形数据),供飞机在进近、着陆中连续地调用此数据库,实时地显示出驾驶舱前视所见的虚拟视景。两者都能提高飞行员在黑暗或天气原因等低能见度下的情境意识。对于这类增强空间效果的准三维视景进行研究开发,主要是为了加强驾驶员自主进近着陆能力。美国和欧洲都在积极推进,其目标为:可以不依靠机场上三类无线电着陆引导,而在飞机上自主地实现目视Ⅲ a 直至Ⅲ b 类着陆。

6. 组合视景系统（Combined Vision System, CVS）

组合视景系统是目前较为新颖的一种技术。该项技术将合成视景系统和视景增强系统进一步进行综合,它聚集了合成视景系统(SVS)和视景增强系统(EVS)各自的优势,并通过有效的图像融合,进一步提高了图像信息质量,大大提高了飞行员对飞机周围环境的情景意识,从而进一步提高飞行的安全性。

目前,在典型的 CVS 系统中,在高高度环境下,主要使用 SVS 图像,而在最终进近定位点至接地期间的某一点开始,则逐渐过渡至使用 EVS 图像,以确认 SVS 图像的正确性或早点看到跑道及周围环境。

根据融合概念和具体设计的不同,CVS 可能存在多种变种,一种典型的 CVS 是在数据库驱动的合成视景图像上叠加实时的传感器图像,经过关联后呈现在显示器上。

总之,EVS、EFVS、SVS 和 CVS 技术便于飞行员从仪表飞行向目视飞行过渡,在极大程度上改善了飞行员的情景意识,信息的呈现方式更为符合人自然的空间信息采集习惯和形象化思维,将给驾驶舱显示带来划时代的变革。

5.4.2 增强视景系统(EVS)

增强视景系统是一种先进的机载航电系统,由信息处理与控制组件、前视红外分系统、显示分系统和系统控制板组成。它利用前视红外分系统获取跑道及周边环境图像,在信息处理与控制组件中,与飞机的指引画面进行图像相叠及增强等综合处理,输出到显示器上,从而提高外界地形的能见度,使飞行员能在有雾、阴雨等恶劣气象条件下,顺利地进行起飞或着陆。增强视景系统可以应用于各种大型军用运输机及民用飞机。采用增强视景系统后,可以降低飞机对机场起降导航设备的要求。

1. EVS 的显示配置方式

目前,EVS 被用于三种不同的显示配置:显示在多功能显示器(MFD)或专门显示屏上;显示在主飞行显示器(PFD)上(见图 5.25);显示在平视显示仪(HUD)上(见图 5.26)。其缩写、价格和许可认证也各不相同,但都能提高飞行员在黑暗或天气原因等低能见度下的情境意识。这个系统可以允许较低的最低运行标准。

以PFD
显示
EVS

以PFD
显示
EVS

图 5.25　以 PFD 为显示器的增强视景系统

增强视景系统有着不依赖地面设备、可减少飞机延误和提高飞行安全性等特点。在飞行和着陆过程中可使飞行员能直观地观察所有的着陆过程,而不受恶劣气象条件和夜间的影响,因此,EVS 能改善飞行员的情景感知,使交通清晰可见,降低最低飞行标准,同时增强飞行员的情景意识,可以实现精密着陆和零能见度条件滑行。

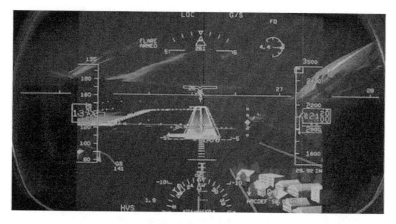

图 5.26 洛克韦尔·科林斯 EVS 3000 在 HUD 上的显示图像

2. EVS 的主要功能

EVS 主要实现以下功能:

① 利用前视红外成像传感器对可见光灵敏度低的特性,EVS 能够为飞行员提供在低能见度条件下清晰的红外环境图像,有效增强飞行员的观察和识别能力,提升飞行员的态势感知能力。

② EVS 还能够进一步结合合成视景系统(Synthetic Vision System,SVS)功能,通过前视红外传感器图像与合成视景画面的融合,进一步提高系统性能,增强飞行员的态势感知能力,使飞机具备全天候起降能力。

③ 利用 HUD 将飞行信息字符和环境融合图像叠加显示在飞行员正前方,EVS 使飞行员能够同时观察飞行指示信息和座舱外环境视景图像,实现平视飞行操作。避免飞行员在舱内仪表与舱外之间反复切换和聚焦,从而有效节省判读反应时间,便于飞行员从仪表飞行向目视飞行过渡,在极大程度上改善了飞行员的情景意识,增加了手动操纵飞行的安全性。

5.4.3 合成视景系统(SVS)

SVS 概念源于 20 世纪中叶美国军机发展计划。美国适航当局和工业界于 20 世纪 80 年代末 90 年代初将其引入民用航空领域。经过最近二十年的发展,SVS 的部分成熟技术已从实验室走向产品。现航空相关企业与适航当局联合制定了 SVS 相关的行业标准和咨询通告等,例如 RTCA DO-315、AC 23-26、AC 25-11A 和之后的修订版 AC 25-11B 等。

1. SVS 的技术特点

合成视景系统(Synthetic Vision System,SVS)将传统的综合电子飞行仪表系统的上蓝下棕背景取而代之,在主飞行显示器(Primary Flight Display,PFD)上显示由数据库合成的三维飞机前方飞行环境,同时在导航显示器(Navigation Display,ND)

上显示带阴影地形图的飞机下方地形正投影。这种合成的地形显示不受气象状况的影响,有助于飞行机组判断飞机相对地形的位置。在低能见度条件下,这一优点更为突出。PFD 上显示的地形与外部实际环境是一致的,因此,飞行员在集成了合成视景之后的 PFD 上看到的地形与理想可见度下看到的外部真实地形是一致的。大量的飞行模拟器试验和飞行试验已经证明,合成视景系统能够使飞行机组直观地获取地形信息。SVS 具有一种符合人的信息采集习惯、形象化思考、用图像来与飞行机组互动的栩栩如生的格式和功能。其主要特征为三维色彩地形图像背景,叠加传统的 PFD 仪表式读数,由此形成大面积逼真的地形背景,再组合 TAWS 地形数据,可以精确地描绘当前地形、障碍物和跑道等信息。

　　合成视景地形显示发展的主要驱动力是为了避免地形冲突,特别是避免可控飞行撞地事故。主要应用于飞机在下降时的进近和着陆阶段。

　　SVS 不仅提供了三维地形显示,还使用到"空中隧道"(Highway In The Sky, HITS)。HITS 是基于三维地形显示的一种更直观的导引功能。HITS 在显示器上显示一系列三维的飞行引导范围:如在计划航线上每隔一定距离就会显示一个范围框,如图 5.27 所示。因其形状类似隧道,因此形象的称为"空中隧道"。只要飞行员驾机不越出这个范围,就能使飞机在预定的航向和高度上飞行。

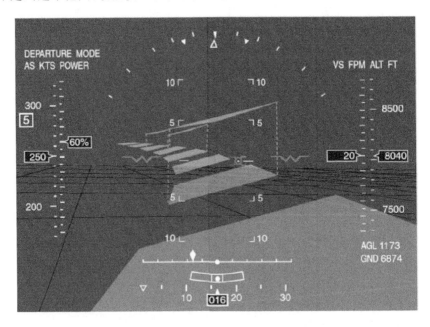

图 5.27　带空中隧道的飞行信息显示方式

　　这种"空中隧道"符号,是预选路径提示符(或称应飞路径提示符)的一种。它模拟一种真实世界并不存在的对照物(例如空中公路、空中隧道、塔杆路界、龙门架路界等铺设于道面的标识)作为提示符,提供诱导和暗示,改善对空中路径的三维理解能力,因而对飞行操纵和安全均有利。手操纵飞行时,驾驶员只要保持永远处在公路或隧道中心,或者使短期预测轨迹始终和预选路径一致,自动飞行时监视不发生偏离即可。这一技术提高了直观的视觉情境认知,大大降低了飞行员的工作负荷,特别是起飞和着陆等关键阶段对飞行员产生的压力。并且,这种“游戏式驾驶”的驾驶方式,对从小接触电子游戏的新一代飞行员而言,更容易形成操作技能的正迁移,使得这些飞行员更快地适应角色转变、环境变化和能力互用等。一些研究机构通过模拟飞行实验证实,采用空中隧道的表达方法容易被驾驶员接受,也易于理解和跟踪。

除此之外,在进近着陆时,把跑道作为重要目标,必须明显地被视见,因而在虚拟视景中着重将跑道轮廓线加强显现,成为重要的提示符,并且它应与真实跑道视景重合。

2. SVS 的主要功能

SVS 主要实现以下功能:

① 利用精确的飞机航向、位置、高度和姿态信息,以机载地形数据库(包括地形、跑道和障碍物数据)为基础,使用合成视景模块和图形生成模块,一同形成描述飞机前方的实时地形图像,并在显示器上显示出来。

② SVS 在 PFD 或 HUD 上,帮助飞行员显示保持飞机在预定的飞机航线上的可视空中隧道内(HITS)。

③ SVS 在 PFD 或 HUD 上显示飞机航迹预测(5 s 或其他时间后的飞机航迹),以帮助飞行员轻松将飞机控制在“空中隧道”内,更便捷地实现保持飞机在预定的飞机航迹上。

④ SVS 提供与监视系统相连接的接口功能,以及监控系统信息显示功能,包括地形提示及警告系统(Terrain Awareness and Warning System,TAWS),交通告警与防撞系统(Traffic Alert and Collision Avoidance System,TCAS)和机载气象雷达(Weather Radar,WXR)等。在地形上实时显示 TAWS,TCAS 等信息,在必要时可显示 WXR 等信息,并为飞行员提供适当的三维告警信息。

⑤ SVS 修正 EVS 增强的前向红外的图像。主要实现通过地形数据库的比对,确认和修正红外地形图像。通过 SVS 的地形数据库,将红外地形图像更清晰、更易辨认地显示出来。例如,分别清晰显示天地,使得在地平线以上的天空显示更干净。

3. 采用 SVS 能够降低飞行员疲劳程度的人因验证实验实例

Schnell 等在 A330 飞行模拟器上开展了在使用 SVS 和传统显示器时,飞行员的注意力分配对比研究。该试验在 A330 飞行模拟器中进行。仪表板由 7 块独立的传统计算机屏幕镶嵌而成。外部视景由 3 块前端的投影单元组成,可提供 140°视野。侧杆、脚蹬和油门完全可控。大多数的按钮、开关及控制按钮都在屏幕上进行显示。为了研究需要,PFD 可转换为 SVS。当关闭外部视景时可模拟夜间仪表飞行,甚至可以显示一些光亮和视觉远动线索来要求飞行员不时地扫视外景,从而丰富视觉扫视模式。在该研究中,飞行员可控的有副翼、升降舵和引擎。

共有十二名飞行员参与了该项试验,其中一名为女性。试验的自变量为三种不同的显示方式:① 传统的主飞行仪表(Primary Flight Display, PFD)+导航显示(Navigation Display,ND);② 综合视景系统(SVS/PFD)+导航显示(ND);③ 传统的主飞行仪表(PFD)+外景显示。当信息配备完全时,显示器将允许飞行员控制显示范围、地图中心、视角以及地图在两个自由度上的旋转。

试验的因变量包括:① 情境意识水平;② 脑力负荷水平;③ 飞行绩效(均方根);④ 被试的眼动情况。被试在驾驶舱的活动都会以视频的形式记录下来。飞行绩效数据和飞行失误结果都会以文件形式记录在计算机中。

在练习中,被试将观看有关 SVS 显示符号和飞行过程的视频,并了解 SAGAT 和 NASA - TLX 量表的相关内容。试验前,所有被试在电脑上练习飞行约 1 个小时。当被试熟悉所有试验程序之后,开始按照设定的路线飞行,每条路线飞两次,持续 10~15 分钟,飞行路线的顺序在被试内平衡。第一条路线在显示方式 1 和 2 下进行,第二条路线在显示方式 2 和 3 下进行。两次基于情境意识全面评估技术(Situation Awareness Global Assessment Technique,SAGAT)问题的暂停,在试验过程中随机出现,SAGAT 问题从民用 SAGAT 软件中进行抽取,包括地形感知等。美国航空航天局任务负荷指数量表(National Aeronautics and Space Administration - Task Load Index,NASA - TLX)则在每次试验后呈现。

试验过程中,SVS/PFD 和 ND 被划分为多块静态的兴趣区域,分别是 PFD 中的空速、滚转、轨迹中心、升降速度、高度示数条、高度指示以及 ND 中的航迹和飞机位置。同时,整个 PFD 和 ND 又进一步被定义为两个更高一级别的兴趣区域。兴趣区域的边界在划分时被扩张了 15%,这是因为允许眼动追踪系统的精度误差,以及飞行员在扫视区域边界时的误差。采用连接分析法对所有兴趣区域进行眼动分析,以提供注视点的停留时间,以及在各兴趣区域间的转移情况。

眼动追踪系统提供每秒 60 个原始数据点。一个注视点被定义为一次视觉扫视事件,并表现为离散度不超过 15 像素的原始数据点群。这样,一个注视点的边界可以表示为 $0.84° \times 0.64$ 的窗口(视距为 700 mm),而一个注视点的结束则表现为后续的 4 个原始数据点均超过了第 1 个原始数据点的注视窗口。短于 50 ms 的注视点被认为是一个眼跳。

对于三种不同的显示方式,统计了总扫视幅度、每分钟的扫视幅度以进行归一化处理。试验结果表明:在第二种显示方式下,飞行员的扫视幅度要小于其他两种。这说明在第二种显示方式下,飞行员的注视点个数较少,尽管每次注视停留时间较长。在这里,可以将扫视幅度的减少解读为 SVS 显示的优势。在 SVS 显示条件下,放松的眼动行为似乎同飞行员工作负荷的降低相关联。

采用独立样本 T 检验来分析这三种显示方式下的扫视幅度。结果表明归一化的扫视幅度在第二种显示方式下明显减小($t = 2.89$,$p = 0.009$),而扫视幅度在第一种和第三种显示方式下则差异不大($t = 0.68$,$p = 0.499$)。扫视幅度的减小清楚地展现出 SVS 显示的优点,这可以认为第二种显示方式降低了飞行员的疲劳。很明显,相对于传统的显示方式,飞行员通过更少的眼跳获取到必要的信息并且借助 SVS 更加准确地飞行。

研究者研究了在三种显示方式条件下的注视点分布情况。这些分布代表了一种对眼动注视点在空间范围内活动的测量。首先,这几种条件下扫视模式几乎相同,这意味着在传统显示方式和综合视景 SVS 显示下扫视策略保持一致。注视点分布表也呈现出在第二种条件下注视点的集中程度较低。航迹隧道框周围大范围密布的注视点证明了在这种显示方式下,飞行员无需紧盯航迹中心,依然可以准确执行飞行任务。隧道边上的线型指引标识为飞行提供了极大的帮助。

眼动追踪分析实验表明,第一种和第三种显示方式下的扫视行为大体致。而第二种显示方式下的扫视幅度偏小,注视停留较长但注视点较少,并且总体扫视行为也更为放松,从而意味着飞行员在该显示方式下无需耗费过多的扫视努力。

5.4.4　EVS、SVS 等技术带来的驾驶舱显示器人因设计新问题

1. 对显示屏的尺寸和显示精度的要求大增

SVS 主要在主飞行显示器(Primary Flight Display,PFD)上使用。由于 SVS 利用三维地图取代传统的"上蓝下棕"背景显示,这将直接影响 PFD 的画面布局及字符颜色、尺寸等。要在 PFD 上显示三维地图,对地图的显示有以下要求:应有足够的显示视野,特别是水平视野,确保飞行员观察地形的视野宽阔;应有足够大的显示范围,特别是前向视野,使飞行员可视足够的前向地形;应有足够的显示精度,以保证显示的高清晰度,使飞行员能够清楚辨识。这些要求决定了三维地图的显示区域应足够大。因此,需采用一个显示器的 2/3 区域或全屏显示(含 SVS 扩展)。

2. 需对传统的 PFD 符号体系做相应的更改

传统 PFD 上的符号体系已被广泛接受。但用于 SVS 的理念,则需要将其符号体系更改以适合分层技术。主要的宗旨是将上层的传统 PFD 符号简化,使其尽量简洁。

姿态符号需简化飞机指示、去除原"上蓝下棕"背景、适当增加姿态显示所占范围、拉大显示间隔、增长零俯仰线至全屏等。增加姿态显示所占范围和拉大显示间隔主要是考虑在提供 HITS 时,可以有一个较大的通道显示,以方便飞行员跟踪。空速和高度符号需简化指针,减少在非黑色背景区域的颜色变化,针对姿态符号的调整相应改变空速和高度符号的比例。

飞行通告牌(Flight Mode Announcement,FMA)和其他通告符号主要是区分状态栏,尽量不采用分隔线等易产生信息冲突的符号。航向符号在两处显示:一处是在零俯仰线上;另一处是在底部的航向刻度带上。由于零俯仰线的拉伸,航向可以显示于其上,而将航向和姿态放在一起也有利于飞行员操作和跟踪 HITS。考虑到飞机指示位置信息量比较大,在底部增加了一处刻度带的航向显示。其他符号与传统 PFD 基本类

似。需注意在使用时不要产生符号冲突和信息不清晰。

3. SVS 需满足随时"所见即所在"

SVS 需保证"所见即所在",但这会是一个长期较难解决的问题。其牵扯到数据的精确性,实际地形成像与飞机位置和航迹的吻合;成像画面的更新速率,是否能保证实际显示的地形画面?飞机位置源的精准也会影响到"所见即所在"。如果不是单一由地形数据库形成地形画面,还需引入实时地形拍摄等来直接生成地形画面或修正地形数据库形成的地形画面,那么地形传感器也会影响"所见即所在"。

4. SVS 与其他系统的地形数据库的匹配问题

SVS 地形数据库由两部分组成:进近、复飞或爬升阶段周围的地形和机场地形。其中除机场地形外,多数在 TAWS 的地形数据库中已涵括。因此,SVS 和 TAWS 的地形数据库可共用。SVS 和 TAWS 地形告警需一致,这就要求 SVS 和 TAWS 的地形数据库要相同,且地形告警的算法也需要相同,同时还需要 SVS 和 TAWS 地形告警之间不存在延迟。但实际上由于 SVS 地形数据库比 TAWS 地形数据库多了机场地形数据库(包含障碍物数据),因此在地形数据库共用上存在涵盖的问题。地形告警算法在两个不同的地形数据库上,这也必然会存在地形告警不一致的隐患。因此,在地形数据库共用的同时,需考虑地形告警。如果地形数据库共用,则应协调 TAWS 和 SVS 地形数据库,使用涵括 SVS 和 TAWS 所需地形的统一数据库,且使用相同地形告警算法,尽量在同一个地方处理地形告警以期避免 SVS 和 TAWS 地形告警之间的延迟,这就会影响到已成熟的 TAWS,需要对 TAWS 重新设计以满足上述要求。

有关飞机告警系统的人因设计,将在下一章进行详细介绍。

5. 飞行员对 EVS 或 SVS 系统的过度依赖

从 EVS/SVS 的功能来看,其引入主要是为了在低能见度下,提高飞行员的情境认知,进而实现安全降落和起飞,但从实际的应用以及性能等方面考虑,反而有可能会存在飞行安全的隐患。

EVS 和 SVS 的引入,将会是飞行员情境认知的一个重要手段。且由于它比传统情境认知,例如 TCAS、TAWS、S 模式应答机等对地形或外界情形的认知更加直接,其描述也更加形象和接近自然界,这会使得飞行员更加依赖于 EVS/SVS,从而减少对其他情境认知手段的关注。一旦 EVS/SVS 的性能不能达到要求或由于故障等导致性能陡降,那么将严重影响飞行安全。

因此,应考虑在飞行机组培训时,明确告知飞行员优先使用 TCAS、S 模式应答机和 TAWS,且当其与 SVS 发生冲突时,不以 SVS 为准,并可随时关闭 SVS。

【本章实验建议】

1. 基于眼动追踪技术的飞行员注意力分配实验

在飞行模拟器或模拟驾驶舱内,建议通过被试飞行员佩戴眼镜式眼动仪或头盔式、头戴式眼动仪,模拟从机场 A 飞到机场 B 的整个飞行过程,采集相关的眼动数据,根据需要划分兴趣区,如划分为外视景和内视景,或分析各显示器的位置布局是否满足"对于飞行机组方便可用,且与任务的紧迫性、频率和持续时间一致"。

2. 基于眼动追踪技术的仪表板面板布局工效学实验

如飞行模拟器或模拟驾驶舱能实现 PFD、ND、E/WD 等面板之间以不同的排列方式显示,或显示器上某个区域和其他区域可以调换位置,则改变面板的排列方式,或面板上信息的显示方式,做人机工效学实验,选取最佳显示方案。

【本章案例研究】

因西方与前苏联飞机的姿态仪设计差异导致的空难事故分析
——瑞士十字航空 498 号班机空难事故

2000 年 1 月 10 日,瑞士十字航空的一架从瑞士苏黎世飞往德国德累斯顿的通勤航班飞机,从苏黎世机场起飞后几分钟便坠毁在瑞士城镇下哈斯利。机上 7 名乘客和 3 名机组人员在空难中全部罹难。

空难事故调查表明,飞机机型为萨博 340,是瑞典制造的通勤飞机,配备数字式自动驾驶仪,可以精准地飞行。机组来自东欧。来自摩尔多瓦的机长格鲁津,41 岁,有超过 8 000 小时的飞行经验,在萨博 340 上有将近 1 900 小时经验。35 岁的副驾驶拉斯蒂拉夫·克莱萨尔,在萨博 340 上有 1 100 小时的飞行经验。

空中管制员表示,坠机当晚,飞机起飞后,空管员对飞行路线做了一点调整,指挥此架飞机沿一条相对近的路线飞行,能为他们节省 3~4 分钟飞行时间。空管员给了一个左转指令,但飞机没有左转,却在向右侧倾。空管员以为飞行员打算在另一条航线上飞行,所以只好批准了这个向右转的决定。但不久飞机就剧烈地向右翻滚,大角度撞地坠毁。残骸散布的方式也显示飞机转错了飞行方向。

起先调查人员怀疑事故原因是襟翼有问题;抑或乘客有人使用手机造成了电磁干扰;还有发现正驾驶服用了镇静剂药物芬纳西泮(Phenazepam),但之后的模拟实验和调查逐一排除了这些原因。黑匣子录音显示,飞机转向过急,正驾驶表现出他看不懂到底仪表显示的是什么意思。随后副驾驶拼命喊"向左转"。

十字航空当时在大幅度扩张,招聘了大量来自东欧的飞行员。调查员为了寻找真相,前往俄罗斯调查,格鲁津机长在此接受飞行训练。俄罗斯调查员提出了一个惊人的理论,扭转了调查的方向。他们提出一些在俄罗斯训练的飞行员,因为不熟悉西方飞行仪表所造成的一系列事故。当时在西方国家的民航业,都还未意识到这种西方和前苏联在飞行仪表设计上的差异性。俄罗斯训练飞行员使用的姿态仪跟西方国家的截然不同。在西方国家的姿态仪上,中间代表飞机的图标是固定的。而前苏联的姿态仪刚好相反,代表飞机的图标会移动显示姿态,而地平线是固定的。如图 5.28 所示,飞行员很容易混淆两种不同的姿态仪。前苏联姿态仪显示的左转,与西方姿态仪显示的右转非常相像。

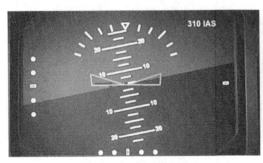

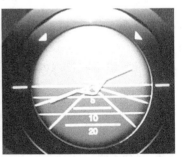

(a) 固定飞机基准的姿态仪　　　　　　　(b) 固定地面基准的姿态仪

图 5.28　欧美和俄罗斯飞机的姿态仪的设计差异:固定飞机基准和固定地面基准的姿态仪

东西方姿态仪所显示的方法完全不同,在一定程度上会导致混淆,加之精神压力大,服用镇静药物的影响,可能会使机长做出最初训练时候的本能反应,在手忙脚乱的情况下,用错误的方式试图修正飞机的姿态。空管请他确认左转的话让他更糊涂了,所以坚持想拉平飞机,然而他事实上使飞机向右俯冲,最后翻滚坠地。

由于驾驶舱显控装置的设计需保证所有重要的仪表和控制器,都能够被正副驾驶可视和可达,那么机上分明有两位飞行员,即便正驾驶一时看错了仪表,为什么副驾驶没有发现问题?为了寻找答案,调查人员开展了一项不寻常的实验,他们再次模拟了整个飞行过程,研究副驾驶的注意力集中在哪里。副驾驶本应留意仪表,但在这架飞机上要面对一个新的挑战。该客机的电脑化导航系统是后期加装的,而萨博飞机的驾驶舱较小,无法把所有仪表都布置在最合适的位置上。模拟实验显示,萨博340 起飞之后,不负责驾驶的那名飞行员(PNF),一般要么抬头,要么低头来完成他的工作,如扳动头顶板的开关,或者低头拧旋钮,还要留意发动机参数,他的工作使得他无法盯着姿态仪看,等到副驾驶终于意识到出问题的时候,飞机已经急剧右倾。研究发现飞行员需要 4～18 秒的时间,才能意识到飞机的情况,意识到做出什么动作才能改出。这名副驾驶显然已来不及纠正正驾驶的错误操纵了。

援引资料:National Geographic Channel Documentaries:Lost In Translation。

案例带来的启示:

通过这一案例,使我们认识到,若不同机型上相关的飞行信息的呈现方式存在较大的差异性,则有可能对航空安全产生严重威胁。显示信息的坐标体系和各类标记符号设计标准和规则不统一,将会给飞行员改装带来严重的隐患。在大量使用到各类导引标记符号的新一代驾驶舱显示器设计验证过程中,这一空难事故教训仍对我们有所启迪。因此,25.1302 中提出供驾驶员使用的信息应以"明确的、毫不含糊的方式提供"是极具指导意义的,它应被贯彻到驾驶舱人因设计的诸多方面。

其次,目前,随着显示器和显示信息数量的大幅增加。飞行驾驶员(Pilot Flying,PF)和不驾机驾驶员(Pilot Not Flying,PNF)两者在所有飞行阶段,对相关显示器的监控任务的分配制度,也应得到更进一步的重视。

复习思考题

5-1　试述民机驾驶舱显示技术的发展趋势。

5-2　试述视觉、听觉、触觉显示方式传递的信息特征。

5-3　调查常见民机驾驶舱显示器的布局方式。

5-4　驾驶舱视觉显示器显示信息的排布有哪些具体要求?

5-5　调查目前常见机型驾驶舱下显示器(HDD)的显示屏的尺寸、布局、各屏信息内容和呈现特点。

5-6　视觉显示信息元素有哪些?

5-7　试述显示信息颜色编码的要求。

5-8　试述听觉信号的特点和适用场合。

5-9　试述听觉显示器设计的人机工程学原则。

5-10　与驾驶舱显示器人因设计相关的主要审定条款及符合性依据有哪些?

5-11　常用的驾驶舱显示器人因设计符合性验证方法有哪些?

5-12　根据驾驶舱显示装置的人因设计条款和符合性依据,寻找相关的适航符合性验证实例。

5-13　试述 HUD 的组成和工作原理。

5-14　安装 HUD 对机组安全性有哪些要求?

5-15　安装双套 HUD 需要考虑哪些人因设计问题?

5-16　HUD 设计眼框要满足什么条件?

5-17　调查目前常见民用机型配备 HUD 显示器的情况。

5-18　什么是增强视景系统、增强飞行视景系统、合成视景系统和组合视景系统?

5-19　EVS、SVS 等技术可能带来哪些驾驶舱显示器人因设计新问题?

5-20　在咨询通告 AC25-11B 附录 A "主飞行信息"中,对固定飞机基准和固定地面基准两者的坡度指针有什么规定?

参考文献

[1] Hélène da COSTA GOMES The way forward is clear:Head—Up Display system[J]. Airbus Flight Airworthiness Support Technology (FAST, Airbus technical magazine),2015,(8)56:12-17.

[2] 余涛,孙有朝.飞机驾驶舱视觉工效研究[J].飞机设计,2017,3:19-23.

[3] 范威,张杰,王瑞球,等.民机座舱显示系统技术发展研究[C].上海,2016 第五届民用飞机航电系统国际论坛论文集:459-463.

[4] 何灿群.产品设计人机工程学 [M].北京:化学工业出版社,2005.

[5] 薛红军,张晓燕.民机驾驶舱人机工效设计与评估[M].西安:西北工业大学出版社,2014.

[6] 许为,陈勇.人机工效学在民用客机研发中应用的新进展及建议[J].航空科学技术,2012.6:18-21.

[7] 杨宏,李哲.ARP4102 标准的应用研究[C].上海,2010 中国制导、导航与控制学术会议,2010.10.

[8] Airbus Customer Service. A380 800 Flight Deck and Systems Briefing for Pilots[G]. Toulouse, France. 2006.

[9] Airbus Customer Service. A350 900 Flight Deck and Systems Briefing for Pilots[G]. Toulouse, France. 2013.

[10] 钱进.运输类飞机驾驶舱人为因素设计评估指南[M].上海:上海交通大学出版社,2016.

[11] 王全忠,高文正.平视显示器在民用飞机上的应用研究[J].电光与控制,2014,8:1-5.

[12] 张伟.合成视景系统的机遇与挑战[J].民用飞机设计与研究,2010.3:56,67.

[13] 庄达民,完颜笑如.飞行员注意力分配理论与应用[M].北京:科学出版社,2013.

[14] FAA. FAR 25.1302 Installed systems and equipment for use by the flight crew [S]. Doc. No. FAA. 2010 1175, 78 FR 25846, WashingtonD. C.: Federal Aviation Administration, May 3, 2013.

[15] FAA. Installed Systems and Equipment for Use by the Flight crew [S]. AC No: 25.1302 1, D. C. Federal Aviation Administration, 2013.

[16] FAA. Electronic Flight Deck Displays [S]. AC No: AC 25 11B, Washington D. C.: Federal Aviation Administration, 2007.

[17] Society of Automotive Engineers. Electronic Displays[R]. SAE ARP4102/7, SAE MOBILUS, SAE Aerospace 2007.07.

[18] Society of Automotive Engineers. SAE ARP4102/7 Appendix A Electronic Display Symbology for EADI/PFD[R]. SAE ARP4102, SAE MOBILUS, SAE Aerospace, 2007-07.

[19] Society of Automotive Engineers. SAE ARP4102/7 Appendix B Electronic Display Symbology for EHSI/ND[R]. SAE ARP4102, SAE MOBILUS, SAE Aerospace, 2007-07.

[20] Society of Automotive Engineers. SAE ARP4102/7 Appendix C Electronic Display Symbology for Engine Displays[R]. SAE ARP4102, SAE MOBILUS, SAE Aerospace, 2007-07.

[21] Society of Automotive Engineers. Flight Deck Panels, Controls and Displays [R]. SAE ARP4102, SAE MOBILUS, SAE Aerospace, 2007.07.

[22] Society of Automotive Engineers. Flight Deck Lighting for Commercial Transport Aircraft [R]. SAE ARP4103, SAE MOBI-LUS, SAE Aerospace, 2014.

[23] Society of Automotive Engineers. Transport Category Airplane Head Up Display (HUD) Systems[R]. SAE ARP 5288, SAE MOBILUS, SAE Aerospace, Issued 2001 05, Reaffirmed 2008-01.

[24] Mark S. Sanders, Ernest J. McCormick. 工程和设计中的人因学[M].于瑞峰 卢岚译.北京:清华大学出版社,2009.

[25] 独家首次详解 C919 驾驶舱 [EB]. http://www. sohu. com/a/256090266_6289442018 - 09 - 25,2018.09.25.

[26] 空中浩劫 Lost in Translation(十字航空 498 号班机空难)(纪录片)[Z]. 加拿大:Cineflix 公司,2013,第 13 季.

第6章 机组告警系统的人因设计与适航审定

6.1 驾驶舱飞行机组告警设计基础

本章将介绍驾驶舱告警系统人因设计的基本理念与相关知识；着重介绍目视告警系统和音响告警系统的设计，以及相关的适航审定条款与依据，和符合性验证方法。

6.1.1 静暗驾驶舱的设计理念和设计举例

1. 静暗驾驶舱的设计理念

在对现代飞机驾驶舱进行设计的过程中，设计人员需要综合考虑驾驶信息的类型与发出时间，以便于让驾驶员在最短时间内完成对信息的理解与使用。经研究发现，很多情况下飞行员并不能够完美地胜任系统监管者的职位，在飞行过程中，常常会忽略一部分信息，从而导致低级错误。因而，在飞行过程中，需要在一定程度上减少飞行员的信息接收，以提升其飞行注意力水平，确保飞行安全。为此，出现了"静暗驾驶舱"的设计理念。该理念是从人的视觉、听觉和心理因素考虑，通过静与动（响动），暗与亮的对比，让飞行员能够更为快速、准确的接收到飞机系统发出的相关告警信息。

静暗驾驶舱设计的基本要求是：在飞机处于正常运行状态时，驾驶室内不会有任何告警；如果飞机状态不正常，驾驶舱内就会出现告警，如亮起红色指示灯的视觉告警，声音报警的听觉告警，以及驾驶杆抖动的触觉告警，使驾驶员在第一时间反应过来。这一理念贯穿于飞机的整个告警系统设计中。

系统告警分为两类，一类是主动告警；一类是被动告警。飞机主动告警是指飞机的状态发生变化，而在飞行员没有采取任何操作去纠正的情况下发出的告警。这类告警的目的是告知飞行员，让飞行员赶紧采取措施，如失速抖杆，发动机着火等情况。另一类是被动告警，飞行员主动操作飞机，导致飞机的状态发生变化，飞机要发出相应的警告告知飞行员，飞机的状态已经发生变化，让飞行员知道飞机的状态，如驾驶员将自动驾驶切换至手动驾驶时，将会发出嘟嘟的警告声，提醒驾驶员，自动驾驶已经切换至手动驾驶。

2. 静暗驾驶舱的设计举例：系统开关的设计

驾驶舱内的系统开关属于静暗座舱的一部分（注：关于驾驶舱的控制器人因设

计,本教材将在第 7 章进行更为详尽的介绍)。目前,大部分飞机驾驶舱已经广泛采用带指示灯的按压开关。当开关按入时,开关上会显示对应的字符来表明系统的状态。在系统正常工作时,一般会显示"ON"或"AUTO"等字符;当系统处于非正常状态时,开关会显示"OFF","FAIL"或"FAULT"等琥珀色指示灯。这样的状态可以通过指示灯的亮起与否,来判断系统是否处于正常工作,而且也可以降低飞行员的工作负荷,飞行员不用长期关注开关状态。当系统失效时,会自动亮起指示灯,告知驾驶员哪一个系统失效,驾驶员根据指示灯的提示做出相应的处置程序。

(1)波音飞机带指示灯的按压开关设计

波音飞机驾驶舱中带指示灯的按压开关在正常工作时,按入的开关和未按入的开关不在同一个平面,这可以让飞行员通过开关的物理位置知道开关是否按入。带指示灯的按压开关在正常工作时有相应的白色字符指示系统工作状态。如"NO""AUTO"等字符,但其字符颜色显示效果非常柔和,不会引起飞行员过多的注意,同时又能告知飞行员目前系统的工作状态。

当系统处于非正常状态时,按压开关的指示灯会亮起,并显示琥珀色的"OFF"或"FAULT"等字符,来表明系统处于的状态,以引起飞行员的注意。

(2)空客飞机带指示灯的按压开关设计

空客飞机驾驶舱中带指示灯的按压开关在正常工作时,按入的开关和未按入的开关处在一个平面上,不可通过观察开关的物理位置来判断开关是按入还是按出。

空客飞机驾驶舱中带指示灯的按压开关在正常工作时没有任何字符显示,一片漆黑;当系统处于非正常状态时,按压开关指示灯亮起,会显示琥珀色的"OFF"或"FAULT"等字符,来表明系统处于的状态,以引起飞行员的注意。

6.1.2　告警系统的基本模式

根据不同的告警作用,告警系统主要有三种模式:信息探测告警模式、危险探测告警模式、危险探测-化解告警模式,它们从简单的探测到拥有复杂的化解机制,逐步递进。

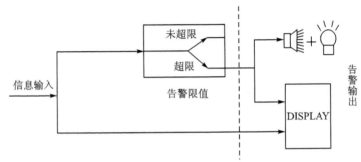

图 6.1　信息探测告警模式

1. 信息探测告警模式

如图 6.1 所示,信息探测告警是最基本的告警模式。告警监控系统在采集到飞机或环境信息后,将信息进行逻辑判断,与限值进行比较。当超出限值规定的告警门限值后,判断告警级别及类型,启动告警,再通过驾驶舱告警输出设备实现告警输出。通常的做法是将监控探测系统的输入信号也一并提供给飞行员,使告警和系统信息相联系的展现给飞行员。通常情况下告警限值的设定由两方面来源:一种是设计系统时界定好的限值,例如最大运行速度/马赫数。另一种限值是由飞行员在特定环境下输入到告警系统内的,如场高和 V_1(起飞决断速度)、V_R(抬轮速度)等。

2. 危险探测告警模式

如图 6.2 所示,作为危险探测告警模式的使用,当多系统或多信息输入告警系统时,首先进入预备告警阶段,能发现有信号超出告警限值,危险存在,但信号告警应该怎么表示或者是否需要表示,告警系统对多信息进行综合评定,给出危险评估,与预置的特定环境的告警限值进行比较。这些告警可能会全部、部分或者没有任何一个最终提供给飞行员。例如音响告警系统里面的告警优先级,被抑制掉的音响告警的告警环境可能还是一直存在,但在综合评估多告警音响发生时,有更高优先级别的告警音响需要发生,那么低级音响告警的危险评估相对降低,被抑制不产生音响告警。

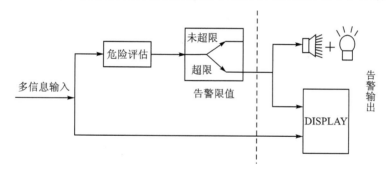

图 6.2　危险探测告警模式

3. 危险探测-化解告警模式

如图 6.3 所示,最先进、最复杂的安全系统不但要具有告警的能力,还应该具有化解危险的能力。这样,告警系统就可以引导飞行员将注意力放在解决告警的方法

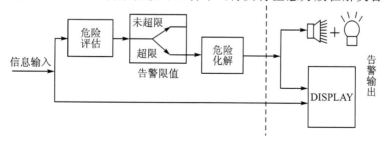

图 6.3　危险探测-化解告警模式

上。例如 TCAS 告警能够为两架可能相撞的飞机分别给出爬升或下降的指令；近地告警可以发出拉起的告警指令，使危险化解。其多用于状态变化较多的危险环境，对此类危险很难事先做好准确、细致的程序设定，还需要综合飞机多系统的综合因素考虑。

这三种模式的发展遵循科技的发展规律，但是因为有些告警系统不需很复杂的响应控制，所以现代飞机基本上三种模式共存。

6.1.3　告警系统的分类与级别

1. 告警系统的分类

从飞行员接收告警信息的感觉器官来划分，驾驶舱告警系统可分为视觉告警、音响告警和触觉告警三类。根据 AMC25.1322 要求，在不影响飞行，干扰飞行员操纵的情况下，要尽可能采取多感官的告警形式，从听觉，多视觉，甚至触觉发出告警信息。除了触觉告警不建议单独使用外，其他两类告警方式可以单独告警，更多的是相互配合使用，达到最终告警的目的。

（1）目视告警

驾驶员 80% 以上的信息均来自视觉感知，视觉告警是最为重要的告警方式之一，视觉告警能及时获得驾驶员的关注，并且不太容易引起误解，反映的信息量相对比较大，范围广。视觉告警主要包含告警灯、机组目视告警信息，视觉告警通过不同的颜色，定义不同影响级别的告警信息。

（2）音响告警

通过采用在驾驶舱扬声器和/或飞行员耳机中发出音响告警的方式，告知飞行机组此刻的飞机状态或所处环境。

（3）触觉告警

在飞机发出失速告警时，不仅有语音和视觉告警，还会有抖振杆告警。但触觉告警通常不建议单独使用。

2. 告警信息的级别

不同级别的告警信息的定义为：

（1）警告级

紧急情况，如飞机/系统处于危险的构型，重要的系统失效。其发生后，飞行员必须立即采取措施进行纠正或采取补偿措施，处理需要的时间迫切，在紧急情况下，可能需要通过语音警告进行补充。

（2）警戒级

遇非正常情况，如系统故障失效，但对安全还不能立即造成影响。在其发生后，飞行员必须立即判定非正常状态的原因，判定后采取措施进行纠正或采取补偿措施。

（3）提示级

确认情况，如系统故障/失效导致系统冗余失效或者性能降低。其发生后，由飞行员来决定是否采取措施,一般规定飞行员有时间的话采取处置措施。

（4）信息级

信息状态。飞行或需要在驾驶舱显示系统的状态,但没必要将其综合在集中告警系统中。

优先级定义:飞机设计厂商需根据告警的紧急和关键程度制定一份告警分级定义,以决定不同的告警有何种优先级。

例如:波音飞机的机组警告信息分为警告（A 级）、警戒（B 级）和注意（C 级）三个等级。

➢ A 级信息:红色的警告信息,不能用取消电门来删除;红色主警告灯亮;伴随连续强烈的音响警告。

➢ B 级信息:琥珀色的警戒信息;可用取消电门来删除;琥珀色主警戒灯亮;伴随柔和断续的音响警告。

➢ C 级信息:琥珀色的注意信息,退一格显示;可用取消电门来删除;无灯光和音响警告。

又如:在空客飞机飞机的设计中,根据故障部件的重要程度,以及所要采取的纠正措施的紧急程度,其电子中央飞机监控系统（Eletronic Centralized Aircraft Monitor,ECAM）警告分为三级、二级、一级:

➢ 三级警告:最紧急,在发动机告警显示器（Engine Warning Display,EWD）上显示红色警告信息;红色主警告灯闪亮;重复的谐音或特殊音响警告。

➢ 二级警戒:需采取纠正措施,但不危及飞行安全。EWD 显示琥珀色警告信息;琥珀色主警戒灯亮;单谐音音响警告。

➢ 一级咨询:需要飞行员监控;没有主警告灯和声响;只有黄色警告信息显示。

图 6.4 展示了当空客飞机出现一个三级告警的情况:2 号发动机出现火警后,正副驾驶的红色主警告灯点亮;EWD 面板上出现红色"ENG2 FIRE"字样;2 号发动机

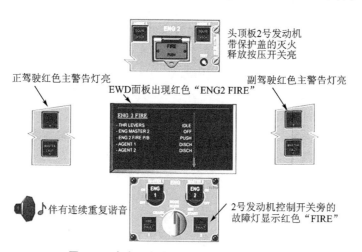

图 6.4　空客 2 号发动机出现火警后的告警

控制开关旁的故障灯显示红色"FIRE"字样;同时头顶板的带红色保护罩的 2 号发动机灭火释放按压开关点亮;并伴有连续的重复谐音。该例中,告警系统以多重目视和音响告警提醒飞行员发动机起火这一险情,并用多种方式显示是 2 号发动机起火,帮助飞行员迅速做出判断,并在相应的操控件附近再次提醒飞行员应该完成的操作。

6.1.4　告警的抑制

　　根据 FAR‐25.1322(d)的要求:警报功能的设计,必须尽量减少虚警和扰警的影响。在设计中必须考虑到机组告警不能成为机组人员的负担,因此,特别对设计提出了两点要求:一是防止出现虚警或扰警的警报;二是提供能够抑制由虚警引发的告警的组件。

　　所谓虚警,是指系统或部件正常工作时,它的告警装置发出了告警。虚警,特别是危急信号的虚警危害很大。它不仅严重地增加了飞行员的心理负荷,更重要的是它会转移飞行员对关键任务的注意。1972 年在美国大沼城发生了一起飞机坠毁事件,就是因为飞机起落架警告灯出现虚警,飞行员查找原因而失去对飞机导航的控制,从而导致事故的发生。另外,多次虚警还会导致飞行员对自动装置产生不信任感。在可能的地方,告警系统应设计成使飞行员能检查告警的效度。

6.1.5　典型的驾驶舱告警系统的组成与构架

1. 典型的驾驶舱告警系统的组成

（1）EICAS/ECAM

　　波音的发动机指示与机组告警系统 EICAS,与空客的电子中央飞机监控系统 ECAM,都能为机组提供大量不同级别的告警信息,显示在驾驶舱的 P2 面板的显示器上,使正副驾驶员都能迅速获取。EICAS 是通过在驾驶舱某一显示器(通常为多功能飞行显示或者发动机信息显示器)的特定区域内显示不同级别的告警信息和重要系统简图的形式,达到告知飞行员各系统非正常告警及飞机不良构型的目的。告警根据不同飞机型号,可达到数百条之多,基本上包括了飞机所有系统的故障信息、状态信息和特定飞行阶段的错误构型信息。

（2）TAWS/TCAS

　　有些重要系统因为自身告警较多且独立,并且安全级别很高,适宜于在自身系统的独立计算机实现告警处理及发生后通过音响和显示系统实施告警。这一类的告警系统有地形提示和警告系统(TAWS)、交通告警与防撞系统(TCAS)等。

　　地形提示和警告系统(TAWS)能够有效的控制可控飞行撞地事故(CFIT)的发生。地形提示和警告系统(TAWS)的核心是 TAWS 计算机,计算机中存储了各种警告方式的极限数据,通过计划当前航线并参考地形高度数据、障碍物数据和机场数据信息,从而提供预测地形报警。地形提示和警告系统提供基于无线电高度表、大气压高度表、下滑道偏离和飞行配置信息实时输入的反应型地形警告。如果出现危险情

况,地形提示和警告系统将给出目
视和语音的报警来警告飞行员。
地形提示和警告系统具有在仪表
板上绘制显示地形上升图的功能。
各种模式都附带仪表板上的清晰
的语音和/或目视的信息。(如
图 6.5 所示)。

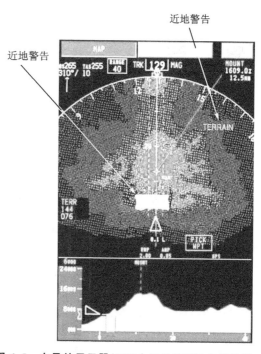

交通告警与防撞系统(TCAS)
旨在作为一种补充手段,帮助驾驶
员探测附近有无飞机。TCAS 与
空中交通管制应答机一起联合工
作,为飞机提供附近空域飞机的飞
行情况,预测飞机之间的潜在威
胁,在飞机之间可能出现冲突时给
予驾驶员告警,避免撞机事件的
发生。

(3)中央告警系统

中央告警系统为飞机绝大多

图 6.5　在导航显示器(ND)上显示的近地告警信息

数的系统提供通用的告警平台。当某一系统功能失效或构型错误,需要通过告警灯
和告警语音告知驾驶员时,中央告警系统通过逻辑判断控制音响警告,实现驾驶舱音
响告警的发出,并且/或者通过逻辑控制驾驶舱指示各面板上按钮灯的点亮,来告知
驾驶员各飞机系统的当前状态。早期的中央告警系统有独立的告警计算机,专门用
来进行告警逻辑的运算、告警语音的发生和按钮灯的控制,随着航空电子的发展,系
统集成化迅速,现代客机的中央告警系统的运算单元在通常情况下驻留在中央计算
机内,而音响发出功能,通常由音频综合系统实现。

在中央告警系统的告警灯控制功能中,包括用于通用告警的主警告按钮灯(红
色)和主警戒按钮灯(琥珀色),用来在遮光板等最显著位置给出主目视告警。

(4)主飞行显示器(PFD)显示的空速、高度等信息的告警

主飞行显示器(PFD)显示的空速、高度等信息的告警。当空速或者高度在包线
附近或者以外时,PFD 的空速指示器或者高度指示器发出相应的告警指示并且必要
时有语音告警。

2. 机组告警系统架构

现代民用飞机通常包含一个综合式或集中式架构,大量的飞机系统和飞行数据
直接进入模块化综合航电系统(IMA),且大多数功能也通过驻留的应用软件在
IMA 上执行。IMA 使用视频信号驱动显示功能,通过数字式总线将数据发送到外
部设备,将集中处理的数据分配到相关系统。这一架构使得飞机生产商或系统集成

商有机会发展自己的平台应用软件,相应的飞机级集成能力也得到了增强。在这种架构中,告警通告数据源通常由 IMA 采集处理。机组告警显示通常显示在 LCD 显示器上,而 LCD 显示器由 IMA 通过视频信号直接驱动(见图 6.6)。

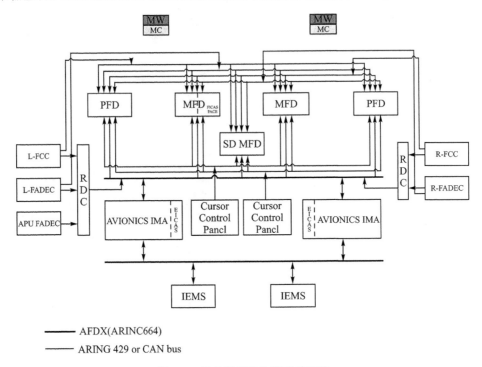

图 6.6　建议的机组告警系统架构

6.2　驾驶舱告警系统人因设计的适航审定要求

6.2.1　告警系统人因设计的适航审定条款与依据

1. 第 25.1322 条　"飞行机组告警"及其咨询通告

飞机告警系统的发展过程,主要经历了以下两个阶段。

20 世纪 70 年代中期以前,民用飞机告警技术的特点是:独立仪表多,各种信息分散而杂乱,告警范围不完备,通常只能进行设备故障的告警,而没有周边环境形势的告警,更不能给出处置建议或指导,告警设备技术水平低,设备可靠性及系统安全性相对不高。

受到当时技术的限制,驾驶舱内没有先进的综合显示和机组告警系统,一般是通过安装独立的警告灯、警戒灯和提示灯为飞机机组提供非常状态的提示。中国民用航空总局 1985 年 12 月 31 日制定了 CCAR - 25.1322(警告灯、警戒灯、提示灯)条款。该条款自生效后目前尚未进行过修订。其内容如下：

CCAR 第 25.1322 条　警告灯、警戒灯和提示灯

如果在驾驶舱内装有警告灯、警戒灯和提示灯，则除适航当局另行批准外，灯的颜色必须按照下列规定：

(a) 红色，用于警告灯（指示危险情况，可能要求立即采取纠正动作的指示灯）；

(b) 琥珀色，用于警戒灯（指示将可能需要采取纠正动作的指示灯）；

(c) 绿色，用于安全工作灯；

(d) 任何其他颜色，包括白色，用于本条(a)至(c)未作规定的灯，该颜色要足以同本条(a)至(c)规定的颜色相区别，以避免可能的混淆。

20 世纪 70 年代中期以后，随着电子技术的巨大发展和多种探测技术应用到航空领域，安全告警技术出现了重大突破，这就是电子飞机中央监控系统或发动机指示机组警告系统、近地警告系统、空中交通警告与防撞系统、预警性风切变警告等。

现代飞机安全告警技术的特点是告警信息集中，集成化、综合化程度高；告警范围全面，不仅包括设备故障告警和环境形势告警，还包括文字说明、建议、指导等；设备技术水平高，可靠性及系统安全性高，误报警率显著降低，人机工效飞速改善，高度自动化，降低驾驶员工作负荷。FAA 为了适应技术发展，于 2010 年 11 月 2 日发布了 FAR25 - 131 修正案，重新定义了对飞机飞行机组告警系统的适航要求，该修正案于 2011 年 1 月 3 日正式生效。修正后改名为"飞行机组告警"。

修正后的内容如下：

FAR 第 25.1322 条　飞行机组告警

(a) 飞行机组告警必须：

(1) 向飞行机组提供下列工作所需要的信息：

(i) 判定非正常的运行或飞机系统的状况和

(ii) 确定适当行动如需要时。

(2) 在所有可预期运行条件下，飞行机组都能迅速容易地察觉并理解，包括提供多重告警的情况。

(3) 在告警条件不再存在时即退出。

(b) 告警必须根据飞行机组知道和响应的紧迫性符合下列排序层次：

(1) 警告：要求飞行机组立即知道并立即响应的情况。

(2) 警戒：要求飞行机组立即知道并随后响应的情况。

(3) 提示：要求飞行机组知道并可能要求随后响应的情况。

(c) 警告与警戒告警必须：

(1) 按需要在其各自类别内排序。

(2) 至少用两种由听觉、视觉、或触觉指示组合的不同感知，及时提供吸引注意的信号。

(3) 许可对每次发出的本条(c)(2)项规定吸引注意信号进行确认和抑制，除非

要求其持续指示。

(d) 告警功能的设计必须把虚警和有碍性告警的影响减到最低程度,特别是其设计必须能:

(1) 防止在不适当或不需要时出现告警。

(2) 提供装置来抑制因告警功能失效导致的影响飞行机组安全操纵飞机能力的告警中吸引注意的部分。该装置不得使飞行机组过于容易操作而可能因无意或习惯性反射动作使其工作。某项告警被抑制时,必须有清晰无误的通告,使飞行机组知道该项告警已被抑制。

(e) 目视告警指示必须:

(1) 符合下列颜色惯例:

(i) 警告告警指示用红色。

(ii) 警戒告警指示用琥珀色或黄色。

(iii) 提示告警指示用红色或绿色以外的任何颜色。

(2) 当由单色显示器显示警告、警戒和提示告警指示因而不能符合本条(e)(1)项的颜色惯例时,采用视觉编码技术,结合驾驶舱内的其他告警功能要素作为之间的区分。

(f) 必须限制在驾驶舱内将红色、琥珀色和黄色用于非飞行机组告警的其他功能,即使使用了也不得对飞行机组告警产生不利影响。

针对 25.1322 条款发布的咨询通告 AC25.1322 - 1 - 2010"飞行机组告警"(FAA AC 25.1322 - 1 - 2010 "Flight Crew Alerting"),对其进行了详细的解释和说明。

为方便读者了解该咨询通告的主要内容,现将该咨询通告的目录摘抄如下:

AC25.1322 - 1 飞行机组告警

1. 目的

2. 适用性

3. 相关例子、条例、文件和定义

4. 背景

5. 飞行机组告警系统设计

6. 告警功能要素

7. 告警系统的可靠性和完整性

8. 告警管理

9. 清除和重现目视告警消息

10. 与其他系统(检查单、概要图、开关、单个指示灯)的界面或综合

11. 颜色标准化

12. 尽量降低虚警和有碍性告警的影响

13. 为获飞行机组告警系统批准表明符合性

14. 飞行机组告警系统要素纳入已有机队

15. 用于平视显示器(HUD)的告警

附录 A. 把目视系统要素纳入告警系统举例

附录 B. 把音响系统要素纳入告警系统举例

附录 C. 条例

附录 D. 相关文件

附录 E. 定义

该咨询通告提供了详细的指导材料,用于在飞行机组告警功能设计批准时,表明对于相关 FAR25 部条款要求的符合性。

2. 告警系统涉及的其他人因设计适航条款

事实上,飞机告警涉及飞机的各个方面,除了 25.1322,第 25 部中还有许多条款与之相关。在此,给出一些最为重要和典型的相关条例,以反映告警系统设计及验证的重要性和多样性。如果需要了解所有涉及的条款,可参考 AC25.1322-1"附录 C.条例",该附录罗列出了所有与告警系统相关的 FAR 条款清单,涉及第 25 部、第 33部、第 91 部、第 121 部、第 125 部和第 135 部。

第 25.207 条　失速警告

(a) 在直线和转弯飞行中,为防止襟翼和起落架在任一正常位置时无意中造成失速,必须给驾驶员以有效的清晰可辨的具有足够余量的失速警告。

(b) 警告可以通过飞机固有的气动力品质来实现,也可以借助在预期要发生失速的飞行状态下能作出清晰可辨的警告的装置(如振杆器)来实现。但是,仅用要求驾驶舱内机组人员给予注意的目视失速警告装置是不可接受的。如果使用警告装置,则该警告装置必须在本条(c)和(d)中规定的速度,在本条(a)中规定的每一种飞机形态都提供警告。除了本条(h)(2)(ii)中所描述的失速警告外,本条(e)中规定的结冰条件下的失速警告必须以非结冰条件下的失速警告同样的方式给出。

解析:25.207(a),对本款的术语解释如下:

➢ 任意正常位置:指经局方批准的襟翼、起落架构型中的任何正常使用位置。

➢ 有效的清晰可辨的:是指驾驶员能够判明的,比如:声音告警、振杆器等。

25.207(b)规定,失速告警应具有安全性。对于在驾驶舱内引起注意的单独目视装置这样的人工失速告警指示、妨碍驾驶舱内交谈的人工失速告警装置、在发生故障时会分散驾驶员的注意力从而干扰飞机安全操纵的人工失速告警装置,都是不可接受的。其中,目视失速告警是指驾驶员通过眼睛感知的告警,如:仪表显示、灯光闪烁等。

第 25.703 条　起飞警告系统

飞机必须安装起飞警告系统并满足下列要求:

(a) 在起飞滑跑的开始阶段,如果飞机处于任何一种不允许安全起飞的形态则警告系统必须自动向驾驶员发出音响警告,这些形态包括:

(1) 襟翼或前缘升力装置不在经批准的起飞位置范围以内;

(2) 机翼扰流板(符合第 25.671 条要求的横向操纵扰流板除外)、减速板或纵向配平装置处于不允许安全起飞的位置。

(b) 本条(a)中要求的警告必须持续到下列任一时刻为止:

(1) 飞机的形态改变为允许安全起飞;

(2) 驾驶员采取行动停止起飞滑跑;

(3) 飞机抬头起飞;

(4) 驾驶员人为地切断警告。

解析:25.703(b)对(a)中要求的告警必须持续的时间提出了要求。

第 25.729 条　收放机构

(e) 位置指示器和警告装置 如果采用可收放起落架,必须有起落架位置指示器(以及驱动指示器工作所需的开关)或其他手段来通知驾驶员,起落架已锁定在放下(或收上)位置,该指示和警告手段的设计必须满足下列要求:

(1) 如果使用开关,则开关的安置及其与起落架机械系统的结合方式必须能防止在起落架未完全放下时误示"放下和锁住",或在起落架未完全收上时误示"收上和锁住"。开关可安置在受实际的起落架锁闩或其等效装置驱动的部位。

(2) 当准备着陆时如果起落架未在下位锁锁住,必须向飞行机组发出持续的或定期重复的音响警告。

(3) 发出警告的时间必须足以来得及将起落架在下位锁锁住或进行复飞。

(4) 本条(e)(2)所要求的警告不得有容易被飞行机组操作的手动关断装置,以免其可能因本能、无意或习惯性反应动作而关断。

(5) 用于发生音响警告的系统设计必须避免虚假警告或不当警告。

(6) 用于抑制起落架音响警告的系统,其阻止警告系统工作的失效概率必须是不可能的。

解析:25.729(e)(1)中说明如果使用开关来触发起落架位置显示和告警装置,则该类开关的安装位置和起落架机构的结合方式要能避免误指示的情况,触发开关最好与起落架锁闩或其等效装置联动。25.729(e)(4)表明音响告警不得无意关断,是指一般不设手动关断开关,等机组对告警采取正确处置措施后(如重新放下并锁住起落架或复飞),自动关闭音响告警。25.729(e)(6)要求该类抑制音响告警的自动系统的失效是不大可能的,即失效概率小于 10^{-5} 每飞行小时。

第 25.1302 条　飞行机组使用安装的系统和设备

(b) 驾驶舱控制和飞行机组使用的信息必须满足以下条件:

(3) 如果需要安全运行警告,则能够警告飞行机组其行为对飞机或系统的影响。

解析:此条解析参见第 0 章 0.3.2 节。

第 25.1309 条　设备、系统及安装

(c) 必须提供警告信息,向机组指出系统的不安全工作情况并能使机组采取适当的纠正动作。系统、控制器件和有关的监控与警告装置的设计必须尽量减少可能

增加危险的机组失误。

解析:25.1309(c)要求提供告警信息,向飞行机组告诫系统的不安全工作情况,对于下述事件,要求有告警:

> 该事件是任何潜在灾难性后果的一部分;

> 该事件与其他任何潜在的继发失效事件与先前事件结合会导致灾难性失效状态,且是在飞行机组差错之前发生的失效事件。

第 25.1329 条　飞行导引系统

(j) 自动驾驶仪断开后,必须及时的给每一驾驶员提供与驾驶舱其他警告截然不同的警告(视觉和听觉的)。

(k) 自动推力功能断开后,必须给每一驾驶员提供戒备指示。

解析:25.1329(j)、(k)提出对自动驾驶仪和自动推力的切断告警要求。

3. 与告警系统相关的其他设计依据、标准和指南文件

与告警系统相关的其他常用设计依据、标准和指南文件有:

① SAE ARP 4102/4《驾驶舱告警系统》。

② ADA 106732 FAA《飞机告警系统设计指南》。

③ AC25 - 11B 电子飞行显示器。

④ AMC25 - 11 电子显示系统。

⑤ AMC25.1302 飞行机组使用的安装系统设备。

⑥ AMC25.1309 系统设计与分析。

⑦ AMC25.1322 告警分析。

6.2.2　飞行机组告警系统人因设计的符合性验证方法

对于飞行机组告警条款可采取的符合性方法有:MOC1 说明性文件、MOC3 安全评估、MOC5 机上地面试验和 MOC6 飞行试验等符合性方法进行验证。

1. 说明性文件

在向审查方提交的 MOC1 说明文件中,应包含机组告警系统的架构和组成、系统功能、技术方案和特点。在飞机级层级需要一份对全机显示告警的设计理念和要求,包括告警颜色使用要求、机组告警设计要求、发动机指示设计要求和系统简图页设计要求。指导各系统根据系统自身的告警需求设计显示告警。

有告警需求的各系统都应将飞行机组告警条款作为系统的审定基础,并向审查方提交说明文件,表明各系统的告警设计满足要求。

2. 安全评估

各系统安全性评估主要从功能危害性评估报告、系统故障树分析报告和系统安全性分析报告等出发,考虑各种告警信息的等级是否正确,以及是否考虑到虚假警告和丧失警告。以国内某型号飞机的自动飞行系统为例,自动飞行系统需要向审查组表明,自动飞行控制系统的危险状态的严酷度均进行了合理的分析,符合型号飞机全机级功能危险分析,对自动飞行控制系统各故障状态的告警等级,符合自动飞行控制系统的功能危险状态的严酷度要求。

3. 机上地面试验

飞机各系统通过机上地面试验,验证各系统自身的告警设计是否满足条款要求且工作正常。当各系统告警触发条件满足时,飞机能正常的告警,并且告警颜色的设计是否满足条款要求。

4. 飞行试验

飞机机组告警的验证试飞,主要是有告警需求的各系统在各自的验证试飞中,证明告警可被飞行机组快速容易地察觉并理解。显示、告警的颜色使用和整个驾驶舱环境是一致的,并且非告警系统对红色、琥珀色和黄色的使用不会对机组产生不利影响。

6.3　飞机目视告警系统的设计

告警系统的目视要素通常包括主目视告警、目视告警信息和时间紧迫警告目视信息。

6.3.1　主目视告警

主目视告警的定义:用于按具体告警紧急等级(如警告或警戒)吸引飞行机组注意的全机性目视指示。

主目视的设计要素有:位置、发出/持续时间/取消、吸引注意的目视特性、亮度、显示器和指示器的尺寸和字符大小、颜色、试验功能。

1. 位　置

用于警告(主警告)和警戒(主警戒)的主目视告警,应当位于每一名驾驶员的主视界内。如图 6.7 所示,一般主警告灯和主警戒灯位于飞行员主视界内,目视信息最易被察觉的遮光板上。正驾驶侧和副驾驶侧各有一个主警告灯,一个主警戒灯(上下排列或左右排列)。灯亮时伴有与其相关的主音响告警。

图 6.7　A350 驾驶舱主目视告警装置的位置(上下排列)

2. 发出/持续时间/取消

① 主目视告警应当:

➢ 在与告警状态和预期响应相适应的时间框架内发出。

➢ 同时发出相关的主音响告警或独特音调及其相关的目视告警信息。在发出主目视告警和其相关的主音响告警或独特音调及其目视告警信息之间的任何延迟时,不得引起飞行机组分散注意或分辨不清。

➢ 同时在每一名驾驶员的工作位置发出警告或警戒。

② 在被飞行机组手动取消或当告警条件不再存在而自动取消之前,主目视告警应当保持接通。

③ 主目视告警被取消后,其告警机制应当自动复位,以备通告之后的任何故障情况。

3. 吸引注意的目视特性

除颜色外,还可以使用稳态的或频闪的主目视告警,只要所用的方法能够提供具有有效吸引注意的特性。若采用频闪时,所有的主目视告警均应当同步以避免任何不必要的分心。工业界倾向的结论是主告警灯不使用闪烁特性,因为主告警灯位于机组主视野区最明显的位置,在亮度较高或频繁闪烁的情况下,可能对机组造成干扰并加重机组的负担。

4. 亮　度

① 主目视告警的亮度应当足以在所有环境照明条件下吸引飞行机组的注意。

② 不应当提供手动调光,除非其最低设定能够在所有环境照明条件下飞行时,保持足够的吸引注意品质。

5. 显示器和指示器的尺寸和字符大小

① 设计所有的字符类型、大小、字体和显示背景时,应当使得告警在每一驾驶员工作位置都能看清易懂,这些要素应当提供适当的吸引注意特性。

② 建议告警至少对向 1°的目视角。

6. 颜　色

① 主目视告警必须遵循标准颜色惯例:

➢ 警告用红色;

➢ 警戒用琥珀色或黄色。

② 非警告或警戒的主目视告警状态(如空中交通管制(ATC)的数据链告警)必须满足 25.1322(f)的要求,并遵循相关咨询通告的指导,一般建议使用除红色、琥珀色或黄色以外的颜色。

7. 试验功能

为符合 25.1309 的安全性要求,对主目视告警系统应设计有相关的实验功能,可对主目视告警的可操作性进行测试/核查。

6.3.2 目视信息

1. 显示器的数目和位置

① 确定提供警告、警戒和提示告警的显示器数目时，应当考虑驾驶舱内的人机工程、运行和可靠性准则，以及任何物理间距约束的综合因素。

② 目视告警信息应当放在两名驾驶员都能够立即判定告警状态的位置。

③ 所有与主目视告警链接的警告和警戒目视信息，均应当分组置于一个专用显示区域，也可为每一名驾驶员各指定一个区域。提示告警应当展示在与警告和警戒信息相同的显示区域。

2. 格式和内容

① 在设计时，要求目视信息采用统一的格式和内容准则，以清晰指示告警的含义和状态。设置统一的文字格式和内容的目的，是引导飞行机组到正确的检查单程序，并且尽量降低飞行机组犯差错的风险。

② 告警准则应当规定目视信息的格式和内容，使用包括下列三项要素的统格式和内容：

> 告警总标题（如：HYD、FUEL）；

> 告警总具体分系统或位置（如：L-R、1-2）；

> 告警总状态性质（如 FAIL、HOT、LOW）。

③ 对于任何给定的消息，全部文字均应当放入一页里的可用空间以内，以鼓励消息简明。可以采用增行，只要告警消息可以被理解。

④ 若告警展示在一个有限的显示区域内，则可使用"溢出指示"（overflow indication），以告诉飞行机组还有其他告警内容需要调出查看。可用指示来表明存储器内储存的告警数目和紧急等级。

⑤ 可以用"集合器消息"（collector message）解决显示空间不足、多重告警状态排序、告警信息超载，以及显示无序等问题。当用于多重故障情况的程序或行动与用于被集合的单项消息的程序或行动不相同时，应使用集合器消息。例如，丧失单套液压系统的非正常程序与丧失两套液压系统的非正常程序是不同的。如果出现两套液压系统丧失的情况，应当抑制两个"丧失单套液压系统"的消息，而让飞行机组只关注丧失两套液压系统的非正常程序。

⑥ 字母数字的字体粗度和大小，应当足以使在与屏幕保持正常观察距离处就座的飞行机组能够辨读。

可接受 1/200 观察距离的最小字高。如对于 36 in 的观察距离，屏幕上的字高要求为 0.18 in。

可接受 Arial 和 sans serif 字体用作目视告警文字，若要求达到可接受辨读性的数字和字母的大小，则取决于所用的显示技术。笔画宽度在字高的 10%～15%，对文字显示具最佳辨认效果。下伸字母和上伸字母的伸出部分应当约为字母高的 40%。

可以用不同的字体来区分新的和之前收到的目视告警信息。

3. 告警信息的颜色编码

展示目视告警信息必须使用下列标准颜色惯例：

➢ 警告告警用红色；

➢ 警戒告警用琥珀色或黄色；

➢ 提示告警用红色、琥珀色、黄色或绿色以外的任何颜色。

① 必须用红色指示要求飞行机组立即知道并立即采取行动或做出决定的非正常运行或非正常飞机系统状况。

② 必须用琥珀色或黄色指示要求飞行机组立即知道并(与警告告警相比)不太紧急的随后响应的非正常运行或非正常飞机系统状况。

③ 提示可使用红色或绿色以外的任何颜色,来指示要求飞行机组知道并可能要求在随后响应的非正常运行或非正常系统状况。

必须限制将红色、琥珀色或黄色用于与警告和警戒告警功能无关的情况,以防减弱实际警告和警戒的吸引注意特性。

4. 亮　度

① 目视告警信息的亮度,应当足以使两名驾驶员在所有环境照明条件下,均能够很快判定告警的状况。

② 目视告警信息显示器的亮度,可以跟随驾驶舱内部环境照明条件的变化自动调节,还可提供由驾驶员调节显示器亮度的手动超控器件。

6.3.3　时间紧迫警告目视信息

时间紧迫警告是告警的一种分类,为保持飞机眼下安全运行的最紧急警告等级。时间紧迫警告的常见例子是：

➢ 预兆性和反应性的风切变警告；

➢ 地形提示警告(TAWS)；

➢ 机载空中防撞系统(ACAS)Ⅱ决策提示；

➢ 超速警告；

➢ 低能警告。

时间紧迫警告目视信息呈现要素有:位置、格式、目视角尺寸。

1. 位　置

时间紧迫警告目视信息应当显示在每一名驾驶员的主视界内。由于驾驶员会经常扫视主飞行显示器(PFD),因此 PFD 被用作显示时间紧迫警告告警的实际可行首选显示器。时间紧迫信息纳入 PFD 要取决于警告的确切性质。例如可以把 PFD 上的一个专门位置同时用作吸引注意功能和目视信息显示,专门显示诸如"WINDS-HEAR(风切变)"(见图 6.8)、"SINK RATE(下沉速率)"、"PULL UP(拉起)"、

"TERRAIN AHEAD(前方地形)"和"CLIMB，CLIME(爬升,爬升)"一类的告警。此外,还可包括机载告警和防撞系统(ACAS)Ⅱ地形决策提示的目标俯仰姿态图形显示。

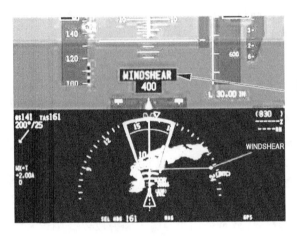

风切变
告警

图6.8　在PFD面板显示的风切变告警信息

2. 格　式

① 相应的目视和音响告警信息(格式)应当统一。

② 时间紧迫警告目视信息可以以文字消息展示(如"WINDSHEAR(风切变)")。某些时间紧迫警告信息,包括导引,可以图形展示(如用图形展示 ACASⅡ决策提示)。

③ 用于时间紧迫警告信息的文字消息和图形必须为红色。用单色显示器显示时间紧迫警告时,必须使用其他图形编码方法。

④ 采取纠正措施使告警条件不再存在后(如已经截获下沉速率、飞机已经爬升到地形以上等),信息必须消除。

3. 尺　寸

要立即吸引飞行机组的注意,并改变其用于响应非时间紧迫警告的习惯模式,一般建议把时间紧迫警告显示对向至少2平方度的目视角。

6.3.4　失效旗标

失效旗标指示所显示参数或其数据源的失效。失效旗标通常只与单仪表显示器相关,显示失效旗标的颜色与显示飞行机组告警所用的颜色相同。对于综合式驾驶舱环境,采用与告警系统一致的颜色显示仪表失效旗标,作为告警功能的一部分。

6.3.5　用于平视显示器的告警

就告警而言,HUD 具有一些值得进行特定考虑的目视特性。首先,大多数

HUD 都是单色(单色光)显示器,不能用诸如红色、琥珀色和黄色等不同的颜色来表示其告警信息的重要性。其次,HUD 位于驾驶员的前方视界,与仪表板分开,聚焦于光学无穷大点。其结果是,驾驶员在观察 HUD 时就看不到仪表板上的许多目视指示,往往就不可能及时察觉显示在仪表板上的目视告警。因此,即使未考虑把 HUD 归入警戒和警告综合系统的类别,也需要它们来显示某些告警,比如时间紧迫告警,而使它们起到了主飞行显示器(PFD)的作用(见图 6.9)。不要求单色的 HUD 用红色和琥珀色来表示警告和警戒告警的重要性,但是确实需要提供与目前下视显示器 HDD 主飞行显示器 PFD 相等效的告警功能性(如吸引注意、可清晰理解、无混淆)。

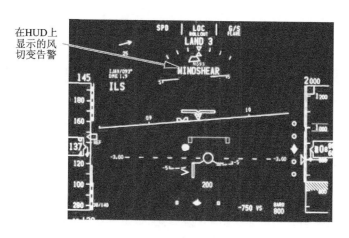

在HUD上显示的风切变告警

图 6.9　在 HUD 上显示的风切变告警信号(时间紧迫告警)

由 HUD 展示的告警功能,不应当因遮蔽飞行机组通过 HUD 的外部视界而对飞行机组使用 HUD 造成不利影响。

由下显示器(HDD)的主飞行显示器 (PFD)显示的时间紧迫警告也需要在 HUD 上展示,以确保驾驶员能够等效及时地知道和做出响应(如 ACAS Ⅱ、风切变和近地警告通告)。否则由于 HUD 与下视视界的物理分离和调节上的差异(指焦距),会阻碍驾驶员及时知道在下视显示器上显示的目视告警。

驾驶员在使用 HUD 时,若不能看到主告警指示或没有引起注意时,HUD 需要显示告警,为驾驶员提供及时的警戒状态、警告状态或两者的通告。

25.1322(e)要求在单色显示器上显示的目视告警指示使用编码技术,使得飞行机组能够对警告、警戒和提示告警做出清楚明了的区分。鉴于单色 HUD 不能用颜色对这三种告警信息进行区分,所以必须使用其他的目视显示特征(编码技术),诸如形状、位置、纹理,加上适当使用频闪、外围框、亮度和尺寸之类吸引注意特性。FAA报告 DOT/FAA/RD‐81/38,1981 年发布的"航空器告警系统标准化研究"第 Ⅱ 卷"航空器告警系统设计指南",强调了展示警戒和警告告警之间的区分特征的重要性。

使用这类目视显示特征时,应当在该驾驶舱的全套显示器内保持统一性,使其预定含义得到明白无误的传递。例如时间紧迫警告可能会以醒目的方式显示于 HUD 的特定中央位置,而其他的告警(如需要时)则会以不同的方式予以显示。

对于彩色 HUD,其警告和警戒告警的显示应当与下显示器(HDD)的主飞行显示器(PFD)的相一致。

操纵飞机和监控飞机的驾驶员应当考虑对于 HUD 的使用,以保证及时知道某些告警的状态。

① 对于安装单个 HUD 的情况,当操纵飞机的驾驶员在使用 HUD 时,另一名驾驶员就应当负责监控没有在 HUD 上显示的下视仪表和各告警系统的系统失效、模式和功能。

② 对于安装双 HUD 的情况,当两个 HUD 都在使用时,就需要较大程度依赖主告警指示,由其把每一名驾驶员的注意力引向非 HUD 告警。如果主告警指示不能为每一名在使用 HUD 的驾驶员提供足够注意时,则每一个 HUD 应当提供通告,把驾驶员注意力引向 HDD。

6.4　飞机音响告警系统的设计准则

音响告警主要有两个作用,一是作为吸引机组注意的手段,告知机组当前飞机存在需要其知晓的异常系统状态;二是用于告知机组当前的故障属性或为机组应采取的纠正动作提供指引。音响告警应同时在驾驶舱扬声器和驾驶员耳机里发出。

音响告警通常情况分为三种,即语音(Voice),引起注意的谐音(Chime)以及离散音响音调(Tone),一般称为语音、谐音和音调。

> 语音告警:部分警告级别的故障或非正常构型在触发后,包括 TAWS 和 TCAS,驾驶舱内会有合成的人声语音,告知机组提请注意。

> 谐音:在绝大多数警告级别和警戒级别的告警发生之前会有谐音用于引起注意。

> 音调:发出特殊音调表明飞机的一种特定状态,比如水平安定面配平等。工业界通常认为谐音并伴有告警信息显示或者用一个语音告警信息提供警告的方式,优于音调告警的方式,所以强烈要求尽量减少使用音调告警。

6.4.1　音调告警的设计准则

音调应具有足够的音量,以确保在最严酷的驾驶舱噪声环境下,能容易被机组感知,但也不能过大以致干扰机组采取所需的动作。如果音量设计为可人工/自动调节,那么应确保人工/自动调节功能所能调到的最小音量,在所有的驾驶舱噪声环境下仍能被机组感知。一般使用自动音量调节,以确保音调保持合适的信噪比。音调采用的频率应为 200~4 500 Hz,且应区别于驾驶舱内的噪声频率,如振杆器的噪声等。音调应至少包含两种频率或在只有一种频率的情况下,采用其他特征进行区分(如音调间间隔)。

为了减少机组工作负担和降低培训量,民机采用的音调的数目不应超过 10 个。民机音响告警建议采用的音调如表 6.1 所列。

表 6.1　机音响告警建议采用的音调

序　号	音调内容	备　注
1	Trim Clacker,劈啪声	常用于飞机配平工作指示
2	Cavalry Charge,骑兵号角声	常用于自动驾驶仪脱开告警
3	Chime,单谐音	常用于警戒级告警出现时的通用告警
4	Triple Chimes,三谐音	常用于警告级告警出现时的通用告警
5	C Chord,C 和音	常用于偏离预选高度告警
6	Beeper,哔哔声	常用于偏离预选高度告警
7	High Low Chime,高低谐音	常用于客舱紧急呼叫
8	Siren,汽笛声	常用于超速告警
9	Fire Bell,火警铃声	用于火警

音调的触发/持续时间与告警状态及所需的机组响应相关。音调与其对应的视觉告警之间的触发延迟不能造成机组误解或分散机组注意力。应限制用于警告、警戒以外的音调的持续时间,如选呼、高度告警。

针对警告的主音响告警应该重复直到机组确认或告警状态消失为止,但针对特定的告警,因适航条款的要求,其主音响告警应一直持续且不能取消,直到告警状态消失为止,如 CCAR25.729 所要求的起落架告警。

某些音响告警在起飞、着陆等机组操作任务重的飞行阶段会被抑制,以避免机组分散注意力。需要通过系统设计和人为工效评估来确定音响告警是否需要被抑制。

6.4.2　语音告警的设计准则

语音告警是指以口语单词的形式告知机组特定的告警状态。语音告警应便于机组理解和区分,且应包含与告警级别相关的信息。采用语音告警的原因有:

➢针对时间紧迫警告,机组无需参考其他视觉指示即可知晓当前的故障状态;

➢ 减少音响告警设计对音调的使用;

➢ 增加对系统异常状态的辨力力,提高视觉告警的告警特性;

➢ 不管机组将视线集中在何处,语音告警都能为机组提供警觉。

语音告警应具有足够的音量,以确保在最严酷的驾驶舱噪声环境下,能容易被机组感知,但也不能过大以致干扰机组采取所需的动作。如果音量设计为可人工/自动调节,那么应确保人工/自动功能所能调到的最小音量在所有的驾驶舱噪声环境下仍能被机组感知。一般应使用自动音量调节,以确保语音告警保持合适的信噪比。

语音告警的触发/持续时间与告警状态及所需的机组响应相关。语音与其对应的视觉告警之间的触发延迟不能造成机组误解或分散机组注意力。当机组取消音响告警后应重置音响告警系统，以便触发后续的音响告警。应限制用于警戒的语音告警的持续时间，或设计为可以重复但机组可手动取消。语音告警内容应考虑机组对英文单词的理解力。如果可以的话，语音告警内容应与视觉告警相同，若不可行的话，那么应至少确保语音告警所表达的信息与视觉告警相同，以免引起机组误解。用于时间紧迫警告的语音告警应包含指引信息，明确需机组立即采取的动作，如"PULL UP"。用于时间紧迫警告以外的警告、警戒的语音告警，应提供告警的具体原因，如"LEFT ENGINE FIRE"，且语音告警应简洁明了。使用一个以上词汇的语言信息结构，应当使得有一个或更多字丢失时，该信息也不致被误解。设计语言告警时，应确保每个语音告警是清晰可辨的。

民机音响告警建议采用的语音告警如表 6.2 所列，具体举例如图 6.10 所示。

表 6.2　民机音响告警建议采用的语音告警

语音告警内容	使用场合
"STALL"	用于失速告警
"Over speed"	用于过速告警
"LEFT Engine Fire"	用于左发火警
"Right Engine Fire"	用于右发火警
"APU Fire"	用于 APU 火警
"Smoke"	用于探测到烟雾
"Configuration"	用于起飞着陆构型告警
"Cabin Altitude"	用于座舱高度过高告警
"Ice"	用于结冰告警
"Gear Disagree"	用于起落架实际位置和控制手柄位置不一致告警
"SELCAL"	用于接收到选择呼叫
"Increase Descent，Increase Descent"	用于 RA
"Maintain Vertical Speed，Maintain"	用于 RA
"Pull Up"	用于近地告警
"Terrain"	用于近地告警
"Wind shear"	用于风切变告警
"Don't Sink"	用于近地告警

AC 25.1322-1 中建议"使用一个以上词汇的语言信息结构，应当使得有一个或更多字丢失时，该信息也不致被误解"。因此，建议应尽量避免使用"Don't"作为语音警告的开头。

红色
拉起
告警

图 6.10　当 TAWS 报警时,驾驶舱姿态仪出现红色"PULL UP"提示和语音"PULL UP"告警

【本章实验建议】

1. 监控作业绩效测定实验

通过 E‐Prime 试验平台设计"监控作业绩效测定实验"。实验分为无预警提示的实验和有预警提示的实验,可基于觉察反应时间,也可基于信息漏报次数,对比两种实验的结果。

2. 飞机驾驶舱告警系统认知实验

可参观飞行模拟器、模拟驾驶舱或实体飞机驾驶舱,观察主警告灯和主警戒灯的位置、颜色和其上标识,如有可能,在教员控制台设置各种故障,观察模拟舱内发出的主目视告警和主音响告警信息,并在 PFD、EICAS 或 ECAM 上查看报警显示内容及显示方式。

【本章案例研究】

静压口堵塞导致告警系统产生相互矛盾告警造成的空难事故分析
——秘鲁航空空难事故

秘鲁航空 603 号班机,是一班从迈阿密开往智利圣地亚哥的阿图罗·梅里诺·贝尼特斯准将国际机场的定期航班,于 1996 年 10 月 2 日坠毁在秘鲁利马,该事故造成 61 名乘客、9 名机组人员共 70 人死亡,事故原因为清洗飞机后,覆盖在静压孔的胶带未去除。

1996 年 10 月 2 日凌晨 0 点 30 分,秘鲁航空 603 号航班准备从秘鲁利马国际机场起飞前往智利的圣地亚哥,执飞此航班的飞机是一架机龄 4 年的波音 B757 型客机。秘鲁航空 603 号航班的机长是 58 岁的艾瑞克·施莱弗,副驾驶是 42 岁的大卫·费南德兹。

　　凌晨 0 点 40 分,603 号航班做完了各项起飞前的检查,准备起飞。飞机在起飞的时候一切正常,但是在起飞后便发现了仪表数值的反常,高度表陷入了停滞状态。飞机高度表数值一直显示为零,但当时飞机一直在高空中飞行。这架波音 B757 型客机有 3 个高度表,一个为机长使用,一个副驾驶使用,还有一个是备份用。三个高度表都不能使用,紧接着又有一个重要的仪器空速表的指示也是零。秘鲁航空 603 号航班离开了利马市飞向了太平洋上空,由于空速表和高度表的数值缺失,飞行员只能靠感觉来飞行。此时利马航管中心一直和班机保持有联系,航管员发现航班的高度和航道之间有问题,驾驶舱出现方向舵比率告警。警报信息都是由飞机的中央电脑系统发出,但是飞行员并不知道原因何在。后来高度表开始跳动,高度表的指数突然恢复正常状态。

　　0 点 43 分,施莱弗机长想启动飞机的自动驾驶仪,为自己争取些思考的时间。机上的三台飞行控制电脑,需要两台同时下相同的指令,才能执行自动驾驶功能。但是施莱弗一侧的仪表数值和大卫的截然不同,因此无法启动自动驾驶仪。后来又出现另外一个警报信息,仪表上显示"马赫数配平",接着飞行员看到了超速的警报信息,事实上他们并未处于超速状态。尽管驾驶舱中的警报信号混乱又无法开启自动驾驶仪,但现在飞机还处于可控状态。在必要的情况下,施莱弗能够持续飞行好几个小时,但是他决定降落,并指示副驾驶大卫发出求救信号。现在秘鲁航空 603 号航班的基本仪器都处于故障状态,高度表和空速表同时失效。

　　飞机才从机场出发 60 公里,便遭遇了仪表故障,飞行员希望得到塔台的指引进行降落。飞行员决定使用仪表着陆系统(ILS)的引导装置寻找跑道。施莱弗和大卫在受训和飞行的经验中从未遇到过此类紧急情况。凌晨 12 点 46 分,秘鲁航空 603 号航班飞行在茫茫夜海上空,飞行员也无法判断飞机的高度或者速度,他们只得寻求塔台的帮助。航管员的电脑测量飞机的对地移动模式,计算出正确的空速数值。飞行员得知他们现在的航向为 190,高度 7 000 英尺。但是飞行员和航管员都不清楚飞机仪表上的数值是错误的,这也是源于飞机的电脑出现了差错。调查员调查时才发现秘鲁 603 号航班是向下飞行的,但是高度表一直指示的高度值在 10 000 英尺。

　　起飞 5 分钟后,施莱弗机长指示大卫开始检查飞行手册,看看这些警报信息有没有合理的解释。在利马机场,航管员继续引导秘鲁 603 号航班进行降落,但是由于机上传送错误的信息给塔台,现在谁也不知道飞机正处于下降状态。这架波音 B757 的机载电脑传送出重要的警报信息,这也是飞行员接受培训时需要遵守的信息,遗憾的是这些警报信息都是错误的。飞机此时的空速下降到失速的空速值。更为可怕的是飞行员并不知道他们真正的速度是多少。

　　副驾驶大卫建议伸出减速板,以期在短时间内减缓飞机的速度,伸出后,短时间内看似不错,但是后来又发出了警告信息。超速警告表示飞行的速度太快了,这个警告信息又让他们陷入更为深层的困惑,他们只能被迫选择加速或减速。飞机起飞 15 分钟后,机载电脑又传送出一堆相互矛盾的警报信息,飞行员只能将希望寄托于利马塔台。但是这架波音 B757 客机的电脑传送出的是错误的信息,在飞机减速板仍未收回的前提下,飞机上的超速和失速的警报此起彼伏,正常状态下是不会同时出现这两种警报的。

NTSB 的专家称,航空从业者经常思考一个问题,什么情况下会发生致命事故,重点在哪,优先处理哪些问题,接着再处理次要问题。在出现失速警报时或超速警报时,要马上进行处理,若是两者情况同时出现,飞行员就要会判断哪个是真的。副驾驶大卫发现他们平安降落的机会很渺茫,他通过和塔台的联系,希望能有其他客机引导他们进行降落。飞机的抖振杆器开始剧烈的抖动,提示这架客机的速度太慢,可能会从空中坠落。但是施莱弗机长前的空速表显示速度为 350 海里,这距离失速标准还有很远的距离。

飞行员在不知道飞机的位置和高度的情况下逐渐降低高度,这时他们距离海面仅有 300 米。利马塔台仍被秘鲁航空 603 号航班的故障所误导,仍坚定的告诉飞行员他们的高度为 11 000 英尺。飞行员现在的希望寄托于前来引导他们降落的一架波音 B707 客机,但是在白天的时候这一方法可能奏效,现在却是漆黑的夜晚。驾驶舱内的警报声仍乱作一片,飞行员听到了最不愿意听到的警告信息,近地警报系统的发作,意味着飞机即将撞上地面障碍物,但是航管员仍告诉他们现在的高度为 10 000 英尺。

施莱弗机长让飞机转向海面上空,以避免转上山脉或者高楼。尽管之前的警报都是错误的,但是近地警报系统却是正确的。可惜的是由于飞机发出太多的警报信息,这也大大影响了飞行员的判断力。施莱弗机长决定冒险进行再度降落,他开始搜索仪表着陆系统的系统信号,这个设备可以引导飞机降落在跑道上。正在飞行员和塔台进行通话的同时,秘鲁航空 603 号航班突然陷入失控的境地,代表航班的图标在不久后便从雷达屏幕上消失了,最终的坠海位置位于利马以北 50 英里处。

调查员发现飞机的高度表和速度表同时处在故障的状态,这属于飞机的动静压系统的一部分。如果全压管或静压口堵塞,机上电脑就会发出错误的警告信息。调查员通过水下调查发现,施莱弗机长一侧的静压孔被胶带完全封死。其后的调查揭示原因是当时地勤工人在进行飞机清洁之后,没有将黏贴在静压孔的胶带除去。更严重的是,当时也没有任何主管人员负责监管飞机清洁过程;而机长在飞行前的检查亦没有发现此问题。

之后波音公司加强了动静压系统问题的训练,制定新的规则,改进静压口设计。

援引资料:National Geographic Channel Documentaries:Flying Blind。

案例分析:

这是一个典型的涉及告警系统设计的空难案例,本案例中,告警系统因静压口堵塞,给出了各种自相矛盾的告警,在紧急情况下,不但无法为飞行员提供化解危机的措施,还严重影响飞行员的注意力集中。此案例向我们揭示了告警系统不但要能够准确报警,还应该能够精确定位故障、找出告警产生的原因,帮助飞行员化解危机,才能在危难时刻帮助飞行员摆脱危险境地。

复习思考题

6-1　"静暗驾驶舱"的设计理念是基于什么因素提出的？

6-2　试述告警系统的基本模式及各自的特点。

6-3　举例说明告警信息的级别及警告方式。

6-4　什么是虚警？告警的抑制应如何设计？

6-5　试述典型的驾驶舱告警系统的组成。

6-6　试述典型的驾驶舱告警系统的构架。

6-7　告警系统的设计涉及哪些主要的适航审定条款及依据文件？

6-8　常用的飞行机组告警系统的人因设计符合性验证方法有哪些。

6-9　根据驾驶舱告警系统的人因设计条款和符合性依据，寻找相关的适航符合性验证实例。

6-10　设计主目视告警系统要注意哪些设计要素？

6-11　哪些告警信息属于时间紧迫警告目视信息？其呈现要素有哪些？

6-12　用于平视显示器(HUD)的告警，其特点有哪些？

6-13　试述音调告警的设计准则。

6-14　试述语音告警的设计准则。

6-15　收集有关告警系统设计缺陷导致或诱导的空难事故，并加以分析。

参考文献

[1] 游旭群.航空心理学理论、实践与应用[M].杭州：浙江教育出版社，2017.

[2] 张垠博.民用飞机驾驶舱静暗座舱设计研究[J].装备制造技术，2014，9：161-163.

[3] 牛力.民用飞机静暗驾驶舱的设计探讨[J].科技创新导报，2015，26：110-111.

[4] 钱进.运输类飞机驾驶舱人为因素设计评估指南[M].上海：上海交通大学出版社，2016.

[5] 李磊.现代民机告警系统综述[J].科技资讯，2015，18：15-17.

[6] 姚新斌.民用飞机机组告警系统设计研究[J].科技创新导报，2012，27：14-15.

[7] 张博.民用飞机音响告警设计考虑[J].科技创新导报，2014，26：87-88.

[8] FAA. Flight crew alerting [S]. FAR 25.1322, Washington D. C. : Federal Aviation Administration，2010.

[9] FAA. Flight crew alerting [S]. FAA. AC25.1322, Washington D. C. : Federal Aviation Administration，2010.

[10] FAA. Installed systems and equipment for use by the flight crew [S]. FAR 25.1302, Doc. No. FAA-2010-1175，78 FR 25846，Washington D. C. : Federal Aviation Administration，2013.5.

[11] FAA. Installed Systems and Equipment for Use by the Flight crew [S]. FAA AC25.1302-1, Washington D. C. Federal Aviation Administration，2013.

[12] Society of Automotive Engineers. Objectives for Li1quid Design Crystal Displays for Part 25 (Transport) Aircraft [R]. SAE. ARP 4256A, SAE MOBILUS, SAE Aerospace, Reaffirmed 2008. 1.

[13] Society of Automotive Engineers. Flight Deck Alerting System (FAS) [R]. SAE ARP4102/ 4, SAE MOBILUS, SAE Aerospace, Reaffirmed 2007.

[14] Airbus Customer Service. A380 800 Flight Deck and Systems Briefing for Pilots [G]. Toulouse, France. 2006.

[15] 空中浩劫 盲目飞行 Flying Blind(秘鲁航空 603 号班机空难)(纪录片)[Z]. 加拿大：Cineflix 公司,2003,第 1 季.

第7章 驾驶舱控制器的人因
设计与适航审定

本章将介绍控制器人因设计的基础知识;飞机驾驶舱内各类控制器件的排布位置和操控特点,以及相关的适航审定条款与依据,和符合性验证方法,特别是多功能操控器件的人因设计与适航审定要求。

7.1 控制器设计基础

人通过显示器获得信息之后,需要通过运动系统将大脑的分析决策结果传递给系统,从而使其按人预定的目标工作。控制器是人用于将信息传递给机器,或运用人的力量来启动机器,使之执行控制功能,实现调整、改变机器运行状态的装置。控制器是人机界面设计的一项重要内容,控制器设计是否得当,直接关系到整个系统的工作效率、安全运行以及使用者操作的舒适性。控制器的设计必须考虑人的心理、生理、人体解剖和人体机能等方面的特征。

控制器设计的主要内容包括:控制器外形、大小、位置、运动方向、运动范围、操纵力、防止误操作、以及操作过程的宜人性等。

7.1.1 控制器的分类及一般设计要素

1. 控制器的分类

控制器的分类方法很多。按操纵控制器的身体部位的不同,控制器分为手动控制器和脚动控制器;按功能可分为开关类、转换类、调节类、紧急开关类;按运动类别的不同,可分为旋转控制器、摆动控制器、按压控制器、滑动控制器和牵拉控制器,表 7.1 为按控制器运动类别划分的控制器。

表 7.1 控制器的分类

基本类型	动作类别	举 例	说 明
旋转控制器	旋转	曲柄、手轮、旋钮、钥匙等	控制器可以做旋转
近似平移控制器	摆动	开关杆、调节杆、拨动式开关、脚蹬等	控制器受力后,围绕旋转点或轴摆动,或者倾倒到一个或数个其他位置。通过反向调节可返回起始位置

续表7.1

基本类型	动作类别	举 例	说 明
平移控制器	按压	按钮、按键、键盘等	控制器受力后,在一个方向上运动。在施加的力被解除之前,停留在被压的位置上。通过反弹力可回到起始位置
	滑动	手闸、指拨滑块等	控制器受力后,在一个方向上运动,并停留在运动后的位置上,只有在相同方向上继续向前推或者改变方向,才可使控制器作返回运动
	牵拉	拉环、拉手、拉钮	控制器受力后,在一个方向上运动。回弹力可使其返回起始位置,或者用手使其在相反方向上运动

2. 控制器的编码

为了防止控制系统中诸多控制器的相互混淆,提高操作效率,防止误操作,应以适当的代码,标明控制器的各自特征,即对控制器进行编码。编码的方式主要有形状编码、大小编码、材料编码、位置编码、颜色编码、标识编码等,涉及人的触觉通道和视觉通道。以上几种编码既可单独使用,也可将两种以上的编码方式结合使用,以便提高控制器的可分辨性。在控制器数量多、距离近、排列繁杂的情况下,编码的作用会显得更为突出。

(1)形状编码

首先,设计控制器的形状时,应考虑方便操作员的使用,有利于操作员的操作。对于手动控制器,其形状应符合手的生理特点。抓握式控制器的形状应是手抓握时手指和手掌内所成的形状,指捏式手柄应便于手指抓捏。手柄不仅应便于操作员用力,也应不会压迫神经,利于血液循环,不易造成不适感。手柄的安装方向要保证在操作时手腕有自然姿态,不易造成手腕用力弯曲,操作更灵活。对于手指指尖按压的控制器,其按压面应成凹形,与手指肚形状相符,不易滑出。对于用手掌压的控制器,其按压面要呈凸形,使之适合于手掌自然状态的形状。

形状编码是将不同用途的控制器设计成不同的形状,以此使各控制器彼此之间不易混淆。这是一种极易被人视觉,特别是触觉明确识别的有效编码方式。在采用形状编码时,应注意以下几点:

① 控制器的形状应尽可能地与控制器的功能对应起来,从而使得操作者能够根据控制器的形状联想起该控制器的功能(用途)。实践表明,控制器的形状与其功能相联系,在紧急情况下,可以大大地减少因摸错控制器而造成的事故。

② 控制器的形状应有最大限度的差异,使操作者在不靠视觉帮助下,仅凭触觉也能分辨出不同的控制器。因此编码所选用的各种形状不宜过分复杂,形状的种类

也不宜过多。

③ 不同形状不应降低控制器的可操作性。

(2) 大小编码

大小编码是通过控制器的尺寸大小不同来识别控制器的一种方式。这种编码可以为视觉和触觉提供信息,但人仅凭触觉识别大小的能力很低。如对圆形旋钮,若作相对辨认,大旋钮的直径至少比小旋钮大 20%;若作绝对辨认,一般只用 2~3 种大小不同的控制器。因此,大小编码往往与形状编码等组合使用。

(3) 材料(质地)编码

材料(质地)编码是指用不同性质的材料或靠不同质地,使作业者分辨出不同的控制器。控制器表面质地不同,触摸时手的感觉也不一样,因此可对不同表面质地的控制器进行识别。如对旋钮,可以制成光滑的、有凹槽的和凸纹的 3 种不同表面质地。结果表明,在无视觉帮助的情况下,人可以很容易地触摸出 3 种不同的旋钮,加以识别,不会混淆,这种编码的使用要更加小心,质地之间一定要有较大的明显不同,否则不易分辨。

(4) 位置编码

位置编码是通过位置安排的不同来识别控制器的一种方式。控制器可按视觉定位,也可盲视定位,后者是指操作者即使不直接注视控制器也能正确操作,控制器之间需有更大的间距。位置编码应遵循以下原则:控制器位置分布,可按其功能组合排列;使控制器与显示器具有相对应的位置;同一种控制器放在相同位置上,各区之间用位置、形状、颜色、标识等加以区分;重要的控制器放在人肢体最佳活动范围内。

(5) 颜色编码

颜色编码是利用颜色的不同来识别控制器的一种方式。颜色编码特别有利于视觉搜索作业。但人对颜色的识别能力有限,一般不超过 10 余种,颜色过多容易混淆,不利于识别。常用的颜色有红、橙、黄、绿、蓝等。颜色编码一般不单独使用,往往与形状、位置、大小编码组合使用。同时应考虑与照明条件相匹配,以及色调、明度与彩度三者的关系。

(6) 标识编码

标识编码是通过标注图形符号或文字来识别控制器的一种方式。在控制器的上面或旁边,用符号或文字标明其功能,有助于提高识别效率。若标注图形符号,应采用常规、通用的标识符号,简明易辨;若标识文字,应通俗易懂,简单明了,尽量避免用难懂的专业术语。使用标识编码,需要一定的空间位置和良好的照明条件,标识必须清晰可辨。

功能不显而易见的操控器件应当标明或做出标识,使得不熟悉或不太熟悉该型飞机的飞行机组成员能够迅速、准确并且始终如一地确定它们的功能。做为一种显示信息,标识可以是文本或图标。

以下给出了对于诸如旋钮、按钮、符号和菜单之类标识项目的指导,也适用于显示器上的标识,以及对显示器或显示操控器件做记号的标识。

文本和图标的表达相对其所标明的功能,应当是清楚明了并且合乎理性的。应当使用标准的或无歧义的符号、缩略语和术语;例如:为了区分于气压高度,任何用几何方法导出的显示高度都应当标以"GSL"。

若某个操控器件执行一项以上的功能时,则其标识应当包括所有的预定功能,除非该操控器件的功能是显而易见的。通过光标操控装置访问的图形操控器件的标识,应当包含在图形显示器上。

以下是对于标识的设计指南和建议:

① 对数据段应当作唯一性标识,或用测量单位,或用一个描述性标识。然而,不带测量单位的某些基本"T"形布局仪表,已被确认为可接受。

② 标识应当与设置在驾驶舱其他各处的相关标识协调一致。

③ 当某项操作或指示发生于多个位置时,如在飞行管理功能的多个页面上的"返回"操作,在其所有发生场合的标识都应当保持一致。

标识设置的位置应当使得:

① 标识与其相关目标之间的空间关系清楚明了。

② 显示操控器件的标识在其标识的操控器件上或附近。

③ 显示操控器件的标识不被相关操控器件遮挡。

④ 标识的取向有利于可读性,例如:标识持续保持竖直取向或者对准某个相关的符号,比如跑道或航路。

⑤ 在多功能显示器上,应当有一个标识用来指示现行的功能,除非其功能是显而易见的。当该功能不再有效或不再显示时,其标识应当消除,除非使用了其他表明该功能可用性的手段。如使某个无效菜单按钮变成灰色。

当用图标代替文本标识时,应当只需图标显露很短的时间即可使飞行机组确定某个操控器件的功能与操作方法。使用的图标不应当造成飞行机组混淆。

3. 控制器的操作反馈

一个控制器给我们的反馈,或者说给我们的"感觉",有很大一部分取决于控制器上各种各样的阻力,控制器操作的阻力主要有两种形式:一是控制器的位移量,二是施加在控制器上的力。控制器的操作者通过自身的感觉和肌肉的运动感知,可以同时感觉到这些,因此,力和位移构成了控制器反馈的主要来源。

如主飞行操纵系统的副翼、升降舵和方向舵,要求必须有操纵感觉。现代运输机的液压助力机械式主操纵系统一般为无回力式的,即舵面的气动载荷全部由助力器承受,不能反传回操纵机构,因此驾驶员操纵舵面偏转时,不能获得真实的感觉力。为了给驾驶员提供适当的操纵感觉力,以防止操纵过量或动作过于粗猛,在这类主操纵系统中装有操纵力感觉装置,提供模拟感力。设计时需要提供合适的杆力和杆位移的感觉,其中杆力尤为重要。脚蹬力和脚蹬位移也是如此。

飞机辅助飞行操纵面的操纵,通常是靠指示灯或指示仪表指示反馈信息。如后缘襟翼和前缘装置,可用图 7.1 所示的指示仪表和指示灯指示操纵反馈信息。

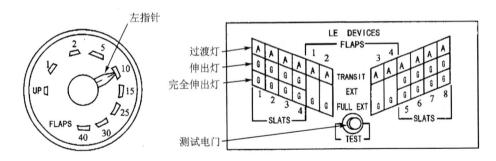

图 7.1　常见的后缘襟翼位置指示器和前缘装置指示器

4. 操纵件防止操纵差错的设计要求

以下介绍 10 种从工程实践中总结出来的典型的操纵器件防差错方法:

(1) 位置与方向

操纵器件的位置、空间和方向应使得机组在操纵器件的正常移动程序中不太可能意外地碰撞或移动它们。

(2) 物理保护

在操纵器件的设计中可以设置物理障碍,以防止出现意外的触发。例如,设置凹槽、隔板、翻盖及保护罩的操纵器件(举例如图 7.2 和 7.3 所示)。

图 7.2　襟翼收放手柄的销钉和刻度盘卡槽,在位置 1 和位置 15 设计有限动卡槽

图 7.3　带保护罩的操控拨钮

(3) 滑脱阻力

针对操纵器件进行的物理设计和所用材料可以降低手指及手掌滑脱的可能性。例如,按钮可以设计成带凹面、有织纹或粗糙的上表面。

(4) 手部稳定

提供手部支撑物、扶手或其他的物理结构,以便当驾驶员操作控制器时,以此作为一个稳定点。

（5）逻辑保护

基于软件的内部逻辑，当驱动某项控制被认为不合适时，则基于软件或与软件相关的控制可能失效。

（6）复杂的运动

操纵器件的操作方法可以被设计成需要复杂的运动来驱动。例如，旋转手柄可被设计成仅当其被拉起时才能转向。

（7）触觉提示

不同的操纵器件表面可以有不同的形状和织纹，以此支持驾驶员在黑暗中或其他"免视"环境下辨识不同的操纵器件。

（8）锁定/连锁操纵器件

锁定机械、连锁装置或对相关操纵器件的优先操作，都可以防止误操作。

（9）顺序运动

操纵器件可以设计成带有锁紧、止动或其他机械装置，以此防止其直接跳过某项运动顺序。

（10）运动阻力

操纵器件可以设计成带有阻力（例如，摩擦、弹性、惯性），以此需要有意的努力来驱动。

防差错设计示例：某型机中起落架选择手柄有两个位置（如图 7.4 所示，其中① 为手柄；② 为告警红色箭头），它向起落架作动装置提供作动信号。当操纵手柄置于 UP 位置，或手柄置于 DOWN 位置且空速低于 280 海里/小时，则依次作动：所有起落架舱门打开，起落架运动到新选择的位置，然后所有起落架舱门关闭。当操纵手柄置于 DOWN 位置时，设计了内锁机构将手柄锁定在 DOWN 位，防止起落架不安全收起。

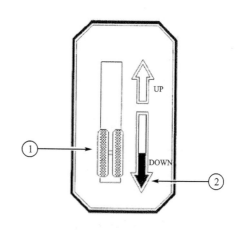

图 7.4　起落架选择手柄

以上例子采用了如下防差错方法：

1）逻辑保护

当手柄置于 DOWN 位置时，系统还需确认飞机空速低于 280 海里/小时，起落架才会放下。这样可以避免大速度下驾驶员误操作放下起落架。

2）锁定/连锁操纵器件

当操纵手柄在 DOWN 位置时，设计了内锁机构将手柄锁定在 DOWN 位，以防止机组误操作收起起落架。

通过综合采用以上两种防差错方法,可以有效避免机组在操纵起落架收放过程中出现的误操作。

5. 主要控制器的设计

(1) 手动控制器的设计

由于手的动作精确、灵活,因此,控制器的操纵大多由手来完成。常用的手动控制器有旋钮、按钮、扳动开关、控制杆等,其设计应符合手的人体测量学、生物力学和生理学等方面的特征。

1) 旋　钮

旋钮是用手指的拧转来进行操作的一种手动控制器,根据形状的不同,可分为四类,如图 7.5 所示。

(a) 圆形旋钮　　(b) 多边形旋钮　　(c) 指针式旋钮　　(d) 转盘式旋钮

图 7.5　旋钮形状

① 圆形旋钮。圆形旋钮多呈圆柱状或圆锥台状。钮帽边缘有各种槽纹。常用于需要连续旋转一圈或一圈以上,定位精度要求不高的场合,如图 7.5(a)所示。

② 多边形旋钮。这种旋钮一般用于不需要连续旋转,旋转定位精度不高,调节范围不足一圈的地方,如图 7.5(b)所示。

③ 指针式旋钮。这种旋钮可具有 3～24 个控制位置,调节范围不足一圈。在调节过程中,刻度盘不动,通过旋转指针形状的钮,确定旋钮的旋转位置。如电表上的调节旋钮,其特点是读数定位迅速,如图 7.5(c)和 7.6 所示。

④ 转盘式旋钮。转盘式旋钮与指针式旋钮具有相同的功能。它与指针式旋钮的不同点仅在于,它是以指针不动而转动刻度盘来达到预定控制位置的,如图 7.5(d)及图 7.7 所示。

图 7.6　指针式旋钮实物举例

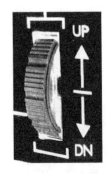

图 7.7　转盘式旋钮举例

旋钮的大小应使手指和手与其轮缘有足够的接触面积,便于手捏紧和施力以及保证操作的速度和准确性。因此,旋钮的直径不宜太小,也不宜太大,一般以 5 cm 为最佳。为了使手操纵旋钮时不打滑,常把手操作部分的钮帽做成各种齿纹,以增强手的握执力。

2) 按　钮

按钮也称为按键、揿钮,按钮是用手指或工具按压进行操作。按钮按外表面形状可分为圆柱形、方形、椭圆形和其他异形等;按用途可分为代码钮(包括数字与符号钮)、功能钮和间隔钮三种;按接触情况可分为接触式和非接触式,如光电开关等。

按钮是仅在一个方向操作的控制器,其尺寸主要根据人的手指端尺寸确定。用拇指操作的按钮,其最小直径建议采用 19 mm;用其他手指尖操作的按钮,其最小直径建议采用 10 mm。

按钮的尺寸应按手指的尺寸和指端弧形设计,方能操作舒适。按钮的端面形式以中凹的型式为优,可增强手指的触觉,便于操作。

按钮应凸出面板一定的高度,过平不易感觉位置是否正确。

各按钮之间应有一定的间距,否则容易同时按下。

3) 扳动开关(拨钮)

图 7.8 为扳动开关(拨钮)的示意图,图 7.9 为扳动开关实物照片。扳动开关可分为两种控制位置(如图 7.9 中标识为 OFF 和 AUTO 的拨钮,及标识为 OFF 和 ON 的拨钮)和三种控制位置(如图 7.9 中标识为 OFF、AUTO 和 HIGH 的拨钮)等。对于有两种控制位置的扳动开关,其角位移量 α 最小为 30°,最大为 120°。对于有三种控制位置的扳动开关,其角位移量 α 最小为 18°,最大为 60°。扳手直径 d 为 3～25 mm、长度 L 为 12.5～50 mm。操作阻力,对于小开关为 2.8～4.5 N,大开关为 2.8～11 N。

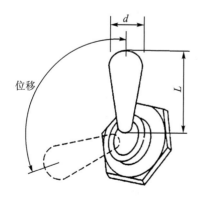

图 7.8　扳动开关示意图

图 7.9　扳动开关实物举例

4) 控制盘/控制杆

控制盘/控制杆是一种需要用较大的力操纵的控制器。控制杆的运动多为前后推拉,左右推拉或圆锥运动。控制杆的长度根据设定的位移量和操纵力决定。

(2) 脚动控制器的设计

脚动控制器不如手动控制器的用途广泛。因为人们总是认为脚比手的动作缓慢而不准确。但是,有时经过训练的脚跟手的效率一样高。在控制器的操作中,往往手是最容易超负荷的,所以若能合理地使用脚,就可以减轻手的负担。一般立姿作业不宜使用脚动控制器。在坐姿作业场合,使用两个以上脚动控制器是不合适的,因为易产生疲劳而造成控制失误。

6. 其他控制器设计需注意的问题

(1) 使用手套

在运行期间,如冷天驾驶员可能会戴手套。单是关于皮肤触觉(如触觉反馈、系统电容感应),手指尺寸(如确定按钮间距)和其他手指特性的设计假定,可能不能充分涵盖驾驶员戴手套的各种状况。因此要把驾驶员戴手套操作情况包括在环境和使用条件之内。对于那些戴手套就不能操作操控器件的情况,应当视适用情况在航空器飞行手册或飞行手册的增页清楚说明任何相关限制或确定限制的方法。如使用触控屏。

(2) 使用非惯常手

操控器件应当是驾驶员左右手都可操作的。对于速度和位移要求精准(如光标控制设备)的以及规定要用某只手单手操作(如只能用右手达到的操控器件)的操控器件,要给予特别考虑。

(3) 一名驾驶员失能(多人制机组航空器)

按多人制机组操作设计的航空器在依据 25.1523 确定最小机组时,必须考虑一名机组成员失能情况。在发生其他飞行机组成员失能情况时,由剩余飞行机组成员飞行时所必需的任何操控器件,无论在正常或非正常情况下,都必须是飞行机组成员在就座位置可以看到、达到和可操作的。

(4) 湍流和其他振动

要确保振动期间操控器件的可操作性。振动不仅会影响驾驶员有目的地作动某个操控器件的能力,还可能影响到误作动和对于作动情况的感知。湍流、推进系统或其他原因都可能引起振动。

审定条例要求驾驶舱设备的振动和噪声特性不得妨碍航空器的安全运行,一般要通过诸如试验演示验证一类的方法来表明,对于预期的航空器及其运行的整个振动环境范围,操控器件都是可接受的。多功能操控器件一般会对振动特别敏感,所以对有多种手段可达的功能,要确保其至少有一个操控器件在振动期间是可操作的。有关多功能操控器的人因设计将在 7.4 节详细介绍。

7.1.2　控制-显示组合设计

通常显示器与控制器是联合使用的,因此,对于显示器和控制器的设计,不仅应使各自的性能最优,而且应使它们彼此之间的配合最优。这种控制器与显示装置之间的配合称为控制-显示相合性。它包括两方面的内容:一是控制器与显示器在空间位置关系上的配合一致,即控制器与其相对应的显示器在空间位置上有明显的联系;二是控制器与显示器在运动方向上的一致,即控制器的运动能使与其对应的显示器产生符合人的习惯模式的运动。控制与显示的相合性与人的机能特性、信息加工的复杂性和人的习惯模式有关,其中人的习惯因素影响最大。控制器与显示器相合性好,可减少信息加工和操作的复杂性;可缩短人的反应时间,提高人的操作速度,尤其是在紧急情况下,要求操作者非常迅速地进行操作时可减少人为误差,避免事故的发生。

1. 控制-显示比(C/D)与控制-反应比(C/R)

控制-显示比是控制器与显示器位移大小的比例关系,即控制器的位移量与与之相对应的显示器位移量之比(C/D)。位移量可以是直线距离(直线型刻度盘的显示量、操纵杆的移动量等),也可以是旋转角度和圈数(圆型刻度盘的指针显示量、旋钮的旋转圈数等)。可用控制-显示比来表示系统的灵敏度,如图 7.10 所示。微小的控制器位移可引起大的显示位移,即 C/D 值小,表明系统的灵敏度高;反之,大的控制位移只引起小的显示位移变化,即 C/D 值高,表明系统的灵敏度低。

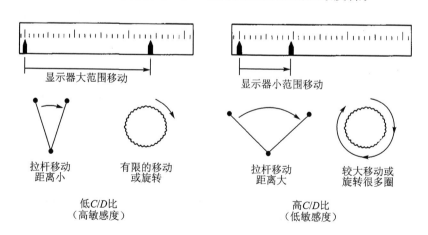

图 7.10　控制-显示比

由于有的控制器的特定运动导致系统反应,但并不一定被显示出来,因此,常使用另一个概念"控制-反应比"(C/R ratio),指控制装置的运动与系统反应运动的比例。同理,微小的控制运动导致被控制因素很大变化的控制就是敏感控制,其控制-反应比就会比较小。C/R 的倒数称为增益,与敏感度是一样的概念。

　　在控制–显示界面中,对控制器的调节有两种形式,即粗调和精调。在选择 C/D 比时,需考虑两种调节形式。在图 7.11 中可以看到,随着 C/D 比的下降,粗调所需时间急剧下降,而精调正好与之相反。因此,在粗调的时候,希望 C/D 比低一些,而精调的时候,则希望 C/D 比高一些。例如,用旋钮选择收音机频道时,如果 C/D 比高,即精调(或微调)旋钮,将会用很长的时间慢慢搜寻到所需频道。反之,C/D 比低,即粗调,会很快低搜索到频道,但却容易过调。因此收音机的频道选择一般是粗、精调两个旋钮,先快速找到所需频道,再精调其收听质量。

　　一般来说,人机界面上的控制–显示系统具有精调和粗调两种功能。C/D 比的选择应考虑精调和粗调的时间,最佳的 C/D 比则是两种调节时间曲线相交处。这样可以使总的调节时间降到最低,如图 7.11 所示。实物举例如图 7.12 所示。

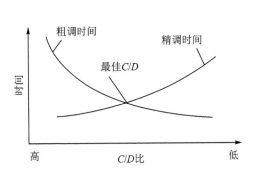

图 7.11　粗、精调时间与 C/D 比的关系

图 7.12　带粗调旋钮(下方)和
精调旋钮(上方)的组合旋钮

　　最佳的 C/D 比受许多因素的影响。例如,显示器的大小、控制器的类型、观察距离以及调节误差的允许范围等。最佳 C/D 比往往是通过实验得出的,没有一个理想的计算公式。

2. 控制–显示的空间相合性

　　控制器与显示器空间位置的合适与否直接影响系统的效率。恰帕尼斯(Chapanis)等人于 1959 年曾用煤气炉的四个灶眼作为显示器,以煤气开关作为控制器,研究了控制器与显示器的空间相合性。他们共试验了四种不同的位置配置关系,如图 7.13 所示。实验结果如下:图 7.13(a)所示方式,由于煤气灶眼排列顺序和煤气开关具有位置上的直观对应关系,故在 1 200 次试验中,没有发生控制错误;图 7.13(b)和图 7.13(c)所示发生发生错误次数分别为 76 次和 116 次;图 7.13(d)所示方式由于控制器与显示器之间位置关系混乱,发生错误次数最多,达 129 次。平均反应时间也与错误数的顺序完全一致,即图 7.13(a)所示方式反应时间最短,图 7.13(d)所示反应时间最长。因此可见,控制与显示在空间上相合,可减少发生操作错误的次数,缩短操作时间,对提高操作质量有明显效果。

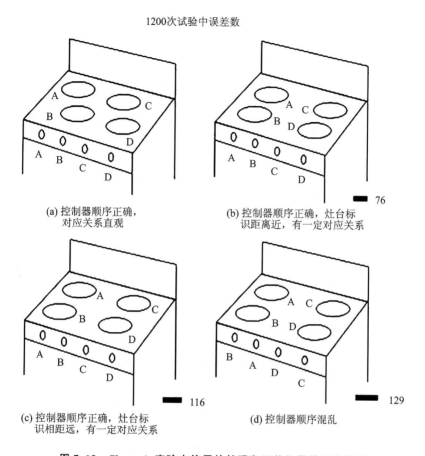

1200次试验中误差数

(a) 控制器顺序正确,
对应关系直观

(b) 控制器顺序正确,灶台标
识距离近,有一定对应关系 76

(c) 控制器顺序正确,灶台标
识相距远,有一定对应关系 116

(d) 控制器顺序混乱 129

图 7.13 Chapanis 实验中使用的灶眼和开关位置的四种排列

3. 控制-显示的运动相合性

根据人的生理与心理特征,人对控制器与显示器的运动方向有一定的习惯定势。如顺时针旋转或自下而上,人自然认为是增加的方向。例如,顺时针旋转收音机的开关旋钮,其音量增大,逆时针旋转,音量减小,直至关闭;顺时针转动汽车方向盘,汽车向右转弯,逆时针转动,汽车向左转弯,即右旋右转,左旋左转。显然,控制器的运动方向与显示器或执行系统的运动方向在逻辑上一致,符合人的习惯定势,即控制-显示的运动相合性好,对于提高操作质量、减轻人的疲劳,尤其是对于防止人紧急情况下的误操作,具有重要的意义。飞机驾驶舱的操控件,也是遵循这些习惯定势设计的,如头顶板的拨钮,向前是开,向后是关;起落架收放手柄,向上是收起,向下是放下起落架。有关驾驶舱主操控件运动方向的要求,见25.779"驾驶舱操纵器件的动作和效果"。

7.2　飞机驾驶舱操控器件简介

7.2.1　驾驶舱常见控制器的分布和操纵特点

驾驶舱的控制装置,其主飞行操纵面操纵装置的手操纵机构通常为中央驾驶杆/盘或侧杆,脚操纵机构为脚蹬。中央驾驶杆/盘布置在主仪表板前。侧杆则通常布置在左/右操纵台上。脚蹬位于主仪表板的下方。

其他的操控器件主要分布在主仪表板(MIP)、遮光板、基座/中央操纵台、头顶板、左/右操纵台和驾驶员座椅背后的壁板等处。

1. 主飞行操纵面操纵装置

(1) 主飞行操纵面手操纵装置

常规的飞行操纵机构采用中央杆/盘做为驾驶员人工输入命令的装置。随着电传操纵系统逐渐取代常规机械式操纵系统,飞行控制系统的形式也在发生着改变。采用电传操纵系统后,飞行员不再通过直接指令舵面偏转来操纵飞机,而是给飞行控制系统施加指令,由飞行控制计算机解算得到舵偏转指令,从而使飞机实现预期的响应。电传操纵系统可以使用不同形式的手操纵机构,如波音 B777 和 B787 飞机均采用传统的中央杆/盘,而空客的电传客机均沿用了 A320 的侧杆。

侧杆相对中央杆/盘最大的优势是其占用空间小,由此带来了一系列好处:如有利于采用最佳眼位、扩大舱内外视界、改善了前方显示器的可视性、有利于扩大仪表板上的可用空间、便于操纵前方控制按钮、增加了飞行员的活动空间等;同时,采用侧杆还有利于减轻操纵器件重量,降低维护成本;此外,侧杆输入量小的操纵方式也在一定程度上减轻了飞行员的工作负荷,提升了飞行员的操作舒适性。但目前采用的被动侧杆技术也带来一些人机工效的问题:对于使用常规安装中央杆/盘的民机而言,其左、右杆/盘具有机械联动装置。该联动装置作为正/副驾驶最直接的交互界面,可以通过视觉和触觉为飞行员实时提供对方的操纵信息,从而有助于正/副驾驶分工、协调及相互接管;而被动侧杆由于缺乏反驱装置,无法实现左、右侧杆的联动,因此正/副驾之间缺乏最直接、有效的交互界面,正/副驾驶需要从遮光板上的优先权指示灯和音频提示获知谁在操纵飞机(参看图 7.14)。一方的飞行员也较难看到另一侧飞行员的具体操作动作。另外,该方式由于系统提供的反作用力大小仅由驾驶杆的动态位移决定,不能主动地与飞机飞行状态关联,所以飞行员很难根据驾驶杆上反作用力大小准确判断飞机的运动状态。为了克服被动侧杆缺陷,人们提出主动侧杆技术,飞机的状态参数,如俯仰、滚转姿态或速率能够以力的形式反馈给驾驶员。因此主动侧杆能够给驾驶员提供更多运动、力、以及视觉感觉,从而改善侧杆的操纵特性,且可实现正/副驾驶侧杆运动的交叉耦合。

值得一提的是,目前民机的驾驶舱手操纵机构也一定程度上采用了"HOTAS"

侧杆按压开关:
接替另一侧侧杆
或脱开自动驾驶

1.正常操作: 只有一侧的侧杆被操纵。两侧的指示面板无指示灯亮,无音响提示。

无灯亮　　　　　　　　　　　　　　　　无灯亮

2.如果正副驾驶同时操纵侧杆,则输入信号为其代数叠加值。其最大输入值为单侧杆处于最大偏转角度时的输入信号值。两侧指示面板的优先权绿灯亮,伴有"双侧输入"的音响提示。

绿灯亮　　　　　　　　　　　　　　　　绿灯亮

3.当副驾驶在操纵侧杆,而正驾驶按下了他这一侧侧杆上的按压开关,则正驾驶获得优先权,正驾驶优先权绿灯亮,副驾驶优先权红灯亮伴有"左侧优先"的音响提示。

绿灯亮　　　　　　　　　　　　　　　　红灯亮

图 7.14　空客侧杆及其优先权逻辑

设计理念。HOTAS:Hands On Throttle and Stick,直译为"双手保持在油门杆和操纵杆上",有人称之为"手不离杆"。这原本是军机为了使飞行员在飞行中尽可能地将精力都投入到作战中而尽量降低操作难度,把大部分常用的操作键和开关都布置在驾驶杆和油门操作杆上的设计理念。

如图 7.15 所示,波音 B787 操纵盘上集成了包括控制 HUD 的多个控制装置,方便了飞行员的操作。

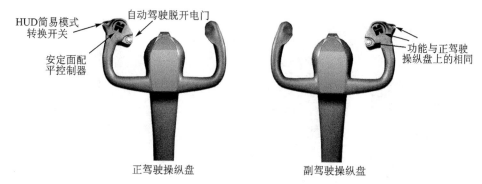

图 7.15　波音 B787 操纵盘上集成了包括控制 HUD 的多个控制装置

（2）主飞行操纵面脚操纵装置

主飞行操纵面脚操纵装置主要是脚蹬,在飞机上主要用来控制方向舵和地面的刹车。常见的飞机驾驶舱脚蹬设计如图 7.16 所示。

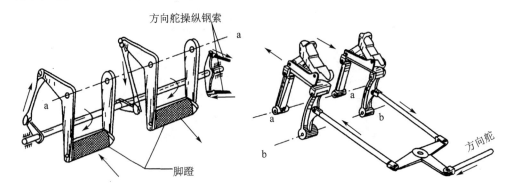

图 7.16　民用飞机上常见的两种脚蹬机构形式

2. 主仪表板(MIP)上的控制器

主仪表板是飞行员操纵飞机时关注最多的区域,同时也是驾驶舱中显示控制设备非常集中的区域。如第 6 章中介绍的,主仪表板 MIP 上的显示器主要包括主飞行显示器、导航显示器、发动机及告警显示器等,其上的控制设备与显示设备分布一致,控制面板上的旋钮主要用来调节屏幕亮度、切换各显示器上的屏幕信息。MIP 上还安装有起落架收放手柄。

主仪表板内控制设备的操纵器件主要为旋钮和按钮。在飞行过程中,飞行员主要通过伸缩手臂,旋转旋钮,或者按动按钮来操控。

由于一般在主仪表板 MIP 的中央会布置发动机和告警显示器,因此,通常起落架收放手柄设置在 PMI 上,副驾驶的左手附近,上面是相应的起落架收放指示灯(见图 7.17)。

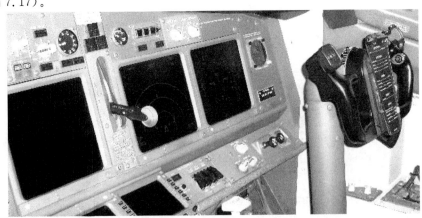

图 7.17　波音 B737NG 起落架收放手柄布置于 MIP 面板副驾驶的左手侧

3. 遮光板

遮光板主要用于防眩光、反光,由于遮光板位于可视可达性非常好的特殊位置,因而其上通常安装非常重要且常用的显示控制设备,如图 7.18 所示。遮光板的中部是飞行控制组件(Flight Control Unit,FCU),它由中间的自动飞行系统控制面板(AFS Control Panel)和左右对称的两个电子飞行仪表系统控制面板(Electronic Flight Instruments System (EFIS)Control Panel)组成。自动飞行系统控制面板为正副驾驶共用;EFIS 控制面板正副驾驶各一块,分别用来控制各自的主飞行显示器和导航显示器,并用于更改气压设置。这些均属于在日常飞行任务中频繁使用的控制器。另外遮光板通常还包括主警告灯、主警戒灯等,是位于驾驶员主视野的重要装置。

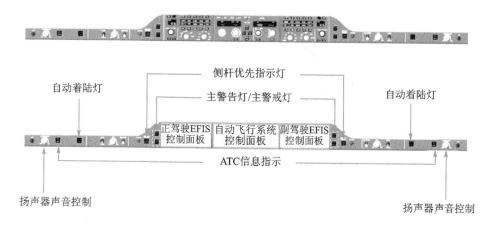

图 7.18　常见遮光板的显控装置分布示意图

遮光板上的显控设备包括旋钮、按钮、按键等。由于其位置和主仪表板非常接近,飞行员操作时的动作也与主仪表板的类似(见图 7.19)。

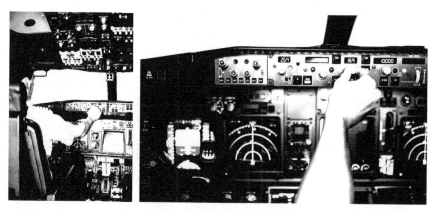

图 7.19　飞行中使用频率高的控制器被布置在遮光板上

4. 基座/中央操纵台

基座/中央操纵台是机长和副驾驶的共同可达区域,安置了大量常用的重要显控设备,主要包括多功能显示控制组件(MCDU/MFD)、推力/反推手柄(油门杆)及相关的动力装置操控件、减速板手柄、襟翼收放手柄、水平安定面配平轮、停留刹车控制器、无线电管理面板等。

中央操纵台上的控制设备很多,其操作方式除了使用主仪表板和遮光板上的按键、旋钮之外,还使用了各种手柄式、手轮式的控制器,新一代运输类民机采用了光标控制器、带键盘和指点功能的小桌板等新型控制装置(见图 7.20)。

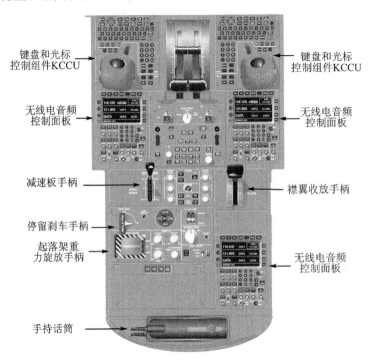

图 7.20　A350 基座上的显控装置

(1) 推力杆/油门杆设计

驾驶舱中为每台发动机配备有一个推力杆/油门杆。图 7.21 显示了四发飞机 A380 的推力手柄的设计:推力杆最窄凹槽位置宽度约与一个成年人的手掌宽度相当,五指微微分开便可抓牢四个推力杆,可以单手同时推四个推力杆,这满足相关规章条款里对发动机控制装置的设计要求。而拇指和小指张开则可轻易地触及油门杆侧方设计的自动油门脱开按钮,符合人为因素最小动作设计原则。

(2) 多功能显示控制组件(MCDU)

目前的常见机型,在基座前方的两侧各有一个多功能显示控制组件(MCDU),这个组件是典型的显控一体的装置,显示屏周边设计有边框按键、键盘和按键,主要

图 7.21　A380 的推力杆(油门杆)实物图

通过按键完成飞行计划的输入和更变、飞机参数等的设定和检查(见图 7.22)。在新一代民机驾驶舱,这个显示屏周边的控制装置多为键盘和光标控制组件(KCCU)等取代。

图 7.22　飞行员通过 MCDU 显示屏周边的行选键、功能方式键、数字键、字母键及执行键进行操作

基座上的各类手柄,如推力/油门杆手柄、减速板手柄、襟翼收放手柄等,有形状编码的要求,将在 7.3 中做介绍。

基座后部面板上的操控件需要驾驶员低头操纵(见图 7.23)。

5. 头顶板

头顶板位于机长与副驾驶的头顶上方,有的机型分前头顶板和后头顶板,其上包含大量的控制装置,这些设备的使用频率相比主仪表板、遮光板和中央操纵台的低,如液压控制面板、燃油控制面板、空调系统控制、电源系统控制、灯光控制等。头顶板通常选用按键、旋钮和拨钮/钣钮作为控制器。飞行员在操作时,需抬头向上伸臂,完

图 7.23　驾驶员需低头操纵中央操纵台后方的后电子面板上的操控件

成操作(见图 7.24)。其具体布局将在 7.2.2 小节中介绍。

图 7.24　驾驶员需抬头操纵头顶板上的操控件

6. 左/右操纵台

左侧/右侧操纵台呈左右对称结构,分别受机长和副驾驶控制,其上面布置了少量控制装置,如前轮转向手轮等。对电传操纵的飞机而言,其上最重要的设备是进行飞行姿态调整的侧杆。

7. 驾驶员座椅背后的跳开关面板

在座椅背后,常设计有跳开关面板。其上的跳开关(Circuit Breaker,CB)和电气保险的功能类似,对涉及的系统和线路起保护作用,同时在维护工作中可以利用 CB 的 RESET 功能,相当于 ON/OFF 开关来断开电路,方便快捷地定位和判断故障,飞行中较为少用。新机型上,有的在后头顶板设有少量跳开关,有的已将此面板移出驾驶舱,或已用显示屏来显示跳开关面板及其上跳开关的状态。25.1302 条款中所涉及的驾驶舱操控器件一般不涵盖这部分控制设备。

7.2.2　控制面板细节设计对比

1. EFIS 控制面板的细节设计对比

由第 2 章和第 5 章的相关知识可知,驾驶舱各类显控设备由于受到诸多约束条件的限制,布置的区域基本趋同,如遮光板的正中部都是由自动飞行系统控制面板和左右对称的两个 EFIS 控制面板组成。

现在,进一步来了解波音和空客飞机 EFIS 控制面板布置细节的差异:图 7.25 显示的是空客 A350 的 EFIS 面板细节设计,其 PFD 控制器区和 ND 控制器区是平行排布的,这和其被控制的 PFD 和 ND 显示器的位置排布是一致的。而波音 B787 的 EFIS 面板还和显示器选择面板布置在一起,因此,其 PFD 控制器区和 ND 控制器区呈上下排布(见图 7.26)。其具体的控制按钮、按键、旋钮、数字显示区等也有较大差异。

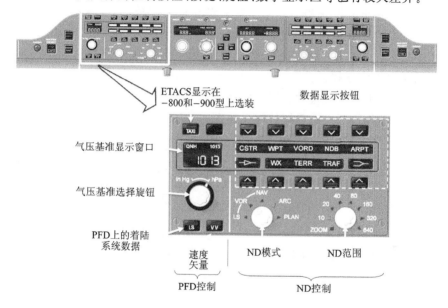

图 7.25　A350 的 EFIS 面板细节设计

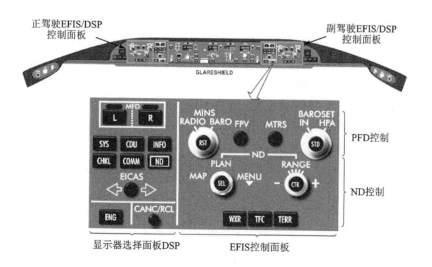

图 7.26　波音 B787 的 EFIS 面板细节设计

2. 头顶板的机载系统控制器的排布

头顶板上布置有各类飞机机载系统的控制器,同样,机型不同,头顶板上的布局也存在一定的差异。

图 7.27 为空客 A350 的头顶板布局,不难发现,空客一直秉承 A320 头顶板的布置方式:头顶板被划分为左、中、右三栏,中间一栏布置飞机上一些大而重要的系统,如空调、电源、燃油、液压系统,其控制器从前至后排列整齐,每个系统以系统简图的方式排布相应的操控件,并以颜色编码,如空客的主液压系统一直使用黄系统和绿系统的颜色编码,因此在头顶板上的液压系统简图也可见到绿系统标识为绿色,黄系统标识为黄色,很好的体现了设计的一致性。

图 7.28 为波音 B787 的头顶板布局,头顶板被划分为 4 栏,其中电源、液压、燃油、空调等大系统水平排开。

这两种机型头顶板布置的相同之处是:外部灯光、雨刷等头顶板最前排控制器的形状和位置比较一致。火警系统的灭火装置如前所述,波音和空客的布置一向有较大差异。

7.3 驾驶舱操控器人因设计适航审定依据和符合性方法

7.3.1 驾驶舱操控器人因设计的主要适航审定条款与依据

在第 25 部中,有许多与驾驶舱操控器设计相关的条款,而与驾驶舱操控器人因设计最为密切相关的条款有:25.1302(a)、(b)条款,相关的咨询通告 AC25.1302 在 5.4 节做了详细的解释;25.671"总则"、25.777"驾驶舱操纵器件"、25.779"驾驶舱操纵器件的动作和效果"、25.781"驾驶舱操纵手柄形状"。主要对驾驶舱操纵器件的可视性、可达性、操纵器的动作和效果、操纵器的形状编码等提出了相关的要求。而咨询通告 AC20-175"驾驶舱系统操控器件"则针对实物开关和旋钮一类的传统专用操控器件,以及触摸屏和光标操控装置一类的多功能操控器件做了详细的介绍和解释。

本节主要介绍 25.1302(a)(b)条款及第 25.671、第 25.777、第 25.779、第 25.781 条款以及咨询通告 AC20-175 的主要内容,使读者对驾驶舱控制器的人因设计内容与适航审定要求有一个较为宏观的了解。在 7.4 节中,将继续结合咨询通告 AC25.1302 和 AC20-175 介绍驾驶舱的多功能操控器人因设计注意事项。

1. FAR25.1302(a、b)条款

25.1302 飞行机组使用安装的系统和设备

(a)驾驶舱控制器件的安装必须允许完成那些要求设备安全执行预定功能的所有任务,同时必须给飞行机组提供完成规定任务所必需的信息。

(b)供飞行机组使用的驾驶舱操控组件和信息必须满足以下条件:

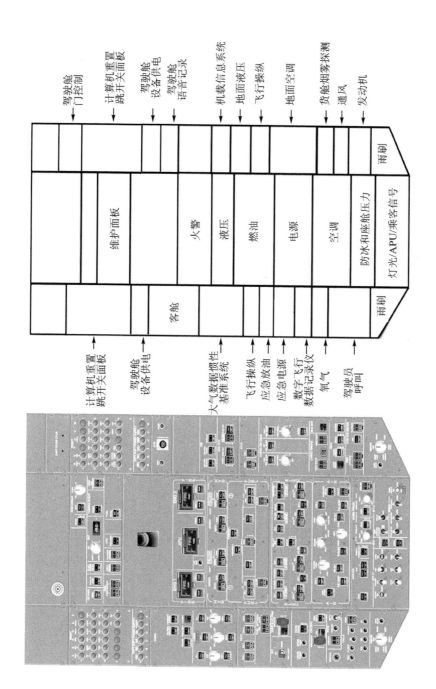

图7.27　空客A350头顶系统控制面板的布局

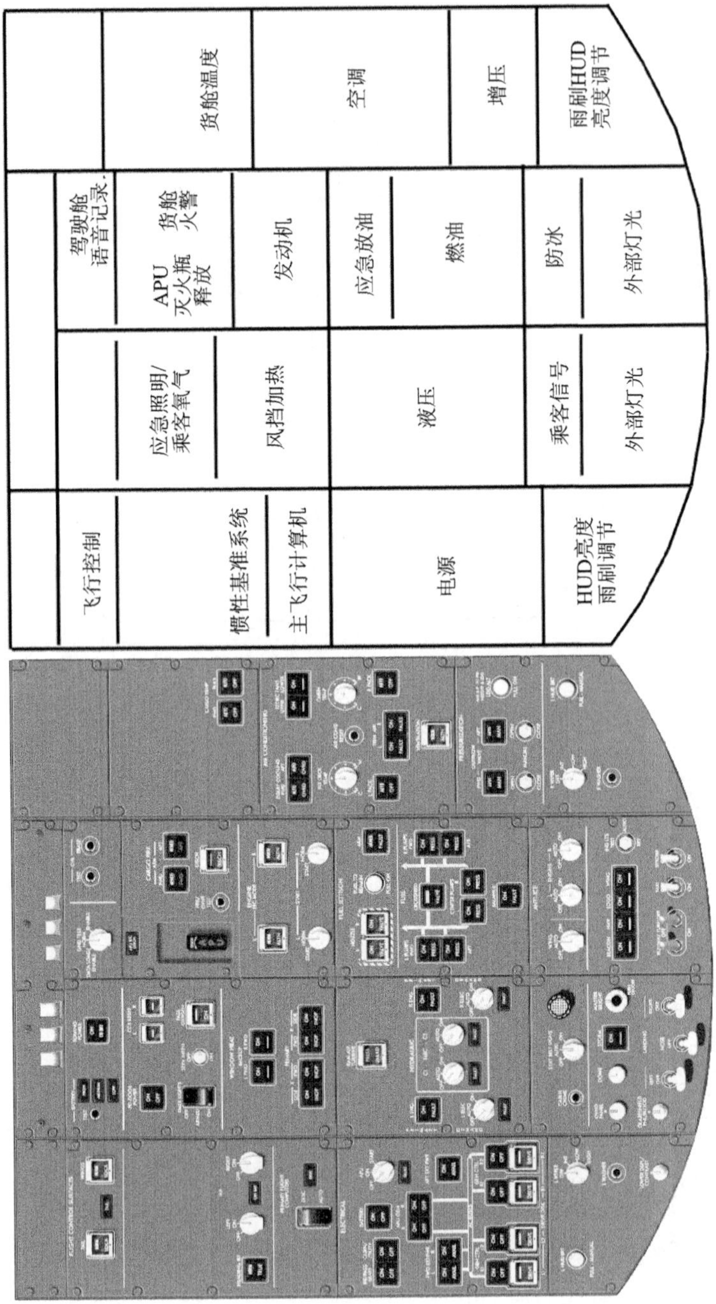

图7.28　波音B787头顶板系统控制面板的布局

（1）以明确的、毫不含糊的方式提供，且具有适合于任务的分辨率和精准度；

（2）对于飞行机组方便可用，且与任务的紧迫性、频率和持续时间一致；

（3）如果需要安全运行警告，则能够警告飞行机组其行为对飞机或系统的影响。

（注：解析见第 0.3.2 小节）

2. 咨询通告 AC25.1302 的 5.4 节——"操控器件"

在 AC25.1302-1 的 5.4 节，详细的给出了驾驶舱信息显示的具体符合性依据。读者可通过扫描右侧二维码获取本咨询通告中关于"操控器件"的相关内容。

3. 与驾驶舱操控器件人因设计相关的其他典型条款

与驾驶舱操控器件人因设计相关的其他典型条款有：第 25.671 条"总则"、第 25.777 条"驾驶舱操纵器件"、第 25.779 条"驾驶舱操纵器件的动作和效果"、第 25.781 条驾驶舱操纵手柄形状、第 25.1161 条"应急放油系统的操纵器件"、第 25.1329 条"飞行导引系统"、第 25.1555 条"操纵器件标记"等。有关动力装置的操纵器件的要求可参看 25.1141～25.1161。

第 25.671 条　"总则"

（a）每个操纵器件和操纵系统对应其功能必须操作简便、平稳和确切。

（c）必须用分析、试验或两者兼用来表明，在正常飞行包线内发生飞行操纵系统和操纵面（包括配平、升力、阻力和感觉系统）的下列任何一种故障或卡阻后，不要特殊的驾驶技巧或体力，飞机仍能继续安全飞行和着陆。可能出现的功能不正常必须对操纵系统的工作仅产生微小的影响，而且驾驶员必须易于采取对策：

（1）除卡阻以外的任何单个故障（例如机械元件的脱开或损坏，或作动筒、操纵阀套和阀门一类液压组件的结构损坏）。

（2）除卡阻以外未表明是极不可能的故障的任意组合（例如双重电气系统或液压系统的故障，或任何单个损坏与任一可能的液压或电气故障的组合）。

（3）在起飞、爬升、巡航、正常转弯、下降和着陆过程中正常使用的操纵位置上的任何卡阻，除非这种卡阻被表明是极不可能的或是能够缓解的。若飞行操纵器件滑移到不利位置和随后发生卡阻不是极不可能的，则须考虑这种滑移和卡阻。

解析："简便"一般是指操纵系统的操纵器件应满足第 25.779（a）条的要求，保证驾驶员手、脚的操作动作与人的运动本能反应相一致；"平稳"一般是指系统无突变、无紧涩感觉、无卡阻、无自振，杆力梯度合适，驾驶员感觉舒适；"确切"一般是指飞机能正确执行驾驶员指令，并且能从一种飞行状态按指令平稳地过渡到任何其他飞行状态。

第 25.777 条　"驾驶舱操纵器件"

（a）驾驶舱每个操纵器件的位置必须保证操作方便并防止混淆和误动。

（b）驾驶舱操纵器件的运动方向必须符合第 25.779 条的规定。凡可行处，其他操纵器件操作动作的直感必须与此种操作对飞机或对被操作部分的效果直感一致。用旋转运动调节大小的操纵器件,必须从关位顺时针转起,经过逐渐增大的行程达到全开位置。

(c) 操纵器件相对于驾驶员座椅的位置和布局,必须使任何身高 158 cm(5 ft 2 in)至 190 cm(6 ft 3 in)的(按第 25.1523 条规定的)最小飞行机组成员就座并系紧安全带和肩带(如果装有)时,每个操纵器件可无阻挡地做全行程运动,而不受驾驶舱结构或最小飞行机组成员衣着的干扰。

(d) 各台发动机使用同样的动力装置操纵器件时,操纵器件的位置安排必须能防止混淆各自控制的发动机。

(e) 襟翼和其他辅助升力装置的操纵器件必须设在操纵台的上部,油门杆之后,对准或右偏于操纵台中心线,并在起落架操纵器件之后至少 254 mm(10 in)。

(f) 起落架操纵器件必须设在油门杆之前,并且必须使每个驾驶员在就座并系紧安全带和肩带(如果装有)后可以操作。

(g) 操纵手柄必须设计成第 25.781 条规定的形状。此外,这些手柄必须是同色的,而且颜色与其他用途的操纵手柄和周围驾驶舱的颜色有鲜明的对比。

(h) 如要求有飞行工程师作为(按第 25.1523 条规定的)最小飞行机组成员,则飞机上必须设有飞行工程师工作位置,其部位和安排能使飞行机组成员有效地各行其职而互不干扰。

解析:驾驶舱操纵器件布局的总要求,应保证操作方便,防止混淆和误动作。发动机操纵器件、襟翼和其他辅助升力装置的操纵器件及起落架操纵器件,应满足本条(d)、(e)、(f)的布置要求;操纵手柄的设计应满足本条(g)的要求;可设计有止动块、卡槽和制动件,防止误操作;设计的操纵器件,应使无论在白天或夜晚工作时,都容易识别,并能提供清晰的状态显示。如果在起飞、加速、停止、中断着陆和着陆期间是由一个驾驶员来操作操纵器件,而这些操纵动作的顺序的安排,又要求驾驶员在上述机动飞行期间改换握持操纵杆的手,则这些顺序不应要求过快地换手,以免使飞机的操纵性受到不利的影响。

驾驶舱操纵器件的运动方向。操纵器件的运动方向必须符合第 25.779 条。如可行,其他操纵器件也应具有运动的直感(the sense of motion),如配平操纵器件等。发动机操纵器件、襟翼和其他辅助升力装置的操纵器件及起落架操纵器件可以无阻挡地做全行程移动。无阻挡做全程运动是指在滑行、起飞到落地的各种姿态下,能够正常开关各按键或调整各手柄到各个设定位置。襟翼和其他辅助升力装置的操纵器件的布置,除非证明更小的距离是合适的,否则起落架操纵器件之后的距离不应小于 10 in(254 mm)。

第 25.779 条 "驾驶舱操纵器件的动作和效果"

驾驶舱操纵器件必须设计成使它们按下列运动和作用来进行操纵:

(a) 空气动力操纵器件。

（1）主操纵的动作和效果：如表 7.2 所列。

表 7.2　主操纵件的动作和效果

操纵器件	动作和效果
副翼	右偏（顺时针）使右翼下沉
升降舵	向后使机头抬起
方向舵	右脚前蹬使机头右偏

（2）次操纵的动作和效果：如表 7.3 所列。

表 7.3　次操纵件的动作和效果

操纵器件	动作和效果
襟翼（或辅助升力装置）	向前使襟翼收起；向后使襟翼放下
配平调整片（或等效装置）	转动使飞机绕平行于操纵器件轴线的轴线作相似转动

（b）动力装置操纵器件和辅助操纵器件。

（1）动力装置操纵器件的动作和效果：如表 7.4 所列。

表 7.4　动力装置操纵件的动作和效果

操纵器件	动作和效果
功率或推力杆	油门杆向前使正推力增大，向后使反推力增大
螺旋桨	向前使转速增加
混合比	向前或向上使富油
汽化器空气加热	向前或向上使冷却
增压器	对于低压头增压器，向前或向上使压力增大　对于涡轮增压器，向前、向上或顺时针转动使压力增大

（2）辅助操纵器件的动作和效果：如表 7.5 所列。

表 7.5　辅助操纵件的动作和效果

操纵器件	动作和效果
起落架	向下使起落架放下

解析：这些操控器的运动方向符合人的常规操作习惯，在紧急情况下能使飞行员无需做过多判断就可做出正确的操纵动作。

第 25.781 条　驾驶舱操纵手柄形状

驾驶舱操纵手柄必须符合下图（图 7.29）中的一般形状（但无需按其精确大小和特定比例）。

解析：本条要求涉及操纵手柄的形状编码。操纵手柄的形状应设计成符合条文规定的形状，预防混淆，能在应急情况下通过目视和触觉迅速识别它们，提高安全性。

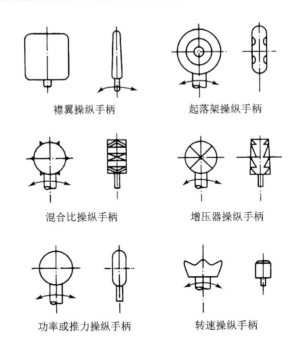

图 7.29　驾驶舱操纵手柄的形状编码要求

如果有不符合本条规定的手柄形状设计,必须经适航当局批准。手柄实物形状可参见图 7.30、图 7.31 和图 7.32。

图 7.30　B737NG 襟翼收放手柄
实物形状及标识

图 7.31　B737NG 起落架收放手柄
实物形状及标识

第 25.1161 条　"应急放油系统的操纵器件"

每个应急放油系统的操纵器件必须有防止其被误动的保护罩,应急放油系统操

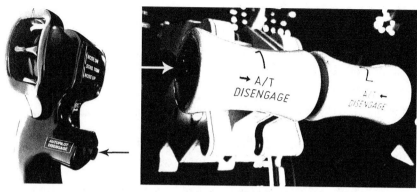

图 7.32　B737NG 驾驶盘上的自动驾驶脱开按钮和推力杆上自动
推力快速断开按钮(白箭头所指)及标识

纵器件不得靠近灭火瓶的控制器件或用于灭火的其他控制器件。

　　解析:此条除了要求采用物理防护罩的方法,杜绝应急放油系统的操纵件被误操纵,还要求不得靠近灭火瓶控制器或用于灭火的其他控制器件,主要是考虑到在灭火的过程中,如果出现误操作导致空中放油,将引起更大的火灾。

　　第 25.1329 条　"飞行导引系统"

　　(a) 必须给每个驾驶员提供具有快速切断自动驾驶仪和自动推力功能的操纵器件。自动驾驶仪快速切断操纵器件必须装在两个操纵盘(或其等效装置)上。自动推力快速切断操纵器件必须装在推力操纵杆上。当驾驶员在操作操纵盘(或其等效装置)和推力杆时,必须易于接近快速断开操纵器件。

　　(j) 自动驾驶仪断开后,必须及时地给每一驾驶员提供与驾驶舱其他警告截然不同的警告(视觉的和听觉的)

　　(k) 自动推力功能断开后,必须给每一驾驶员提供警戒指示。

　　解析:(a)款要求必须经适航当局批准后才能投入使用。对于简单的相对独立的自动驾驶仪系统的批准,可以使用 TSO 的方式批准;对于复杂的并与飞机性能密切相关的自动驾驶仪系统的批准,往往需要和整个飞机的型号合格审定同时取得批准。快速断开的目的是确保每个驾驶员凭单手/臂动作,就能迅速且容易的断开自动驾驶仪和自动推力功能的操纵器件。(j)、(k)条提出对自动驾驶仪和自动推力的切断警告要求。

　　第 25.1555 条　"操纵器件标记"

　　(a) 除飞行主操纵器件和功能显而易见的操纵器件外,必须清晰地标明驾驶舱内每一操纵器件的功能和操作方法。

　　解析:做为操纵器件的标识编码,条款规定除飞行主操纵器件和功能显而易见的操纵器件外,必须为每一操纵器件进行必要的标识,提供操控器的功能和操作方法的目视信息。

4．AC20 – 175 驾驶舱系统操控器件

AC20 – 175"驾驶舱系统操控器件"对驾驶舱专用操控器件,以及触摸屏和光标操控装置等多功能操控器件做了详细的介绍和解释。本教材在介绍驾驶舱操控器件的相关人因设计知识时,已涵盖了此咨询通告中的大部分内容,并将在 7.4 节"多功能操控器件的人因设计与适航审定依据"中,引用该咨询通告中的相关适航审定依据。读者可通过延伸阅读该咨询通告,进一步了解其细节内容。

7.3.2　驾驶舱操控器人因设计的符合性验证方法

1．说明性文件

申请人一般需提供主飞控系统操纵件描述文件、次飞控系统操纵件描述文件、座舱控制件相关数据单(Data Sheet,DS)及驾驶舱图纸。

驾驶舱操纵器件的试飞验证大纲和试验结论,应表明各驾驶舱操纵器件的布局,包括任何要求设有飞行工程师的位置布局,以提供方便的操纵并且防止混淆和误动。一般可通过引用图纸和技术条件,说明驾驶舱操纵器件的布局、运动方向等对条款的符合性。

为了更好的梳理驾驶舱操控器件的相关信息,可以制订"操控器件功能矩阵"表(见表 7.6)。该矩阵表并非是审定条款规定必须的,但是作为一种制订数据资料以及与局方分享的方法,会很有帮助。

操控器件功能矩阵主要提供了操控装置与操控功能之间的映射关系。该矩阵还可以把一些有关操控器件的属性全面的组织起来,有时候它可作为申请人用以组织其设计和符合性工作的一种工具。

填写该表时,首先应列出驾驶舱的各类操控器件。该表中分别列出了每一种操控器件,包括清单中的传统专用操控器件(如旋钮)和多功能操控器件(如软件菜单、触摸屏、按钮)。

该表的功能说明部分,把操控器件实施的功能说明信息进行了分类,主要涉及了功能、重要性等级、使用频度和使用条件。

在设计说明部分,主要包括操作方法、标识、防止误操作、反馈、位置及操控器显示器相关性等信息。

其他信息部分,应列出其他相关操控器件,并附上操控器件图。

表 7.6　操控器件功能矩阵表样板

操控器件名称或参看图表里的标识编号	功能说明				设计说明					其他信息	
	功能名称和简单描述	安全重要性等级	预期使用频度	操作和使用条件	操作方法	标识	防止误操作	反馈	位置/相关性	相关操控器件	操控器件图片
	功能1,名称和简单描述	如失效影响等级级属:灾难性、重大或轻微的功能	如每次航班多次使用、每次航班使用1次、偶尔使用、少用	如操控器件可能会在高飞行阶段、在高工作负荷、在冷天、在高度振动条件件下使用	驾驶员实施功能1所必要的动作描述	标识正文,或"无"	描述防止误操作的设计特征,或"无"	描述表示操控器件成功或不成功操作的视觉、触觉或其他提示	操控器件在安装后相对驾驶员的位置	列出与功能1相关的其他操控器件名单或编号	
	功能2,名称和简单描述	如失效影响等级级属:灾难性、重大或轻微的功能	如每次航班多次使用、每次航班使用1次、偶尔使用、少用	如操控器件可能会在高飞行阶段、在高工作负荷、在冷天、在高度振动条件件下使用	驾驶员实施功能2所必要的动作描述	标识正文,或"无"	描述防止误操作的设计特征,或"无"	描述表示操控器件成功或不成功操作的视觉、触觉或其他提示	操控器件在安装后相对驾驶员的位置	列出与功能2相关的其他操控器件名单或编号	
...	...	...	...	...	...	...	...	...	...	...	

2. 地面试验/飞行试验评估

由适航管理当局进行机上检查并认可,对驾驶舱操纵器件的使用及驾驶舱操纵器件是否方便操作、是否容易混淆和误动给出评定。

进行地面和飞行试验评估,主要考虑飞机操控中的人为因素和操纵系统之间的交互影响。对飞机驾驶舱或者模拟舱初步调查,包括熟悉驾驶舱时,应穿着较厚的飞行服装、靴子,就座时需要系好肩带和安全带。审查过程中,按系统分类或驾驶舱方位顺序分类,对其设计的逻辑合理性进行系统性的评价;执行相应的检查单,观察运行中,对驾驶舱操纵部件进行操纵的可达性与方便性。如果控制手柄有误操作的可能性,则要看是否加上保护装置。在任何时候,对飞机和飞机系统能有足够的操作能力,以保证安全有效的飞机运行。

评审人员应满足目标操作人员数据库中所能代表的百分位数(Percentile),常用的方法是:进行人体丈量后利用 Gaussian 分布(Gaussian Distribution)得到相应评审人员在此分布中的百分位数,以便了解驾驶舱评审人员在相应目标数据库中的代表性,需要考虑的其他因素还有体重、坐高、手臂可达距离、大腿长度、腿长等。

评审过程中,观察、记录飞机在与其运行任务相关的范畴内,控制组件是否能完成任务,系统的显示信息是否足够,机组环境是否适宜。收集以上数据和事实后,进行评估和讨论,包括背景分析和法规的要求,决定是否需要可能的实际飞行测试,最后提出建议、提交结论报告。应尽量在飞机设计的早期阶段进行驾驶舱审查。

7.4　多功能操控器件的人因设计与适航审定要求

与只实施单一功能的专用操控器件不同,多功能操控器件可以操控多项功能,这些能力主要通过使用电子显示器作为操控器件来达到,因此,也被称为"在屏交互人机接口"。目前常见的多功能操控器件有:光标操控装置、触摸屏、基于菜单的操控器件、语音识别和语音作动操控器件等。随着人机交互技术的深入发展,手势识别控制、眼动追踪控制和脑电控制等新的控制方式,也将在不久的将来,带来操控器件设计的新发展。

7.4.1　多功能操控器件的人因设计特点

多功能操控装置有传统操控装置不能企及的优点,但也有一些新的人机工效学问题随之而来,为控制器的人因设计带来了新的机遇与挑战,需要去进行进一步的科学实验、实践和评估。

1. 多功能操控装置的优点

(1) 多功能操控器件可以由系统软件进行重新配置

通过使用电子显示器作为一种操控器件的手段,使多功能操控器件可以由系统软件进行重新配置,从而为独特的人-机界面策略创造了机遇,这是目前用传统专用旋钮、开关、操控器件和物理硬件所做不到的。多功能操控器件的引入,使得驾驶员-系统界面的设计特点和驾驶员用来完成不同任务的方法,发生了根本性的变化。

（2）多功能操控器件占用的空间可大为缩小

在传统的驾驶舱中,大量的手、脚操控器件和操纵面板上的各类开关、旋钮、按钮和拨钮会在驾驶舱内占据相当体积的专用区域,而有了触摸屏、光标和基于菜单的操控器件,此类操控专用区域往往可以缩到一个电子显示器上。

2. 多功能操控装置可能存在的问题

（1）多功能操控装置的操作繁琐程度可能上升

多功能操控装置的节省空间优势,通常都要以可达性和工作负荷为代价。因为驾驶员可能不得不通过多个电子页面或菜单层次,才能达到相关功能。原本只要在容易记住的位置简单按下按钮的操作,现在可能需要按顺序操作好几个步骤,而且其中的很多步骤还离不开目视关注。

（2）多功能操控装置防止误操作的设计较为特殊和困难

防止多功能操控器件的误操作是一项特别的挑战。例如使用电子显示器作为操控器件的手段,就不一定能提供传统的运动阻力、接触反馈或防止误操作的物理防护。

AC20-175“驾驶舱系统操控器件”给出下列一些可适用于多功能操控器件防误操作设计的补充方法:

a. 操控器件应当清晰指示出对于操控功能有效的电子显示器区域,确保驾驶员很容易就可判定操控功能有效区。有效区的大小和布局应当允许进行精准的选择,把手指或光标移动到预期的有效区,不应当会误操作其他的有效区。

b. 对于可以从多个页面和菜单进行访问的操控器件功能,视适当情况应当将操控器件放置在不变的显示位置。放置位置不定会破坏驾驶员的使用习惯而导致差错。

c. 视适当情况,如针对一些安全关键功能,在作动这类功能前可提供一个确认步骤。例如当飞行管理系统（FMS）作动了某种进近,而驾驶员更改了已选定的进近时,系统可以询问,“你确定要中断正在进行的进近吗?”要在需要确认步骤和增加驾驶员工作负荷之间权衡考虑。

d. 视适当情况,提供一种纠正不正确作动或输入的退回手段,相关手段的例子是在系统中给一个“撤销”或类似的简单倒回功能。

（3）多功能操控器的标识设置问题

标识是用来识别和描述驾驶舱内操控器件和其他设备的最常用手段。在第 25 部中,有许多条款涉及传统的操控器件上的标识设置规定。而多功能操控器件的标识设计有其特殊性。例如多功能操控器件不一定需要在固定位置,而可能需要通过各种页面或菜单的导航来定位。与传统的专用操控器件相比,正确判定某个多功能操控器件会要求更多的工作负荷、时间和目视关注。

AC20-175"驾驶舱系统操控器件"给出多功能操控器件标识设计的方法如下：

a. 显示操控器件功能的方式应当使其很容易与当前状态相区分。例如当选定标识有"航迹向上（Track Up）"的按钮时，不应当是表示当前的"航向朝上（Heading Up）"显示方位，而是应当将显示方位改变到"航迹向上（Track Up）"。

b. 要确保描述某项操控功能的弹出文本不会导致不可接受的分散注意力、干扰或屏幕杂乱无序。

c. 若某一操控器件按指令或选择顺序作动了若干项不同的功能时，要为每一项功能清晰标识。

由于上述原因，在 AC20-175"驾驶舱系统操控器件"中要求：若用多功能操控器件替代某个传统操纵件功能时，要将两者进行比较，确定这样的替代是否会导致相对原来熟悉的装置发生性能和安全性的改变。要表明，多功能操控器件不会导致不可接受的工作负荷水平、差错率、速度和精确度。

7.4.2　光标操控装置的人因设计与适航审定依据

为了实现在屏操控，一些机型如空客飞机上装有光标控制装置（Cursor Control Device，CCD）。操控时，飞行员的手指触摸到 CCD 上后，对应的显示屏幕上会出现一个光标，然后像使用鼠标一样，用自己的手指移动光标至相应的位置进行操作。

1. 光标操控装置的人因设计要求

在 AC20-175"驾驶舱系统操控器件"的 3.4 节说明了光标控制装置（Cursor Control Device，CCD）的设计注意事项：

CCD 为驾驶员提供了一种间接访问电子显示器上操控器件的手段，这种操作与触摸屏相反，后者容许驾驶员直接访问操控器件。驾驶舱内的典型 CCD 有轨迹球触摸板和操纵杆。

a. CCD 最关键的好处是方便，它们通常都放置在或接近驾驶员的自然手位，而且经常都配有靠手或扶手。这样很方便驾驶员输入，特别是由于设备响应灵敏，使手和臂的移动量极小。但是 CCD 也会导致操控差错，尤其是在震动环境。而因为驾驶员的输入通常都只需用手指在 CCD 上稍作移动即可完成，所以更不容易引起其他机组成员的注意。要考虑在 CCD 环境或使用条件下其对于飞行机组协调的影响。

b. 要确保光标符号易于与其他信息的区分，并易于在电子显示器上定位。对于光标符号可以淡出显示器的情况，这一点尤为重要。强化光标快速定位的一些方法是让它"持续闪亮"或"不断增大"以吸引驾驶员的注意。

c. 若在一个显示系统使用了多个光标时，要提供区分这些光标的手段。

d. 不得容许光标符号在没有驾驶员输入下爬行或移动。其例外情况包括光标自动定位，但前提是要能够表明这种情况不会引起驾驶员混淆，或不可接受的完成任务时间。

e. 要限制光标符号不能进入重要飞行信息区，以防止其干扰清晰度。若有光标符号被容许进入重要信息显示字段时，要表明出现光标是可接受的。

f. 在多机组航空器中,大多数应用软件都容许多名飞行机组成员使用同一个光标。所以要建立一种与整个驾驶舱理念相兼容的可接受方法,来处理同时发生的"光标争夺"的问题。还要为其他可能的场景制订可接受的方法,包括由两名驾驶员使用两个光标的情况。

图 7.33 给出了一种两个飞行员同时使用两个光标时加以区分的方法。

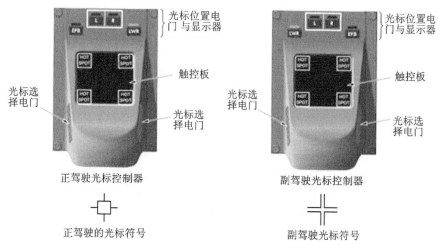

图 7.33　波音 B787 驾驶舱的光标控制器上正副驾驶的光标形状不同便于区分

2. 光标操纵装置运用实例

A380 飞机驾驶舱中装有两部 CCD。该设备在 A380 上称为"键盘和光标控制组件"(Keyboard Cursor Control Unit,KCCU),它们有以下功能:与导航显示(ND)、多功能显示(MFD)和系统显示(SD)形成界面,使飞行员能够进行参数选择和/或修改(见图 7.34)。

图 7.34　A380 的驾驶舱的 MFD 通过 KCCD 输入信息

每一个 KCCU 具有以下部件：

① 键盘，可以输入阿拉伯数字信息。键盘上有快捷键，可以由此直接进入在显示组件上的特定页面。

② 光标控制手柄，具有一个 Validation 侧方确认按钮、一个转轮、一个轨迹球和四个控制键。并且，键盘和光标控制装置互相独立，一个装置失效不会影响到另外一个。飞行员可以用一个光标改变显示屏幕上的导航目标。光标控制通过一个固定在基座上的无线跟踪球进行，通过光标控制，使得 A380 飞机从类似于 MS－DOS 系统向易于操作的 Windows 视窗系统升级，通过光标进行控制和发出指令。

如图 7.35 和图 7.36 所示，两套 KCCU 分别固定安装在中央操纵台两侧，方便机组手指的可达，装置弧面的凸起可给手腕提供支撑，保证在振动等情况下，仍能较为准确的进行光标移动的操作。键盘按键的大小和驾驶员的手指尺寸比较吻合。

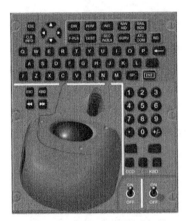

图 7.35　A380 驾驶舱配备的
键盘和光标控制组件(KCCU)

图 7.36　A380 的双套 KCCU
具体安装位置

7.4.3　触摸屏的人因设计与适航审定依据

触摸屏技术集成了显示、控制设备的功能，具有无坐标原点操作、手势控制、设备简洁等特点，可提高飞行员执行任务时手眼协调性、降低脑力负荷、缩短操作时间，更符合飞行员操控心理学特征，为飞行员高效地操纵飞机带来益处。但同时，由于飞机驾驶舱存在振动、眩光等不利的环境因素，触摸屏技术应用于民机驾驶舱，还有许多工效学问题需要解决(见图 7.37)。

1. 触控技术的特点

与传统驾驶舱显控设备和光标控制相比，触摸屏具有 4 个显著特点：

(1) 显示区域与操纵区域结合

显示区域与操纵区域结合，即一块触摸屏在呈现用户所需信息的同时，在对应区域上实现直接操作，而操作所产生的视觉反馈(信息变化)也可以在相同的区域呈现。

引入触摸屏的驾驶舱,可以使飞行员在执行飞行任务时的注意力分配集中于同一区域。不仅包括飞行员眼睛的注视点,还包括飞行员用手指在触摸屏上进行操作。因操控注意力和视觉注意力均集中于同一区域,飞行员在操控过程中可以在同一位置获得信息的反馈,而无需移动视觉注意力。此种新的操作方式降低了飞行员手-眼协调工作能力的要求,使得飞行员可以更加容易地完成所执行的任务。

图 7.37　空客的电子快查参考手册 EQRH 使用了触控技术

相较于传统设备,飞行员完成某个操控动作后,需要将视线移动到该控制器所对应的显示器上进行相关信息确认,该过程会占用部分脑力容量。若采用触摸屏设备,飞行员在完成输入的同时,在同地即可获得信息的反馈,节省了判别信息显示和控制操作相对应的脑力消耗,对降低飞行员的脑力负荷极为有利。

（2）无坐标原点操作

即操作者可以直接点击自己希望操作的位置,触摸屏可以即时定位,并触发对应的操作。

（3）可以实现手势操控

即使用手指就可以在触摸屏上进行操作,执行任务。

（4）占空间小,设备简洁

传统装置包括显示部件和控制部件,两者缺一不可,但触摸屏技术则仅需传统装置的显示屏空间,即可达到任务操控的需要。

2. 触摸屏引入驾驶舱的工效学问题

尽管触摸屏的潜在应用优势很多,但在应用时还需注意一些缺陷和问题,以便尽可能地避免不利影响,更好地使用触摸屏设备,发挥其优势。

（1）激活与误操作

目前尚无明确的办法定义何种激活方式可以有效地防止误操作的发生。早期的触摸屏技术是一旦触碰即激活操作,非常容易误操作。A. Sears 引入了一种新的激活方式:当手指离开屏幕的时候按键才会被激活,即只有当操作者的手指离开某一区域的时候才会激活该区域。若飞行员无意间触屏到了或者点击了错误的区域,可通过在屏幕上移动手指到其他区域、再抬起手指,就可不激活该区域所对应的操控。民用飞机对于安全性的要求很高,一旦出现误操作,很有可能导致严重的后果,因此在将触摸屏引入驾驶舱时,需要充分考虑和研究误操作问题。

鉴于触摸屏技术对飞行员心理感知影响,其界面设计(激活或非激活状态)应充分与飞行员的心理预期相符合。显示界面的设计应以非常直接和明白的形式告知飞行员,哪部分内容是可触摸的和哪部分内容是不可触摸的。若飞行员认为界面上某一个位置是可以触摸并实现某种功能的,但是在实际中飞行员点击该区域却没有得到相应的反馈,容易让飞行员的操作受挫,从而影响飞行员的心情,影响飞行员的正常操作。

(2) 显示/控制的界面耦合影响

传统显示装置的设计,通常仅需考虑人体视觉感知特性的影响,着重于关注字符大小、色彩等设计要素,以保证飞行员有效地获取显示设备上的信息为设计目标。但实现了显控结合技术的触摸屏技术,在考虑视觉工效的同时,还需考虑操控工效。

这主要是因为触摸屏界面的设计,要具备显示任务和控制任务两项功能,同时这两项功能通常情况下存在相互叠加、相互影响,因而其对工效学设计因素的要求更高。例如菜单按钮的大小会同时影响读取效率和操作效率。同时,传统的显示装置对操纵效率各种因素之间的影响可以认为是线性的,例如字符大小随相对视角的减小的读取效率可认为是呈简单的线性降低规律,但对于触摸屏设备,因人体认知过程的复杂性,显示和操控的设计因素具有耦合性,设计效果具有非线性,存在放大效应。

非线性放大效应是触摸屏技术引入驾驶舱设计的一个非常重要的考虑因素。在考虑飞行员读取界面显示信息有效性的同时,还需关注执行任务操作的高效性。目前普遍使用的传统显控设备均有相关的设计准则或规范,例如字符大小、按键大小的设计规范。但使用触摸屏设备时,不能简单地拿传统设计规范中的要求进行套用,而应专门针对触摸屏设备展开实验和分析研究,确定具体的设计要求。

(3) 反馈缺失

传统的机械式输入设备可通过力、声音或其他方式给飞行员一定的反馈,例如按键操作会伴随声音和力等反馈信息,驾驶杆在被操作时会传递给飞行员一反作用力的反馈。但触摸屏仅是一静态的平面,难以引起飞行员的操纵感知,尽管可以通过声音和振动等方法,仍无法建立一个良好的信息反馈机制。民机驾驶舱是一个复杂的系统,因此设计合适的触摸屏技术的信息反馈机制,是其研究的一项主要内容。

(4) 响应时间

触摸屏技术其内部主要是从软件的层面上实现操控,其过程可简单描述为:将信息输入(飞行员操作)至后台处理器(内部电子电路和处理器)计算后,再通过相关设备进行响应和发出反馈。在此过程中,可能会出现短暂延迟,而这种延迟性可能会对飞行员的操作心理产生极大的影响。目前,并没有明确多大的延迟可以让人接受或者感知到。

针对传统显控设备的响应时间问题,FAA 提出了明确的规定:要求在 100 ms 时间内必须为操作提供反馈,反馈的模式可以是触觉的、听觉的或者视觉的。但对于触摸技术,目前没有成熟或可借鉴的相关文件。鉴于民机驾驶舱是一个复杂度的系统,以及触摸屏显示技术自身的信息处理过程的特点,可预测其反馈的响应时间只会更加严格。

（5）触摸屏所处位置

触摸屏技术主要有表面声波技术、电阻式技术和电容式技术三种，目前广泛使用的是电容式触摸屏技术。尤其是电容式触摸屏技术对屏幕操作非常敏感，非常容易导致误操作。若在关键操控设备上使用触摸屏技术，可能还需飞行员进行悬手臂操作，极易引起疲劳。触摸屏技术引入民机驾驶舱时，需进一步考虑其位置设计，要充分考虑人体运动工程学的特点。例如如触摸屏的设计位置离飞行员较远，则在使用时需付出更多的努力，长时使用会引起疲劳，影响飞行绩效；若较近，则可能影响其他设备的使用，或者引起误操作。因此，触摸屏技术引入驾驶舱之前，还需重新以飞行员为中心，充分研究其设计工效学，实现触摸屏位置的优化设计，在保证安全的同时提高飞行员的操作绩效。

（6）环境因素

日常生活中，触摸屏技术的应用环境较简单，而民机驾驶舱是一个复杂的环境系统，温度、湿度、海拔高度、气压、振动、噪声等各种因素都对触摸屏提出了更高的要求。在振动环境下，触摸屏的操作绩效会大打折扣。同时还需要考虑炫光等对飞行员的影响，以防止炫光阻碍飞行员获取显示信息和执行任务。

总之，触摸屏是一种新型的控制设备，与传统的控制设备相比，触摸屏的优势在于其输入功能。不同的控制设备执行不同的操作任务效率并不具备一致性。触摸屏技术在代替按压开关、或者两档功能的旋钮等操控设备上具有明显的优势，但在代替功能多于三种以上的旋钮、驾驶杆或驾驶盘等传统设备方面并不具备优势，甚至劣于传统的操控设备。因此在驾驶舱内应用触摸屏技术，需要对传统驾驶舱的布局进行改进和创新，以便能发挥触摸屏技术的优势。

3. 触摸屏的人因设计适航审定依据

在 AC20-175 "驾驶舱系统操控器件" 的 3.5 节给出了触摸屏的设计注意事项：

与 CCD 不同，触摸屏操控系统提供了对于显示器上的操控器件的直接访问。鉴于此，输入装置实际上就是显示区域的一部分。触摸屏使用了各种不同技术，诸如电阻、电容、红外和应变片（力传感器）等类型。这些具体技术对于性能和失效都有影响，所以进行权衡考虑是很重要的。举例说，这些技术并不都适应使用手套。

a. 触摸屏可能易于发生操控差错，因为显示器表面（驾驶员用其进行输入）通常都光滑平整，这类表面对于确定手指的定位和移动几乎不能提供触觉反馈，因而会更加需要目视关注。所以在适当时要考虑组合一种相关支撑，稳定驾驶员的手，也为手指定位提供一个基准点。要确保触摸屏不会导致不可接受的工作负荷水平、差错率、速度和精确度。

b. 要保证触摸屏能够耐刮划、损坏或在正常使用中可能发生的其他损伤。要演示验证在长期使用和暴露于皮肤油脂、汗液、气候环境（如日光）、撞击、驾驶舱内可能使用的化学剂，以及飞行机组成员可能带上飞机的任何液体（如咖啡）的条件下，系统仍然能够提供可接受的性能。

c. 若触摸屏的校准可能发生偏移或降级时,要提供保证触摸屏正确校准和使用的校准程序和其他相关维修项目,包括依据 2x.1529 制订的持续适航文件中的相关程序。

d. 触摸屏感觉到的驾驶员手指触摸位置,应当是可预测和可看到的。

4. 触摸屏技术在驾驶舱的运用实例

在民机领域,Uarmin、Thales、Barco、Honey-well 等公司在触摸屏引入驾驶舱设计方面做了很多研究工作。法国 Thales 公司的设计人员声称,在二十年甚至十年以后,驾驶操纵飞机的将是从小使用触摸屏设备如手机、ipad 的年轻一代,对于他们而言,学习目前复杂的飞机驾驶舱物理操纵器件的操作将是比较困难的。

美国的 Honeywell 公司同 FAA 一起开展了关于驾驶舱触摸屏的工效学研究,设计了基于驾驶舱航电系统的 Primus Epic 航空系统,并成功引入到湾流公司的 U500 和 U600 公务机上。其采用 11 块 8 in 全触摸屏液晶显示器,整合了飞行管理、通信、气象雷达等多个系统,替代了原有的大部分按钮和旋钮开关以实现飞行规划、飞机系统控制等功能,大幅减少了开关的数量。

在波音 B777 引进触摸板控制装置以后,波音人机工效学专家一直在寻求更为直观、灵活和互动的人机界面操作。在设计波音 B787 时,其触摸板控制器可通过光标直接控制多功能显示画面;在导航显示画面上,飞行员可直接控制菜单选择和航路点;电子飞行包也可直接通过触摸屏、边框按键,用光标控制或键盘进行操作。

7.4.4 菜单和导航的人因设计适航审定依据

在 AC20-175 "驾驶舱系统操控器件"的 3.6 节给出了菜单和导航的设计要求:

菜单中的信息层次不应当遮蔽驾驶员对于想要操控器件位置的判定,位置和可达性不仅与操控功能的实际位置相关,它们还要包括考虑操控功能在不同菜单层次内的位置,以及驾驶员如何通过这些层次导航访间这些功能。

a. 对于基于菜单的操控器件,要确保访问和使用某个操控器件所必要的步骤的数目和复杂性,适合于该操控器件的预期用途(如常用和应急的操控器件应当在菜单顶层可以找到)。子菜单的数目设计,应当确保能够及时访问到预期选项,而不必过度依靠对于菜单结构的记忆。

b. 依据 25.777(a),驾驶舱操控器件的位置和标识必须能够方便操作并防止发生混淆。要把信息分层次放入菜单或隐藏页面,使其不会妨碍飞行机组判定其想要的操控器件位置。

c. 在显示器上完整显示(即无需滚动)顶层菜单页面(如主页面或首页面)。

d. 要使得顶层操控菜单易于访问,通常通过在固定位置(如"home"页面)连续显示菜单或菜单访问控件来达到。

e. 通过页面导航的反馈,明确指示当前位置。

7.4.5　语音识别和语音动作人因设计的适航审定依据

在 AC20 - 175"驾驶舱系统操控器件"的 3.7 节给出了语音识别和语音作动操控的设计注意事项：

将语音识别和语音作动操控系统用于航空器特别具有挑战性，因为语音指令的识别精度尚不尽如人意，其性能不仅受驾驶员自身特点的影响，还要受到周围噪声环境的影响。本节仅为语音识别和语音作动操控器件提供一些基本指导和人因考虑，但是对于两者都不算是一种全面的指导。

a. 要确保在预期的飞行和周围噪声条件下，语音识别和语音作动操控系统能够始终如一地准确识别和正确输入驾驶员发出的口头指令。典型的航空器背景噪声、机组与乘客对话、交通无线电通信以及其他来源声音，均不得妨碍系统工作。

b. 要提供一目了然的简单易用手段，用于关闭语音识别和语音作动操控系统。

c. 要确保语音识别和语音作动操控系统不会干扰正常的驾驶员通信功能（如与空管和其他航空器通信）。

【本章实验建议】

1. 驾驶舱操纵器件辨识认知实验

在运输类主流飞机的模拟驾驶舱或实体驾驶舱：

① 观察主飞行操纵系统的驾驶盘/驾驶杆或侧杆，注意其上的自动驾驶脱开按钮等控制按钮、按键；

② 观察油门杆/推力手柄及其上的脱开自动油门按钮；

③ 观察脚蹬装置和前轮转弯手轮；

④ 观察中央操纵台上的减速板手柄、襟翼收放手柄和水平安定面配平轮、停留刹车手柄的形状和标识；

⑤ 观察多功能控制显示器 MCDU 上屏幕的状态区、标题区、页码区，周边的行选键、功能方式键、执行键等。观察前电子面板和后电子面板上的各类操控器的形状、标识；

⑥ 观察飞行员仪表板上的各类旋钮、观察起落架收放手柄的形状和使用方法；

⑦ 观察遮光板上的 EFIS 控制面板和模式控制面板上的各类旋钮的排布方式和形状；

⑧ 观察头顶板上各系统控制面板的位置和控制器的排布方式，注意拨钮、按钮和旋钮的设计，注意带保护罩的控制器，其保护罩的设计。

⑨ 观察防火系统的灭火控制装置的设计（灭火控制装置的设计，波音和空客的设计差异较大）；

⑩ 分别坐在正驾驶位和副驾驶位，检查操控器件的可达性，特别是正副驾驶共用的操控件的可达性。

2. 在模拟驾驶舱进行模拟飞行实验

可通过在模拟驾驶舱进行模拟飞行实验,如模拟冷舱启动,做五边进近飞行等,进一步熟悉驾驶舱各类操控装置所处位置和使用方法。试飞过程中佩戴眼动追踪装置,收集相关眼动数据和操纵过程的视频数据,将头顶板、遮光板、正副驾驶仪表板、中央操纵台、多功能控制显示器、前后电子面板等操纵器控制面板划分为不同的兴趣区,统计飞行过程中注视点落在这些操控器的位置和注视时间,统计各区域的操控器的使用起止时间,使用频率,验证是否满足 25.1302 条款中操控装置应"以明确的、毫不含糊的方式提供,且具有适合于任务的分辨率和精准度";"对于飞行机组方便可用,且与任务的紧迫性、频率和持续时间一致"这两条内容。

如果有触摸屏式的飞行模拟器(如头顶板等面板为触控屏),则观察和尝试点击各面板上的触控键进行操纵,感受触控技术在驾驶舱实际操作中的优缺点。

【本章案例研究】

控制器不便正副驾驶交互监察引发的空难事故分析
——法航 447 号航班坠入深海事故

2009 年 6 月 1 日,一架由巴西里约热内卢飞往法国巴黎的法航 AF447 航班在大西洋上空坠落,机上 216 名乘客以及 12 名机组人员全数罹难,是近年来发生的一起最神秘的空难事故。AF447 航班所采用的空客 A330 型客机有非常先进的自动驾驶设备,而且飞机在失事前几分钟与控制中心几无联系,不知不觉就失踪坠毁。两年后才在 4 000 米以下的深海中找到失事飞机残骸。

通过解析 AF447 的飞行记录仪(Flight Data Recorder,FDR)和驾驶舱语音记录仪(Cockpit Voice Recorder,CVR),其事故经过的大致如下:

进入风暴区前,资深副驾驶进入驾驶舱,坐在左座,替换机长出去休息。不久右座副驾驶注意到气象雷达设置不正确,重新调整后发现风暴的强度比预想要强得多而且很难避让。此时机外温度异常高,这表明空气对流程度极其剧烈,造成飞机爬升性能下降,不足以上升到更高的高度。

其后空速管遭遇暴风冻结,自动驾驶仪脱开。右座副驾驶接管了飞机的控制,并立即拉杆爬升(尽管爬升性能不足)。失速警报在右座拉杆不久就被触发,但两人都未作出任何回应。左座一度曾注意到速度变化,并提醒右座注意,右座答应下降,但事实上仍在拉杆爬升。

很快,一个空速管恢复了工作,机组开始得到正确的空速信息。左座多次要求下降,右座减小了拉杆力,飞机空速逐渐恢复,但仍在缓慢拉升。失速警报解除,但右座仍保持拉杆。

飞机完全恢复操控之后,右座再次增大拉杆,重新触发失速警报。尽管右座试图拉到正常的复飞姿态,但此时发动机、机翼效能已不足继续爬升,飞机在达到最大高度后开始下降。左座也对飞机的反应莫名其妙,因为他根本了解不到右座的操纵输入。左座重新接管飞机之后,仍然忽视了一直在响的失速警报,继续拉杆,而飞机此时已经失速,转为高速下坠。

空速管失效险情出现 1 分半钟后,机长回到驾驶舱。但他选择了坐在后面观察指导,而不是回到左座接管。飞机继续下坠,由于没有实际操控,机长不知道有人仍在拉杆,也没有想到去问这个初级问题,就更无法理解仪表的异常读数了。失速警报一度短暂解除。三人简单讨论了当前情况,但没有一人提到失速的可能,尽管失速警报几乎一直在响。但讨论的结果是最终认识到飞机的确是在高速下坠。

就在飞机接近 10 000 英尺高度时,左座副驾驶试图接管操纵,做出推杆输入。但此时右座仍在拉杆,左座的输入结果只是抵消掉右座输入,飞机仍然处于机首上仰的姿态。右座终于说出了事情的真相:"我们一直在拉杆!为什么还会这样?"机长立即指示:"不行!不能爬升!"左座命令下降并让右座放弃控制,右座照办后,左座终于压低机头,飞机开始增速,但仍在下坠中。飞机在离地面约 2 000 英尺左右时,近地警报响起,右座在无申明的情况下再次拉杆。机长命令不能爬升,话音刚落,飞机以机头略微上仰的姿态直接砸向大海。

事故原因分析:

空速管冻结自动驾驶脱开后,由于右座飞行员始终想爬升到积雨云团上方,所以一直在拉杆飞行;飞行员过渡的依赖自动驾驶设备,其后未注意到备用控制律下是没有失速保护功能的,同时,在空速指示失真的情况下,PF 飞行员一直将侧杆后拉试图紧跟错误的飞行指引,造成飞机一直处于爬升状态,由于失速和超速都会引起抖振,对失速警告的真实可靠性缺乏理解,担心超速,最终导致 PF 实施了一系列混乱而相互矛盾的机动动作,而其他两位飞行员,由于是在夜间仪表出现问题不可信的情况下,没有发现 PF 的操作失误,使情形恶化,酿成空难。

事后,空难最后调查报告将事故责任归结为:"皮托管结冰使飞机未能侦测空速,自动驾驶自动关闭,驾驶员错误操作导致失速,最后酿成空难"。

多篇参考文献提出这一事故与侧杆设计缺陷有关。被动侧杆虽然操纵轻巧省力,但关键时刻可能引起驾驶员"感觉匮乏",因此造成操纵过快、过量或难以及时做出修正,同时,侧杆的最大设计缺陷在于其主/副驾操纵交互感知性不佳,增加了人为差错出现的概率。通过 FA447 的悲剧,人们认识到民机设计中被动侧杆的缺点,由于无法实现左、右侧杆的联动,因此,一名飞行员无法即刻明白另外一方的操作意图,除非他要很努力的去看对方在驾驶舱另一侧的操纵台上的操纵。

目前,世界上的先进系统制造商如 Honeywell、BAE 等公司已提出了较为成熟的主动侧杆技术,甚至已经应用于部分取证机型。这些更为先进的人-机交互的先进技术的应用,将避免 AF447 悲剧的再次发生。

复习思考题

7-1　驾驶舱控制器可按哪些方式进行分类?

7-2 控制器的编码涉及哪些方面？最有效的编码方式是什么？

7-3 操纵件防止操纵差错的设计要求有哪些？

7-4 拨钮的设计应注意哪些细节？

7-5 为什么设计过程中要考虑是否带手套和使用的是否是非惯常手？

7-6 什么是控制-显示比？什么是控制-显示的空间相合性？什么是控制-显示的运动相合性？

7-7 与中央操纵杆/盘机构相比，侧杆有何特点？

7-8 什么是被动侧杆技术？什么是主动侧杆技术？关注国产 C919 的侧杆设计特点。

7-9 典型的运输类飞机驾驶舱有哪些区域装有控制件？试述它们的用途、使用频率和布局特点。

7-10 与驾驶舱操控器人因设计相关的主要审定条款有哪些？

7-11 与驾驶舱操控器人因设计相关的主要符合性依据有哪些？

7-12 与驾驶舱操控器人因设计相关的 SAE AS 和 SAE APR 有哪些？

7-13 根据驾驶舱操控件的人因设计条款和符合性依据，寻找相关的适航符合性验证实例。

7-14 操控器件功能矩阵表是如何组织信息的？它的主要用处是什么？

7-15 多功能操控器件的人因设计特点有哪些？

7-16 对光标操控装置的人因设计有哪些要求？

7-17 试述触控技术的特点，并分析将触控技术引入驾驶舱，可能会出现什么人-机工效学问题？

7-18 试述菜单和导航的设计要求。

7-19 试述语音识别和语音动作的特点和应用场合。

7-20 收集有关驾驶舱操控器设计缺陷或人-自动化界面设计缺陷导致的事故案例，并运用相关的人因设计准则和审定条款与依据进行分析。

参考文献

[1] 刘卫华,冯诗愚. 现代人-机-环境系统工程[M]. 北京:北京航空航天大学出版社,2009.

[2] 杨宏,李哲. ARP4102 标准的应用研究[C]. 上海:2010 中国制导、导航与控制学术会议, 2010,10.

[3] 钱进. 运输类飞机驾驶舱人为因素设计评估指南[M]. 上海:上海交通大学出版社,2016.

[4] 田钢,步尧,曾先林. A380 驾驶舱空间人因工程设计原理逆向分析[J]. 中国民用航空,2013,5: 59-63.

[5] 揭裕文,朱亮,郑戈源,等. 民用飞机驾驶舱人为因素适航验证导论[M]. 北京:北京航空航天大学出版社,2017.

[6] FAA. Installed systems and equipment for use by the flight crew [S]. FAR 25.1302, Doc. No. FAA 2010 1175, 78 FR 25846, WashingtonD. C. : Federal Aviation Administration,

2013. 5.

[7] FAA, Installed Systems and Equipment for Use by the Flight crew [S]. FAA AC25. 1302 - 1, Washington D. C. ：Federal Aviation Administration，2013.

[8] FAA. Controls for Flight Deck Systems[S]. FAA AC 20 175，Washington D. C. ：Federal Aviation Administration，2011.

[9] Society of Automotive Engineers. Flight Deck Panels, Controls and Displays [R]. SAE ARP4102, SAE MOBILUS, SAE Aerospace，2007. 07.

[10] Mark S. Sanders，Ernest J. McCormick. 工程和设计中的人因学[M]. 于瑞峰，卢岚译. 北京：清华大学出版社，2009.

[11] 龙江，刘峰，张中波. 现代飞机结构与系统[M]. 西安：西北工业大学出版社，2017.

[12] Airbus Customer Service. A350 900 Flight Deck and Systems Briefing for Pilots [G]. Toulouse，Airbus. 2013.

[13] 舒秀丽，王黎静，何雪丽，等. 民机驾驶舱中触摸屏设备应用的工效学探讨[J]. 航空工程进展，2016，2：112-119.

[14] 徐潋，王华伟，王祥. 航空事故人为因素多模型集成分析与控制策略[J]. 航空计算技术，46（1）：90-94.

[15] 李林，王镭. 采用被动侧杆的民机设计中的人为因素考虑[J]. 2012，105(2)：67-69.

[16] 刘世前，卢正人，梁青祥龙，等. 基于主动侧杆技术的人在回路系统建模与多模态引导控制[C]. Proceedings of 2016 IEEE Chinese Guidance, Navigation and Control Conference，August 12-14, 2016 Nanjing, China：2973-2976.

[17] 空中浩劫 Air France 447：Vanished(法国航空 447 号班机)(纪录片)[Z]. 加拿大：Cineflix 公司，2012，第 12 季.

第8章 最小飞行机组评估与审定

本章将主要介绍最小飞行机组的适航审定要求;机组工作负荷的预测分析和测量方法;以及最小飞行机组的适航符合性验证方法。

8.1 最小飞行机组适航审定要求

8.1.1 飞行机组人员搭配的演化历程

飞行机组的搭配经历了单人制、多人制、双人制的演化。

早期的飞机或通航飞机常是单座机,单人制飞机一旦发生意外情况,完全靠一名飞行员处置,与双座或多座机相比,其人员设计的安全余度小,如出现飞行员失能的情况,将发生飞行事故。

在机械式仪表和机电式仪表时代,多人驾驶飞机成了保证飞行安全最重要的一个手段。在很长一段时间内,5人制驾驶舱一度盛行,数量庞大的老式显控装置和复杂的操作程序,使机长、副驾驶、领航员、机械员、报务员缺一不可。如波音 B707 的驾驶舱,前方是正副驾驶员,右侧是机械员,左侧是领航员,中间位置是报务员。在 5人制机组时代,机组是个庞大的团队,以北京-纽约航线的波音 B747 - 200 客机为例,长航线配备两套机组,加上飞行学员,总共可达 12 个机组成员。

进入玻璃驾驶舱时代后,随着驾驶舱自动化程度的提高,飞行机组减至双人制。飞行员从以操纵为主转变为以监控为主,但其整个飞行过程中脑力负荷水平的不均匀性也大增,如起降过程需要同时监控多个显示控制装置,需要飞行员的大脑进行并行信息处理;在紧急情况下,可能会出现工作负荷超出飞行员的能力极限的情况;而到了正常的巡航高度,工作负荷又偏小,容易造成飞行员的注意力涣散。因此,对飞行员的工作量负荷的评估就显得尤为重要。

8.1.2 最小飞行机组适航审定条款的由来和内容

早期的最小飞行机组人员数量的确定,是按照飞机的质量来要求的,且出现在运营规章条款中。运营规章和审定规章在此问题上的标准并不一致。当时运营条款要求在运行的最大审定起飞质量超过 80 000 lb 的飞机上需配备具有合格资质的随机工程师,并在当局方认为必要时进一步要求,在运行的最大审定起飞质量超过 30 000 lb 的 4 发飞机上,也应配备具有合格资质的随机工程师。其后在修正案 25 - 3 中,修订了 25.1523 条并在 FAR25 部中,新增了附录 D。随着大型运输类飞机驾驶舱设计趋于简洁和自动化,驾驶舱内的工作负荷可在相当程度上减轻,对最小飞行机组的要求也在保证安全的前提下得以减少。因此,只依据飞机审定质量来确定是否配备随机工程师是不切实际的,同时对提高安全性也没有实质性帮助。局方认为规章应允许依据对特定飞机驾驶舱环境下机组成员工作负荷的分析和评估来确定最小机组。

1. 条款内容

第 25.1523 条　最小飞行机组

必须考虑下列因素来规定最小飞行机组,使其足以保证安全运行:

(a) 每个机组成员的工作量;

(b) 有关机组成员对必需的操纵器件的可达性和操作简易性;

(c) 按第 25.1525 条所核准的运行类型。

附录 D 阐述了按本条要求确定最小飞行机组时采用的准则。

第 25.1523 条　最小飞行机组　附录 D

确定最小飞行机组的准则 适航当局在决定第 25.1523 条所述的最小飞行机组时,考虑下列因素:

(a) **基本工作职能**　考虑下列基本工作职能:

(1) 飞行航迹控制;

(2) 防撞;

(3) 导航;

(4) 通讯;

(5) 飞机发动机和系统的操作和监控;

(6) 指挥决策。

(b) **工作量因素**　为确定最小飞行机组而分析和验证工作量时,主要考虑下列工作量因素:

(1) 对所有必需的飞行、动力装置和设备操纵器件(包括燃油应急切断阀、电气控制器件、电子控制器件、增压系统操纵器件和发动机操纵器件)进行操作的可达性和简便程度;

(2) 所有必需的仪表和故障警告装置(例如火警、电气系统故障和其他故障的指示器或告戒指示器)的可达性和醒目程度。并考虑这些仪表或装置引导进行适当纠正的程度;

(3) 操作程序的数量、紧迫性和复杂性。特别要考虑由于重心、结构或其他适航性的原因而强制采用的专用燃油管理程序,以及发动机自始至终依靠单一油箱或油源(其他油箱如果贮有燃油,则自动向该油箱或油源输油)供油而运转的能力;

(4) 在正常操作以及判断、应付故障和应急情况时消耗精力和体力的大小和持续时间;

(5) 在航路飞行中,需对燃油、液压、增压、电气、电子、除冰和其他系统进行监控的程度;

（6）需要机组成员离开原定工作岗位才能完成的动作，包括：查看飞机的系统、应急操作操纵器件和处理任何隔舱的应急情况；

（7）飞机系统的自动化程度，自动化是指系统在发生故障或失效后，能自动切断、自动隔离由此引起的障碍，从而减少飞行机组为防止丧失能源（飞行操纵系统或其他主要系统的液压源、电源）所需的动作；

（8）通讯和导航的工作量；

（9）由于任一应急情况可导致其他应急情况而增加工作量的可能性；

（10）当适用的营运规则要求至少由两名驾驶员组成最小飞行机组时，一名机组成员因故不能工作。

（c）**核准的运行类型**　　确定核准的运行类型时，要求考虑飞机运行所依据的营运规则。除非申请人要求批准更为局限的运行类型，假定按本部获得合格证的飞机均在仪表飞行规则条件下运行。

2.实施 25.1523 条款的各个顺序阶段及参与人

表 8.1 摘自 AC25.1523 的附录 A，列出了实施 25.1523 条款验证的各个顺序阶段。由此顺序表可知，对 25.1523“最小飞行机组”的合格审定，是在原型机设计计划一始便开始进行了，各阶段的参与人主要有制造厂商、局方、和客户航空公司。

表 8.1　实施 25.1523 条款的各个顺序阶段

序　号	具体工作	时间节点	参与者
1.	向 FAA 介绍驾驶舱设计特征	原型机设计计划一始	制造厂商
2.	确定最小飞行机组审查工作类别，属于新型号？后续产品？更改？	原型机设计开始前	FAA、制造厂商（负次要责任）
3.	制定全面的合格审定计划	在确定最小飞行机组审查工作类别后	制造厂商
4.	驾驶舱最终设计	在完成必要的设计研究和市场分析后	制造厂商
5.	审查申请人的计划，确定存在问题	首次 TCB 会议	FAA、制造厂商
6.	对申请人解决机组工作量所存在的问题的情况进行审查，并确定需解决的其他问题。	FAA 收到解决问题的情况的报告后	FAA
7.	按计划进行研究、模拟和分析	合格审定前	FAA、制造厂商
8.	制定初步的主最低限度设备清单和飞行手册	进行 §25.1523 条飞行试验之前	FAA、制造厂商
9.	为演示验证符合 §25.1523 条制订详细试验计划	进行 §25.1523 条飞行试验之前	制造厂商、FAA（负次要责任）
10.	决定飞行试验的相关计划要求	完成地面研究检查之后	FAA
11.	实施飞行试验	根据试验计划	制造厂商/FAA

客户航空公司是否参与所有驾驶舱评定阶段，完全由制造厂商负责。不过制造厂商与客户之间，自项目开始至整个飞机交付阶段，直至飞机完成其服役寿命，都会保持不间断的咨询协调。

8.2　机组工作负荷的预测方法和测量方法简介

在 25.1523 条款中，需考虑每个机组成员的工作量。飞行员的工作负荷由体力负荷和脑力负荷组成。目前，配备有高度自动化综合航电设施的大型民用运输机的飞行员，主要是做为驾驶舱的监控者在工作，因此，对其脑力负荷的测量和评估，是重点研究内容。

8.2.1　机组工作负荷的预测方法

对人机系统中作业人员的脑力负荷进行事前分析，是应用于早期系统设计的一项关键性技术，其通常不考虑人在环。因为这种方法既可以用于脑力负荷的预测，也可以用于脑力负荷的评价，所以在脑力负荷的研究方法中具有举足轻重的地位。常用的脑力负荷分析技术包括方案对比、专家意见、数学建模、任务分析和计算机仿真。

欧美发达国家在过去的几十年内耗费了大量的人力、物力用于研究脑力负荷的测量问题，但这些测量方法多属于事后测量，即在系统建立后才能应用于人机系统的性能评价。这种方法的缺陷在于发现设计问题较晚，需要在人机系统建立之后才能开始考察作业人员的脑力负荷状态，如果一旦发现作业人员的脑力负荷水平不适合而需要对人机系统进行修改时，必将耗费大量成本甚至难以完成。一个典型的情况是，研究人员常常需要从飞行员脑力负荷要求的角度出发，对新的设计理念与现有设计进行对比，以确保在新的设计理念下，对飞行员脑力负荷的要求适当或有进一步的改善。因此，在系统被制造出来之前，根据设计方案对系统可能给作业人员带来的脑力负荷进行预测就显得十分必要。

目前预测脑力负荷所采用的方法有很多，这里对波音公司的方法、McCracken - Aldrich 的方法和 AC25.1523 里推荐的时间线分析法做简单介绍。前两者为飞机和直升机的最小机组设定提供了一定的依据。

1. 波音公司的方法

波音公司在这方面的研究，在 20 世纪 50 年代就开始了。波音公司的研究人员 Hickey 首先提出了用时间研究的方法分析人的业绩的可能性问题。随后，Stern 等人把这种方法扩展到用作业人员的能力和剩余的能力来估算人的负荷比例。他们在作脑力负荷的估计时，也考虑到同时执行两项以上的任务和体力方面的影响。他们随意地把 80% 作为脑力负荷的上限，这样使作业人员能有一点剩余的能力（时间），这点能力也可以用来检查自己的错误等。

在与上面的研究人员同时进行的研究中，波音公司的 Smith 提出以时间占有率作为负荷比例。时间占有率是完成所需要的时间与给出的完成任务时间之比。为了避免时间过长所产生的平均效应,给出的时间被分成许多很短的时段(6～10 s),允许操作人员的某些部位同时工作。例如左手和右手可以同时工作,眼睛运动时人也可以作出反应等。Smith 在完善他的模型时,又考虑了认知性的任务。因为在模拟飞行和飞行的录像中他发现,驾驶员的眼睛移动之后有一段时间,驾驶员没有可看得见的反应,但从随后的行动可以判断在这段没有行动的时间内,驾驶员在做思考和决策,Smith 也给出了认知大约需要多长时间。当根据时间计算出的负荷比例达到80%以上时,驾驶员开始忽略比较次要的工作。

上述脑力负荷的指标是很有用的。首先,给出了判断和解决脑力负荷问题的基础。其次,这个指标可以用来比较各种不同设计方案的优越性。最后,这些数据也可以用来帮助发现其他与脑力负荷相关的问题,比如需要的人员数量,对人员需要进行的培训程度等。这种方法的主要问题是太费时。每当设计内容或方案发生改变时,都需要重新对工作进行分析,对计算程序进行修改。另外,这个模型对认知性任务、可同时进行的工作和比较复杂的工作的处理都比较粗糙。尽管有这些问题,但这个模型仍然是在设计中应用得最成功的一个模型。例如,DC－9 飞机的设计和使用中,Boeing 公司的工程技术人员就采用该模型所提供的方法,对由两个飞行员驾驶飞机的脑力负荷是否过高这一问题进行了评价,并取得良好效果。

2. McCracken－Aldrich 的脑力负荷预测方法

McCracken－Aldrich 等人开发的脑力负荷预测方法与前面提出的方法有些相似,但又增加了新的内容。该种方法分为 4 个阶段。

① 工作分析阶段。在这个阶段把作业人员在系统中应该完成的任务逐级进行分解,即系统-使命-阶段使命-功能-任务-行为-人的工作部位。例如,某个系统有 5个不同使命,其中某种使命可分为 12 个功能、32 个任务。这些任务是通过人的行动来完成的,完成每项任务需要用人的不同部位。

② 估计每项任务所需时间。一般把任务分为连续性任务和间断性任务两大类。间断性任务用肉眼可以看到,有起点和终点,时间比较容易测量。连续性任务确定比较困难,一般由专家意见确定。

③ 确定人的各部位被占情况。根据 Wicknes 的多资源(运动)理论,人的不同部位是可以同时完成不同任务的。人的工作系统分为感觉、认知、反应 3 个子系统,感觉系统又可分为视觉、听觉两个子系统。因此,人的工作系统被分为 4 种可以同时工作的子系统。不同子系统工作内容不同,脑力负荷不同。为解决此类问题,McCracken－Aldrich 等人把子系统的脑力劳动负荷定为 0～7 之间,表 8.2 给出了 McCracken－Aldrich 模型中视觉/听觉/认知/运动等项的负荷值和描述。表中数值是根据专家调查获得的。

表 8.2　McCracken - Aldrich 模型中视觉/听觉/认知/运动负荷值和描述

负荷值	视觉尺度描述	负荷值	听觉尺度描述
0.0	无视觉活动	0.0	无听觉活动
1.0	看到物体	1.0	听到声音
3.7	区别看到的物体	2.0	通常状态下朝向声源
4.0	检查	4.2	有选择地朝向声源
5.0	寻找	4.3	探测到预期发声
5.4	追踪视觉目标	4.9	解释语义内容
5.9	阅读	6.6	区分声音特征
7.0	不停地观察	7.0	解释声音模式
负荷值	认知尺度描述	负荷值	运动尺度描述
0.0	无认知活动	0.0	无运动活动
1.0	自动化(简单联想)	1.0	讲话
1.2	选择	2.2	不连续驱动(按钮、切换器、触发器)
3.7	标志/信号识别	2.6	连续调控
4.6	对单一方面的评价/判断	4.6	手动操纵
5.3	编码/解码记忆	4.9	不连续调控(旋转、杠杆)
6.8	对若干方面的评价/判断	6.5	生成符号(书写)
7.0	估计、计算、转换	7.0	不连续串行操作(键盘输入)

操作人员在工作时的脑负荷就是操作人员的 4 个子系统在某个时刻所承受的负荷之和。例如,如果操作人员在阅读指示(负荷为 5.9)的同时还要进行按键(负荷为 2.2),则脑力负荷为 5.9+2.2＝8.1,计算结果超出 8,认为脑力承担了比较重的负荷。

他们用这种方法比较了直升飞机由一个人操作和由两个人操作的脑负荷。当只有一个飞行员时,脑力负荷过度情形出现 263 次,当有一个飞行员和一个辅助人员时,脑力负荷过度情况出现 43 次。显然,这种预测方法对系统设计人员非常有用。

McCracken - Aldrich 模型也存在一定问题,该模型还没有接受实践检验,系统的负荷值为专家的主观值,在一定程度上影响了结果的客观性。另外,负荷的计算是各子系统负荷系统的简单相加,把 8 确定为脑力负荷过度的判断标准还缺乏科学的根据等。尽管如此,McCracken - Aldrich 的脑力负荷预测方法沿用了时间研究的方法,并将多资源理论融入模型,是一个创新。

3. 时间线分析与预测(Timeline Analysis and Prediction,TLAP)负荷方法

时间线分析(Time - Line Analysis)是指利用作业时间数据进行工作评价的技术,常用于心理负荷的评估。时间线分析与预测(Timeline Analysis and Prediction,TLAP)负荷方法,被认为是一种简单易行的、成熟的脑力负荷评价方法,其对于大致估算脑力负荷量非常实用。时间负荷概念很容易被直观地理解为所需时间与可用时间的比,也就是 T_R/T_A(Time Required/Time Available)。

其基本假设是,特定作业的工作负荷水平与从事该作业花费的时间(一般以线段长度表示)在总时间中所占的百分比有关。若某一作业由 3 个工作单元组成,它们在特定时间段(L)内占用的时间分别为 A、B、C,则该时间段内作业的负荷为 $r = \dfrac{(A+B+C)}{L} \times 100\%$。

如图 8.1 所示,通过详尽的任务分析可获得时间线,然后再计算出特定时间单元内(如 10 s)的工作负荷(用每个时间单元内不同任务的时间线的总长度除以时间单元长度),也就是这个时间单元内的 T_R/T_A 比值。图 8.1(b)是 5 个时间单元的比值。

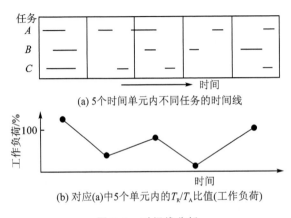

(a) 5个时间单元内不同任务的时间线

(b) 对应(a)中5个单元内的 T_R/T_A 比值(工作负荷)

图 8.1　时间线分析

通过时间线分析与预测,可以评估单独的正驾驶、副驾驶以及整个飞行机组的负荷情况。设计者建议,应该给突发情况提供一个有剩余能力的余地,有证据表明,当 T_R/T_A 比值大于 0.8 时,人为失误的概率将大大增加,因此,应尽可能在时间线分析的基础上,创建一个工作负荷低于 0.8 的工作环境。对于负荷超载或包含峰值负荷的时间单元(T_R/T_A 比值大于 1.0),即可将其定义为潜在的单通道信息处理瓶颈,在这种情况下,需要考虑将部分任务重新分配(延迟、放弃等)或进行自动化处理。

8.2.2　机组工作负荷的测量方法

工作负荷的测量方法主要有:主观测量法、绩效测量法、生理机能测量法等。主观测量法基于被试者的主观体验,主观测量法的原理在于假设:增加的人力付出与可察觉的努力有关,并且人力付出可以被个人以适当方式评估出来。绩效测量法的原理在于假设:任务难度的任何增长,将导致操作要求的增长,从而降低操作员的绩效。生理机能测量法的原理在于假设:可以通过测量操作者对所分配的工作任务产生的不同生理反应来评估其工作负荷。

1. 主观测量法

主观量表可以分为一维量表、多维量表和分级量表。一维量表只能测量一维的事物并给出工作负荷的整体评价,而不能提供关于工作负荷来源的诊断性信息,常用作最初的筛选工作;多维量表有几个分量表,可以得到诊断性信息,缺点是维数越多分级越困难,因为分级可能干扰主要任务。分级量表的优点是通过分层次决策程序一步一步做出来,它使得评估过程变得更容易,缺点是没有给出诊断性信息。

以下介绍三种常见的脑力负荷测量主观评定方法:Bedford 主观评定量表法、主观负荷评价技术、NASA - TLX 主观评价法。

(1) Bedford 主观评定量表法

Bedford 量表来自于 Ellis 和 Roscoe 的 Cooper - Harper(CH)量表,并且使用与(CH)量表相同的决策树方法。Bedford 主观评定量表法是一个 1～10 评分等级的工作负荷量表,用以评价飞行员当前的工作负荷,如图 8.2 所示。飞行员通过回答一系列的"是"和"否",最终获得相对应的 Bedford 主观评分等级。Bedford 评分等级分成 4 类,其中评分等级 1～3 表示飞行员满意当前的工作负荷;评分等级 4～6 表示飞行员能够忍受当前的工作负荷,但能够完成当前的任务;评分等级 7～9 意味着飞行

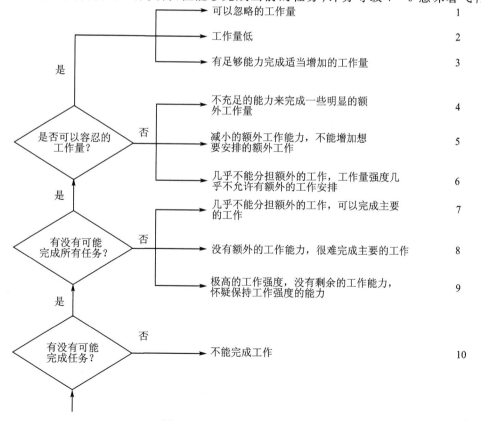

图 8.2　Bedford 主观评定量表

员不能够忍受当前的工作负荷,他们不确定在当前的工作负荷条件中能否顺利的完成任务,除非工作负荷减少;评分等级 10 表示工作负荷过高,即使飞行员付出全部的努力也不可能完成任务。

飞行员需要记住不同的工作负荷等级的含义,以便在飞行过程中提供相应的工作负荷值。该方法简单,也能很好的用于向缺少经验的人解释测试结果。在通常情况下,会在试验开始之前、经过航路点后、完成检查单后,以及着陆完成这样类似的时间点进行 Bedford 评分等级询问。

Bedford 主观评定量表法虽然能够及时的反映飞行员的工作负荷,但是却有可能对正在进行的任务构成干扰,从而影响飞行绩效。

(2) 主观负荷评价技术(SWAT)

主观负荷评价法(Subjective Workload Assessment Technique,SWAT 法)是美国空军开发,由 Reid 等人建立的。在开发 SWAT 时,Reid 等人对脑力影响因素进行了系统的调查,经过必要的归纳和整理,认为脑力负荷可以看作是时间负荷、压力负荷和努力程度等 3 个要素的结合。SWAT 描述的变量及水平如表 8.3 所列。SWAT 量表由 3 个条目组成,即时间负荷(Time Load ,T)、努力负荷(Effort Load,E)、心理紧张负荷(Psychological Stress load ,S)。其中,时间负荷反映了人们执行任务过程中可用的空闲时间的多少;努力负荷反映了执行任务需要付出多大的努力;心理紧张负荷测量的是执行任务过程中产生的焦虑、不称心、思绪混乱等心理状态表现的程度。每一条目均分为轻、中、重 3 个等级,量表对每个条目的各等级都有详细的文字说明。

表 8.3　SWAT 描述的变量及水平

	时间负荷	努力程度	压力负荷
1	经常有空余时间,工作之间各项活动之间很少有冲突或相互干扰的情况	很少意识到心理努力,活动几乎是自动的,很少或不需要注意力	很少出现慌乱、危险、挫折或焦虑,工作较容易适应
2	偶尔有空余时间,各项活动之间经常出现冲突或相互干扰	需要一定的努力或集中注意力。由于不确定性,不可预见性或对工作任务不熟悉,使工作中有些复杂,需要一定的注意力	由于慌乱、挫折和焦虑而产生中等程度的压力,增加了负荷。为了保持适当的业绩,需要相当的努力
3	几乎从未有空余时间,各项活动之间冲突不断	需要十分努力和聚精会神。工作内容十分复杂,要求集中注意力	由于慌乱、挫折和焦虑而产生相当高的压力,需要极高的自我控制能力和坚定性

这种方法的 3 个因素及每个因素的 3 个状态,共形成 $3 \times 3 \times 3 = 27$ 个脑力负荷水平。这 27 个脑力负荷水平被定义为在 0~100 之间。显然,当 3 个因素都为 1 时,其脑力负荷对应的水平为 0;当 3 个因素都为 3 时,其对应的脑力负荷水平为 100。

采用 SWAT 量表进行脑力负荷评价分两个步骤。

首先,研究者根据这 27 种组合制成 27 张卡片,要求被试者在对脑力负荷进行评价之前,先对这 27 张卡片所代表的负荷,根据他们自己的感觉从小到大进行排序,根据被试者的排序情况来确定 3 个条目对其总脑力负荷的贡献大小(即重要性)。为此,根据每个条目的相对重要性,形成了 6 个理论上的排序组,见表 8.4。如 TES 组代表受试者认为时间负荷最重要,努力负荷次之,而心理紧张负荷重要性最小。其余各组意义类推,表中列出了这 6 组 27 张卡片的理论排序。评价时,将各被试者的排序与 6 个理论排序进行 spearman 相关分析,根据相关系数的大小确定被试者的相应组别。

表 8.4　SWAT 量表的分组及其评分标准

得分值	组别																	
	TES			TSE			ETS			EST			STE			SET		
1	1	1	1	1	1	1	1	1	1	1	1	1	1	1	1	1	1	1
2	1	1	2	1	2	1	1	1	2	2	1	1	1	2	1	2	1	1
3	1	1	3	1	3	1	1	1	3	3	1	1	1	3	1	3	1	1
4	1	2	1	1	1	2	2	1	1	1	1	2	2	1	1	1	2	1
5	1	2	2	1	2	2	2	1	2	2	1	2	2	2	1	2	2	1
6	1	2	3	1	3	2	2	1	3	3	1	2	2	3	1	3	2	1
7	1	3	1	1	1	3	3	1	1	1	1	3	3	1	1	1	3	1
8	1	3	2	1	2	3	3	1	2	2	1	3	3	2	1	2	3	1
9	1	3	3	1	3	3	3	1	3	3	1	3	3	3	1	3	3	1
10	2	1	1	2	1	1	1	2	1	1	2	1	1	1	2	1	1	2
11	2	1	2	2	2	1	1	2	2	2	2	1	1	2	2	2	1	2
12	2	1	3	2	3	1	1	2	3	3	2	1	1	3	2	3	1	2
13	2	2	1	2	1	2	2	2	1	1	2	2	2	1	2	1	2	2
14	2	2	2	2	2	2	2	2	2	2	2	2	2	2	2	2	2	2
15	2	2	3	2	3	2	2	2	3	3	2	2	2	3	2	3	2	2
16	2	3	1	2	1	3	3	2	1	1	2	3	3	1	2	1	3	2
17	2	3	2	2	2	3	3	2	2	2	2	3	3	2	2	2	3	2
18	2	3	3	2	3	3	3	2	3	3	2	3	3	3	2	3	3	2
19	3	1	1	3	1	1	1	3	1	1	3	1	1	1	3	1	1	3
20	3	1	2	3	2	1	1	3	2	2	3	1	1	2	3	2	1	3
21	3	1	3	3	3	1	1	3	3	3	3	1	1	3	3	3	1	3
22	3	2	1	3	1	2	2	3	1	1	3	2	2	1	3	1	2	3
23	3	2	2	3	2	2	2	3	2	2	3	2	2	2	3	2	2	3
24	3	2	3	3	3	2	2	3	3	3	3	2	2	3	3	3	2	3
25	3	3	1	3	1	3	3	3	1	1	3	3	3	1	3	1	3	3
26	3	3	2	3	2	3	3	3	2	2	3	3	3	2	3	2	3	3
27	3	3	3	3	3	3	3	3	3	3	3	3	3	3	3	3	3	3

其次,为事件评分阶段,即让被试者根据自己执行任务的情况,在 3 个条目中选出与自己相符的相应水平,研究者根据其选择结果,结合第一阶段的归组,从表 8.4 中相应的组别中查出其脑力负荷的分值,并换算成 0~100 分,作为被试者脑力负荷的评价值。分值越大,表示脑力负荷越大。因此,用该法进行脑力负荷评价是一个比较费时的过程。

(3) NASA - TLX 主观评价法

NASA - TLX(National Aeronautics and Space Administration - Task Load Index)主观评价法是美国航空和宇航局下属 AMES 研究中心的 Hart 等人建立起来的。对飞行员进行调查发现,脑力负荷来自许多不同的方面。Hart 等从中找出脑力负荷的影响因素。经过大量调查研究之后,确定了 6 个影响脑力负荷的因素。分别为脑力需求、体力需求、时间需求、操作业绩、努力程度和受挫折程度,如表 8.5 所列。

表 8.5　NASA - TLX 中的脑力负荷因素

脑力负荷的影响因素	各个因素的定义
脑力需求	需要多少脑力或知觉方面的活动(即思考、决策、计算、记忆、寻找);这项工作是简单还是复杂,容易还是要求很高,明确还是容易忘记
体力需求	需求多少体力类型的活动(拉、推、转身、控制活动等);这项工作是容易还是要求很高,是快还是慢,悠闲还是费力
时间需求	由于工作的速度使你感到多大的时间压力;工作任务中的速度是快还是慢,是悠闲还是紧张
操作业绩	你认为你完成这些任务是多么成功;你对你自己的业绩的满意程度如何
努力程度	在完成这项任务时,你(在脑力和体力上)付出了多大的努力
受挫折程度	在工作时,你感到是没有保障还是有保障,很泄气还是劲头很足,恼火还是满意,有压力还是放松

每个影响因素在脑力负荷形成中的权值不同,且随着情境的变化而显示出差异。NASA - TLX 法的使用过程分两步。

① 对六个因素进行两两比较,选出每对中相对重要的那项。如脑力需求和体力需求比较、脑力需求和时间需求比较、脑力需求和作业绩效比较、脑力需求和努力程度比较、脑力需求和受挫折程度比较;体力需求和时间需求比较、体力负荷和作业绩效比较等等,这样,六个因素两两比较总共能产生 15 对比较。统计各因素在两两比较中的相对重要次数,除以 15,就是该因素的权值。例如,假定脑力需求与其他五个因素两两相比都相对更为重要,则脑力需求的权值为 5/15=0.33。

② 针对实际操作情境,对 6 个因素的状况分别进行评定。NASA - TLX 主观评价方法要求作业人员在完成了某一项任务之后,根据脑力负荷的 6 个因素在 0~100 之间给出自己的评价。除业绩这一因素之外,其他 5 个因素都是感觉越高,给分值也

越高,而对业绩,感觉到自己的业绩越好,则所给的分值越低。只有当脑力负荷很低时,人的业绩才会好。这说明,人的业绩越好,脑力负荷越低(见图8.3)。

　　确定了各个因素的权值和评估值之后,就很容易计算出一项工作的脑力负荷,只需要进行加权平均就可以了。用这种方法,可计算和对比各项脑力负荷值的大小。

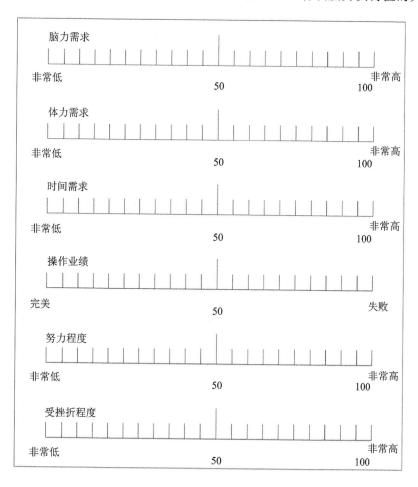

图 8.3　NASA - TLX 主观测量量表

2. 行为绩效测评法

　　人机系统的设计者们通常非常重视系统的绩效水平,有设计者甚至提出作业人员的脑力负荷测评之所以重要,是因为它关乎人机系统的整体绩效,因此,基于绩效的测评方法对于人机系统的设计者们而言有着不可忽视的价值。工作绩效测评法是以作业人员在执行工作时的表现作为脑力负荷的评价指标,其可反映出操作者在模拟实验环境或实际操作环境中执行任务的能力。工作绩效测评法一般分为主任务测评法和辅助任务测评法两类。假设作业人员在执行任务过程中,需要同时完成两项任务,但将其主要精力集中在其中一个任务上,则该任务称之为主任务,当作业人员有剩余精力时再做另一任务,则此任务称之为辅助任务。主、辅助任务之间的区分必须事先予以特别说明。

(1) 主任务测量法

主任务测评法通过作业人员执行主任务的工作绩效来反映其脑力负荷的轻重,可直接反映作业人员努力的结果,常被用来探测由于高负荷引起的作业中断。

主任务测评法的理论基础是:随着脑力负荷的增加,信息处理所需要的认知资源也相应增加,而认知资源本身的有限性将导致工作绩效质量的改变。

常用的主任务测评法的评价指标包括:完成作业的负荷量、速度、准确率、错误率等。其中,速度测量是测量作业人员执行一项任务时的反应时间(一般称为反应时)或完成数量的大小;准确率是测量工作人员完成任务的质量高低,也常常用完成任务的错误率加以代替。在过去的几十年中,与脑力负荷相关的研究大多依赖于对反应时和正确率等工效评价指标的测定,它们极大地促进了人机系统设计的发展。需要说明的是,在工效评价过程中,反应时和正确率有时是针对一项具体的操作任务所设定的,具有一定联合意义的工效评价指标,不可将两者割裂开来讨论。

(2) 辅助任务测量法

辅助任务测评法也称为次任务测评法,其采用双任务作业情境,通过测量作业人员完成辅助任务的工作绩效,来间接地反映主任务的脑力负荷的大小。辅助任务测评法是作业人员完成主任务时剩余能力的一个反映指标,即通过辅助任务的表现水平反映主任务尚未用到的能力。具体而言,采用辅助任务测评法时,要求作业人员同时完成主任务和辅助任务,作业人员需要理解主任务更为重要,无论辅助任务是否执行,作业人员必须尽最大能力完成主任务,而仅用自己的剩余能力来完成辅助任务。由于主任务和辅助任务需要竞争有限的处理资源,因此,当辅助任务能够或多或少地竞争到资源时,主任务要求的改变则会导致辅助任务绩效的改变。

辅助任务测评法把作业人员看成是有限能力的单通道信息处理器,其是在多任务分配、多资源理论等研究成果的基础上发展起来的。

由于辅助任务测评法测量的是作业人员剩余的信息处理能力,与主任务相比,辅助任务对任务难度的影响一般更加灵敏,因此曾经被认为是检测作业人员脑力负荷的一种敏感方法,特别是在预计的低负荷或中负荷的情况下。

辅助任务测评法最大的缺点,是在实施过程中可能对主任务产生干扰。当作业人员被要求同时完成两项任务时,除非主任务的要求很低或作业人员对辅助任务的注意力很低,否则辅助任务总是会对主任务产生干扰。相比于外部辅助任务,嵌入式辅助任务(例如当驾驶飞机时的无线电通信)是标准系统功能的一部分,能够减少外部辅助任务的主要缺点,(如妨碍主任务、操作人员接受程度低、高实施要求等)。

常用的辅助任务有记忆、数字计算、时间估计、追踪等,其中被认为效果较好的辅助任务是时间估计。

3. 生理测量法

生理测量法指通过测量作业人员的某些生理指标的变化,来反映其脑力负荷水平的改变。生理测量方法假设生理反应和作业任务相关,由于人的信息处理过程包含了中枢神经系统的活动,而中枢神经系统活动的生理学特征可进行客观的测量,因此生理测量法可以体现脑力负荷的水平。

常用的生理测评指标包括,眨眼、瞳孔直径、眼电图(Electro‐Oculogram EOG)、心率及其变异性、脑电活动、事件相关脑电位、脑地形图、脑磁图、磁共振成像、正电子发射扫描、呼吸、体液等。

与其他测评方法相比,生理测评法具有下述优点:生理测评指标具有客观性和实时性。生理测量技术一般有专门的设备和技术要求,对主任务有可控的侵入性。近年来软件技术和硬件技术的发展,使得生理数据的测量和分析变得容易,测量设备被设计成可穿戴式,尺寸大为减小,侵入性问题也越来越小。执行任务时,成套的测量设备能较为便捷地安置在操作者身上。并且大多测量系统既能够离线独立地进行数据处理,也能在线对数据进行处理。因此,生理测量法是日益受到重视的一类脑力负荷评定方法,对脑力负荷的评定起了非常重要的作用。

但同时生理测评法也同样面临不少质疑。首先,生理测评法的可靠性有待进一步确认。生理测评法假定脑力负荷的变化会引起某些生理指标的变化,但是其他许多与脑力负荷无关的因素也可能引起这些变化,因此由脑力负荷而引起的某一生理指标的变化会受其他因素影响导致放大或缩小。其次,生理测评法的另一个局限性在于不同的作业任务占用不同的脑力资源,因而会产生不同的生理反应,一项生理指标对某一类任务适用,对另一项任务则可能不适用。

(1)基于眼动追踪技术的生理测评法

眼动追踪技术通过将眼动测量设备与飞行模拟相结合来真实记录飞行员的各项眼动指标。人眼的注视点由头的方位和眼睛的方位两个因素决定。视线跟踪技术按其所借助的媒介,可分为以硬件为基础和以软件为基础两种。以硬件为基础的视线追踪设备通过加工来自红外线瞳孔摄像机的眼睛视频信息,识别和确定瞳孔中心和角膜反射点之间的距离变化。通过测量这些点横向和纵向的向量距离,得到各注视点的坐标,从而获得眼动的精确测量值,达到记录分析视线追踪过程的目的。需要被试戴上特制的头盔或者使用头部固定支架,这对被试的干扰很大。以软件为基础的视线跟踪技术是先利用摄像机获取人眼或脸部图像,然后用软件实现图像中人脸和人眼的定位与跟踪,从而估算被试在屏幕上的注视位置。软件实现的视线追踪系统有摄像头式眼动追踪系统,由于用户不需要佩带任何测试仪器,摄像头校准后自动捕捉被试的眼动,因此该追踪系统对用户是无干扰的。

目前常见的眼动仪有非接触式、头盔式、眼镜式、浸入式等类型,适用于不同的测试场合和精度要求,用于研究驾驶舱设计、飞行员的仪表扫视模式、仪表布局评估、注意测量、情境意识测量、飞行训练、飞行员的脑力负荷测量与疲劳测量,甚至提供了捕捉瞬时负荷波动的可能性。

眼动测量指标大致可以分为搜索指标、加工指标和其他指标 3 类。根据国内外文献研究,目前研究者们发现与脑力负荷密切相关的眼动指标主要包括眨眼率与眨眼时间、瞳孔尺寸、扫视幅度、注视频率、注视停留时间等。

眨眼:包括眨眼率(Blinking Rate)和眨眼时间(Blinking Duration)。眨眼被认为是最能够有效地反映出作业人员脑力负荷状态的指标之一。一般认为,眨眼率与眨眼时间将随着脑力负荷的升高而降低。

瞳孔直径(Pupil Diameter):一系列研究表明,瞳孔直径与用于完成任务的认知资源之间存在着较强的关联性。在完成与认知有关的任务时,信息加工负荷的大小与任务难度可以引起瞳孔直径增加。这些认知活动包括短时记忆、语言加工、思维活动、知觉辨认等。同时,也有研究者发现,瞳孔直径随信息加工负荷的增加,先出现扩大趋势,然后当信息加工负荷达到一定值后瞳孔直径反而会缩小。在高负荷情况下出现瞳孔直径的缩小,可能与作业人员达到一定的疲劳程度有关。此指标一般需要结合其他评价指标来探讨脑力负荷的变化情况。

视觉扫视行为(Scanning Behavior)。相关研究表明视觉扫视行为对脑力负荷敏感。其中,扫视幅度指注视点之间的空间距离,一般取平均扫视幅度作为量化指标。当任务难度增大时,需要处理的信息量增大,视锥区的锥角将变小,有效的注意视域减小,称为隧道视觉,此时,扫视幅度也会随之减小。

(2) 基于心电的生理测评法

心电(Electro‐Cardiogram,ECG)指的是心脏活动期间所发生的电变化,这种电变化可以从人体表面安放电极测量出来,把测量的结果描记成图,即心电图 ECG。心电信号是人类最早研究并应用于临床医学的生物电信号之一,它反映了心脏在兴奋产生、传导和恢复过程中的电变化,是心脏电活动的一种客观表示,在不同层面上反映了心脏的工作状态。心电测量技术以其客观性和易于提取性,成为近年来在脑力负荷测量和评价方面的研究热点。研究中一般采用心电图机记录心电图,将信号放大后分析心电活动变化,其中以心率及心率变异性与脑力负荷的关系研究较多。

常用心电测量指标包括心率(Heart Rate)和心率变异性(Heart Ratevariability)等。心率是用来描述心动周期的专业术语,指心脏每分钟跳动的次数。心率的升高与体力运动有着密切的关系,其随着体力运动强度的增加而变快。心率变异性是指逐次心搏间期的微小差异,可作为反映心脏交感神经和迷走神经活动紧张性和均衡性的一种非侵入性指标。心率变异性产生于自主神经系统对心脏窦房结的调制,使得心搏间期一般存在几十毫秒的差异和波动。心率变异性能够反映脑力负荷增加时人体的应激反应。

(3) 基于脑电的生理测评法

这里介绍事件相关电位(Event‐Related brain Potential,ERP)技术。ERP 指当外加一种特定的刺激,作用于感觉系统或脑的某一部位,在给予刺激或撤销刺激时,在脑区引起的电位变化,在这里,刺激即是一种事件。一般而言,ERP 是在开展被试人员对刺激信息进行认知加工作业时,研究人员将记录到的被试人员的电生理变化进行平均叠加而得到的波形。ERP 是基于脑电图(Electro‑Encephalogram,EEG)进行提取的。人脑细胞时时进行着自发性、节律性、综合性的电活动。以这种电活动的电位为纵轴,时间为横轴所记录下来的电位与时间关系的平面图即为脑电图。从头颅记录的脑电信号近似于正弦波形,EEG 的基本特征包括频率/周期、波幅和相位。研究表明,频率/周期和波幅在某种程度上代表了生理、心理、病理等状态下神经冲动发放的性质和强度,而相位则提供了冲动产生的可能部位及其可能的焦点灶区。

ERP 属于认知神经科学中的心理生理学范畴,以心理因素为自变量,以生理指标为因变量,一般采用人作为被试。由于脑力负荷与大脑的信息加工能力密切相关,即脑力负荷主要反映在信息加工能力的下降上,而与事件相关的电位测量又是反映信息加工活动的敏感而有意义的技术手段,因此通过分析 ERP 的峰值潜伏期、波幅以及头皮的电压分布情况,可以为信息加工的时间进程、强度及脑内发生源提供客观依据。因此,将 ERP 成分作为脑力负荷状况的评价指标有一定的科学依据。

随着脑电技术设备的发展,更多的脑电位可被采集记录到,从而促使 ERP 成为目前在脑力负荷、疲劳评价领域很有发展前景的指标之一。美国空军实验室所开展的一系列实验也表明脑电活动是反映飞行脑力负荷水平的敏感指标之一,并可能进一步用于飞行脑力负荷的分级评价。

4. 工作负荷测量评判方法的选择

在给定的条件下或实际环境中,如何选择适当的方法以及如何评判所选方法的有效度是非常重要的,这就需要建立一定的甄别准则。概括地讲,工作负荷的评估应该考虑下述几个因素:

① 敏感性。即区分不同负荷水平的能力。此外,时间敏感性是指如果测量环境随时间变化,测量方法能否迅速地反映负荷随时间变化的情况。

② 诊断性。测量结果不仅能反映工作负荷的一般水平和变化程度,更重要的是能说明造成这种变化的原因,即能否正确区分不同类型的工作负荷。

③ 非侵入性。测量方法应没有或很少对作业者的工作产生干扰,尤其应避免导致附加负荷或使被试者分神。

④ 操作者可接受性。测试时,不能导致被试者不愉快或造成心理负担,应为测试对象接受,以利于配合,提高测试的可信度。

⑤ 客观性。测量结果应当有客观的表达,而不依赖于研究的主观解释。

8.3　最小飞行机组的适航符合性验证方法

验证适航规章 25.1523 条款的符合性方法主要包括分析和试验,试验可分为模拟器试验和真实飞行试验。飞行试验可用来证实和分析模拟器试验的结果。针对具体的驾驶舱设计,飞机型号合格证申请人应在设计工作早期就进行分析,分析方法的选择,要基于该方法对审定飞机驾驶舱构型预测的有效性、可靠性和适用性,同时要特别考虑更改和是否装有新设备,以及可用对比参考机型的适用性。

8.3.1　分析法

分析法最适用于设计的初期,具有成本低、耗时少等优点,可在设计初期就发现不合理的设计,从而优化操作程序;缺点是需要大量的使用统计数据。按照是否有可对比的参考机型,分析法可分为单独分析法和与参考机型的对比分析法。

1. 单独分析法

单独分析法适用于无参考机型的新颖独特设计,最常用的是前一节介绍的时间线分析法(Time Line Analysis)。它把工作量评估表示为完成各项任务的实际需用时间相比可用时间的百分比。本方法适用于在操作上有明显时间限制的一组飞行阶段,还非常适合于评估明显的与飞行员任务相关的驾驶舱改变,如操纵器件的移动、数据的输入。使用本方法通常要仔细选出一些在操作要求上具有代表性(包括正常、非正常和应急程序)的飞行场景和时间段。当使用时间线分析法分析任务时,任务必须在重要的操作限制时间内执行才能得到有价值的数据。要使本方法有应用价值,还必须精确确定可用时间。根据该分析方法得出的时间,虽然不能直接当作是绝对标准,但可供后续进行的模拟器或飞行试验识别增加的工作量,并可与使用中飞机的飞行机组工作量进行比较。凡驾驶舱的更改影响到应急或非正常程序的制订或执行时,还应进行专项评估。

2. 与参考机型的对比分析法

在确定一项新设计是否符合适航标准时,除了要使用单独分析法分析外,还通常要采用将新设计与已在运行服务中得到证实的成熟设计进行对比的方法。选择参考机型时,要考虑新设计与参考机型在飞机的类型和构型、预期使用用途、驾驶舱布局、驾驶舱系统的功能、机组操作程序等方面的相似性。通过对新设计在专门设计的飞行场景下进行分析,并将结果与已知参考机型进行比较,就可得到可靠的结果来证实新设计满足适航要求。如果新设计仅是对参考驾驶舱的一种改进,并未增加影响机组工作量的重要系统,则可直接进行比较。若运行经验表明,装有与新设计类似系统的参考驾驶舱或飞机存在某些缺陷,则要在新设计中加以改进,不能让问题遗留下来,甚至在新设计中使问题变得更大。在初步分析中发现的潜在问题要进行重点评估和分析,直到问题得到解决。

如果新设计与参考飞机相比,在自动化程序和驾驶员职责等方面有重大变化,那么与参考飞机的分析比较的价值就不是很大了。如果没有可靠的有关完成正常和应急程序所需时间的数据,则应通过飞行模拟器试验和(或)飞行试验来验证其对运输类飞机适航标准 25.1523 条款的符合性。

8.3.2　试　验

1. 参试飞行员的选拔

由于参试人员的绩效影响到整个人机系统的性能,也即参试人员的一些特征与他们在完成系统操作和维护任务中的工作绩效有关联,因此需要考虑人给系统性能带来的变化。在选择参试人员时,需要根据任务要求考查其相关特征,获得这些特征的测试数据,如参试人员的经历数据、体检数据、职业数据等。为了保证试飞结果和飞行员对飞机评价的准确性,应选择具有不同经历和背景的飞行员作为试验机组完成飞行试验。参与最小机组工作负荷试飞的试飞员应包括:试飞员和航线飞行员。其中,试飞员包括参与研发试飞的申请人的试飞员,和适航管理当局的试飞员;航线飞行员应包括参考机型(相似机型)的航线飞行员和非参考机型航线飞行员。

(1) 试飞员

试飞员是专门担任飞行试验任务的飞机驾驶员。我国暂无关于试飞员的执照和等级评定准则。现代飞机日趋复杂,尽管有了先进的机载测试设备和地面试验设备,但在评定飞机性能、监控飞机各系统的工作情况等方面,试飞员的作用仍然十分重要。试飞员通常是从飞机设计的初始阶段就参加工作,从使用和安全的角度对设计方案提出意见。在试飞中,试飞员除按要求安全地完成飞行动作外,还要从理论上解释各种飞行现象,准确地报告飞行情况,提出改进建议。在遇到异常现象时,试飞员应能准确判断和及时妥善处置,因此,试飞员必须具有熟练的驾驶技术、较高的理论水平、应急处理能力和对问题的诊断处理能力。试飞员一般是从有经验的飞行员、航空院校毕业生和工程技术人员中挑选,经过专门的、严格的培训后从事相关工作。

(2) 航线运输驾驶员

航线运输驾驶员是指依照 CCAR - 61 部取得航线运输驾驶员执照与等级条件的飞行人员。通常,航线运输驾驶员需掌握规章、气象、空气动力学、导航、航空器运行与空域、重量和平衡的计算和对飞行特性的影响、飞行性能、机动飞行操作程序和应急操作、航空医学、人为因素和机组管理等适用于所申请航空器类别和级别等级的航空知识。另外,航线运输驾驶员一般必须具有至少 1 500 h 的飞行经历时间,其中至少包括:

➢ 500 h 转场飞行时间。

➢ 100 h 夜间飞行时间。

➢ 75 h 实际或者模拟的仪表时间,其中至少 50 h 是在实际飞行中的仪表飞行时间。

➢ 250 h 在飞机上担任机长或者在飞行检查员或在飞行教员的监视下履行机长职责的飞行时间,其中担任机长的飞行时间至少为 100 h。该飞行时间至少包括 100 h 转场飞行时间和 25 h 夜间飞行时间。

➢ 上述飞行经历要求可以包括不超过 100 h 在飞行模拟机或飞行训练器上的训练时间,但这些飞行模拟机和飞行训练器必须是在经批准的训练课程中使用的。

不同的飞行员具有不同的培训和运行经历，因此他们的飞行经验和操纵技能也有差异。航线运输驾驶员由于具有较多的航线运行经验，他们的运行能力和处理飞机正常运行中遇到的问题的能力较强；而试飞员由于其相对独特的培养模式，他们的应变能力、处理特殊飞行的能力较强。通常来说，试飞员往往有着更好的故障诊断能力。在试飞阶段，由于飞机本身的原因以及飞行条件的相对不确定，这种诊断能力非常重要，有时甚至会影响安全。在试飞阶段，为发现飞机存在的问题和解决这些问题，飞行员的主观评价和改进建议对于飞机设计人员来说往往更加直观、有效。

根据统计学规律，为保证试验结果具有较高的置信率，建议至少应选择 10 组以上的飞行机组。不论所选取飞行机组的背景如何，参与最小机组工作负荷试验的飞行机组都应进行针对评估机型的专门培训，以保证其对飞机和飞机操作程序的了解。同时，在进行最小机组评估试验前，试验机组应在模拟机或飞机上进行一定时间（建议 10～25 h）的熟悉性飞行。另外，在进行最小机组评估试验期间，需要为试验机组配备特定的数据采集设备（如眼动跟踪仪、心率测量和 EPR 测量设备等），在进行熟悉性试飞时就应该要求飞行员配备相关采集设备，以避免试验时由于试验机组对相关采集设备的生疏和不适应而对评估结果产生影响。最后，在制定试验计划时如确定了所采用的主观评估方法，需在试验前对试验机组进行相关的培训。只有经过具有相应资质的、有经验的现役飞行员试飞验证后，方能决定飞机所需的最小机组人数。

2. 试验场景的设计

试验场景的设计要覆盖运输类飞机适航标准 25.1523 条款三个方面的考虑因素和附录 D 的 6 个基本职能、10 个工作量因素以及核准的运行类型。通常在制定运输类飞机最小飞行机组的适航符合性验证计划时要考虑以下因素：

① 航路。验证计划中选择的航路应在导航手段、机场条件、仪表设备和空中交通管制等方面具有综合代表性。

② 气象。验证计划中选择的航路应能提供飞机预计运行条件下可能遇到的不利气象条件，例如仪表飞行气象条件、夜间飞行、扰流和结冰等。

③ 机组工作计划。应向试飞机组制定代表研制飞机运行类型的日常工作计划。该计划包括工作日持续时间，预计出发和到达的最多次数，夜间起飞次数，允许驾驶员出勤的最多次数和最少的休息间隔时间。

④ 最低设备清单。应在验证计划中纳入具有最低设备清单的典型派遣构型。这种派遣构型与模拟的故障相组合，可构成设计试验场景的基础。

⑤ 空中交通密度。飞机应在仪表飞行气象条件和目视飞行气象条件下，在典型的空中交通高密度区的航线上飞行，同时也应包括精密和非精密进近、等待着陆、中断着陆和转向备降机场。

⑥ 机组人员失去工作能力。当被审定飞机设计的最小飞行机组为两人时，验证

计划必须考虑在飞行的任何阶段,当一名驾驶员完全失去工作能力后,另外一名驾驶员仍能安全地驾驶飞机并能在预定或非预定的备降机场安全地降落。

⑦ 系统失效。应在验证计划中考虑系统从正常模式转为失效模式时所造成的影响。不仅要考虑主、次系统的失效,还应考虑具有代表性的组合失效情况。

⑧ 应急和非正常情况。验证计划中应列有典型的应急和非正常情况,以研究其对机组工作量的影响。在验证计划制定前,需考虑系统的失效,必须先对其进行模拟和分析研究,以掌握在应急和非正常情况下操作飞机的工作量分布,确保选择合适的失效模式。

3. 模拟器试验场景和飞行试验场景的确定

考虑上述因素确定试验场景后,就要进一步确定哪些试验场景由模拟器来试验,哪些场景由真实飞机试验。模拟器试验相比飞行试验具有成本相对低、风险小的优点,但却无法完全模拟真实运行环境下的飞行状态,尤其是飞行员在模拟器飞行时,要比在真实飞行试验中,心理感觉轻松得多,但一些高风险、气象条件不易捕获的试验场景又不可能在真实的飞机上实施,而只能采用模拟器试验。归纳起来,确定采用模拟器试验还是真实飞机飞行试验,通常要考虑以下因素:

① 试验的风险程度,风险太高无法在真实飞机上试验时,应考虑采用模拟器试验,如一台发动机起火;

② 所选择的气象条件难以捕捉到,如风切变、大侧风条件下的试飞;

③ 使用的模拟器构型与真实飞机构型的相似性程度,只有模拟器可以以足够的精度模拟被审定飞机时,才可用模拟器试验代替真实飞行试验;

④ 是全新设计的飞机还是在原有已取得型号合格证飞机基础上的改型,若是在已取得型号合格证飞机上的改型,则可考虑以较多的模拟器试验来代替飞行试验。

4. 试验数据的记录和分析

运输类飞机最小飞行机组的适航符合性验证,归根到底是要证明在预期真实的运行环境中,每名机组成员的实际工作量都不超出机组的可接受的负荷水平。由于影响机组工作量的因素非常复杂,工作量本身也难以量化,而且参与评估的人员来自不同的背景,所以目前结合试验(包括模拟器试验和飞行试验)的评估方法通常是本章第 2 节中介绍的飞行员主观评定法、生理测量法和基于飞行员绩效的性能评判法三类。上述方法有各自的特点及适用范围。

如前所述,主观评估法通常需要参与评估的飞行员回答或填写相应表格和问卷,来比较被审定飞机与对比参考机型在相同或相似运行场景下操作飞机的难易程度,来确定被审定飞机的工作量是否可被接受。

生理测量法通过测量飞行员在整个飞行过程中的眼动、心电和脑电等测量数据,分析其生理现象来判定机组的工作量。图 8.4 展示了使用眼动追踪技术和相关场景进行的符合性验证评估。

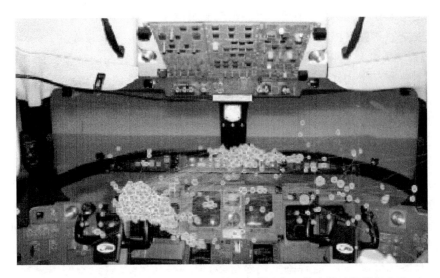

图 8.4　使用眼动追踪技术和相关场景进行最小机组符合性验证评估实验

性能评判法通过测量操作参数的方法来判定机组工作量相比参考机型的增减。在试验过程中,驾驶舱内通常还要设置摄像录音设备,并安排飞行工程师、人为因素专家作为观察员来记录飞行机组的操作过程、机组错误(包括错误发生的次数、从错误中恢复的时间、由错误引发的不正常操作等)、飞行机组之间及与客舱和地面人员之间的通信等。最后,综合所有采集的数据来确定被审定飞机的最小飞行机组是否满足适航标准的要求 。

【本章实验建议】

最小机组工作负荷测评模拟验证试验

本实验可在飞行模拟机、模拟驾驶舱内开展。可采用主观测量法、主任务测量法、辅助任务测量法和生理测量法来评估飞行员的工作负荷。通常主观测量法和生理测量法较容易实现,可根据需要事先准备好各类主观量表,并准备眼动追踪系统、心电、脑电等装置。

实验前首先设计最小飞行机组审定模拟验证试验的飞行场景,可为飞行的各个阶段设计飞行场景。如选标准仪表离场、非精密进近等正常情况下的飞行场景,接着逐步加大飞行难度和工作负荷,在模拟机的教员操控台设置各类故障,设计紧急情况下的飞行场景,并撰写相应的实验大纲。

分配组员工作:在此实验中,各组员担任不同角色,如被试正、副驾驶(被试可以是学员飞行员,也可以是航线飞行员或试飞飞行员,具体可分配为 PF 和 PNF)负责佩戴眼动仪和心电脑电测量装置,驾驶飞行模拟驾驶器完成各种不同场景的飞行任务;主试负责使用各类生理参数采集装置,收集实验过程中产生的数据,并提供主观量表,由飞行员进行填写;塔台管制员与飞行员进行标准通信对话,为其提供听觉任务负荷;局方检查人员,对实验过程进行全程监测(拍照或拍视频)。

实验结束后,通过分析主观量表和生理测试实验获得的各项数据,评估飞行员在各种飞行场景下的工作负荷水平。

【本章案例研究】

一名驾驶员失能的应急迫降实例
——英国航空 5390 号飞行事故

英国航空 5390 号班机是英国航空一条由伯明翰前往西班牙马洛卡的定期航班。1990 年 6 月 10 日,该航班由正机长缇姆·兰开斯特(Tim Lancaster)及第一次加入这个飞行机组的副驾驶艾奇森(Alastair Atchison)负责执行飞行任务。飞机机型是BAC1-11,机身编号 G-BJRT。飞机于当地时间早上 7 时 20 分起飞,载着 81 名乘客及连驾驶员在内共 6 名机组人员。飞机起飞程序由艾奇森负责,直至爬升至设定高度,才转由机长兰开斯特接受操作。飞机爬升两分钟后,飞行员切换到自动驾驶模式。经 10 多分钟平稳爬升后,飞机来到 17 300 英尺高度,还有 5 000 英尺抵达稳定高度。两位飞行员于飞机到达指定高度后,都松开了安全带。

7 时 33 分,机组人员准备用餐,当时位于牛津郡迪考特市(Didcot)上空。突然,驾驶室发出巨响,位于驾驶室左方,即正机长位置的挡风玻璃脱落,飞机发生爆炸性减压。兰开斯特立即被气流从座位扯出驾驶室外,由于兰开斯特头部先被扯出驾驶舱,双脚卡在操纵杆上,这就压迫操纵杆向前。这一动作切断了飞机的自动驾驶模式,让飞机加速向下俯冲。

副驾驶突然要在时速 350 哩的强风中控制住飞机,难度难以想象。他在水蒸气中努力寻找按钮,手动驾驶控制飞机。但稀薄的空气几乎让他喘不上气,操纵杆被机长勾住,飞机只能保持俯冲状态。他试图通过无线电发出 Mayday 紧急情况讯息,航管中心虽能听到他的呼救,但强风的呼啸声让他们根本不知道此刻机舱内发生了什么。艾奇森带着摇摇晃晃俯冲的飞机,穿越在全球最繁忙的国际航线上,一不小心就会发生两机相撞的恶性事故。

空乘人员奥格登(Nigel Ogden)见状立刻冲上去抓住机长皮带,将他的腿死死抱住。兰开斯特在机舱外面时速 390 哩的强风和摄氏零下 17 度的稀薄空气中,明显已失去意识。

经过一段时间搏斗式的操作,艾奇森终于控制住油门和操纵杆。而一直搂着兰开斯特双腿的空服员奥格登,此时已开始承受着冻伤,冲击及疲劳的压力。先后又有两名男空服人员前来帮助抓紧正驾驶。艾奇森命令不能放开兰开斯特,不然兰开斯特的身体可能卷入发动机,导致更大的灾难。

艾奇森并未减慢飞机俯冲速度,反而继续迅速下降高度。因为在较高的飞行高度上人会进入缺氧状态,陷入昏迷。2 分半钟后,飞机俯冲到不需氧气辅助的高度,艾奇森将飞机拉平减速到时速 288 海里,得以重新操控飞机。

在强风中,他勉强向航管中心请求迫降。不巧的是,紧急程序手册也被吹得不见踪影。没有机长在一旁辅助操作,他只能依靠记忆和以往操作经验控制飞机上的仪器系统。

失联 7 分钟后,艾奇森第一次听到航管中心回话。空中交通管制员建议降落在南安普敦机场,艾奇森本想降落在盖特维机场,因为这个机场他比较熟悉,较近的南安普敦机场他以前不曾去过,但由于形势危急,他还是决定紧急迫降南安普敦机场。由于飞机上仍携带有大量燃油,备降机场的跑道长度也带来挑战。

一般情况下,紧急备降需要双人机组中的一名飞行员负责操控飞机,另一名负责排除紧急状况。而这次迫降只能依靠副驾驶艾奇森一人完成。

他收到塔台给予的优先降落许可。在空中交通管制员尽最大努力的引导下,7时 55 分,艾奇森终于驾驶班机顺利迫降南安普顿机场。飞机停下后,机长被紧急送往南安普敦综合医院救治。幸运的是,除了冻伤、割伤及撞击引致身体多处骨折外,他的身体并无大碍。当时抱住兰开斯特的空服人员奥格登则有脸部和左眼冻伤及手臂脱臼。机上其他人没有受伤。副驾驶下飞机后由救护车的医护人员扶着走,走的很慢,不停的摇头,显然他由于高度的应激反应已快到衰竭状态。

事故发生后,副驾驶艾奇森以其英雄般的行为被授予女王空中服务价值奖,和英国民航北极星奖,而 5390 航班机组成员在急难时发挥的团队合作壮举也广受赞誉。

案例分析:

在这个因驾驶舱风挡维修人为因素造成的著名的飞行事故中,我们在此更多的是关注和分析副驾驶在正驾驶身体的一部分被吸出驾驶舱失能后的行动。

从机组工作负荷的角度分析,在高空座舱失压导致的低压、视线模糊和通信不清的恶劣工作环境下,副驾驶在没有正驾驶辅助操纵,飞行文件被吹掉的情况下,需要凭借一人之力控制住在加速俯冲的飞机,其体力负荷水平就已达很高水平。他在迫降期间还做了多个重要的决策,如迅速下降到不需氧气装备的高度;为避免造成飞机和发动机损坏,命令抓紧正驾驶;选择最近的机场迫降,并和交通管制员保持音频通话,其脑力负荷的水平也达到了极限。整个事件期间他承受了多维度的极端强度的工作负荷。好在机组其他成员和空管人员也给予他最大的协助,使他能专注于飞行,最终转危为安。最小飞行机组条款的设置,正是要保证在各种情况之下,飞行员承受的工作负荷不能超过其自身极限。从这一案例中,可以更好的理解 25.1523 条款中的有关"失能的机组人员"及"应急和非正常情况"的审定内容和要求。

复习思考题

8-1　试述 25.1523 中需考虑的 6 项基本工作职能和 10 项工作量因素。

8-2　为什么要在飞机设计初期进行飞行机组的工作负荷预测?

8-3　简述波音的脑力负荷预测方法。

8 - 4　简述 McCracken - Aldrich 的脑力负荷预测方法。

8 - 5　简述时间线工作负荷预测方法。

8 - 6　试述 Bedford 主观评定量表法的优缺点。

8 - 7　常用的主任务测评法的评价指标包括哪些？

8 - 8　常用的测量脑力负荷的眼动测量指标包括哪些,各有何用处？

8 - 9　常用的测量工作负荷的心电测量指标包括哪些,各有何用处？

8 - 10　常用的反映脑力负荷的 EPR 指标包括哪些,各有何用处？

8 - 11　最小机组适航符合性审定的参试飞行员应具备什么基本条件？

8 - 12　航线飞行员和试飞员一般各有何特点？

8 - 13　通常在制定运输类飞机最小飞行机组的适航符合性验证计划时要考虑哪些因素？

8 - 14　查询文献,结合机型,寻找具体的为满足 25.1523 条款开展的符合性验证实例。

参考文献

[1] 完颜笑如,庄达民.飞行员脑力负荷测量与应用[M].北京:科学出版社,2014.

[2] 钱进.运输类飞机驾驶舱人为因素设计评估指南[M].上海:上海交通大学出版社,2013.

[3] 揭裕文,朱亮,郑戈源,等.民用飞机驾驶舱人为因素适航验证导论[M].北京:北京航空航天大学出版社,2017.

[4] FAA. Minimum flight crew. [S]. FAR 25.1523, Washington D. C. : Federal Aviation Administration,1965.

[5] FAA. Minimum flight crew. [S]. AC 25.1523 1, Washington D. C. : Federal Aviation Administration,1993.

[6] 中国民用航空局政策法规司.最小飞行机组[S].CCAR25.1523,运输类飞机适航标准(CCAR - 25 - R4),中国民用航空,北京.2016.03.17.

[7] 刘卫华,冯诗愚.现代人-机-环境系统工程[M].北京:北京航空航天大学出版社,2009.

[8] 王鹏.运输类飞机适航要求解读第 6 卷 使用限制资料和电气线路互联系统[M].北京:航空工业出版社,2013.

[9] 柳忠起,袁修干,刘涛,等.航空工效中的脑力负荷测量技术[J].人类工效学,2003,9(2): 19-22.

[10] 黄二利,王飞.民用运输类飞机最小飞行机组的适航符合性验证研究[J].科技视界,2014,12: 79-80.

[11] 周勇邦.航空人为因素适航审定中生理参数检测技术的研究与实现[D].上海:上海交通大学,2013.

[12] 王东.基于信息流和控制流的飞行员工作负荷研究[D].上海:上海交通大学,2013.

[13] 冯传宴.运输类飞机飞行员脑力负荷评估方法研究[D].天津:中国民航大学,2016.

[14] 董大勇,俞金海,李宝峰,等.民机驾驶舱人为因素适航符合性验证技术[J].航空学报,2016, 11,37(1):310-315.

[15] 万中义.全球重大空难谜团调查[M].北京:中国言实出版社,2015.